国家科学技术学术著作出版基金资助出版

复杂信号侦察理论及应用(下)

刘　锋　黄　宇　王泽众　张　鑫　著

科　学　出　版　社

北　京

内 容 简 介

本书是目前国内外系统阐述现代电子对抗复杂信号侦察理论、方法、技术及应用的一部专著。分上下两册出版，其中上册是关于复杂信号的截获与特征提取，下册是关于复杂信号的分选、识别、定位与引导。全书共分 18 章，第 1～7 章为上册，第 8～18 章为下册。

本书为下册。第 8～12 章为信号分选部分，重点研究了交叠脉冲、交叠连续波和二者同时存在情况下的信号分离问题；第 13、14 章为信号识别部分，分别从参数识别和波形识别角度研究了信号的调制类型识别；第 15 章研究了复杂信号辐射源识别；第 16 章研究了复杂信号辐射源定位；第 17 章研究了干扰引导，主要讨论了复杂信号威胁等级评估、干扰资源优化配置及干扰引导辅助决策的问题；第 18 章为回顾、建议和展望。

本书可供从事电子对抗、雷达及通信等专业领域科研人员和工程技术人员使用，也可作为高等院校相关专业方向高年级本科生、研究生的专业教材或参考书。

图书在版编目(CIP)数据

复杂信号侦察理论及应用(下)/刘锋等著. —北京：科学出版社，2016. 6
ISBN 978-7-03-049168-8

Ⅰ. ①复… Ⅱ. ①刘… Ⅲ. ①信号处理-电子侦察 Ⅳ. ①TN971

中国版本图书馆 CIP 数据核字(2016)第 142967 号

责任编辑：孙伯元 / 责任校对：李 影
责任印制：张 倩 / 封面设计：陈 敬

科学出版社 出版
北京东黄城根北街 16 号
邮政编码：100717
http://www.sciencep.com

北京凌奇印刷有限责任公司 印刷
科学出版社发行 各地新华书店经销
*
2016 年 10 月第 一 版 开本：720×1000 1/16
2016 年 10 月第一次印刷 印张：17 3/4
字数：358 000

POD定价： 118.00元
(如有印装质量问题，我社负责调换)

作 者 简 介

刘锋，生于1961年10月，陕西宝鸡人，分别于1982年、1995年及2009年获空军第二炮兵学院学士、西安电子科技大学硕士及北京理工大学博士，本、硕、博攻读的均是电子对抗专业或方向。现任海军航空工程学院电子信息工程系教授、博士生导师。兼任军队电子对抗情报专家组成员、海军信息战专家组成员以及中国声学学会水声分会委员。近四十年来，一直从事电子信息对抗理论及应用、复杂信号侦察理论及应用、综合电子战以及网络对抗等方向的教学与科研工作。曾主持和参加了十余项海军电子对抗装备重点型号的立项、研制、试飞及定型等审查工作，主持了总装、海军新型电子对抗装备相关科研项目20余项，获军队科技进步奖多项、获国家发明专利多项。发表论文100余篇，其中被SCI、EI检索50余篇。出版著作5部，有4部获不同出版基金资助，其中获国防科技图书出版基金资助1部，获国家科学技术学术著作出版基金资助1部。

黄宇，生于1983年4月，湖南蓝山人，分别于2006年、2009年及2012年获海军航空工程学院电子对抗工程专业学士、电路与系统学科电子对抗方向硕士及信息与通信工程学科电子对抗方向博士。现任海军某电子对抗团工程师。一直从事电子对抗雷达侦察、分数阶傅里叶变换及其在雷达侦察中的应用研究方向的科研工作。参加了总装、海军电子对抗相关科研项目8项。发表论文30余篇，其中被SCI、EI检索10余篇，获国家发明专利2项。

王泽众，生于1983年4月，山东济南人，分别于2005年、2008年及2012年获海军航空工程学院电子对抗工程专业学士、电路与系统学科电子对抗方向硕士及信息与通信工程学科电子对抗方向博士。现任海军装备研究院某研究所工程师。一直从事电子对抗雷达侦察、周期Wigner-Hough变换及其在雷达侦察中的应用研究方向的科研工作。参加了总装、海军电子对抗相关科研项目9项。曾发表论文30余篇，其中被SCI、EI检索10余篇，获国家发明专利2项。

张鑫，生于1981年6月，山东烟台人，分别于2004年、2007年及2011年获海军航空工程学院电子对抗工程专业学士、电路与系统学科电子对抗方向硕士及信息与通信工程学科电子对抗方向博士。现任海军航空工程学院兵器科学与技术系讲师。一直从事电子信息对抗理论及应用、循环平稳信号处理及其在雷达侦察中应用研究方向的科研工作。参加了总装、海军电子对抗相关科研项目10项。曾发表论文30余篇，其中被SCI、EI检索10余篇，获国家发明专利2项。

序　一

众所周知，当今世界的战争形态已经发生了根本性的变化，由过去的机械化战争转变为现在的信息化战争，将来决定信息化战争胜负的关键因素是夺取战场信息优势，而获得战场信息优势的主要手段是电子侦察。

今后，电子侦察面临的主要困难是对复杂信号的侦察问题。具体有以下三点。

一是密集复杂电磁环境的适应问题。当前，全球面临的电磁信号环境日趋密集复杂。密集是由于信号密度已由十几年前的每秒几十万脉冲变为现在的每秒几百万脉冲；复杂是由于世界各国竞相发展新体制雷达、通信及声呐等装备，使得信号调制类型越来越多、调制技术越来越复杂。密集造成了一个需大家共同面对的困难，即多信号的分选；复杂导致了一个世界性的难题，即对低截获概率信号的截获与识别。

二是非平稳信号或周期性平稳信号的侦察问题。复杂调制信号属于非平稳信号或周期性平稳信号，对其进行截获、分选、识别、定位及引导需在二维变换域内寻求解决的新方法。另外，复杂信号侦察是对复杂调制信号进行盲处理，属于认知电子战的范畴，目前国际上刚刚开始研究。

三是电子侦察装备的更新换代问题。复杂调制信号截获、分选、识别、定位及引导是制约现代电子情报侦察系统更新换代的瓶颈问题，到目前为止，该问题在国内外现役侦察装备上仍未得到很好的解决。

关于上述问题，无论是在理论研究方面，还是在装备研制方面，国内外均处于起步阶段，众多专家学者和科研人员为此做出了不懈的努力和大量卓有成效的探索，但一直没有一部较为系统深入地阐述复杂信号侦察理论及应用的著作。刘锋教授及其团队长期致力于复杂信号侦察领域的研究，并始终保持研究的一致性和连续性，在复杂调制信号截获、分选、识别、定位及引导等方面提出了许多新的理论和方法，先后有数十篇论文成体系地发表在国内外 SCI、EI 检索的期刊上，在这一领域形成了广泛的影响。《复杂信号侦察理论及应用》这本专著，是作者及其团队十多年来研究成果的提炼总结。

从国内外同类专著比较上看，该书从截获、分选、识别、定位及引导五个方面系统地研究了复杂调制信号的侦察问题，初步形成了复杂信号侦察理论及应用的理论体系。与 2009 年 Artech House 出版 Phillip 所著的 *Detection and Classifying Low Probability of Intercept Radar* 相比较：一是体系更完整，多了分选、识别、定位及引导四部分内容;二是方法更新,多了 Wigner-Hough 变换、分数阶傅里叶变换及新提出的周期 Wigner-Hough 变换、周期分数阶傅里叶变换及信号 Chirp 基稀疏分解等;三是逻辑性更强,先对模拟调制类信号,后对数字调制类信号,再对复合调制类信号逐一展开分析处理。

从著述特色与写作水平上看,该书对三大类信号按五部分内容展开分析,结构合理,脉络清晰,思维连贯,语言流畅,图文并茂,可读性强。

该书的学术水平国内领先、国际先进,具有很高的学术价值和应用价值。其出版将填补复杂信号侦察理论及应用研究领域的空白,对我国电子信息对抗学科发展和雷达电子情报侦察装备发展具有积极推动作用,对从事电子对抗装备研制人员有着重要的应用价值。

王越

中国科学院院士
中国工程院院士
2015 年 9 月 25 日

序　　二

当今世界爆发局部战争的危机依然存在，各种不安全因素导致的局部冲突此起彼伏。从近几次爆发的局部战争来看，信息对抗对战争的胜负起到了决定性作用，夺取战场信息优势，掌握战场制信息权已成为世界各国的共识。电子侦察是获取战场信息优势的首要手段，是保证电子干扰和电子硬摧毁作战效能充分发挥的前提。

进入21世纪以后，世界各国竞相研制新体制雷达、通信及声呐等装备，列装的新体制装备所占比例逐年上升，服役的老体制传统装备所占比例逐年下降。美国的新体制装备更新进度最快，俄罗斯次之，我国也已加快了新体制装备的研制步伐，“十二五”规划、“十三五”规划的投入明显加大。为了适应这一形势的变化，研究对付新体制雷达、通信及声呐等装备的新一代电子侦察系统和电子干扰系统的任务就提上了议事日程。为此，国内许多相关单位的专家学者和科研人员开始了坚持不懈的努力和艰苦卓绝的探索。刘锋教授所领导的研究团队是国内较早开展这一领域研究工作的团队之一，始终坚守这一研究方向，一贯致力于复杂信号截获、分选、识别、定位及引导新理论、新方法及其应用的研究与探索，并努力保持了研究工作的连续性和研究内容的一致性。

《复杂信号侦察理论及应用》这一专著，就是作者及其团队十多年来研究成果的积累与沉淀，并吸收了当今国内外该领域最新研究成果。作者从研究电子侦察的对象入手，对其进行了时域、频域及时频域仿真与分析，将其归纳为LFM类、LFMCW类、编码类及复合类四大类复杂调制信号，分别从截获、分选、识别、定位及引导五个方面逐一对其展开研究，在不同的二维变换域里寻找每一类复杂调制信号所对应的最佳分析方法，立足于电子信息对抗学科电子侦察方向前沿领域，提出了许多新理论和新方法，其研究成果对我国雷达与电子对抗一体化装备发展具有积极的推动作用，对从事电子信息对抗装备研制的科研人员具有重要的应用价值。

该著作在指导思想上具有一定的前瞻性，在理论研究上具有一定的创新性，与国内外同类专著相比，其研究对象新，研究方法新，理论体系完整，学术水平处于国际水平。

张锡祥

中国工程院院士

2015年10月7日

序　三

复杂调制信号截获、分选、识别、定位及引导是制约现代电子情报侦察系统更新换代的瓶颈问题，迄今为止，在国内外新的侦察装备研制上仍未得到很好解决。原因是现在的新体制雷达、通信及声呐等装备均采用了复杂调制信号，结果导致了信号的频谱极大地扩展，信号的功率谱密度极大地降低，形成了一种低截获概率信号，造成了电子侦察系统对此类信号截获的困难。另外，对信号进行调制的结果导致了信号的性质发生了根本性改变。若信号不被调制（如载频、重频均固定不变的脉冲信号），其性质属于平稳随机信号，用传统的傅里叶变换方法在一维变换域内寻求解决的方法即可。若信号被调制（如载频或重频均可变的脉冲信号），其性质将变为非平稳随机信号或周期性平稳随机信号，必须在二维变换域内寻找其他的变换方法。而到目前为止，对此类调制信号进行处理的理论体系仍未建立起来，这就是目前电子侦察装备一直不能够处理复杂调制信号的根本原因。

刘锋教授及其团队针对上述复杂信号侦察问题，将复杂信号分为模拟调制类、数字调制类及复合调制类三大类，分别对其从截获、分选、识别、定位及引导五个方面逐一进行了长期的、系统的深入研究，并提出了解决复杂信号侦察问题的许多新理论和新方法。《复杂信号侦察理论及应用》这一著作就是对他们十多年的研究工作所做的系统性总结与提炼，初步形成了复杂信号侦察理论及应用的理论体系。

该著作作者曾主持过多项有关电子对抗研究课题，参加过一系列电子对抗重点型号方案论证和各类审查工作，积累了经验和丰富了理论，使该专著具有理论与实际紧密结合的特点。相信该专著的出版将对我国电子信息对抗学科的发展和电子侦察装备的发展起到积极推动作用。可作为电子对抗领域研究生的教材和科技工作者的参考书。

中国工程院院士

2015 年 10 月 9 日

前　言

近十年来，战场电磁信号环境日益密集复杂，各类新体制雷达、通信及声呐等装备不断涌现，电子情报侦察系统面对的信号调制类型越来越多，调制样式越来越复杂。尤其对复杂调制信号的截获、分选、识别、定位及引导问题，已经成为制约新一代电子情报侦察系统研制的技术瓶颈问题。国内外众多学者专家和科研人员为此做出了不懈的努力和探索，并取得了不少研究成果。作者所领导的研究团队是国内较早开展复杂调制信号截获、分选、识别、定位及引导等研究的团队之一。2002 年，一次偶然的机会，作者有幸发现了电子侦察系统面对复杂调制信号会出现增批、漏批问题，但一直未能找到很好的解决方法。这件事促使作者最终下决心走向了一个新的研究方向，即"复杂信号侦察理论及应用"。后经深入系统研究，发现这是一个影响侦察系统更新换代的瓶颈问题，是当前一个世界性的难题，就连西方国家都未能很好解决。从此以后的十多年时间里，作者及其团队将全部精力和时间都集中在复杂信号侦察理论及应用领域，开展了系统深入的研究工作，并努力保持研究的一致性和连续性，始终致力于复杂调制信号截获、分选、识别、定位及引导的新理论与新方法的探索与应用。先后完成多项相关科研项目，获得多项国家发明专利，在国内外被 SCI、EI 检索的期刊上发表几十篇该领域学术论文。本书是作者及其团队十多年来研究成果的提炼总结，并吸收了国内外最新的相关研究成果，部分研究成果填补了该领域国内空白，初步形成了复杂信号侦察理论及应用的理论体系。

与美国人 Phillip 所著的 *Detection and Classifying Low Probability of Intercept Rader* 相比，该书学术思想超前，研究内容全面，研究方法新颖，体系结构完整，注重理论与应用的结合，并含有大量仿真示例。

目前我国电子信息对抗领域缺少一部关于复杂信号侦察理论方面的专著，高等院校缺少一部该方面的教科书，装备研制与生产单位和军队装备管理单位缺少一部该方面的参考书，因此本书的出版对从事相关装备研制与生产的科研人员、工程技术人员及研制监管人员具有重要的参考价值，本书同时也可作为高校高年级本科生与研究生的参考书或教科书。

全书按复杂信号的截获、分选、识别、定位及引导五个部分展开分析，共 18 章，第 1～7 章为上册，第 8～18 章为下册。

第 1 章为绪论，介绍复杂信号和全书的内容体系。

第 2 章为复杂信号特征分析与仿真，首先对复杂信号进行归纳整理及分类，然后着重对几种常见的复杂信号分别在时域、频域及时频域进行了分析与仿真，通过对图形的比较和参数的分析得出信号在三个域的特征及其变化规律。

第 3 章为常用时频分析方法对几种典型复杂信号的截获性能分析。为了明确各类方法与典型复杂信号之间的最佳对应关系，本章重点讨论了各类时频分析方法对几种典型复杂信号截获性能的优劣问题。本章首先研究了六种基本时频分析方法(短时傅里叶变换、小波变换、Wigner-Ville 分布、伪 Wigner-Ville 分布、平滑伪 Wigner-Ville 分布、重排 Wigner-Ville 伪分布)对四种典型的复杂信号(LFM、FMCW、FSK、BPSK)时频变换，并进行了计算机仿真。给出了各种算法的优缺点及适用范围，总结出各类时频分析方法的时频特性，包括能量聚集性、交叉项抑制性、噪声抑制性、运算速度、适用范围等。

第 4～7 章为信号截获部分，重点研究了 LFM 类信号、LFMCW 类信号、编码类信号及复合信号的截获与特征提取。第 4 章提出了基于分数阶傅里叶变换的 LFM 类信号的截获与特征提取；第 5 章分别提出了基于周期 WHT 和周期 FRFT 的 LFMCW 信号截获与特征提取；第 6 章提出了平均平滑循环周期图的谱估计方法，研究了复杂调制编码信号的循环谱特征检测问题与复杂编码信号的循环谱特征分类问题；第 7 章提出了分别基于 FRFT、PWHT、FRFT 循环处理的 LFM-BC 信号截获与特征提取。

第 8～12 章为信号分选部分，重点研究了交叠脉冲、交叠连续波和二者同时存在情况下的信号分离问题，分别采用了 Chirp 基稀疏分解、周期 Wigner-Hough 变换、周期 FRFT 和基于独立成分分析的盲分离方法；第 8 章提出了基于 Chirp 基分解的时频交叠脉冲信号的分离；第 9 章提出了基于周期 WHT 的 LFMCW 循环滤波检测与分离算法；第 10 章提出了基于周期 FRFT 的多分量 LFM 连续波雷达信号分离；第 11 章提出了基于周期 FRFT 的时频交叠雷达侦察信号分选；第 12 章提出了基于独立成分分析的时频交叠信号盲分离。

第 13、14 章为信号识别部分，分别从参数识别和波形识别研究了信号的调制类型识别；第 13 章提出了在分数阶 Fourier 变换域和循环谱域的信号识别方法；第 14 章提出了复杂调制信号的波形识别方法。

第 15 章为复杂信号辐射源识别，重点讨论复杂信号识别知识库与侦察数据均不完整情况下的辐射源识别问题，涉及黑板系统、遗传算法以及非精确推理等方法。

第 16 章为复杂信号辐射源定位，主要分析机载单站无源定位和机载多站无源定位。

第 17 章为面向复杂信号的干扰引导，主要讨论复杂信号威胁等级评估、干扰资源优化配置及干扰引导辅助决策的问题。

第 18 章为回顾、建议与展望。

在本书的研究与撰写过程中，曾经得到了我国电子对抗领域创始人之一、电子对抗界元老林象平教授和我国雷达与电子对抗领域著名专家、两院院士、北京理工大学名誉校长王越教授的悉心指导和方向引领，两位前辈曾经的辛勤培养与帮助对本书的完成起到了关键性作用。我国电子对抗领域著名专家张锡祥院士、雷达领域著名专家王小谟院士、陈志杰院士以及陆军研究员的无私指导与帮助，对本书的完成起到了重要的指导作用。曾经或正在海军航空工程学院电子信息工程系信息对抗方向学习的博士生张鑫、徐会法、王泽众、黄宇、钟兆根、向崇文等同志，硕士生韩吉衢、孙大鹏、邹世杰、郑鹏、李笑尘、宦爱奇等同志，结合学位论文对复杂调制信号截获、分选、识别、定位与引导进行了广泛而深入的研究，他们所取得的有关研究成果对完成本书起到了重要的作用。李笑尘、宦爱奇两位同志还分别对本书的有关章节进行了校对和整理，在此一并向他们表示感谢！最后还要感谢国家科学技术学术著作出版基金委员会对本书出版的资助。

由于新体制雷达、通信等技术发展极为迅速，电子情报侦察新理论、新技术日新月异，加上作者的水平有限，书中难免存在不足之处，殷切希望广大读者批评指正。

刘　锋

2016 年 1 月

目　　录

上　册

下　册

第 8 章　基于 Chirp 基分解的时频交叠脉冲信号分离

8.1 引　　言

本书的第 8～12 章重点讨论复杂信号的分选问题。在开始讨论之前，首先回顾一下常规信号(或称为简单信号)的分选问题。

8.1.1 研究背景及意义

长期以来，雷达对抗一直在电子战中占据主导地位。所谓雷达对抗，是指为削弱、破坏敌方雷达的使用效能和保护己方雷达使用效能的正常发挥所采取的措施和行动的总称，它主要包括雷达侦察、雷达干扰、雷达反侦察和雷达抗干扰等内容。雷达侦察是指搜索、截获敌方雷达辐射源的电磁信号，经过分析识别，从中获取相应的战术、技术参数以及雷达辐射源的体制和型号等情报的活动。实际应用中，根据其任务和用途的不同，雷达侦察主要被分为威胁告警(RWR)、电子情报侦察(ELINT)和电子支援侦察(ESM)三大系统。雷达侦察系统所截获的信号通常包含大量的雷达信号及其他电磁辐射源信号，形成随机交错的信号流。依据截获的雷达特征参数、到达时间及到达方向等数据可把各部雷达信号从信号流中分选出来，然后再对分选出来的信号进行参数提取和雷达型号识别，最后根据识别结果来获得雷达的类型、属性、用途以及威胁程度等情报。

综上所述，雷达辐射源信号分选(signal sorting)是雷达侦察信号处理的关键环节，直接影响着雷达侦察设备性能的发挥，并关系到后续的作战决策。尤其对于电子支援侦察系统，需要对威胁等级高的敌方雷达辐射源进行及时、全面、准确地截获识别并迅速引导控制干扰设备(ECM)或硬摧毁武器系统对其攻击。此时，快速、正确的信号分选就成为完成上述任务的前提，而错误的信号分选将会导致大量的增批与漏批(对应虚警与漏警)，严重影响对抗效果甚至关系作战的成败。因此，信号分选的技术水平已成为衡量电子情报侦察、电子支援侦察和威胁告警系统技术先进程度的重要标志。

当前雷达侦察系统基本上都是利用载波频率(RF)、脉冲宽度(PW)、脉冲幅度(PA)、到达时间(TOA)和到达方向(DOA)这五个传统的基本参数来分选雷达信号的，这在电磁威胁环境相对简单，即雷达信号形式简单，载频、重频、脉宽等参数固定不变，且雷达数量少、雷达信号密度低的情况下一般可以取得较好的分选效果。但是,随着各种新体制雷达设备数量的急剧增加,电磁威胁环境的信号密度已高达每秒百万量级,而且现代雷达已经向多功能、多用途方向发展,一部雷达可以有多种工作状态,具有多种体制,同时为了提高自身的性能和反侦察、抗干扰的需要往往采用各种复杂的波形设计,尽量破坏信号分选和识别所利用的信号规律性,再加上采用了低截获概率(PLI)技术,这些变化使得基于基本五参数的传统信号分选方法性能骤降,甚至失效。如何解决复杂电磁环境下的雷达信号分选问题,寻求满足实时性、准确性和可靠性的信号分选新方法已经成为必由之路。

近年来,随着超高速集成电路(VHIC)和超大规模集成电路(VLSIC)的迅速发展,数字化接收机已开始在雷达、电子战和通信接收机中普遍使用,尤其是宽带数字中频接收机在现代雷达侦察系统中的应用越来越广泛。它采用模数转换器(ADC)来取代检波器,直接对中频信号进行采样,不仅保留了雷达信号的常规参数,还获得了雷达信号的脉内信息,而且得到了雷达信号的脉内特征和个体特征。因此在雷达数目急剧增加,复杂雷达体制广泛应用等因素共同造成的复杂密集电磁环境下,除了利用常规参数进行信号分选外,对雷达信号的脉内信息进行分析,并利用脉内特征参数进行脉冲流分离是一种有望提高信号分选性能的有效技术途径。因此,现阶段展开基于脉间参数和脉内特征相结合的雷达辐射源信号分选方法的研究具有重要的理论和实际意义。

(1) 该研究是提高信号分选性能的有效途径。

(2) 该研究可以迅速缩短与先进发达国家在雷达侦察领域的差距。

(3) 该研究事关雷达侦察设备的性能提升和更新换代。

总之,我国雷达信号分选领域研究工作需要解决的关键问题是对雷达辐射源信号分选的体系结构和新方法的探索和创新。

8.1.2 研究现状及趋势

作为雷达侦察系统信号处理的关键技术之一,雷达辐射源信号分选相关理论与技术的研究备受世界各国的重视,相关研究文献资料表明,关于雷达辐射源信号分选技术,国内外学者已经开展了大量研究工作并取得了不少研究成果。在国外,许多重要的国际期刊和会议论文集已经发表了不少有关信号分选的论文,其中一些论文已经在技术上取得了一定的创新和改进,为雷达信号分选的发展起到了非常大的推动作用。在国内,也有许多研究机构和高等院校开展了关于复杂体制雷达辐射源信号分选与识别的研究工作,重点探索了雷达辐射源信号分选的理论方法体系与工程技术实现。例如西安电子科技大学、华东电子工程研究所、中电科技集团第二十九研究所、中船重工集团第723研究所、国防科学技术大学、海军航空工程学院、成都电子科技大学、哈尔滨工程大学、西南交通大学等单位先后对复杂体制雷达及其侦察技术进行了研究,取得了一定的研究成果。

从研究过程来看，雷达信号分选技术主要经历了利用脉间单参数、利用脉间多参数和利用脉内特征进行分选的三个阶段，下面展开介绍。

1. 基于脉间单参数的信号分选

基于脉间参数的信号分选通常所使用的特征量是从各个脉冲中提取的信息，包括 RF、PW、PA、TOA 和 DOA 等基本脉冲参数。而雷达信号分选系统一般单参数进行分选，依靠不同参数进行逐级分选或依靠多参数进行并行分选。依靠单个脉冲参数进行分选用的最多的是 TOA，由 TOA 求出脉冲的重复周期 PRI，然后应用不同的算法进行分选。

基于脉冲重复间隔(PRI)的分选方法在雷达信号分选研究中成果较为丰富，主要包括了动态扩展关联法、PRI 直方图法、基于 PRI 变换的分选算法及基于平面变换的分选算法等。

ESM 系统中用的最多的是序列搜索，积累差直方图和时序差直方图分选方法，同时 PRI 变换的算法和其他改进算法也有所应用。1976 年 Campbell 最先研究了基于 PRI 的信号分选方法——PRI 动态扩展关联法。

动态扩展关联法又称为 PRI 搜索法，是一种最简单也最经典的减法分选。该方法首先选择一个脉冲作为基准脉冲，然后通过试探性地对脉冲流进行扩展搜索来确定雷达脉冲列。具体的做法是先选择一个基准脉冲，将此脉冲与其后某一脉冲的 TOA 值相减，求得两个脉冲的时间间隔，然后以此间隔进行外推，以分选出 PRI 等于该时间间隔的脉冲序列。如果以此间隔外推没有得到期望脉冲序列，则另外选取时间间隔，再重复上述过程，直到成功分选出一个脉冲序列为止。当将一个脉冲序列成功地分选出来后，从全脉冲流中剔除该脉冲序列，即实现该雷达信号对应脉冲信号的分选。接下来重新选择基准脉冲，对剩余脉冲进行 PRI 搜索，重复这一过程直到剩余脉冲数少于人工经验设置的最少脉冲数门限。该方法具有原理简单、易于实现的优点，在先验信息丰富的情况下能够较快地分选出感兴趣的雷达信号，但是这种方法仅适用于 PRI 固定的雷达信号，对于 PRI 参差、组变等变化复杂的雷达信号无能为力，增批、漏批的现象严重，分选准确率较低。

1989 年 Mardia 将直方图分析方法与序列搜索方法相结合，提出了积累差直方图(CDIF)算法，1992 年 Milojevic 提出了时序差直方图(SDIF)算法。此后，国内外众多学者对 CDIF 和 SDIF 算法展开了广泛而深入的研究，并结合具体的实际情况提出了一些改进措施。这些措施通常可分为两类：一类是直接针对 CDIF 和 SDIF 算法本身的门限确定或分选步骤的某个方面进行改进，另一类改进算法的基本思想，就是在 CDIF 或 SDIF 的前端增加其他参数对脉冲流进行稀释和预分选，之后再利用 CDIF 或 SDIF 实现主分选。具体分析如下。

PRI 直方图法主要包括三种典型方法：TOA 差值直方图法、CDIF 法和 SDIF

法。TOA 差值直方图法的步骤是:首先将每个脉冲的 TOA 值与后续的 TOA 值相减,得到每个 TOA 的差值,然后积累这些差值得到脉冲序列直方图。该方法的缺点是:设定的检测门限非最佳门限,在脉冲缺失率较高时易出现虚警,仅对 PRI 固定的雷达脉冲序列有效,计算量较大,谐波现象严重。Mark 在有关文献中证明,当采用纯软件对脉冲列进行纯串行处理时,TOA 差值直方图的运算量约等于脉冲个数的平方。因此,当脉冲流密度日益增加时,该算法的实时性将受到极大影响,甚至导致分选系统无法正常工作。为此,Mardia 综合直方图方法和动态关联扩展法的特点,提出了 CDIF 法。该算法首先计算脉冲数据的各级差值,然后对其直方图进行积累,估计脉冲序列中可能的 PRI 值,再以该 PRI 值进行脉冲序列搜索。与以往的分选方法相比,CDIF 法的优点是:在计算量和抑制谐波方面有所改进,且由于累积的原因使得该算法在有干扰脉冲和脉冲丢失的情况下依然具有较好的分选效果。然而,由于 PRI 的随机抖动,信号的多径效应引起的信号到达时间不稳定、信号的包络有畸变等情况均会导致计算错误;当 PRI 峰值降低到预设门限以下时,无法对序列进行搜索,对于超过门限的 PRI 需要较大容差去检测;同时,在脉冲丢失率较高时会出现 PRI 谐波现象,导致分选出错。针对 CDIF 法存在的上述缺陷,Miljevic 对 CDIF 进行了优化和改进,在 CDIF 算法的基础上提出了 SDIF 法。该算法先对脉冲序列的 PRI 进行估计,不再对所有的 TOA 差值进行积累,只计算当前的 TOA 差值直方图,再对符合条件的 PRI 值进行序列搜索,结果在一定程度上提高了算法的计算速度。同时,由于该算法具有最佳检测门限和次谐波检验,可以防止出现虚假的 PRI 值,能够实现对常规体制雷达、PRI 参差体制雷达和捷变频雷达脉冲信号的分选。但是,由于该算法不进行级间积累,后果是分选性能下降,同时易出现谐波,对雷达频率抖动干扰技术存在局限性。

近年来国内外许多学者针对直方图的性能和改进优化算法进行了广泛而深入的研究,并取得了一些有价值的研究成果,这些研究成果主要有两个方面。一是针对直方图算法本身进行改进,使算法能够适应更复杂的电磁环境,在性能方面更加优越。譬如,有些文献提出了基于余弦加权的直方图分选算法,采用长度可变的交叠箱,使直方图更平滑、谱峰更清晰、二次谐波的抑制效果更好、PRI 抖动的情况也减少了。但是,相应的算法计算量会有所增加。有些文献针对直方图算法计算量大、实时性差的问题提出了基于脉冲关联和直方图的抖动信号分选算法,在一定程度上提高了直方图算法的实时性。还有一些算法将小波网络用于 SDIF 特征分析,具有结构简单,训练过程收敛速度快等有优点。二是将直方图算法进行工程实现。如有关文献就研究了脉冲流密度较大时直方图算法的数字信号处理(DSP)实现,还有文献分析了 SDIF 算法和多核 DSP 相结合的并行处理模式,并设计了分选电路,实现了密集电磁环境中的信号分选,但是该分选电路仅适用于常规雷达信号,对变化复杂的雷达信号依然无能为力。

由上面的分析可知，统计直方图算法是以脉冲序列的自相关函数为基础的，因此不可避免地会在真实PRI谐波处产生虚假峰值，对CDIF和SDIF而言，存在谐波现象是一个共性问题。为了抑制谐波，Nelson提出了基于脉冲到达时间序列的复值自相关积分算法，用该算法可以把脉冲序列的TOA差值变换到一个PRI谱上，由谱峰位置即可估计出脉冲序列所对应的PRI值，然后以此PRI值进行搜索，实现该雷达脉冲信号的分选。Nishinuchi等对这种PRI估值算法进行了改进，改进后的算法被称为PRI变换的分选算法。基于PRI变换的分选算法，其核心思想是以SDIF算法为基础的。有学者根据复杂体制雷达信号PRI变换的特点，基于PRI变换的思想对算法进行改进，提出了很多改进算法。有的文献针对如何从PRI变换谱图中准确地提取出雷达辐射源的PRI值，研究了脉冲流中不同雷达辐射源信号PRI值较接近和差别较大两种极端情况下的PRI值提取问题。有些文献针对如何提高PRI变换法的实时性能进行了研究，并对PRI变换法应用于相控阵雷达的工作模式规律和线性调频信号检测、信号分选的性能等进行了分析。还有些文献针对PRI变换法对抖动范围较大的雷达辐射源信号提取效果较差的问题提出了三点改进措施：一是利用在线更新时间起点以降低相位误差；二是利用交叠PRI箱容纳更多脉冲间隔以减少PRI的分散；三是利用可变移动因子、固定箱分辨率等措施以解决PRI抖动信号的分选问题。总之，基于PRI变换的相关分选修正算法对常规的PRI固定脉冲信号、PRI抖动和PRI滑变等信号均可以达到较好的分选效果，而且几乎可以抑制全部的子谐波，并且在脉冲丢失率较高、信号密度较大的情况下依然有效。但是，该算法的运算量比CDIF、SDIF的更大，而且对PRI参差类型的雷达信号不适用。

平面变换法是胡来招等首次提出的基于PRI的可视化平面变换方法，是一种较为新颖的雷达信号分选思路。该方法首先将密集的脉冲数据流变换到二维平面，从而得到由离散点构成的脉冲到达时间二维图像，然后根据图像中反映出的PRI变换规律提取对应的脉冲列，实现信号分选。根据平面变换的思想，学者们又进行了很多研究，并提出了一些改进方法。有的学者首先对平面变换方法本身进行了研究，通过对密集的脉冲序列进行分段截取，并将其在平面上逐行显示，再变换平面显示的宽度，得到相关信号的累积特征曲线，从而实现对该脉冲信号的分选。有的学者在平面变换思想的基础上提出了由脉冲列的TOA得到瞬时PRI的变换方法，由于这种方法不需要对平面显示宽度进行调节变换，因而更加实用。有的学者提出了自动搜索周期性对称调制模式的快速算法，实现了密集脉冲流中PRI具有周期性对称调制特征的雷达脉冲序列分选。有的学者研究了在PRI类型不同时平面变换方法提取性能的变化。有的学者进一步研究了特征曲线搜索，提出了基于特征曲线的自动搜索方法，该方法能够自动搜索直线和曲线，而不依赖于初始脉冲点的选择。还有的学者提出了针对周期信号的矩阵匹配分选方法。

平面变换思想与 Hough 直线检测方法相结合,为实现二维平面中的信号脉冲列的自动识别与提取指明了方向。基于平面变换的思想方法是将一维的脉冲列到达时间序列变换为二维图像显示,对于提高信号分选的实时性具有重要意义,同时采用图像显示使得人工处理密度较大的脉冲序列成为可能。但是该方法适用的雷达信号 PRI 变化类型有限,对于周期规律性不强的 PRI 抖动或者滑变类型脉冲信号,算法的分选性能较差。另外对于自动处理时周期规律性认定门限的设定也是一大难题。

上述介绍的各种基于 PRI 的雷达信号分选方法均仅利用脉冲序列的 TOA 信息,不同算法各有自己的优点和缺点:动态扩展关联法原理简单,但仅适用于 PRI 固定的雷达辐射源;PRI 直方图法在降低脉冲丢失对算法性能的影响上有一定效果,但计算量普遍偏大,实时性较差,适用于事后处理;PRI 变换法及其改进算法对脉冲丢失率较大时的脉冲序列分选效果较好,但存在运算量较大的缺陷,同时对 PRI 参差信号的分选显得无能为力;平面变换法对 PRI 变化具有周期性的信号均适用,但必须建立在脉冲数量足够多的前提下,同时高准确率地实现自动分选也是一大难题。因此,单纯依靠脉冲的 TOA 信息进行分选并不能彻底地解决雷达信号分选问题,充分利用脉冲的其他参数信息是较为合理可取的选择。

2. 基于脉间多参数的信号分选

目前,雷达波形设计越来越趋于复杂化,传统的载频固定、重频固定、参差、抖动等雷达信号在现代雷达设计中越来越少见。而载频变化、重频捷变、重频随机等各种复杂调制雷达信号成为当前雷达波形设计的热点。然而由于存在计算速度慢、对不完整数据和被污染的脉冲参数分选效果差、无法处理大量的复杂数据等问题,之前介绍的基于 PRI 的各种分选算法已难以适应复杂体制雷达信号的分选。为此,人们自然就会想到利用雷达多参数的信号分选方法。

(1) 利用不同的雷达参数进行逐级分选,也就是一种串行处理的检测规则。脉冲参数如 RF、PW、PA、DOA 都用来与事先确定的脉冲群进行比较,并严格地检查每个参数是否落入到一定容差范围内的单元中,因此,该类方法运算速度慢,对包含噪声、缺失数据的脉冲参数响应不理想,且仅适用于常规雷达信号的分选,多参数匹配法是该类方法中的典型代表。

多参数匹配法是在模板匹配方法的基础上发展而来的,其原理是通过雷达脉冲的多个参数值实现联合分选。国内外众多学者对多参数匹配和联合分选的思想进行了研究。有的学者通过 DOA、PW、RF 等参数来研究雷达信号的分选问题;有的学者基于自适应开窗理论,提出了一种新的联合分选算法;有的学者提出了脉冲样本图描述方式,为多参数匹配分选识别提供了一种新思路。在此基础上,有的学者将脉冲样本图应用于雷达辐射源识别;有的学者将其应用于全脉冲数据中重点目标对应脉冲序列的快速提取和雷达辐射源识别；还有学者将其应用于雷达信号的分选，提出了基于脉冲样本图的多参数匹配分选方法，在一定程度上实现了没有先验信息情况下不同雷达信号的分选，但是针对变化类型复杂的雷达脉冲信号的分选研究并不多。

多参数匹配方法起源于模板匹配的思想，众多的研究都是基于敌方雷达辐射源参数信息已知的情况，因此辐射源数据库中雷达辐射源参数正确与否对多参数匹配方法的性能影响较大。当数据库中无敌方雷达辐射源信息或者针对新的复杂体制雷达信号时，如何利用多参数匹配实现脉冲信号的分选仍待进一步研究。此外，作为多参数的分选方法，用传统的雷达特征五参数对新体制雷达进行描述已存在明显缺陷。对于新体制雷达在利用传统的特征参数基础上，寻找对应的新特征参数具有重要意义。

(2) 利用雷达辐射源的多参数进行并行分选。一般采用非监督学习的方法来实现雷达信号多参数并行分选。本节在后面的内容中将对基于非监督学习的分选方法，即对聚类分选方法进行专题讨论。

在基于脉间常规参数的分选方法得到不断改进的同时，其他方法如聚类分选、基于脉内细微特征的分选、基于脉内调制特征的分选等也在迅速发展。

3. 聚类分选方法

聚类分选方法主要针对的是脉冲流中没有必要先验信息的情况。正如前面所提到的，随着复杂体制雷达的大量出现，使得常规五参数的各参数域会出现相互交叠的现象。另外，对于单站式非合作的雷达侦察系统来说，截获的全脉冲数据流一般情况下缺少必要的先验信息，也无法确定截获雷达辐射源的类别和个数。因此对缺少先验信息的雷达辐射源信号进行多参数分选，本质上属于典型的非监督分类问题，而聚类方法正是一种典型的非监督学习方法。聚类分选方法按照一定的相似性度量方法以及相应的评价准则，将数据库中的样本归类处理，进一步找出数据集合的内在组织结构，分析数据的内在联系，特别适用于没有先验信息情况下脉冲序列的分选。因此，通过聚类分析实现脉冲序列的去交错是雷达信号分选的一种重要方法，近十年来，在雷达信号分选领域受到了人们的普遍关注。

而 20 世纪 90 年代开始，人们的关注焦点并不是聚类分选方法，而是基于人工神经网络的信号分选方法。考虑到人工神经网络，如自组织神经网络(SONN)、概率神经网络(PNN)、径向基函数神经网络(RBFN)等所具有的并行处理和容错能力，许多文献将其应用于雷达信号分选，期望利用其所拥有的并行处理和容错能力来解决复杂信号环境下的雷达信号分选问题。有的学者将自组织网络与 PNN 相结合，从而得到 SOPNN 神经网络分选方法，主要用于没有先验信息的辐射源环境下的脉冲列去交错;有的学者选用RF、PW、DOA作为分选参数,利用Kohonen神经网络实现雷达脉冲分选;有的学者利用Kohonen神经网络及脉间参数和脉内参数组成的混合特征对辐射源信号进行自动分选;还有的学者利用Eidos BSB人工神经元网络对大量带有测量误差的雷达脉冲样本进行自联想学习,完成对脉冲模式的记忆,进而实现信号分选的功能。

然而,基于神经网络的分选方法应用于复杂体制雷达辐射源信号的分离时存在一定的固有缺陷。例如,自组织神经网络在处理未知模式空间的识别问题时需要庞大的网络规模,同时没有进行聚类有效性验证,在实际辐射源环境与先验辐射源环境存在较大差异时虚警概率大大提高。又如PNN存在需要样本的先验知识,对于模式重叠及交错的情况分类性能不理想以及SOPNN对于参数空间不连通、参数相互交错条件下的脉冲流分选效果不令人满意等问题。另外,由于对非监督神经网络分选方法的性能起关键作用的仍然是脉冲特征参数,当遭遇到新体制类型的雷达辐射源时,其常规参数变化范围较大,固定性较差,导致神经网络分选方法的性能较差。此外,基于神经网络的分选方法具有局部极小和过学习的固有缺点,在处理信号分选问题时稳定性和实时性均较差。以上种种缺陷限制了基于神经网络的信号分选方法在实际中的推广应用。

1992年,Chandra提出了一种分两阶段对频率捷变信号进行分选的方法,该方法首先通过DOA和RF参数聚类,然后用PRI、PW参数对聚类后的平均值进行再处理;2003年,Eric提出了一种在线分选的模糊模式重排方法,用于实际搜集的脉冲信号集,并取得了较好的分选效果。此后,众多学者投入到聚类分选方法研究工作,并取得了一系列研究成果。2003年,有学者提出了一种基于支持矢量分析的雷达信号分选方法,该方法首先利用RF、PW、DOA参数对脉冲信号流进行聚类,再利用支持矢量分析方法对聚类后的脉冲流进行分选;2004年研究了在单站无源定位条件下的一种二次聚类方法;同年,有学者研究了使用K-means聚类对参数相近、互相交叠的非常规信号进行分选的方法;同年,有学者研究了具有脉内调制特征的多部相控阵雷达信号交错脉冲流的聚类分选方法;2008年,有学者研究了借鉴物理学中场和势的概念,引入拟重力场和拟核力场两种形式势函数,通过势函数来描述数据的空间分布,最后利用所获得的数据空间分布特征来进行信号的聚类分选方法;同年,有学者研究了基于模糊聚类算法的分选方法;2009年,有学者研究了一种基于核模糊聚类和粒子群聚类的雷达信号分选方法;同年,有学者研究了将优化算法应用到信号分选当中,利用改进的蚁群聚类算法进行雷达信号分选的方法;2011年,有学者提出了一种基于灰关联层次聚类分选算法,引入灰关联测度来衡量脉内特征样本之间的相似程度,从而实现雷达辐射源信号的聚类分选;同年,有学者研究了基于密度聚类的分选方法,利用基于密度聚类的分选算法对由RF、PRI、DOA组成的特征矢量进行聚类,从而得到雷达信号分选结果；同年，还有学者还研究了基于非均匀粒度聚类、基于广度优先搜索邻居聚类(BFSNC)、基于子空间聚类以及基于支持向量聚类(SVC)等算法在雷达信号分选中的应用。

综上所述，同所有多参数方法一样，对于可分类别来讲，困扰聚类分选的最大问题在于用于聚类的特征没有很好的类间分离能力，这影响了聚类方法的实际使用效果。支持向量聚类是一种最为有效的非监督分类方法，它具有两大显著优势：能产生任意形状的簇边界；能分析噪声数据点且能分离相互交织的簇。但是将 SVC 应用于雷达信号分选存在以下限制：最优化问题求解和邻接矩阵的计算耗时较多，难以满足雷达信号分选的实时性要求。国内许多人应用 SVC 进行雷达信号分选取得了良好的效果，但耗时太多，因此提高 SVC 算法的处理速度对实现雷达信号的实时分选具有重要意义。

4. 基于脉内细微特征的信号分选

雷达的脉内细微特征指的是脉内无意调制特征，即表征雷达信号个体特性的指纹特征，是由于雷达采用某一种调制器而附加在信号上的固有特征，基本上难以完全消失，且具有唯一性。一般来说，它是由发射管、高压电源等器件产生的所不希望的各种寄生调制。

关于雷达的细微特征也就是雷达脉内指纹特征的研究，在国内开始于 20 世纪 80 年代初，代表人物有林象平等。此后，该方法的研究工作进展不明显，直到 1993 年，Langley 提出了无意频率调制(UMOF)的概念，并将其作为特定辐射源识别的重要特征，基于脉内细微特征的信号分选与识别的研究工作才有了一定的起色。之后，Kawalec 和 Langley 还将雷达信号调频特征作为脉内细微特征即指纹特征用于信号分类(可看做对信号的粗分选)，并引入了线性判别分析和主元分析方法来分析这些特征，最后用实际数据进行了验证，具有一定代表性。2004 年，Kawalec 指出雷达个体辐射源分选识别的关键是提取信号的无意调制特征，即脉内细微特征。之后，众多学者围绕这一问题开始了广泛的研究：从信号的视频包络中提取无意幅度调制特征；根据自相关运算估计基波、二次谐波和三次谐波的功率谱，根据功率谱估计各谐波的功率，并将功率比作为谐波功率约束特征向量；通过对脉内信号样本进行二维 Euclidean 空间的固定矩阵变换，得到变换观测点，并对变换观测点进行回归分析，得到特征点的联合坐标，将这些联合坐标作为分类识别同类型辐射源信号的新特征；利用第二回归分析方法对变换测量点进行分析并获取部分特征点，再根据这些特征点构造具有拉格朗日多项式形式的全局测量函数，将由广义采样函数决定的闭合平面面积和弧长作为辐射源信号特征，最后用提取出的特征对相同类型辐射源进行分类；根据仿射映射叠函数系统构造广义采样函数来进行特征提取；根据发射机的原理提取细微特征进行辐射源的个体识别;利用双谱中包含的信号细微信息和双谱受高斯噪声和杂波影响较小等特性进行细微特征提取;模糊函数全平面上进行核点排序和优化时的性能,将频偏接近零(包括零)的模糊函数切片作为静止辐射源信号的主要代表性特征,将频偏不为零的模糊函数切片作为运动雷达辐射源的细微特征,从而保留了运动雷达辐射源信号的稳定个体特征,可应用于静止和运动辐射源的无意调制识别。该方法可以得到稀疏的特征集,有助于找到鲁棒的辐射源个体特征。

脉内细微特征分析方法在分选识别个体辐射源时发挥着无可替代的作用,但是,作为非常规参数,并不好获取。细微特征是由雷达采用某一种调制器而附加在信号上的固有特征,这种特征往往反映在同类信号的细微差别上,因此想要捕捉到这些细微特征信息就必须采用较大的采样带宽,例如大多数无意频率调制发生在脉冲振荡器信号的前沿和后沿,需要采用很高的采样频率才能捕捉到这些特征信息。另外,即使获得了雷达辐射源信号的脉内细微特征,即指纹特征,也难以确认与其相对应的辐射源之间的关系。也就是说指纹特征可以通过技术手段设法获得,但是指纹与辐射源之间的关系数据库不容易获得,尤其是敌方的雷达辐射源指纹与辐射源之间的关系数据库更是如此。正是这个原因,极大地抑制了基于脉内细微特征的信号分选方法的实际推广应用。

5. 基于脉内调制特征的信号分选

雷达的脉内调制特征指的是脉内有意调制特征。将脉内调制特征作为雷达信号截获和分选的参数是众多学者的一致共识,也是极有希望提高新体制雷达辐射源截获和分选能力的一种新途径。新体制雷达的出现,常规参数在各参数域的随机变化和相互交叠,使得基于常规参数的信号分选方法处理起来力不从心。因此,学者们致力于提取新的特征参数来解决信号的分选问题。20 世纪 90 年代前后,Danielsen 提出可以通过搜索和提取新的雷达信号特征来解决日益复杂的电磁环境下的信号分选问题。脉内调制特征参数有助于减少参数空间的交叠概率,对辐射源信号的分选与识别提供了新思路。脉内有意调制包括脉内相位调制、频率调制和二种调制组合的复合调制。常见的脉内调制雷达信号有线性调频(LFM)、非线性调频(NLFM)、调频连续波(FMCW)、二相编码(BPSK)、四相编码(QPSK)、多相编码(MPSK)、频率编码(FSK)及复合调制等。目前,基于雷达辐射源脉内调制特征的信号分选方法一般有时域分析法、频域分析法、时频分析法、高阶统计分析法以及非线性动力学分析法等。

时域分析法主要是指时域自相关法,它是通过计算信号的时域瞬时自相关函数来对雷达信号脉内调制特征进行分析的。在实际工程应用中,瞬时自相关法遇到了一些现实问题:如在实际的数字中频处理中由于受器件采样频率的限制,瞬时自相关算式中的延迟间隔过小,从而使得用于相关计算的两采样点过于靠近,此时噪声的相关性增强，使该算法在低信噪比时的性能急剧下降。为此，部分学者通过调整瞬时相位的无模糊区间，使得在相同的采样频率下，延迟间隔的取值范围扩展为原先的四倍，从而使算法的抗噪性能得到一定的改善。之后，又利用无模糊相位区间和滑动平均对瞬时自相关算法进行改进，并提取出了瞬时频率的二次特征，获得了较好的特征向量类间分离性。

频域分析法主要用来研究雷达辐射源信号的能量或功率随频率变化的规律，从而提取出有利于信号分选识别的脉内调制特征。一些研究先后运用时域倒谱法、频域相似参数、高阶相似参数、Holder 参数、符号化脉内调制特征提取等方法和，在频域对辐射源信号进行分析，并依据不同原理分别提取出了有效的新特征。

时频分析法是将信号从时域变换到时频联合域的一种典型二维变换方法，可以提取出信号的瞬时频率谱特征。基于时频分布的脉内调制参数特征提取方法主要集中在时频图像的处理上。有的研究提出了基于自适应数据驱动窗口长度 Wigner 时频分布的特征提取方法以及基于 Choi-Williams 时频分布的特征提取方法；有的研究用 CWD 分布计算辐射源信号的时频分布图，将时频图像进行腐蚀和基于递归膨胀的自适应阈值二进制处理以确定调制能量重心，再对时频图像进行进一步处理提取出辐射源信号的二进制特征向量；有的研究提出了基于 PWD 分布联合随机变换的特征提取方法；有的研究提出了一种基于复独立分量分析 Wigner-Ville 时频分布（WVD）的二阶时间矩和 Winger-Hough 变换的特征提取方法，可以较好地识别出 LFM 信号；还有研究先后利用模糊函数提取不同信号的脉内调制特征信息，用于信号的分选识别。

小波分析法在信号处理的各个领域均得到了广泛应用。1992 年，Delpart 根据小波变换的思想，提出了脉内瞬时频率特征提取的小波渐近方法，之后，在不涉及信号重构的模式特征提取问题中，小波分析法才受到了众多学者的普遍关注。有的将雷达信号的频谱在不同的尺度下进行分解，将低频逼近小波系数和高频逼近小波系数的能量分布熵作为信号特征；有的将时频重排理论应用到小波谱图上，求得线性调频信号的瞬时参数特征（频率、相位、幅度）。2004 年，有研究应用相似系数法对提取的特征进行选择，挑出两个最优特征子集对辐射源信号进行神经网络识别，取得了较好的识别效果。2006 年，有研究利用 Morlet 小波提取雷达信号的包络特征，得到包络顶降、上升沿、下降沿和脉宽四个脉内特征。2010 年，有研究从不同方面对小波变换在辐射源信号特征提取中的应用进行了分析，其中有研究构造了一种类似 Morlet 小波的新小波基，并对信号的脊频特征进行了二次特征提取，得到针对不同调制方式信号的四个新特征。作为小波变换的推广，小波包对高频部分进行分解，是一种比多分辨分析更加精细的分析方法。通常情况下，利用小波包进行特征提取是指对信号进行小波包分解后将各频带的能量作为特征。

原子分解通过稀疏表示对信号自适应逼近,对具有不同时频分布的稠密分布信号具有较强的适应性。因此,对辐射源信号进行多参数的原子分解是可以提取其脉内特征参数的。利用原子分解提取辐射源信号特征的工作主要集中在构造合适的原子库、搜索匹配原子算法的选择、匹配原子集的最优化等方面。另外,分数阶傅里叶变换(FRFT)可以在统一的时频域上进行信号处理,因此较为完整地描述了辐射源信号的时频特征。2009 年,有研究据此提出了一种基于 FRFT 的 α 域—包络曲线特征向量的提取方法。

高阶统计分析方法即高阶谱分析法,又称为高阶统计量(HOS)。它可以自动抑制高斯有色噪声对非高斯信号的影响,而且能抑制非高斯有色噪声的影响,保留信号的幅度和相位信息。因此在雷达辐射源信号的分选与识别方面受到了许多学者的关注:有的研究利用时域双谱特征对实测雷达数据进行分类,与非高阶统计方法进行比较,结果是在有色噪声和高斯噪声条件下,利用时域双谱特征可以获得较好的分类性能;有的研究利用双谱特征对雷达辐射源信号进行分选;有的研究先利用 HOS 实现不同调制样式信号的分类,再通过脉冲重复间隔对具有相同调制样式、不同调制参数的信号进一步分类,并通过仿真验证了该方法的有效性;有的研究先提取出雷达辐射源信号的四阶累积量作为信号特征,再利用 Kohonen神经网络完成对交叠信号的分离;有的研究先提取出雷达辐射源信号的四阶和六阶高阶累积量作为信号识别的特征参数,再利用训练好的 RBF 神经网络实现不同调制类型信号的识别;有的研究在高阶累计量的基础上,给出了一种基于盲源分离的雷达信号分选方法,对高斯噪声背景中混合的多个雷达信号可以实现分选。

非线性动力学分析方法是通过度量信号波形的复杂性和不规则性来识别信号的脉内调制方式的。如关联维、盒维、信息维、熵、复杂度等都可以用来描述或反映信号的复杂性和不规则性。研究人员分别从这些方面入手研究了雷达辐射源信号的脉内调制特征提取:有的研究用分形理论中的关联维数来表征信号的复杂性和不规则性,简化了分类器的设计,并进一步通过采用盒维数和信息维数对信号频谱形状进行复杂性度量,提取出包含信号幅度、频率和相位变化信息的辐射源信号分形特征;有的研究提出了以近似熵(ApEn)作为一种衡量时间序列复杂性的统计参数,该参数仅需要较短数据就可以度量出信号中产生新模式的概率,且抗干扰能力较强。ApEn 可作为描述雷达辐射源信号复杂性的一个特征,用较少的数据来统计具有不同复杂性的辐射源信号序列。但是该方法存在信号自匹配而带来的估计偏差问题。为此,有的研究就提出了以样本熵(SampEn)作为时间序列的统计参数,该参数具有与近似熵相同的物理意义和优点,解决了估计偏差和对微小的复杂性变化不灵敏的问题,因此可以考虑以该参数作为辐射源信号的脉内调制特征。还有的研究采用 Lempel-Ziv 复杂度表征信号的复杂性和不规则性，通过复制和添加的简单计算模型来描述信号序列，将所需的添加操作次数作为序列的 Lempel-Ziv 复杂度度量，所提取出的特征具有较好的分类正确率和对噪声不敏感的特性，且简化了分类器的设计。

由上面的分析可以看出，国内外学者从不同角度对脉内调制特征进行了分析和研究，并取得了一定的研究成果，为提高电子对抗装备的性能提供了理论支持。但是其中的部分特征分析方法，如小波分析、原子分解、时频分析等方法计算复杂繁琐，又如高阶统计量分析方法提取的特征维数过高等，这些因素都不利于方法的工程应用。另外，将非线性动力学方法应用于雷达信号分选处理是一种新的尝试，虽然客观上拓展了雷达辐射源信号分选处理的视野，但是这方面的研究尚未成熟，各种非线性动力学参数对应的雷达信号的物理意义需要进一步研究。

综上所述，脉内调制特征参数的使用有助于减少多参数空间的交叠概率，为雷达脉冲信号的提取和分选提供了一些新思路。然而，基于雷达辐射源信号脉内调制特征的提取和分选研究成果较为零散，且仅针对几种典型的雷达辐射源调制类型，未从信号分类的角度去深入研究信号的特征。此外，当前基于脉内调制特征参数提取的算法计算量较大，距离实时性分选的要求相差甚远，如何利用脉内调制特征参数对重点关注的雷达辐射源信号进行快速提取和分选识别还有待进一步研究。

8.1.3　雷达信号分选面临的信号环境

现代雷达技术发展很快，雷达信号分选面临的信号环境越来越复杂。世界各国除了继续使用原有的固定载频、固定重频、固定脉宽的常规体制雷达外，还不断使用频率捷变、频率分集、脉冲多普勒、脉冲压缩、相控阵、合成孔径及双—多基地等新体制雷达，甚至还采用了雷达组网技术，雷达工作体制呈现多样化、复杂化及综合化。不仅新体制越来越多，而且配置的数量也越来越多，反侦察、抗干扰的能力也越来越强。雷达信号分选面临的信号环境主要特征如下。

1. 时域特征

1）雷达信号以脉冲信号为主体

雷达分选面临的信号形式有两种：一种是脉冲信号，一种是连续波信号。如脉冲雷达、脉冲压缩雷达、动目标显示雷达、脉冲多普勒等大部分雷达采用的是脉冲信号形式，只有测高雷达、部分跟踪雷达等一小部分采用连续波信号形式。脉冲雷达信号与连续波雷达信号常常又是交叠在一起的。因此，面对这样的信号环境，雷达信号分选必须首先将这两种信号分离开来，然后再对多个脉冲信号去交错，对多个连续波信号去交叠，从而实现对混合在一起的脉冲信号与连续波信号的分选。

2) 雷达信号的脉冲流密度很大

当前雷达信号分选面临的信号环境越来越密集，遇到的信号脉冲流密度一般可以达到几十万脉冲/秒，高的可达到几百万脉冲/秒。而且随着时间的推移，信号脉冲流密度只会增大，不会减小，这给雷达信号分选技术带来了越来越大的挑战。

3) 雷达波形复杂

通常人们将雷达侦察系统截获的雷达信号分为常规信号(或简单信号)和复杂信号两类。常规信号指的是载频、重频、脉宽都不变的脉冲信号。这里所说的不变化是指在信号处理的取样时间里同一雷达的各脉冲载波频率、重频、脉宽都不变化。复杂信号是相对于常规信号而言的，常规信号以外的各种信号都归为复杂信号，也就是雷达信号的载频、重频、脉宽都可以按不同的规律变化。

(1) 重复周期变化的脉冲信号(包括 PRI 抖动、PRI 滑变等规律变化和随机变化)。

(2) PRI 参差的信号(有固定关系的几个重复使用的脉冲列)。

(3) 编码脉冲串信号。

(4) 频率捷变信号(脉间跳频)。

(5) 组间频率跳变信号(每一脉冲组频率相同，脉冲组间做周期性的多频率的跳变)。

(6) 脉内调频信号(频率编码、线性或非线性调频)。

(7) 脉内调相信号(相位编码，在脉宽内改变每个子脉冲的相位)。

(8) 频率分集信号(脉冲参数不变，同时多频率)。

(9) 频率扩展信号(信号占据很宽频谱而幅度很小)。

(10) 非正弦载波信号(噪声雷达、沃尔什波形雷达、冲击脉冲雷达)。

设计这些复杂信号的目的只有两个：一是为了提高雷达系统本身的性能指标，解决探测距离与探测精度、测频精度与测距精度之间的固有矛盾；二是为了提高雷达系统反侦察、抗干扰的性能指标。通过各种扩谱技术降低雷达信号的功率谱密度，从而降低雷达侦察接收系统的信号截获概率，实现雷达系统反侦察、抗干扰的能力。

4) 多雷达波形交叠、脉冲交错

由于地面、海面和空中雷达密集，雷达侦察接收机截获的信号同时来自多部雷达，因此形成多雷达连续波信号交叠、多脉冲信号交错，甚至多连续波信号与多脉冲信号既交叠又交错的混合信号。这给雷达信号分选工作带来了巨大的困难。

5) 雷达脉宽、重复周期参数多变

雷达脉冲参数包括 PW、PA、RF、TOA、DOA。涉及时域特征的参数是 PW、PRI，其中，PRI 可以由脉冲列到达时间 TOA 求得。现代雷达的 PW 是可变的，一般在0.2～200μs之间变化。精密跟踪雷达通常采用很窄的脉冲，脉冲压缩雷达的脉冲很宽，由有几十微秒到几百微秒不等。另外，现代雷达的PRI也是可变的，PRI可以抖动、滑变、参差甚至随机的变化。PRI的变化范围一般在固定重复频率的5%～15%之间。

2. 频域特征

1）雷达所用的频率范围日益拓宽

信号环境的雷达频率范围是指雷达侦察接收机必须截获的所有雷达辐射源所占的雷达频率范围。随着雷达技术的发展，雷达的工作频率正向更宽的范围拓展。目前，虽然常规雷达工作频率大多集中在0.5～18GHz范围内，但是超视距雷达工作于短波频段，而毫米波火控雷达的工作频率从35.94Hz一直扩展到140Hz以上，即电磁信号的全部频谱将包括米波、微波、毫米波以及光电频段在内的极宽频域。

2）雷达信号的频谱展宽、频谱交叠、频率捷变

由于线性调频、频率编码、相位编码等技术在低截获概率雷达中的大量使用，雷达信号的频谱日益展宽，雷达带宽已经达到400～500MHz。由于雷达参数的变化，同时也由于雷达数量的急剧增加，雷达信号频谱产生交叠。另一方面，由于雷达反侦察、抗干扰的需要，使用频率跳变信号的雷达越来越多，这些都给雷达信号分选工作制造了麻烦。

3. 功率密度(能量)特征

由于雷达作用距离与雷达发射信号的功率成正比，早期雷达的发射信号峰值功率都比较大，这样的雷达极容易被发现。随着雷达技术的发展，由于功率管制，信号扩谱等低截获概率技术的应用大大降低了雷达发射功率。总体来看，雷达的功率密度日益降低，这就给雷达侦察系统截获信号带来了问题。信号的功率密度降低，就得提高侦察接收机的灵敏度。但这种措施的效果是有限的，从根本上解决低截获概率信号的侦察问题，还得从信号处理算法上去努力。

4. 其他特征

除了上述特征之外，雷达信号的分选环境还面临着信号的空域特征和极化特征。由于雷达已装备到车载、舰载、机载甚至星载平台上，因此信号的到达方向应该说是全空域的，雷达侦察接收机也应该是全向、全空域的宽开接收机。另外，由于极化在雷达目标识别等过程中得到越来越多的应用，雷达目标回波的极化特征参数与目标的物理特征如形状、结构及材料属性等有直接的关系。因此，现代雷达侦察中也越来越多地使用了雷达信号的极化特征。

8.1.4 重频分选算法

传统的重频分选算法主要基于相关函数法。在此基础上又分别提出了CDIF和SDIF两种改进算法。基于压缩谐波的需要,人们又提出了基于PRI变换的重频分选方法。相关函数法是最基本同时也是最重要的重频分选算法,现有的重频分选算法大多是在该算法上加以改进得到的。为了便于讨论其他的算法,首先对该算法加以研究。

1. 基于相关函数的重频分选算法

假定N个脉冲重复周期固定的矩形脉冲列,其自相关函数为

$$R(\tau)=\sum_{i=1}^{N}S(iT_{\tau})S(iT_{\tau}+\tau)$$

式中,τ为延迟时间,T_{τ}为脉冲宽度。

由于脉冲在时间轴上的离散性,只有当$\tau=mT_{\tau}\pm\tau_{p}/2$时,相关函数存在,不满足此条件时,相关函数为零,这里的τ_{p}为一修正值。因此,对单个脉冲列,常取$\tau=mT_{\tau}$,其中,$m=1,2,3,\cdots,N$。可以看出自相关函数就是脉冲列延迟$\tau=mT_{\tau}$后与原脉冲列相乘再求和。

讨论如下:

(1) 由于周期函数的相关函数具有周期性,因而利用相关函数求PRI时,存在着很多个PRI的谐波分量。另外,实际脉冲列并非理想脉冲列,存在着脉冲丢失和PRI抖动等,如何克服谐波分量的影响是自相关函数法PRI鉴别要解决的重要问题,为此采用谐波压缩的办法来抑制谐波分量,使PRI的基波突出来。所谓谐波压缩,是对$R(\tau=T_{\tau})$,$R(\tau=2T_{\tau})$,$R(\tau=3T_{\tau})$,…所组成的相关函数进行某种数值的加权,在保证基波分量不变的条件下,谐波分量随τ的增加而快速递减,从而可以设置一个分选门限,选出基波分量大于门限的自相关函数$R(\tau=T_{\tau})$。

(2) 基于相关函数分选时,分选的可靠性受两个因素的限制。第一个因素是观测时间内各脉冲列构成的脉冲总数。第二个因素是在观测时间内,当某一个脉冲列的脉冲数低于噪声电平时,该脉冲列很难被分选出来。

(3) 对于多个脉冲混合的情况,计算相关函数$R(\tau)$时,τ应取为标准化后的脉冲宽度T_{τ}的整数倍。

(4) 基于相关函数的PRI分选算法的实质是计算延迟后的重合脉冲数,再根据计算结果以脉冲数最多的基波来确定其PRI。

2. 基于CDIF的重频分选算法

CDIF算法是一种基于周期性脉冲时间相关原理的一种改进算法,其基本原

理是通过累积各级差值直方图来估计原始脉冲序列中可能存在的 PRI，并根据 PRI 来进行搜索。CDIF 算法的步骤如下：

(1) 计算相邻 TOA 的差值。即计算 TOA(n)－TOA(n－1)，形成第一级差值直方图。

(2) 确定门限。设直方图的自变量为 τ，假设总的采样时间为 ST，则 CDIF 直方图的最优检测门限为 $T_{\text{threshhold}}=\chi(\mathrm{ST}/\tau)$，其中，$\chi$是可调系数，一般取$\chi<1$。

(3) 将直方图值与检测门限比较。从最小的脉冲间隔起，将第一级差值直方图中的每个间隔的直方图以及其二倍间隔的直方图值与检测门限比较，如果两个值都超过了门限则以该间隔作为 PRI 进行序列搜索。

(4) 假设序列搜索成功，PRI 序列将会从采样脉冲列中剔除，并对剩余脉冲从第一级直方图起形成新的 CDIF 直方图，重复这一过程直到缓冲器中没有足够的脉冲形成脉冲序列。

(5) 如果搜索不成功，则以本级直方图中下一个符合条件的脉冲间隔值作为 PRI 进行序列搜索。

(6) 假如本级直方图中没有符合条件的脉冲间隔值，则计算下一级的差值直方图，并与前一级差值直方图进行累加，然后重复以上步骤。

讨论如下：

(1) CDIF 算法较常规分选算法具有对干扰脉冲和丢失脉冲不敏感的特点。

(2) CDIF 算法需要将直方图中每个 PRI 间隔的直方图以及二倍 PRI 间隔的直方图的值与检测门限比较，若两个值都超过了门限，才进行搜索。这是针对二次谐波存在的情形设计的，具体情况为存在足够数目的间隔为 PRI 的三个脉冲序列，而不是只存在足够数目的间隔为 PRI 的两个脉冲序列。

(3) CDIF 算法并没有对脉冲抽取算法进行改进，而采用了传统的抽取算法。

(4) 当大量脉冲丢失时，谐波被检测出来，而真 PRI 没有被检测出来，因此序列搜索时可能分离出虚假序列。

3. 基于 SDIF 的重频分选算法

SDIF 算法是一种在累积差直方图算法基础上的一种改进算法，其步骤如下：

(1) 计算相邻两个脉冲的 TOA 之差构成第一级差值直方图，并计算门限。

(2) 进行子谐波检测。若只有一个超过检测门限，则将该值当作可能的 PRI 进行序列搜索。

(3) 当多个辐射源同时出现时，第一级差值直方图可能会有几个超过门限的 PRI 值，并且都不同于实际的 PRI 值，此时不进行序列搜索，而计算下一级的差值直方图，然后对可能的 PRI 进行序列搜索。

(4) 若能成功地分离出相应的序列，则从采样序列中剔除，并对剩余脉冲从第一级开始重新形成差值直方图,然后重复以上步骤。

(5) 在经过子谐波检测后,如果超过门限的不止一个峰值,则从超过门限的峰值所对应的最小脉冲间隔进行序列搜索,最后进行参差鉴别。

SDIF 算法不对不同级的差值直方图进行积累,而只检测当前级的差值直方图。SDIF 的检测门限如下。

由于直方图的峰值与脉冲之间的间隔成反比,在观测时间一定时,脉冲间隔越大,观测到的脉冲数量就越小,因而门限值与输入脉冲的总数 E 成正比,与脉冲间隔 τ 成反比,如下式所示:

$$p(\tau)=\frac{\chi E}{\tau}$$

式中,χ是小于 1 的常数。

如果有多部雷达存在,输入脉冲很多,就可以认为相邻脉冲的间隔是随机事件。即脉冲前沿可以认为是随机泊松点,将有限的观测时间 T 分为 n 各脉冲子间隔,则在时间间隔 $\tau=t_2-t_1$ 内有 k 个随机泊松点出现的概率为

$$P_k(\tau)=\frac{(\lambda\tau)^k}{k!}\mathrm{e}^{-\lambda\tau}$$

式中,$\lambda=n/T$,表示在单位时间内脉冲的子间隔数。相邻两个脉冲间隔为 τ 的概率近似为

$$P_o(\tau)=\mathrm{e}^{-\lambda\tau}$$

上式为一级差值直方图的大致形式。直方图实际上是一个随机事件的概率分布的近似值,所以较高级差值直方图呈现指数分布形式。构成第 C 级差值直方图的脉冲组数量为 $E-C$,即观察时间内一共有 $E-C$ 个事件发生。泊松流的参数 $\lambda=1/kN$,则最佳检测门限函数为

$$T_{\text{threshhold}}(\tau)=\chi(E-C)\mathrm{e}^{-\tau/(kN)}$$

式中,E 为脉冲总数;C 为差值直方图的级数;χ 为小于 1 的正常数;N 为采样脉冲数。常数 χ 由实验来确定。在实际中,若发生脉冲丢失的概率也为泊松分布,则可以改变 χ 的大小来适应。

4. 基于 PRI 变换的重频分选算法

以上讨论的分选方法都是以计算接收脉冲的自相关函数为基础的。由于周期信号的自相关函数仍然是周期函数,因此前面讨论的这些基于相关函数的分选算法均容易出现谐波问题,在脉冲丢失的情况下这种现象尤其严重。为了检测出正确的 PRI,CDIF 和 SDIF 算法采用部分的自相关函数来避免子谐波。由于加入了变换因子,本节介绍的基于 PRI 变换域的重频分选算法子谐波几乎得到了完全抑制。

假设以脉冲的前沿时间为基准来计算脉冲的到达时间。令 $t_n, n=0,1,\cdots,N-1$ 为脉冲的到达时间，其中，N 为采样脉冲数。如果只考虑使用 TOA 这一个参数，采样脉冲就可以模型化为单位冲激函数的和：

$$g(t)=\sum_{n=0}^{N-1}\delta(t-t_n)$$

得 $g(t)$ 的积分变换式

$$D(\tau)=\int_{-\infty}^{+\infty}g(t)g(t+\tau)\exp\left(\frac{2\pi jt}{\tau}\right)\mathrm{d}t$$

式中，$\tau>0$，$|D(\tau)|$ 给出了一种 PRI 谱图，在代表真 PRI 值的地方将出现峰值。将 $g(t)$ 带入 $D(\tau)$ 得

$$D(\tau)=\sum_{n=1}^{N-1}\sum_{m=0}^{n-1}\delta(\tau-t_n+t_m)\exp\left(\frac{2\pi jt_n}{t_n-t_m}\right)$$

PRI 变换是基于类似于自相关函数的复值积分式。自相关函数表达式如下：

$$C(\tau)=\int_{-\infty}^{+\infty}g(t)g(t+\tau)\mathrm{d}t$$

PRI 变换与自相关函数的区别是前者多了一个相位因子 $\exp(2\pi jt/\tau)$，或 $\exp[2\pi jt_n/(t_n-t_m)]$。对交叠脉冲串作自相关运算，不仅在 PRI 处出现峰值，而且在 PRI 的整数倍处也出现峰值，也就是子谐波，这给脉冲重复周期的估计以及随后的信号分选造成了困难。采用 PRI 变换几乎完全抑制了子谐波。为了解释这个相位因子的作用，定义了一系列稳定重频的脉冲串的到达时间。如下式所示：

$$t_n=(n+\eta)p,\quad n=0,1,2,\cdots$$

式中，p 是 PRI；η 是常数，脉冲串的相位定义为

$$\psi=2\pi\eta\bmod 2\pi$$

若两个相位 ψ_1,ψ_2 满足 $\psi_1=\psi_2\bmod 2\pi$ 或 $\exp(j\psi_1)=\exp(j\psi_2)$，则认为 ψ_1,ψ_2 是相等的，记为 $\psi_1=\psi_2$。

一部固定重频雷达信号 PRI 为 p 的相位也可以得到

$$\theta=\frac{2\pi t_n}{p}=\frac{2\pi t_n}{t_n-t_m}$$

因此对于所有的 $t_n, n=0,1,\cdots,N-1$，相位也可以根据相邻脉冲的列到达时间来计算。

接下来只考虑包含一部固定重频的雷达信号的自相关函数。将 t_n、θ 带入 $D(\tau)$ 得

$$C(\tau)=\sum_{i=1}^{N-1}(N-i)\delta(\tau-lp)$$

可以看出，虽然在 $\tau=lp, l=2,3,\cdots$ 处出现的峰值代表 PRI$=p$ 的子谐波，但从另

外一个角度来看,一列 PRI 为 p 的脉冲串可以认为是 PRI 为 lp 的 l 列脉冲交叠在一起,如图 8-1 所示。

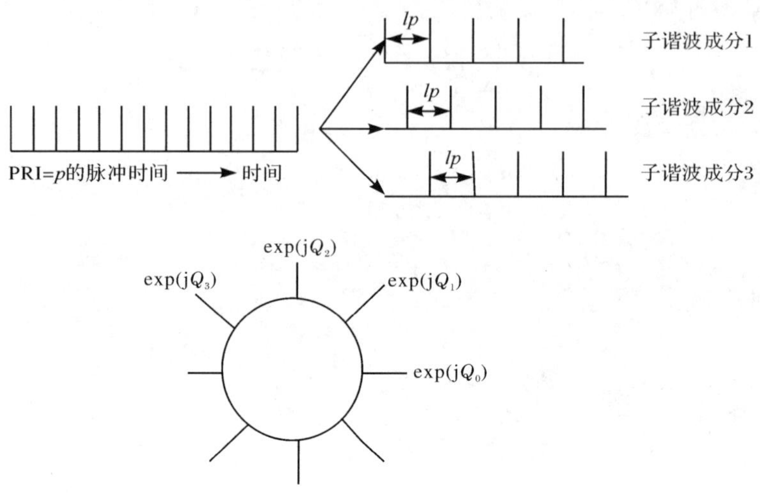

图 8-1 PRI 变换谐波压缩

由定义,这些 l 列的脉冲串的相位就变为 $\theta_1=\theta/l,\theta_2=(\theta+2\pi)/l,\cdots,\theta_l=[\theta+2\pi(l-1)]/l$,其中,$\theta=2\pi\eta,0\leqslant\theta\leqslant 2\pi$。假定用图 8-1 所示的圆上的点代表相位,这些点的向量和就会变为零(除了 $l=1$ 的情况)。在 l 列脉冲序列中,包含脉冲对 (t_n,t_m) 作为相邻脉冲对的脉冲串的相位就可以表示为 $2\pi t_n/(t_n-t_{n-1})$。这表明 l 项相位因子相加,结果为零,也就是说出现在自相关函数中的子谐波就会得到抑制。进一步推广,对重频参差、重频抖动、重频滑变的情况,PRI 变换的相位因子 $2\pi t_n/(t_n-t_{n-1})$ 几乎完全地抑制了子谐波。

为了便于用直方图分析,采用 PRI 变换的离散形式。令 $[\tau_{\min},\tau_{\max}]$ 是要研究的 PRI 范围,将其分成 K 个小区间,称之为 PRI 箱,b 为 PRI 箱的宽度。如图 8-2 所示。

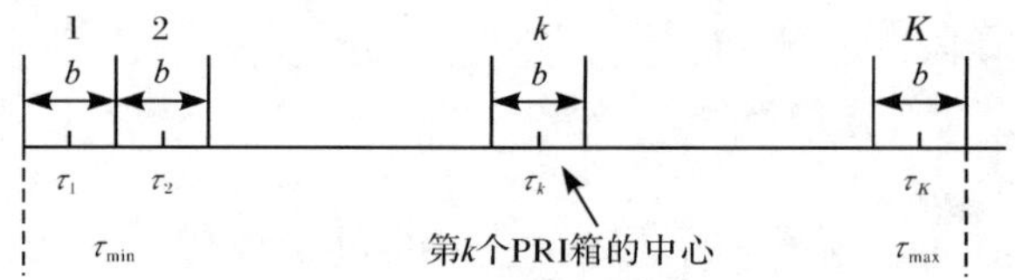

图 8-2 PRI 箱示意图

第 k 个 PRI 箱的中心为

$$\tau_k=\frac{k-1/2}{K}(\tau_{\max}-\tau_{\min})+\tau_{\min},\quad k=0,1,\cdots K$$

定义了 PRI 的研究范围以及 PRI 箱的中心和宽度后,离散的 PRI 变换可表示为

$$
\begin{aligned}
D_k &= \int_{\tau_k - b/2}^{\tau_k + b/2} D(\tau)\,\mathrm{d}\tau \\
&= \sum \exp\left(\frac{2\pi j t_n}{t_n - t_m}\right), \quad \left[m, n, \tau_k - \frac{b}{2} < t_n - t_m < \tau_k + \frac{b}{2}\right]
\end{aligned}
$$

如果 $b \to 0$，则 $D_k / b \to D(\tau)$。PRI 的谱用 $|D_k|$ 来表示，在谱图上代表真 PRI 的位置将出现峰值。若峰值超过门限，便可以估计出接收到的交叠脉冲串中可能包括的雷达信号的 PRI 值。

5. 其他改进措施

1) PRI 的最小均方拟合算法

由于 PRI 抖动的原因，经过窗口重合分选出的脉冲列，所得到的 PRI 值是不够准确的，改进措施之一是采用最小均方(LMS)拟合算法作进一步处理。

2) PRI 参差的脉冲列的鉴别

当分选出来的两个或三个脉冲列的 PRI 值和抖动量十分接近时，就需要进行参差鉴别，以确定它们是一个雷达发射的参差脉冲信号，还是几个雷达发射的 PRI 接近、抖动量相似的独立脉冲信号。

8.2　基于 FRFT 的脉冲雷达信号稀疏特征提取与分选

数字雷达侦察接收机输出的是多分量雷达信号，包括脉冲和连续波信号。脉冲信号比连续波信号通常具有更高的瞬时功率，很容易通过脉冲检测门限。本节主要对脉冲信号进行分析。

在数字雷达侦察接收机输出的脉冲流中，包含有单脉冲、时域交叠脉冲和时频交叠脉冲。对这些脉冲进行特征提取以及分选与识别，首先面临的一个问题是这些脉冲的特点是什么？只有知道这些脉冲的具体形式，才能更好地进行特征提取。而脉冲流中最基本的构成就是单脉冲，可以首先从单脉冲开始讨论，作为多分量脉冲信号稀疏特征提取和分选的研究基础。

单脉冲是指单个的雷达脉冲信号，它包含了雷达信号的绝大部分信息。不同的雷达信号类型，反映在单脉冲中的时频特性也不同。因此，可以先分析雷达信号的脉内时频特征，然后再选择合适的特征原子进行稀疏特征提取，最后实现复杂调制信号的分选。

信号的稀疏分解(SD)[1~4]是近年来的一个研究热点。它是在超完备库上根据信号本身的特点，自适应地选择基函数对信号进行投影分解，得到信号的稀疏表示。雷达信号的时频特征具有很强的规律性，绝大部分雷达信号的时频特征以线性或曲线形式存在。由于 Chirp 信号在时频面上能量聚集为一条直线，如果以

Chirp 信号作为基函数,对于具有时频曲线特征的雷达信号,就可以利用稀疏分解的思想将信号分解成能量最大的 Chirp 基函数线性组合[5~8],根据稀疏分解得到的参数特征进而实现信号的分选与识别。

目前,采用 Chirplet 字典作为超完备库的稀疏分解算法[9~11]虽然可以将信号分解成 Chirplet 函数的线性组合,得到信号的 Chirp 基特征,但是字典维数较大,稀疏分量存在四个变量参数,计算量大,限制了它的应用[12]。而分数阶傅里叶变换(FRFT)可以很好地提取雷达信号的 Chirp 基函数特征,运算速度快,检测概率和参数估计精度高,但由于是 Chirp 基正交分解,具有大量的基函数冗余[13]。

本节结合了 FRFT 和稀疏分解思想,取长补短,以 FRFT 的核函数作为稀疏分解基函数,将具有相近特征参数的 Chirp 函数构成基函数族,采用基函数族进行信号分解和分量提取,推导了在分数阶傅里叶域(FRFD)中的稀疏分解公式。基于 FRFT 的稀疏分解将 Chirp 基的调频率和初始频率参数分别转化为分数阶旋转角和分数阶傅里叶域值,采用 FRFT 快速算法进行计算,提高了分解效率。最后,依据 Chirp 基稀疏分量特征将雷达信号脉冲分为五大类,并在此基础上提出一种雷达信号分选方法,仿真结果表明,在低信噪比条件下对于具有线性或曲线时频特征的雷达信号仍然具有较高的正确分选概率。

8.2.1　雷达信号类型和 Chirp 基表示

1. 雷达信号类型和时频特征

雷达信号类型包括连续波信号和脉冲信号,在这里先只考虑脉冲信号,雷达脉冲信号调制形式主要有如下几种。

1) 单载频信号

单一的频率,稳定。

2) 相位编码信号

如 Frank 码、P1～P4 码等,此类相位编码信号是对线性调频信号的逼近。

3) 频率分集

频率分集信号在一段时间内可以看作单载频信号,也可以视为多个单载频信号。

4) 线性调频信号

线性调频包括 V 型调频、线性调频、非对称双线性调频等。线性调频信号的频率随时间线性调制,这种信号是最简单的一种非平稳信号。

5) 非线性调频信号

这类信号包括二次调频、对数调频、余弦调频、正切调频、余切调频、幂级数调频和 S 型调频等,在某一段时间内,可以近似为线性调频信号,在整个信号脉冲持续时间内，可以看作多个线性调频信号分量。

6)其他

部分雷达信号的数学形式和时频特征见表 8-1。

表 8-1　雷达信号形式和时频特征

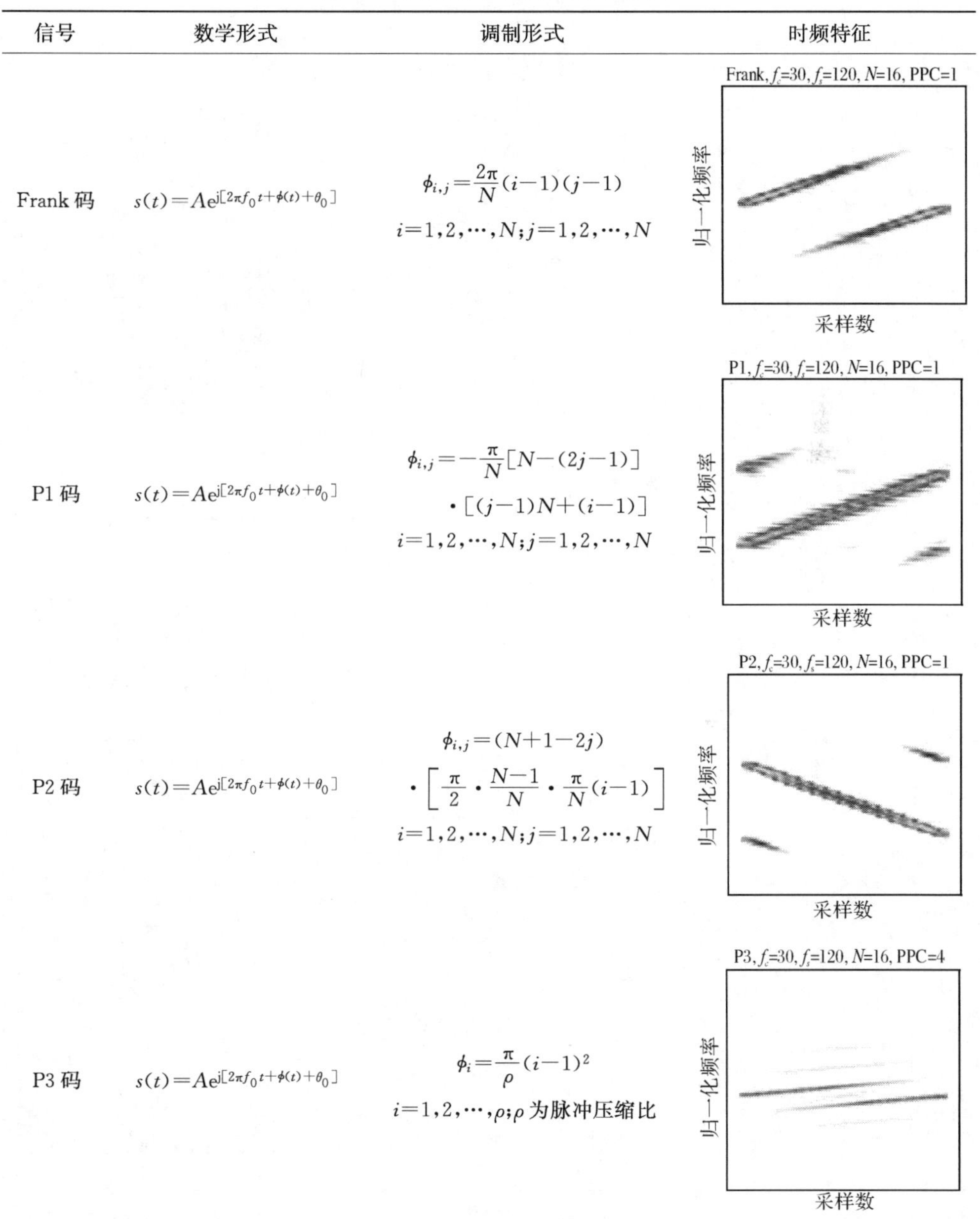

信号	数学形式	调制形式	时频特征
Frank 码	$s(t)=A\mathrm{e}^{\mathrm{j}[2\pi f_0 t+\phi(t)+\theta_0]}$	$\phi_{i,j}=\frac{2\pi}{N}(i-1)(j-1)$ $i=1,2,\cdots,N;j=1,2,\cdots,N$	Frank, f_c=30, f_s=120, N=16, PPC=1 纵轴：归一化频率；横轴：采样数
P1 码	$s(t)=A\mathrm{e}^{\mathrm{j}[2\pi f_0 t+\phi(t)+\theta_0]}$	$\phi_{i,j}=-\frac{\pi}{N}[N-(2j-1)]$ $\cdot[(j-1)N+(i-1)]$ $i=1,2,\cdots,N;j=1,2,\cdots,N$	P1, f_c=30, f_s=120, N=16, PPC=1 纵轴：归一化频率；横轴：采样数
P2 码	$s(t)=A\mathrm{e}^{\mathrm{j}[2\pi f_0 t+\phi(t)+\theta_0]}$	$\phi_{i,j}=(N+1-2j)$ $\cdot\left[\frac{\pi}{2}\cdot\frac{N-1}{N}\cdot\frac{\pi}{N}(i-1)\right]$ $i=1,2,\cdots,N;j=1,2,\cdots,N$	P2, f_c=30, f_s=120, N=16, PPC=1 纵轴：归一化频率；横轴：采样数
P3 码	$s(t)=A\mathrm{e}^{\mathrm{j}[2\pi f_0 t+\phi(t)+\theta_0]}$	$\phi_i=\frac{\pi}{\rho}(i-1)^2$ $i=1,2,\cdots,\rho;\rho$ 为脉冲压缩比	P3, f_c=30, f_s=120, N=16, PPC=4 纵轴：归一化频率；横轴：采样数

续表

信号	数学形式	调制形式	时频特征
P4 码	$s(t)=A\mathrm{e}^{\mathrm{j}[2\pi f_0 t+\phi(t)+\theta_0]}$	$\phi_i=\frac{\pi}{\rho}(i-1)^2-\pi(i-1)$ $i=1,2,\cdots,\rho$;ρ 为脉冲压缩比	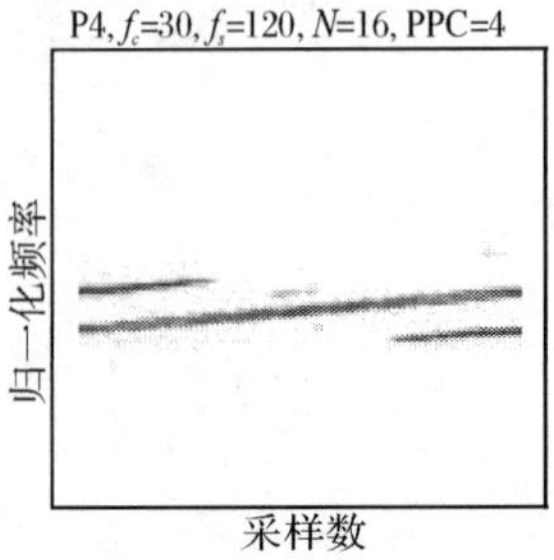 P4, f_c=30, f_s=120, N=16, PPC=4 归一化频率 采样数
频率分集	$s(t)=\sum\limits_{i=1}^{N}A\mathrm{e}^{\mathrm{j}(2\pi f_i t+\theta_0)}$	$f_i\in\{f_1,f_2,\cdots,f_N\}$	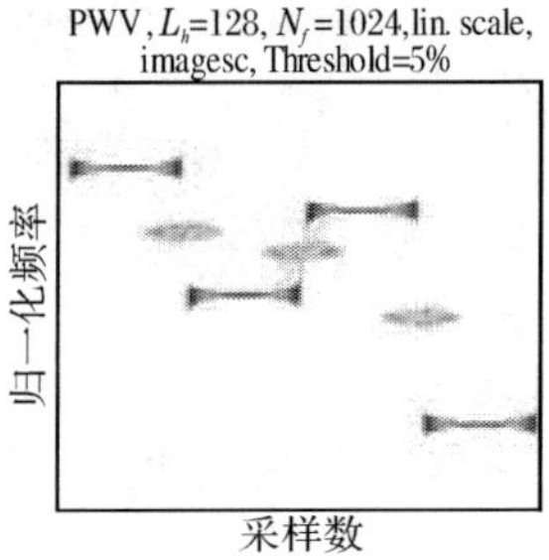 PWV, L_h=128, N_f=1024,lin. scale, imagesc, Threshold=5% 归一化频率 采样数
余弦调频	$s(t)=A\mathrm{e}^{\mathrm{j}2\pi f(t)t}$	$f(t)=a\cos wt+\theta_0$	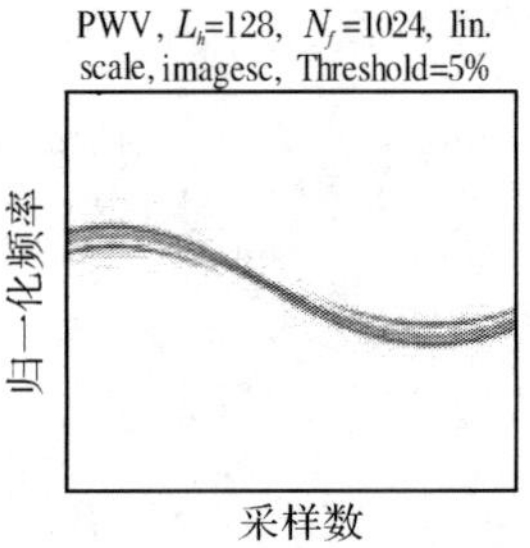 PWV, L_h=128, N_f=1024, lin. scale, imagesc, Threshold=5% 归一化频率 采样数
线性调频	$s(t)=A\mathrm{e}^{\mathrm{j}2\pi f(t)t}$	$f(t)=f_0+\frac{1}{2}\mu t^2$ μ 为调频率	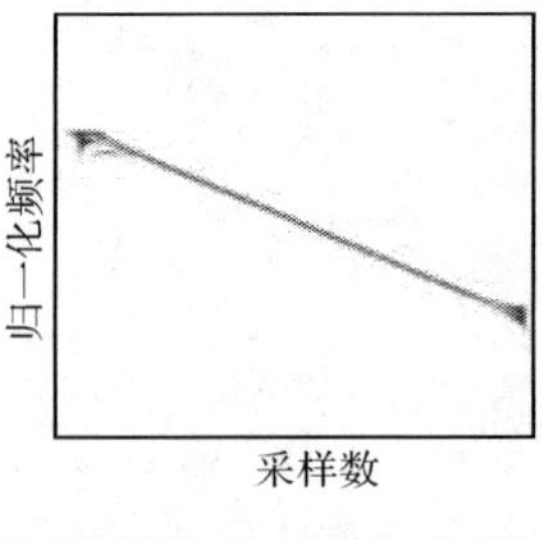 归一化频率 采样数

续表

信号	数学形式	调制形式	时频特征
二次调频	$s(t)=A\mathrm{e}^{\mathrm{j}2\pi f(t)t}$	$f(t)=at^2+bt+c$	PWV, L_h=128, N_f=1024, lin. scale, imagesc, Threshold=5% 归一化频率 采样数
对数调频	$s(t)=A\mathrm{e}^{\mathrm{j}2\pi f(t)t}$	$f(t)=f_0+\beta^t$	PWV, L_h=128, N_f=1024, lin. scale, imagesc, Threshold=5% 归一化频率 采样数
V 型调频	$s(t)=A\mathrm{e}^{\mathrm{j}2\pi f(t)t}$	$f(t)=\begin{cases} f_0+\frac{1}{2}\mu t^2, & t\in[-T/2,0] \\ f_0-\frac{1}{2}\mu t^2, & t\in[0,T/2] \end{cases}$	PWV, L_h=125, N_f=1002, lin. scale, imagesc, Threshold=5% 归一化频率 采样数
非对称双线性	$s(t)=A\mathrm{e}^{\mathrm{j}2\pi f(t)t}$	$f(t)=\begin{cases} f_0+\frac{1}{2}\mu_+ t^2, & t\in[-T/2,\tau] \\ f(\tau)+\frac{1}{2}\mu_- t^2, & t\in[\tau,T/2] \end{cases}$	PWV, L_h=94, N_f=752, lin. scale, imagesc, Threshold=5% 归一化频率 采样数

续表

信号	数学形式	调制形式	时频特征
单载频	$s(t)=A\mathrm{e}^{\mathrm{j}2\pi f_0 t}$		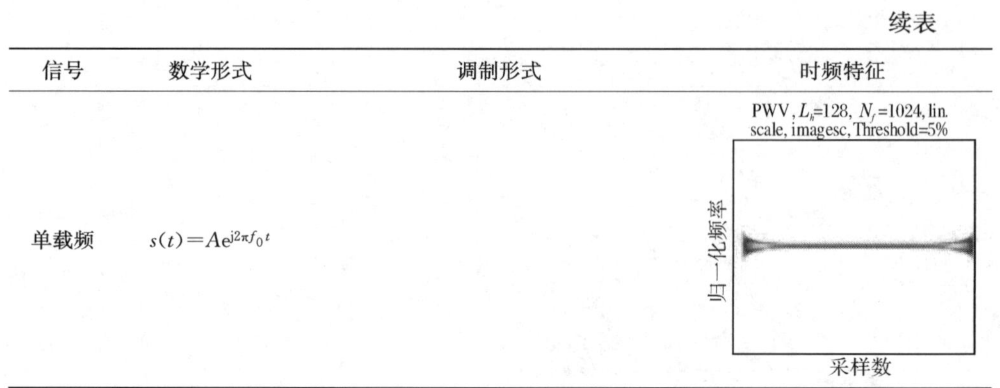

2. 信号的 Chirp 基时频特征表示

总结上述雷达信号调制形式可以看出,如果从信号时频特征对这些信号进行分类,可以分为以下几类:

(1) 时频连续。频率随时间连续变化。典型代表是线性调频信号。

(2) 时频跳变。频率具有跳变。如频率分集、非对称双线性调频,这些信号在某个时刻频率会有跳变。

(3) 时频抖动。频率围绕一条时频线变化。如 P1 码等相位编码信号,频率围绕线性调频信号在很小范围附近抖动。

(4) 时频模糊。时频特征没有规律,杂乱分布在时频面上,典型的代表是随机噪声雷达(RNR)信号。

雷达信号时频特性具有很强的规律性,信号的频率变化在一定时间内是稳定的,而且雷达脉内调制形式多样。雷达侦察接收机接受到的单脉冲,恰好是这些脉内调制多样的信号。由于侦察的特殊性,事先并不知道接收到的单脉冲属于哪种调制类型,这给信号的特征提取带来了很大的困难。

下面对这些脉冲信号进行分解。需要指出的是,这里的分解和信号的正交基分解是不同的。因为正交基是一个集合,里面的基元素不相同,所谓正交基分解就是信号在一个完备的正交基上的投影。而这里所要寻找的是一个最基本信号元,也就是特征原子。上文按信号的时频特征,将信号分为了时频连续、时频跳变和时频抖动三类,下面对时频抖动和时频跳变做如下处理:

(1) 时频抖动,这类信号的频率以时频线为中心频率,在其附近抖动,如果暂时不考虑频率抖动带来的影响,可以把这类信号用它的时频中心线代替,并认为是连续的。因此,相位编码信号可以利用它所逼近的线性调频信号来代替。

(2) 时频跳变,这类信号在跳变点频率不再连续,如果在跳变点把信号分成两段,在余下的跳变点继续分解,那么就可以把时频跳变的信号分解(分割)成若干个时频连续信号的线性组合，如下：

$$s(t)=\sum_{i=1}^{N}A\mathrm{e}^{\mathrm{j}2\pi f_i(t)t}[u(t_{i-1})-u(t-t_i)] \tag{8-1}$$

式中，$u(t)$为单位阶跃信号；t_i 为信号时频跳变时间点（$0=t_0\leqslant\cdots\leqslant t_i\leqslant\cdots\leqslant T$）。

经过上述处理后，一个雷达脉冲信号可以分解成若干时限的时频连续信号，用这些时限的时频连续信号可以把源信号拼接出来。但是，时频连续信号仍然有很多种调制形式，如线性调频、S 型调频、对数调频等。在时频连续信号中，最基本的是 LFM 信号（Chirp 信号），如果把单载频信号视为调频率为 0 的 Chirp 信号，那么这些时频连续信号都可以分解成若干个最基本的 Chirp 信号的近似线性组合。下面将讨论利用 FRFT 对时频连续信号中的 Chirp 信号提取方法。

8.2.2　基于 Chirp 基函数族的稀疏分解

1. 分数阶傅里叶变换

分数阶傅里叶变换可定义为[13]

$$X_\alpha(u)=\int_{-\infty}^{\infty}x(t)K_\alpha(t,u)\mathrm{d}t \tag{8-2}$$

设 $A_\alpha=\sqrt{\dfrac{1-\mathrm{j}\cot\alpha}{2\pi}}$，则核函数

$$K_\alpha(t,u)=\begin{cases}A_\alpha\mathrm{e}^{-\mathrm{j}2ut\csc\alpha+\mathrm{j}t^2\cot\alpha+\mathrm{j}u^2\cot\alpha}, & \alpha\neq n\pi\\ \delta(t-u), & \alpha=2n\pi\\ \delta(t+u), & \alpha=(2n+1)\pi\end{cases}$$

FRFT 算子$\mathcal{F}$具有如下性质（$\alpha=\pi p/2$，p 为分数阶数）：

(1) 与常规傅里叶变换一致性$\mathcal{F}^{\pi/2}$等价于傅里叶变换。

(2) 旋转可加性$\mathcal{F}^a\mathcal{F}^b=\mathcal{F}^{a+b}$。

(3) 旋转 2π 周期性$\mathcal{F}^{2\pi}=\mathcal{F}^0=I$。

(4) Parseval 关系$\langle x(u),y(u)\rangle=\langle X_p(u_p),Y_p(u_p)\rangle$。

(5) 线性 $\mathcal{F}^p\left[\sum_n c_nx_n(u)\right]=\sum_n c_n\mathcal{F}^p[x_n(u)]$。

式(8-2)写成内积形式为

$$X_\alpha(u)=\langle x(t),\overline{K_\alpha(t,u)}\rangle \tag{8-3}$$

若只考虑 $\alpha\neq n\pi(\alpha=\pi p/2)$的情况，此时核函数又可以表示为

$$\begin{aligned}K_\alpha(t,u)&=A_\alpha\mathrm{e}^{\mathrm{j}\frac{1}{2}u^2\cot\alpha}\mathrm{e}^{-\mathrm{j}\left(ut\csc\alpha-\frac{1}{2}t^2\cot\alpha\right)}\\&=A_\alpha(u)\mathrm{e}^{-\mathrm{j}ut\csc\alpha+\mathrm{j}\frac{1}{2}t^2\cot\alpha}\end{aligned}$$

式中，$A_\alpha(u)=A_\alpha\mathrm{e}^{\mathrm{j}\frac{1}{2}u^2\cot\alpha}$为分数阶傅里叶域的幅频特征函数。在相位函数中定义初始频率和调频率为

$$\begin{cases} f = u\csc\alpha \\ \mu = -\cot\alpha \end{cases} \tag{8-4}$$

因此 FRFT 其实是对信号的 Chirp 基分解,只是把 Chirp 基函数中的调频率和初始频率经过变量替换,换成了分数阶旋转角 α 和在 FRFD 中对应的 u 值。这里的 Chirp 基函数中只包含了调频率和初始频率两个自由度。

2. Chirp 基稀疏分解

在 $C[a,b]$ 连续函数空间中,定义:内积 $\langle x,y\rangle=\int_a^b x(t)\overline{y(t)}\mathrm{d}t$,范数 $\|x\|_2=\left(\int_a^b |x(t)|^2\mathrm{d}t\right)^{1/2}$,$\overline{y(t)}$ 为函数 $y(t)$ 的共轭函数。

若以 FRFT 的核函数 $K_\alpha(t,u)$ 作为 Chirp 基函数,并组成 Hilbert 空间中的完备字典 $G=\{g_{\alpha,u}(t)\,|\,g_{\alpha,u}(t)=\overline{K_\alpha(t,u)}\}$,定义 $\mathcal{R}^n$ 为 n 阶递推算子,则对 x 进行 n 次递推计算后的结果为 $\mathcal{R}^n x$。利用稀疏分解匹配跟踪思想[14],则有

$$\mathcal{R}^1 x=\mathcal{R}^0 x-\langle\mathcal{R}^0 x,g_{\alpha_0,u_0}(t)\rangle g_{\alpha_0,u_0}(t),\quad R^0 x=x \tag{8-5}$$

在完备字典 $G=\{g_{\alpha,u}(t)\}$ 中,使得

$$|\langle\mathcal{R}^0 x,g_{\alpha_0,u_0}(t)\rangle|=\sup_{\alpha\notin n\pi,u\in\mathbf{R}}|\langle\mathcal{R}^0 x,g_{\alpha,u}(t)\rangle| \tag{8-6}$$

假设 $s_n(t)$ 作为第 n 个分解出来的信号分量,则稀疏分解的递推公式为

$$s_n(t)=\langle\mathcal{R}^n x,g_{\alpha_n,u_n}(t)\rangle g_{\alpha_n,u_n}(t) \tag{8-7}$$

$$\mathcal{R}^n x=\mathcal{R}^{n-1}x-s_{n-1}(t) \tag{8-8}$$

信号稀疏表示为

$$\begin{aligned} x(t)&=\sum_{n=0}^{N}\langle\mathcal{R}^n x,g_{\alpha_n,u_n}(t)\rangle g_{\alpha_n,u_n}(t)+\mathcal{R}^{N+1}x \\ &=\sum_{n=0}^{N}s_n(t)+\mathcal{R}^{N+1}x \end{aligned} \tag{8-9}$$

因此,信号可以递推分解成 N 个 Chirp 函数的线性组合。式(8-8)和式(8-9)保证了稀疏分解信号分量的正交性,对式(8-9)两边取范数有

$$\begin{aligned} \|x(t)\|_2&=\left\|\sum_{n=0}^{N}s_n(t)+\mathcal{R}^{N+1}x\right\|_2 \\ &=\sum_{n=0}^{N}\|s_n(t)\|_2+\|\mathcal{R}^{N+1}x\|_2 \end{aligned} \tag{8-10}$$

稀疏分解实际上是利用能量检测的方法,按信号在基函数上的投影或分解系数从大到小依次提取出来。如果把提取出来的基函数按先后顺序构成序列 $\{g_{\gamma_n}(t)\}$,参数向量 $\boldsymbol{\gamma}_n=[\alpha_n,u_n]^{\mathrm{T}}$,那么这个序列就可以作为雷达信号的特征表示。又由于每个 Chirp 基函数都由参数 $\boldsymbol{\gamma}$ 决定,信号的特征序列可以表示成 Chirp

基函数的参数对形式$\{\boldsymbol{\gamma}_n\}$。这里采用的 Chirp 基函数具有两个参数变量，在利用式(8-6)进行计算时，每次迭代都需要进行二维搜索。为了更好地描述信号的特征，需要的迭代次数很多，而不像其他的信号分解方法，只需要一次计算就可以得到信号在一组基函数上的系数分量。

稀疏分解的思想就是希望用很少的基函数来表征信号的特征。然而在得到的参数序列$\{\boldsymbol{\gamma}_n\}$中，会出现很多相近的参数，这可以解释为信号对某一类基函数具有很强的相似性。对这类基函数进行稀疏分解时，实际上是进行了重复计算。如果能一次对一类基函数进行分解提取，就可以较大地减少计算量，而且对信号的特征提取也不会有太大影响。因此，可以将参数在$\{\boldsymbol{\gamma}_n \pm \Delta \boldsymbol{\gamma}_n\}$的基函数构成基函数族，并用$\{\boldsymbol{\gamma}_n\}$表示其特征，此时式(8-7)改为如下形式：

$$s_n(t) = \int_{u_n-\Delta u}^{u_n+\Delta u} \int_{\alpha_n-\Delta\alpha}^{\alpha_n+\Delta\alpha} \langle \mathcal{R}^n x, g_{\alpha,u}(t) \rangle g_{\alpha,u}(t) \mathrm{d}\alpha \mathrm{d}u \tag{8-11}$$

式中，$\{(\alpha_n, u_n)\} = \sup\limits_{\alpha \notin n\pi, u \in \mathbf{R}} |\langle \mathcal{R}^n x, g_{\alpha,u}(t) \rangle|$。

式(8-11)表示第 n 个稀疏分量，是信号$\mathcal{R}^n x$ 的 Chirp 基投影在具有最大投影系数的 Chirp 基函数($\boldsymbol{\gamma}_n = [\alpha_n, u_n]^{\mathrm{T}}$)附近对参数 u 和 α 积分后所得，积分上下限分别为 $u_n \pm \Delta u$ 和 $\alpha_n \pm \Delta\alpha$。因此，利用式(8-11)可以得到信号在一组具有相似参数基函数族上的投影分量，减少了分解的迭代次数，提高了稀疏分解的效率。通过上述稀疏分解，信号被分解成多个近似 Chirp 信号分量的线性组合，信号特征表示为 Chirp 信号分量的参数序列$\{\boldsymbol{\gamma}_n\}$。下面讨论如何采用 FRFT 对式(8-11)进行求解。

3. FRFD 的 Chirp 函数族稀疏分解

式(8-4)表明，Chirp 基的调频率和初始频率参数由 FRFT 的旋转角 α 和 u 值决定，根据 FRFT 的性质可以确定参数的范围[15]

$$\alpha \in [0, \pi], \quad u \in \left[-\sqrt{f_{\max} T/2}, \sqrt{f_{\max} T/2}\right] \tag{8-12}$$

式中，$f_{\max}$为雷达信号的最高频率；T 为脉冲持续时间(数字信号处理中可以用采样频率和采样时间代替)。

此时，保证了雷达信号参数的范围 $\mu \in (-\infty, +\infty)$，$f \in [f_{\min}, f_{\max}]$。

FRFT 实际上是在平面 $P(\alpha, u)$内对信号进行分解，确定了 $\Delta\alpha$ 和 Δu，相当于确定了平面 $P(\alpha, u)$的分辨率，以及超完备字典集 G 的原子数，大大减少了计算量。假设原子总数为 $N \times M$ 个，此时超完备字典集 G 可表示为矩阵形式

$$G = \begin{bmatrix} g_{\alpha_1,u_1}(t) & g_{\alpha_1,u_2}(t) & \cdots & g_{\alpha_1,u_M}(t) \\ g_{\alpha_2,u_1}(t) & g_{\alpha_2,u_2}(t) & \cdots & g_{\alpha_2,u_M}(t) \\ \vdots & \vdots & & \vdots \\ g_{\alpha_N,u_1}(t) & g_{\alpha_N,u_2}(t) & \cdots & g_{\alpha_N,u_M}(t) \end{bmatrix} \tag{8-13}$$

这里稀疏分解的实质是,将平面 $P(\alpha,\ u)$划分成 $N\times M$ 个栅格构成超完备字典集 G,确定存在信号最大投影的栅格。

取矩阵 G 中的任意原子 $g_{\alpha_n,u_m}(t)$,当 $\Delta u\to 0$ 时,设 $g_{\alpha_m,u}(t)=\lim\limits_{\Delta u\to 0} g_{\alpha_n,u_m}(t)$,则信号$\mathcal{R}^n x$ 和 $g_{\alpha_m,u}(t)$的内积可表示为

$$\begin{aligned}\langle \mathcal{R}^n x, g_{\alpha_m,u}(t)\rangle &= \langle \mathcal{R}^n x, \overline{K_{\alpha_m}(t,u)}\rangle \\ &= \mathcal{F}^p(\mathcal{R}^n x) \\ &= X^n_{\alpha_m}(u)\end{aligned} \tag{8-14}$$

式中,$\alpha_m=\pi p_m/2$。

式(8-14)表明了 FRFT 和稀疏分解超完备字典集 G 之间的关系,FRFT 实际上是信号在一组 α_m 为定值的 Chirp 基函数的投影。因此,在分辨率为$(\Delta\alpha,\Delta u)$的情况下,利用 FRFT 可以得到信号在平面 $P(\alpha,u)$上的投影系数,即信号的能量分布。参数向量$\boldsymbol{\gamma}_n$ 可以利用 FRFT 对平面 $P(\alpha,u)$进行能量峰值搜索得到,即

$$\begin{aligned}\{(\alpha_n,u_n)\} &= \sup_{\alpha\notin n\pi,u\in\mathbf{R}} |\langle \mathcal{R}^n x, g_{\alpha,u}(t)\rangle|^2 \\ &= \arg\max_{\alpha,u} |X^n_\alpha(u)|^2\end{aligned} \tag{8-15}$$

式(8-15)将对信号最大 Chirp 基分解系数的求解,转化为对信号在 FRFD 中的最大能量峰值求解,利用能量峰值对应的坐标参数(α,u)结合式(8-4)可以求得 Chirp 基的特征参数。采用 FRFT 的核函数作为稀疏分解基函数,可以利用 FRFT快速算法进行计算。此时,基于 FRFT 快速算法的计算复杂度为 $O[MN/(1/N)]$,直接计算为 $O(MN^2)$。

4. FRFD 的 Chirp 函数族稀疏分量提取

根据式(8-11)计算信号稀疏分量 $s_n(t)$时,需要计算二重积分。在实际应用中为了简化计算,可以采用 $\Delta\alpha$ 为步长对 α 进行取值,将二重积分化为一重积分。此时式(8-11)可化为

$$s_n(t) = \int_{u_n-\Delta u}^{u_n+\Delta u} \langle \mathcal{R}^n x, g_{\alpha,u}(t)\rangle g_{\alpha,u}(t)\mathrm{d}u \tag{8-16}$$

式(8-16)将参数 α 作为定值,对 u 在点 u_n 附近进行积分,此时稀疏信号分量 $s_n(t)$表示为一组具有相同调频率和相近初始频率的 Chirp 基函数的线性组合。利用 FRFT 进行计算,将式(8-14)代入式(8-16)又可以化成

$$\begin{aligned}s_n(t) &= \int_{u_n-\Delta u}^{u_n+\Delta u} \langle \mathcal{R}^n x, g_{\alpha_n,u}(t)\rangle g_{\alpha_n,u}(t)\mathrm{d}u \\ &= \int_{u_n-\Delta u}^{u_n+\Delta u} X^n_{\alpha_n}(u) g_{\alpha_n,u}(t)\mathrm{d}u \\ &= \int H^n_{\alpha_n}(u-u_n) X^n_{\alpha_n}(u) g_{\alpha_n,u}(t)\mathrm{d}u\end{aligned} \tag{8-17}$$

继续利用式(8-14)和 FRFT 的旋转可加性，式(8-17)化为

$$\begin{aligned} s_n(t) &= \langle H_{\alpha_n}^n(u-u_n)X_{\alpha_n}^n(u), \overline{g_{\alpha_n,u}(t)}\rangle \\ &= \mathcal{F}^{-p_n}[H_{\alpha_n}^n(u-u_n)X_{\alpha_n}^n(u)] \\ &= \mathcal{F}^{-p_n}[H_{\alpha_n}^n(u-u_n)\mathcal{F}^{p_n}(\mathcal{R}^n x)] \end{aligned} \tag{8-18}$$

式中，$H_{\alpha_n}^n(u-u_n)$为在阶数为 p_n 时 FRFD 的矩形窗函数。

$$H_{\alpha_n}^n(u-u_n)=\begin{cases}1, & u\leqslant|u_n\pm\Delta u|\\ 0, & u>|u_n\pm\Delta u|\end{cases} \tag{8-19}$$

式(8-18)表明，特征参数为(u_n,p_n)的 Chirp 基稀疏分量 $s_n(t)$可以对 n 阶剩余信号$\mathcal{R}^n x$ 先进行 p_n 阶 FRFT，然后在 FRFD 点 u_n 处窄带滤波，最后进行 p_n 阶反 FRFT 后获得。

将式(8-18)代入递推式(8-8)得

$$\begin{aligned} \mathcal{R}^{n+1}x &= \mathcal{R}^n x - s_n(t) \\ &= \mathcal{F}^{-p_n}[\mathcal{F}^{p_n}(\mathcal{R}^n x)] - \mathcal{F}^{-p_n}[H_{\alpha_n}^n(u-u_n)\mathcal{F}^{p_n}(\mathcal{R}^n x)] \\ &= \mathcal{F}^{-p_n}\{[I-H_{\alpha_n}^n(u-u_n)]\mathcal{F}^{p_n}(\mathcal{R}^n x)\} \end{aligned} \tag{8-20}$$

式(8-20)表明，对于剩余分量$\mathcal{R}^{n+1}x$ 可以在时域利用$\mathcal{R}^n x$ 减去第 n 个稀疏分量 $s_n(t)$求得，或者在 p_n 阶 FRFD，利用函数 $I-H_{\alpha_n}^n(u-u_n)$对$\mathcal{R}^n x$ 的 p_n 阶 FRFT 滤波后，再进行 p_n 阶反 FRFT 后获得。

根据式(8-18)和式(8-20)和 FRFT 的性质(2)、(5)，有

$$\begin{aligned} &\langle \mathcal{R}^{n+1}x, s_n(t)\rangle \\ &= \langle \mathcal{F}^{-p_n}\{[I-H_{\alpha_n}^n(u-u_n)]\mathcal{F}^{p_n}(\mathcal{R}^n x)\}, \mathcal{F}^{-p_n}[H_{\alpha_n}^n(u-u_n)\mathcal{F}^{p_n}(\mathcal{R}^n x)]\rangle \\ &= \langle [I-H_{\alpha_n}^n(u-u_n)]\mathcal{F}^{p_n}(\mathcal{R}^n x), H_{\alpha_n}^n(u-u_n)\mathcal{F}^{p_n}(\mathcal{R}^n x)\rangle \\ &= 0 \end{aligned} \tag{8-21}$$

式(8-16)～(8-21)表明，利用 FRFT 变换可以在 FRFD 对信号进行 Chirp 基函数族的稀疏分量提取，并且不改变信号分量 $s_n(t)$和剩余分量$\mathcal{R}^{n+1}x$ 的正交性，期间需要进行正反 FRFT 和 FRFD 的滤波，具体算法如下(图 8-3)。

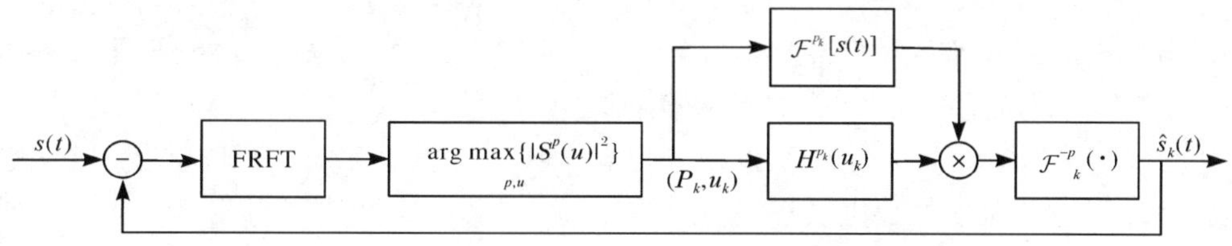

图 8-3　依次提取 Chirp 基的算法结构图

(1) 寻找 $\max\{|\mathcal{F}^p(\mathcal{R}^n x)|^2\}>D$，在平面 $P(\alpha,u)$上对应的(α_n,u_n)，D 为阈值。

(2) 构造矩形窗函数 $H_{\alpha_n}^n(u-u_n)$，计算 $H_{\alpha_n}^n(u-u_n)X_{\alpha_n}^n(u)$。

(3) 计算 $s_n(t)=\mathcal{F}^{-p_n}[H_{\alpha_n}^n(u-u_n)X_{\alpha_n}^n(u)]$。

(4) 更新$\mathcal{R}^{n+1}x=\mathcal{R}^n x-s_n(t)$，重复上述步骤直到提取出所有稀疏分量。

8.2.3　仿真实验与分析

利用 FRFT 对雷达信号脉冲进行 Chirp 基稀疏分解，可以得到表示信号特征的有限序列$\{(\mu_n,f_n)\}$，其中 μ_n 为第 n 个 Chirp 信号分量的调频率，f_n 为初始频率。虽然并不能得到信号的具体参数，但是不同雷达信号调制类型在 Chirp 基稀疏分解条件下的特征参数不同，利用提取出来的稀疏成分 n 阶参数序列，可以实现雷达信号的分选(分类)，通过进一步分析还可以实现雷达调制类型的初步识别。按照不同雷达信号[16]的 Chirp 基稀疏分解特征，即调频率 μ 和初始频率 f 的不同取值组合，可以将具有时频线特征的典型雷达信号分为五大类，每种类型的判决条件和部分典型信号如表 8-2 所示。

表 8-2　基于 Chirp 基特征参数的雷达信号调制类型分类

信号类型	第Ⅰ类	第Ⅱ类	第Ⅲ类	第Ⅳ类	第Ⅴ类(NLFM 信号)	
调频率 μ	0	0	≠0，唯一	≠0，唯一	≠0，不唯一	≠0，不唯一
初始频率 f	唯一	不唯一	唯一	不唯一	唯一	不唯一
典型的雷达信号调制类型	单载频 BPSK	FSK 频率编码	LFM P3 码 P4 码	Frank 码 P1 码 P2 码	V 型调频	多项式调频 正弦调频

1. 实验 8.2.1：雷达信号脉冲的 Chirp 基特征提取

对雷达信号脉冲进行 Chirp 基特征提取。雷达信号模型为 $s(t)=\exp[\mathrm{j}2\pi tf(t)]$，5 个仿真信号分别取自按 Chirp 基分类后的五类信号，依次为单载频(第Ⅰ类)，$f(t)=150\text{MHz}$，$t\in[0,2]\mu\text{s}$；频率编码(第Ⅱ类)，$f(t)$分别取 50MHz、125MHz、75MHz、200MHz，对应时间 t 分别为$[0,0.25)$、$[0.25,1)$、$[1,1.5)$、$[1.5,2]\mu\text{s}$；LFM 信号(第Ⅲ类)，$f(t)=(100+75t)\text{MHz}$，$t\in[0,1]\mu\text{s}$；Frank 码(第Ⅳ类)，中心频率为 200MHz，取 8 相位 4 码组，$t\in[0,2]\mu\text{s}$；二次调频(第Ⅴ类)，$f(t)=(100+100t^2)\text{MHz}$，$t\in[-1,1]\mu\text{s}$。采样频率 500MHz，搜索步长取$\Delta p=0.05$，$\Delta u$ 取信号数据长度的 5%，阈值 D 取第一次迭代取得 Chirp 基稀疏成分能量的 40%。

不同雷达信号稀疏分解后的 Chirp 基特征参数如表 8-3 所示。由表可见，利用较少的迭代次数就可以提取出信号的 Chirp 基特征参数，并且得到了部分信号类型的特征参数，如频率编码、线性调频(LFM)等，这说明了上述理论推导的有效性和信号分类的合理性。因此，如果雷达信号的时频特征具有线性或曲线性质，利用稀疏分解后的 Chirp 基特征参数，就可以对其进行初分选[17]。另外，从表 8-3 可以得出，在算法阈值确定的情况下，信号的调频率和初始频率决定了提取出的 Chirp 基函数族个数。例如对于调频率为零的单载频和频率编码信号，由于频率编码信号具有多个初始频率(频点)，因此提取出的基函数族比单载频信号要多；对于调频率不为零的 LFM 和 Frank 码信号，由于 LFM 信号的初始频率和调频率均唯一，因此只提取出一个函数族，而 Frank 码信号近似由调频率相同但初始频率不同的两个 LFM 信号组成，则提取出两个函数族；对于调频率随着时间不断变化的二次调频信号，则会提取出多个函数族。

表 8-3　雷达信号的 Chirp 基特征参数

参数	P			U			μ /(MHz/μs)			f /MHz		
迭代次数	$n=1$	$n=2$	$n=3$	$n=1$	$n=2$	$n=3$	$n=1$	$n=2$	$n=3$	$n=1$	$n=2$	$n=3$
单载频	1.00	—	—	401	—	—	0	—	—	150.00	—	—
频率编码	1.00	1.00	1.00	751	901	651	0	0	0	125.38	200.45	75.33
LFM	1.14	—	—	458	—	—	74.51	—	—	56.02	—	—
Frank 码	1.05	1.05	—	668	730	—	25.75	25.75	—	187.10	227.80	—
二次调频	0.73	1.34	—	628	582	—	−112.88	147.85	—	69.67	47.05	—

2. 实验 8.2.2：基于 Chirp 基特征的雷达信号分类

分析雷达信号脉冲在加性高斯白噪声背景下，采用 Chirp 基特征参数进行分类(分选)的性能。仿真信号如同实验 8.2.1，每个信号在不同信噪比下进行蒙特卡罗仿真 $N=1000$ 次，信噪比 SNR 依次取 −13dB、−10dB、−7dB、−3dB、0dB、3dB、7dB、10dB。假设在信噪比为 j 时，第 i 个信号被正确分类的个数为 $n_{i,j}$，被错误分选为第 k 类的个数为 $m_{i,j,k}$，N_i 为信号总数，N_k 为类型总数，则

正确分选概率：

$$p_{i,j}=\frac{n_{i,j}}{N}$$

总正确分选概率：

$$P_j=\sum_{i=1}^{N_i}p_{i,j}=\sum_{i=1}^{N_i}\frac{n_{i,j}}{N}$$

错误分选为第 k 类的概率(虚警概率)：

$$q_{k,j}=\sum_{i=1}^{N_i}\frac{m_{i,j,k}}{N}$$

总错误分选概率：

$$Q_j = \sum_{k=1}^{N_k} q_{k,j} = \sum_{k=1}^{N_k} \sum_{i=1}^{N_i} \frac{m_{i,j,k}}{N} = 1 - P_j$$

如图 8-4 所示。图示结果表明：

(1) 在低信噪比条件下，对不同类型的雷达信号进行初分选仍然具有很高的正确分选(分类)概率，在−3dB 时达到 95%以上。这是因为信号在时频面上具有很强的能量聚集性，呈现出线性或曲线，可以用 Chirp 基进行线性组合表示，而分数阶傅里叶变换可以很好地检测出 Chirp 基成分。

(2) 在相同信噪比下，LFM 比单载频信号的正确分选概率要低，这是由于 LFM 信号调频率的估计误差和观测时间较短带来的影响，降低搜索步长 Δp 并增加观测时长可以解决这个问题。由于对 NLFM 的判别条件是最宽泛的，二次调频在低信噪比下仍然具有较高的正确分选概率。

(3) 在相同的观测时间和采样频率条件下，频率编码信号比单载频信号在相同信噪比下的正确分选概率要低，这说明信号的函数族越多，在 FRFD 的能量聚集性越差(对 Chirp 基的匹配性越差)，在噪声背景下对 Chirp 基的能量检测误差也会越大，因此信号的正确分选概率反而会降低。然而对于 LFM 和 Frank 码信号，虽然 Frank 码信号具有两个 Chirp 基函数族(表 8-3)，但是 Frank 码的观测时间(采样点数)是 LFM 信号的两倍，每个 Chirp 基函数族的稀疏分量和 LFM 信号相当，因此具有相近的正确分选概率。

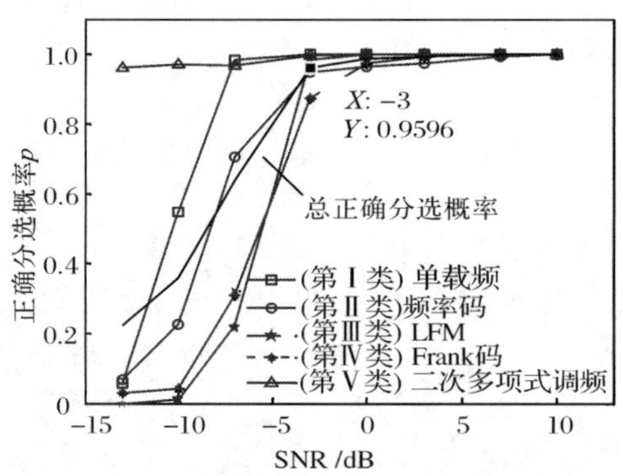

图 8-4 不同信噪比下的正确分选概率p

图 8-5 表明，随着信噪比减低，信号被错误分选为第Ⅴ类 NLFM 信号的概率增加，基本和总错误分选概率相当，而第Ⅰ～Ⅳ类错误分选概率却较小且比较稳定。这是因为随着噪声的增强，信号出现了新的 Chirp 基稀疏分解成分，错误分选主要是将第Ⅰ～Ⅳ类信号分选为第Ⅴ类 NLFM 信号。图 8-4 和图 8-5 说明，在低信噪比下对第Ⅰ～Ⅳ类信号分选具有很高的正确分选概率和较低且稳定的错误

分选概率，利用这点可以设计具有恒虚警概率的信号分类器。

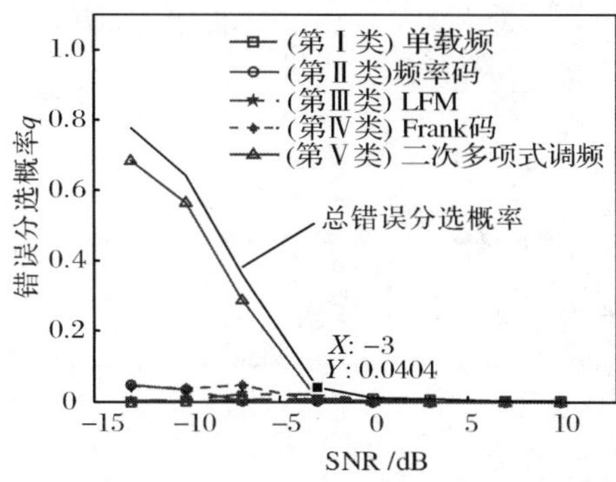

图 8-5　不同信噪比下的错误分选概率 q

3. 实验 8.2.3：Chirp 函数族稀疏分解效率

比较采用 Chirp 基函数和 Chirp 基函数族进行稀疏分解的分解效率。仿真信号采用二次调频 $f(t)=(100+100t^2)$MHz，$t\in[-1,1]$μs，其他条件同实验 8.2.1。利用文献[12]中的算法对信号进行 Chirp 基函数稀疏分解。

剩余分量的能量系数

$$r_n=\frac{\| R^n x \|_2}{\| x \|_2}$$

从图 8-6 可以看出，基于 Chirp 基函数族的稀疏分解算法经过 3 次迭代计算后，信号的剩余分量能量系数为 0.1179，而基于单个 Chirp 基的稀疏分解算法达到同样的效果需要迭代约 100 次。因此，在分解效率上，基于 Chirp 基函数族的稀

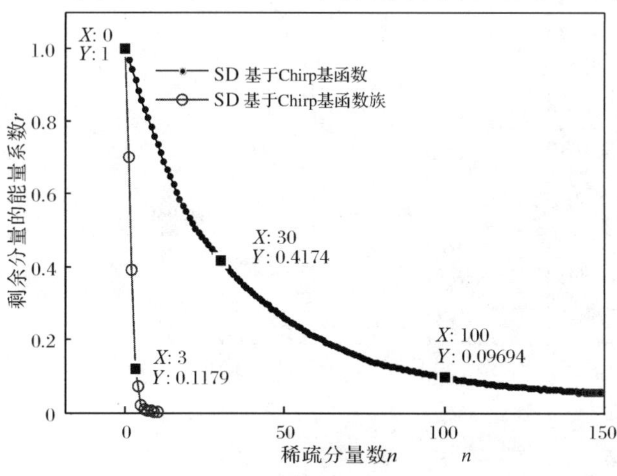

图 8 6　剩余分量的能量系数 r

疏分解算法具有明显优势,收敛速度更快。

比较图 8-7 和图 8-8 不难发现,不同方法所得稀疏分量的伪 Wigner-Ville 分布(PWVD)线性组合具有明显差异,基于 Chirp 基函数族的稀疏分解能更好地反映出信号的时频特征,这是因为 Chirp 基缺少时延和时宽两个参数,所以基于单个 Chirp 基的稀疏分量丢失了部分时频信息,而基于 Chirp 基函数族的稀疏分解在提取时进行了窄带滤波,对具有相近参数的 Chirp 基同时提取,使采用单个 Chirp 基提取丢失的信息得到了保留。

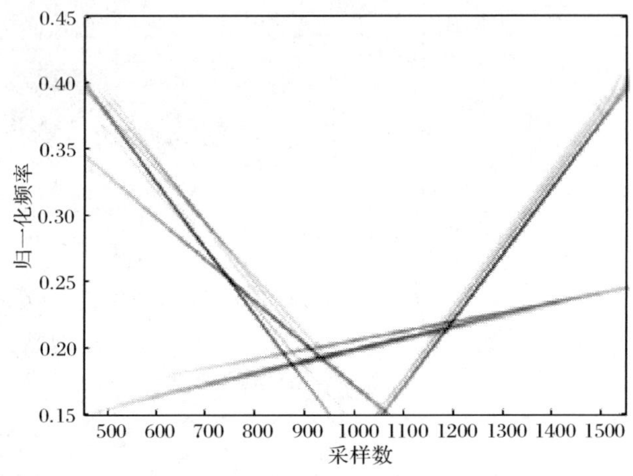

图 8-7 Chirp 基稀疏分量的 PWVD 线性组合

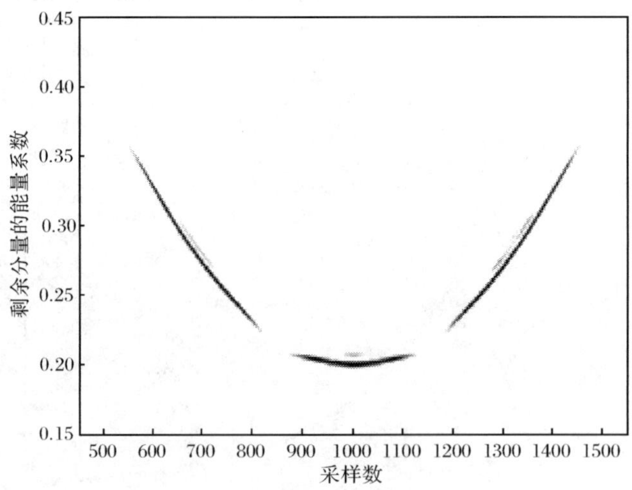

图 8-8 Chirp 基函数族稀疏分量的 PWVD 线性组合

8.3　基于 FRFT 域稀疏分解的多分量脉冲雷达信号分离

在 8.2 节上对雷达单脉冲信号的稀疏特征提取和分选进行了研究，实际中雷达数字侦察接收机利用脉冲检测器接收到的信号不可能是理想的单个脉冲数据流，而是单脉冲和交叠脉冲的混合。也就是说，在多分量脉冲雷达信号中，不同雷达信号脉冲在时域和频域中会因为相互交叠而产生时频交叠脉冲(多分量脉冲信号)，并且随着电磁信号环境日益复杂密集，这种情况会日趋严重。

目前的分选与识别方法，对时频交叠脉冲大都作为脉冲丢失处理，给后续的信号处理留下了很大隐患[17,18]。如果能把时频交叠脉冲进行分离，得到单个的脉冲，就可以把多分量雷达信号转化成单脉冲流，利用现有的方法对信号进行分选与识别。

将时频交叠脉冲信号分离后再进行分析，一种方法是采用基于阵列信号处理的盲源分离技术。文献[19]提出了基于信号时频特征的盲信号分离方法。文献[20]提出了在正定条件下基于决策度量和矩阵稀疏分析的盲源分离方法。文献[21]进一步讨论了在欠定条件下的情况，但是这里的信号分离是一个超欠定盲源分离问题，即信源数未知，观测信号为一维，因此应用受到限制。另一种方法是在具有先验信息的情况下，采用稀疏分解技术。文献[5]～[8]提出了基于信号稀疏特征的多分量雷达信号截获、检测和估计方法，文献[4]进一步总结提出利用信号的稀疏表示来实现信号分离，为在超欠定条件下信号的盲分离奠定了基础；在未知信号情况下，文献[22]和[23]采用 Chirplet 小波作为基函数分别研究了对多项式调频信号和调频连续波信号的检测、估计和分离。Chirplet 小波虽然能较好地提取出信号的时频直线，但是对时频曲线的分解收敛速度却较慢，并且由于需要搜索四维参数空间，计算量较大，工程实现较难。因此，稀疏分解的关键是寻找特征字典，不同的基函数决定了算法的计算复杂度和需要搜索的参数空间维数。本节的目的在于根据雷达信号特征寻找合适的基函数，在此基础上利用稀疏分解以期达到对未知多分量脉冲雷达信号分离的目的。

考虑雷达信号中有一类信号的时频特征曲线是连续的，或者是分段连续的，如线性调频、二次调频与正弦调频等[16]，具有大的时宽带宽积，使得时频交叠脉冲出现的概率大大增加。本节主要针对此类具有线性或近似分段线性时频特征的信号首先进行特征分析[24～39]，通过对信号在时域的分段划分和 Taylor 展开确定稀疏分解基函数为时限 Chirp 函数，然后采用 FRFT 对信号进行 Chirp 基稀疏分量提取，再利用稀疏分量之间的时频相关特性构造有向图，通过求解连通分图实现信号盲分离。最后是仿真实验和总结。

8.3.1　多分量信号的时限 Chirp 基稀疏分量提取

1. 单分量信号的时限 Chirp 基时域分段划分

文献[23]用 Chirplet 小波对多项式调频信号的不同时域支撑区进行近似，本章将信号推广到更一般的调频信号，并用 Chirp 基进行近似分段划分。

设信号 $s(t)$ 的表达式为

$$s(t)=A\mathrm{e}^{\mathrm{j}\omega(t)t},\quad t\in[-T/2,T/2] \tag{8-22}$$

式中，A、$\omega(t)$ 和 T 分别为信号分量 $s(t)$ 的幅度、角频率和持续时间。

假设信号 $s(t)$ 的角频率 $\omega(t)$ 在 $[-T/2,T/2]$ 区间上是连续的，或者有且仅有有限个奇点。将区间 $[-T/2,T/2]$ 分为 M 个子区间，第 m 个子区间定义为 $[t_{m-1},t_m]$，其中 t_m 满足

$$-T/2=t_0\leqslant\cdots\leqslant t_m\leqslant\cdots\leqslant t_M=T/2$$

设 $c_m(t)$ 为信号 $s(t)$ 在第 m 个子区间上的子分量，相应角频率 $\omega_m(t)$ 满足如下条件：

(1) 在 $[t_{m-1},t_m]$ 上有定义，且 $\omega_m(t)=\omega(t)$，其他为 0。

(2) 在此闭区间上有 1 阶的连续导数 $\omega_m{}'(t)$。

(3) 当 $-T/2<t<T/2$ 时有 2 阶的有限导数 $\omega_m{}''(t)$。

那么在闭区间 $[t_{m-1},t_m]$ 上 $\omega_m(t)$ 可以用 Taylor 公式展开成如下形式：

$$\begin{aligned}\omega_m(t)&=\omega_m(t_{m-1})+\omega_m{}'(t_{m-1})(t-t_{m-1})+R_m(t)\\&=\omega_m(t_{m-1})-\omega_m{}'(t_{m-1})t_{m-1}+\omega_m{}'(t_{m-1})t+R_m(t)\end{aligned} \tag{8-23}$$

式中，$t_{m-1}\leqslant t\leqslant t_m$；$R_m(t)$ 为 1 阶拉格朗日型余项。

若 $R_m(t)\to 0$，则上式化为

$$\omega_m(t)\approx\omega_m(t_{m-1})-\omega_m'(t_{m-1})t_{m-1}+\omega_m'(t_{m-1})t \tag{8-24}$$

上式是在区间 $[t_{m-1},t_m]$ 上一个 Chirp 信号角频率的表达形式。设

截距频率

$$f_m=[\omega_m(t_{m-1})-\omega_m{}'(t_{m-1})t_{m-1}]/2\pi$$

调频率

$$\mu_m=\frac{\omega_m{}'(t_{m-1})}{\pi}$$

频率误差

$$\Delta f_m=\frac{R_m(t)}{4\pi}$$

则，$s_m(t)$ 可表示为

$$s_m(t)=[u(t_m)-u(t_{m-1})]A\mathrm{e}^{\mathrm{j}2\pi t\left(f_m+2\Delta f_m+\frac{1}{2}\mu_m t\right)}$$

$$\approx [u(t_m)-u(t_{m-1})]Ac_m(t) \tag{8-25}$$

式中，$u(t)$为单位阶跃函数；$[u(t_m)-u(t_{m-1})]$为时域的矩形窗函数；$c_m(t)=e^{j2\pi t(f_m+\frac{1}{2}\mu_m t)}$为 Chirp 基函数。

式(8-25)表明，信号 $s(t)$在每个子区间$[t_{m-1},t_m]$都可以用一个时限 Chirp 基函数来近似表示。因此，对于信号 $s(t)$的区间$[-T/2,T/2]$，可以利用矩形时间窗划分成 M 个子区间，使对应角频率 $\omega_m(t)$的拉格朗日余项 $R_m(t)\approx 0$，将信号近似分解为 M 个时限 Chirp 信号的和，即

$$s(t)=\sum_{m=1}^{M}s_m(t)+s_R(t)\approx\sum_{m=1}^{M}s_m(t) \tag{8-26}$$

式中，$s_R(t)$为余项。此时，任意两个 Chirp 信号分量之间满足正交性，即

$$\| s_m(t)+s_n(t) \|_2=\| s_m(t) \|_2+\| s_n(t) \|_2 \tag{8-27}$$

2. FRFD 的时限 Chirp 基稀疏分量提取

将信号划分成 M 段的方法有很多种，而需要的是用最少个数的 Chirp 基来近似表示信号。当 M 越小时，根据 Parseval 能量守恒定律，每个 Chirp 基的平均能量就会越大，因此可以从能量最大的 Chirp 基开始提取，此过程可以采用稀疏分解实现。

考虑

$$\begin{aligned}\langle s(t),c_m(t)\rangle &=\int_{-T/2}^{T/2}s(t)c_m^*(t)\mathrm{d}t\\ &=\sum_n\int_{t_{n-1}}^{t_n}s_n(t)c_m^*(t)\mathrm{d}t\end{aligned} \tag{8-28}$$

由于当 $n=m$ 时，信号 $s_n(t)$在 $c_m(t)$上具有最大投影，利用式(8-25)和式(8-27)，有

$$\begin{aligned}\langle s(t),c_m(t)\rangle &\approx\int_{t_{m-1}}^{t_m}s(t)c_m^*(t)\mathrm{d}t\\ &=\langle s_m(t),c_m(t)\rangle\end{aligned} \tag{8-29}$$

此时，$s_m(t)$又可以写成

$$s_m(t)\approx\langle s(t),c_m(t)\rangle c_m(t) \tag{8-30}$$

式(8-30)表明，只要找到 Chirp 基函数 $c_m(t)$，就可以将信号分量 $s_m(t)$求解出来。下面将采用稀疏分解的思想求解具有最大能量的 Chirp 基函数。

设超完备字典集 $\mathbf{G}$，$g(t)\in\mathbf{G}$，$f\in\mathbf{R}$，$\mu\in\mathbf{R}$，$c(t)=e^{j2\pi t(f+\mu t/2)}$，则能量最大 Chirp 基分量 $s_m(t)$可由下式求得：

$$\max_m|\langle s(t),c_m(t)\rangle c_m(t)|^2=\sup_{f\in\mathbf{R},\mu\in\mathbf{R}}|\langle s(t),c(t)\rangle c(t)|^2 \tag{8-31}$$

利用式(8-31)可以求得使信号 $s(t)$具有最大能量投影的 Chirp 基 $c_m(t)$，再代入式(8-30)可以得到 $\hat{s}_m(t)$。式(8-30)是对 $s_m(t)$的近似计算，由式(8-25)可知，由

于丢失了余项 $R_m(t)$ 的信息，因此在时频面上得到的只是一条近似 $s_m(t)$ 的时频直线，并不适合处理存在时频曲线的情况。

为了得到信号分量 $s_m(t)$ 的更多细节，将 $s_m(t)$ 在点 (f_m,μ_m) 附近展开，此时分量 $s_m(t)$ 在 $|f-f_m|\leqslant\Delta f$ 邻域内又可以表示为

$$s_m(t)=\int_{f_m-\Delta f}^{f_m+\Delta f}\langle s(t),c_{\mu_m}(t,f)\rangle c_{\mu_m}(t,f)\mathrm{d}f \tag{8-32}$$

式(8-31)需要二维搜索，直接求解运算量大。若取 $c^*(t)$ 为 FRFT 的核函数，$A_\alpha=\sqrt{(1-\mathrm{j}\cot\alpha)/2\pi}$，当 $\alpha\neq n\pi$ 时，$c^*(t)=A_\alpha\mathrm{e}^{-\mathrm{j}ut\csc\alpha+\mathrm{j}\frac{1}{2}\cot\alpha t^2}$。

此时变量替换成 $\begin{cases}\mu=-\cot\alpha\\ f=u\csc\alpha\end{cases}$，并且有

$$\langle s(t),c(t)\rangle=\mathcal{F}[s(t)] \tag{8-33}$$

又因为在 FRFT 的数值计算中，当 $\pi/4\leqslant\alpha\leqslant3\pi/4$ 时，$|A_\alpha|^2\approx0.4224$，式(8-31)可以转化成对最大能量分量的参数求解，即

$$\{\alpha_m,u_m\}=\arg\max_{\alpha,u}|\mathcal{F}^p[s(t)]|^2 \tag{8-34}$$

式(8-32)转化成

$$\begin{aligned}s_m(t)&=\int_{u_m-\Delta u_m}^{u_m+\Delta u_m}\langle s(t),c_{\alpha_m}(t,u)\rangle c_{\alpha_m}(t,u)\mathrm{d}u\\&=\int_{u_m-\Delta u_m}^{u_m+\Delta u_m}\mathcal{F}^{p_m}[s(t)]c_{\alpha_m}(t,u)\mathrm{d}u\\&=\int H^{p_m}(u-u_m)\mathcal{F}^{p_m}[s(t)]c_{\alpha_m}(t,u)\mathrm{d}u\\&=\mathcal{F}^{-p_m}\{H^{p_m}(u-u_m)\mathcal{F}^{p_m}[s(t)]\}\end{aligned} \tag{8-35}$$

式中，$H^{p_m}(u-u_m)$ 为在阶数为 p_m 时 FRFD 的窗函数。

因此结合式(8-34)和式(8-35)，利用 FRFT 快速算法和匹配跟踪算法[14]可以实现对信号的 Chirp 基稀疏分量求解。

设递推算子 R，且 $R^0s(t)=s(t)$，则递推公式为

$$\{\alpha_m,u_m\}=\arg\max_{\alpha,u}|\mathcal{F}^p[R^ms(t)]|^2 \tag{8-36}$$

$$s_m(t)=\mathcal{F}^{-p_m}\{H^{p_m}(u-u_m)\mathcal{F}^{p_m}[R^ms(t)]\} \tag{8-37}$$

$$R^{m+1}s(t)=R^ms(t)-s_m(t) \tag{8-38}$$

采用匹配跟踪算法提取的稀疏分量满足正交性[14]。

如前文所述，对信号进行 Chirp 基分解，然后提取出 Chirp 基，数学描述如下：

$$\begin{gathered}\{\alpha_k,u_k\}=\arg\max_{\alpha,u}|X_\alpha(u)|^2\geqslant D\\ \begin{cases}\hat{\mu}_k=-\cot\alpha_k\\ \hat{f}_k=u_k\csc\alpha_k\end{cases}\end{gathered} \tag{8-39}$$

式中，D 为阈值；$\hat{\mu}_k$ 和 $\hat{f}_k$ 分别为 Chirp 基 c_k 时频线在时频平面上的调频率和截距估值，见图 8-9（实际计算中注意归一化处理）。

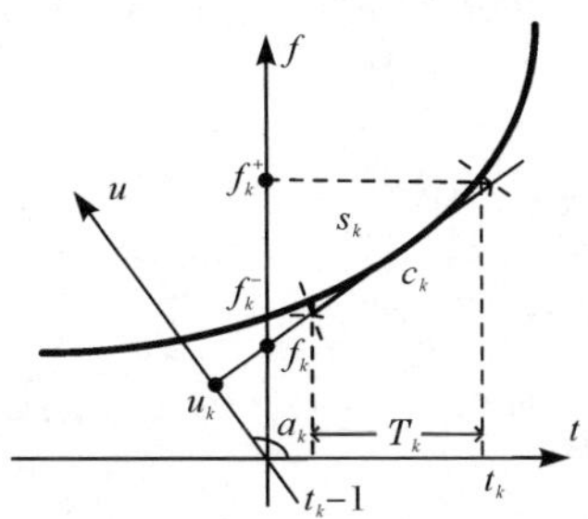

图 8-9　分数阶傅里叶域的 Chirp 参数提取示意图

提取出的每个 Chirp 基 c_k，就相当于一个时限 LFM 脉冲信号。采用脉冲检测、Chirplet 变换[12] 等方法，很容易求得脉冲持续时间 $[\hat{t}_m^-, \hat{t}_m^+]$。假设第 k 个 Chirp 基 $\hat{s}_k(t)$ 的持续时间分别为 $[\hat{t}_k^-, \hat{t}_k^+]$，则 Chirp 基 c_k 的起始频率、终止频率和幅度估计均值可由下式求出：

$$\hat{f}_k^- = \hat{f}_k + \hat{\mu}_k \hat{t}_k^- \tag{8-40}$$

$$\hat{f}_k^+ = \hat{f}_k + \hat{\mu}_k \hat{t}_k^+ \tag{8-41}$$

$$\hat{A}_k = E\{[u(t_k^-) - u(t_k^+)]\hat{s}_k(t)\} = \frac{\int_{t_k^-}^{t_k^+} \hat{s}_k(t)\mathrm{d}t}{t_k^+ - t_k^-} \tag{8-42}$$

因此，对于信号 s_k 可以得到与之对应的 Chirp 基 c_k 的调频率、起始频率、终止频率和幅度估计均值。

3. 多分量信号的时限 Chirp 基稀疏分量

设 $n(t)$ 为高斯白噪声，多分量信号为多个时频连续信号的线性组合，如下：

$$x(t) = \sum_n s_n(t) + n(t) \tag{8-43}$$

利用式(8-34)求解最大 Chirp 基稀疏分量的参数，并利用式(8-35)和 FRFT 的线性性质求得第 m 个稀疏分量为

$$\begin{aligned} s_m(t) &= \mathcal{F}^{-p_m}\{H^{p_m}(u-u_m)\mathcal{F}^{p_m}[R^m x(t)]\} \\ &= \sum_n \mathcal{F}^{-p_m}\{H^{p_m}(u-u_m)\mathcal{F}^{p_m}[R^m s_n(t)]\} \\ &\quad + \mathcal{F}^{-p_m}\{H^{p_m}(u-u_m)\mathcal{F}^{p_m}[R^m n(t)]\} \end{aligned} \tag{8-44}$$

式中，$\{\alpha_m, u_m\} = \arg\max_{\alpha,u} |\mathcal{F}^p[R^m x(t)]|^2$。式(8-44)表明，多分量信号的 Chirp

基稀疏分量 $s_m(t)$ 包含了各个信号分量和噪声的信息，要利用稀疏分量实现多分量信号的完全分离很困难。

下面在大信噪比条件下，分三种情况对式(8-44)进行讨论。设

$$\| s_{m,n}(t) \|_2 = \max_n \{ \| \mathcal{F}^{-p_m} \{ H^{p_m}(u-u_m) \mathcal{F}^{p_m}[R^m s_n(t)] \} \|_2 \} \tag{8-45}$$

情况Ⅰ：若 $\| s_{m,n}(t) \|_2 \approx \| s_m(t) \|_2$，此时认为 Chirp 基稀疏分量 $s_m(t)$ 主要和某一信号分量相关，稀疏分量对应唯一的信号分量。

情况Ⅱ：当 $s_m(t)$ 属于多个信号分量时

$$\begin{aligned} s_m(t) &= \sum_n \mathcal{F}^{-p_m} \{ H^{p_m}(u-u_m) \mathcal{F}^{p_m}[R^m s_n(t)] \} \\ &\approx \sum_n [u(t_{n,m}) - u(t_{n,m-1})] A_n c_m(t) \\ &\approx \sum_n s_{m,n}(t) \end{aligned} \tag{8-46}$$

若对 $\forall i,j, i \neq j$，满足条件

$$\langle [u(t_{i,m}) - u(t_{i,m-1})], [u(t_{j,m}) - u(t_{j,m-1})] \rangle = 0 \tag{8-47}$$

此时 $\langle s_{m,i}(t), s_{m,j}(t) \rangle = 0$，信号分量 $s_{m,i}(t)$ 和 $s_{m,j}(t)$ 虽然具有相同的 Chirp 基函数 $c_m(t)$，但是在时域正交，仍然可以实现分离。

情况Ⅲ：同理对于式(8-46)，若 $\exists i,j, i \neq j$，有

$$\langle [u(t_{i,m}) - u(t_{i,m-1})], [u(t_{j,m}) - u(t_{j,m-1})] \rangle \neq 0 \tag{8-48}$$

则说明信号分量某段时间内在时域和频域上发生重叠，这种情况很难将两个信号分量分离。

本节主要针对第Ⅰ、Ⅱ种情况对多分量信号进行分离，亦即假设提取出的每个 Chirp 基稀疏分量对应唯一的信号分量。

图 8-10 所示为同一个 Chirp 基函数对应不同数量信号分量的情况。第Ⅰ种情况，Chirp 基函数只对应一个信号分量 s_1；第Ⅱ种情况，Chirp 基函数包含两个信号分量，但是 s_1 和 s_2 在时域上是正交的，因此仍然可以在时域上分离成两个稀疏分量。同时图 8-10 表明，由于 Chirp 基稀疏分量只有调频率和初始频率两个参数，需要变换到时域才能求得起止时间。由此可见，基于 FRFT 的 Chirp 基提取，并不能把两个具有相同调频率和中心频率的 Chirp 信号分离出来。

4. FRFD 的滤波窗函数

基于 FRFT 的 Chirp 基依次提取算法对信号进行 Chirp 基提取时，需要在 FRFD 构造窗函数。窗函数的构造有很多种，如矩形窗、高斯窗、三角窗、汉宁窗以及汉明窗等。针对不同的信号，采用窗函数的最优形式可能不同。考虑时频交叠雷达侦察信号的不确定性，在这里本节采用最一般的形式，即矩形窗函数进行讨论。

矩形窗在 FRFD 中的分布仍然近似为矩形，如图 8-11 所示。在特定的FRFD

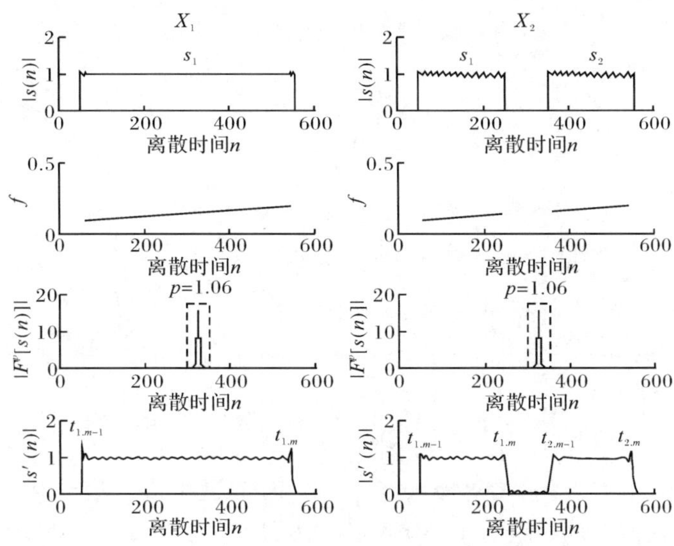

图 8-10　多分量信号的 Chirp 基稀疏分量

利用极窄带矩形窗进行滤波，把提取出的稀疏信号分量变换到其他 FRFD 后，例如时域，信号的时宽将会得到展开，利用这个特点可以提取稀疏分量在时域的信息。由于 FRFD 是傅里叶域的更一般形式，这也可以利用时域里的冲击函数对应频域里具有无限带宽的常数来解释，根据 FRFD 的时宽带宽不确定性原理，阶数为 p 的冲击函数，通过 FRFT 后，在阶数 $p\pm0.5$ 的 FRFD 展开具有最大带宽。

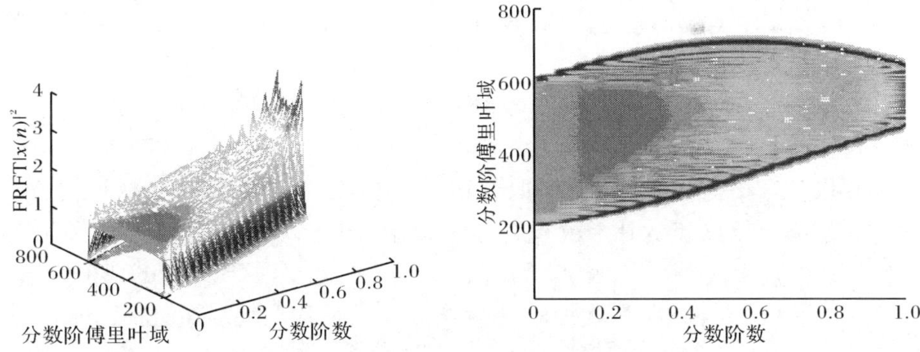

图 8-11　分数阶傅里叶域中的矩形窗函数

下面讨论在 FRFD 利用矩形窗进行稀疏分量提取的物理意义。假设在平面 $P(\alpha,u)$ 上对应的点 (α_k,u_k) 处搜索到了能量峰值，此时在 $p_k(\alpha_k=\pi p_k/2)$ 阶FRFD 的 u 轴上，以 u_k 为中心构造矩形窗

$$H^{p_k}(u-u_k)=\begin{cases}1, & |u-u_k|\leqslant\Delta u/2\\0, & |u-u_k|>\Delta u/2\end{cases}\tag{8-49}$$

在 FRFD Chirp 基的滤波对 Chirp 基的提取如图 8-12 所示。

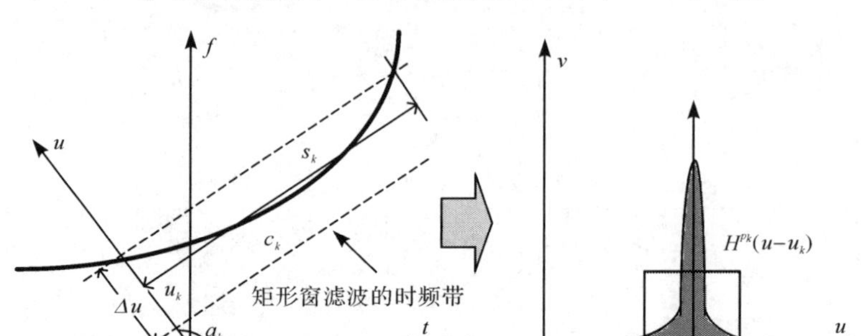

图 8-12　分数阶傅里叶域的窗函数和 Chirp 基提取

从图 8-12 可以看出,对信号 s_k 在 p_k 阶 FRFD 进行以 u_k 为中心的矩形窗滤波,实际上是在信号的时频面上,构造了一条以 Chirp 基 c_k 时频线为中心的时频带。在时频带内,信号 $s_k=c_k(t)+R_k(t)$的能量分为两部分,其中 Chirp 基 c_k 的能量在 FRFD 内表现为一个能量冲击,余项 $R_k(t)$散落在 Chirp 基的能量冲击周围。因此,采用 FRFT 对 Chirp 基进行提取,实际上是利用 FRFT 对 Chirp 基的能量聚集性,找出信号 s_k 所在的时频通带,实现对信号的滤波提取。

值得注意的是,虽然采用 FRFD 的矩形窗函数对时限 Chirp 基的提取公式和 8.2 节中基于 Chirp 基函数族稀疏分解的提取公式是相同的,但是并不能认为二者是等价的,理由如下:

(1) 8.2 节中对 Chirp 基函数族稀疏分解公式只对频率进行了分析,是对式(8-11)的近似计算。

(2) 时限 Chirp 基在 FRFD 的能量分布的包络,也并不是成矩形的,这里也是近似计算。

(3) 由于二者采用了相同的提取方法,因此对于二者的某些特征可以进行相互解释。例如,利用 Chirp 基函数族进行稀疏分解比起单独使用 Chirp 基可以保留更多信号的时频信息,那是因为利用窄带滤波,提取了能量脉冲附近的余项信息。

当对多个 Chirp 基进行依次提取时,信号的时频面内出现多条时频带(图 8-13)。首先提取出的 Chirp 基时频带可能会包含其他 Chirp 基的信息,因此依次提取方法对后提取的 Chirp 基会造成能量损失。一个可行的解决办法是,用依次提取算法确定各个 Chirp 基位置,然后在整个信号的 FRFD 内提取出时限 Chirp 基的稀疏分量。另一种解决办法是,采用补偿因子对滤波后的剩余信号进行补偿,也就是对弱分量信号在时频交叠部分进行能量补偿。

Chirp 基分解相比 Chirplet 小波基的四维参数空间来说,只有两个特征参数,大大提高了稀疏分解的计算效率,但是却缺少了描述特征原子的时域信息。通过

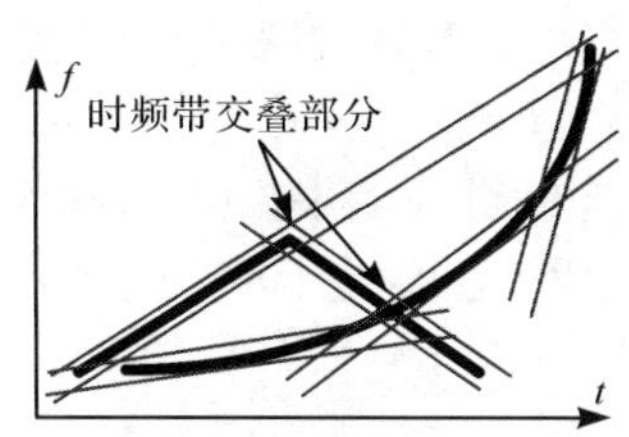

图 8-13　多分量 Chirp 基提取时窗函数的时频带

在 FRFD 构造窗函数，进行窄带滤波后再反 FRFT 把稀疏分量信号转换到时域，可以间接求得 Chirp 基的起止时间。

值得注意的是，利用 FRFT 提取 Chirp 基时，由于只考虑了截距频率和调频率，对于多个信号分量，当信号进行子区间分解时，不同的子区间可能具有相同截距频率和调频率的 Chirp 基。在利用 FRFT 对 Chirp 基提取时，会出现在同一个滤波时频带内，由于没有考虑时域信息，是作为一个 Chirp 基进行提取的，这也是需要对提取出的 Chirp 基进行时域分离处理的原因。

8.3.2　信号分量求解

1. 稀疏分量的邻接矩阵

得到了 M 个 Chirp 基稀疏分量的特征参数，需要判断在 M 个稀疏分量中，哪些稀疏分量属于同一个信号分量，一共有几个信号分量。

由于信号的 Chirp 基稀疏分解，实际上是将信号按频域的近似 LFM 特性在时域上分解成不同的 Chirp 信号段，因此提取出的稀疏分量具有如下特征：

(1) 如果属于同一信号分量的两个 Chirp 基稀疏分量相连，则相连后在时域上连续。

(2) 如果属于同一时频连续信号的两个 Chirp 基稀疏分量相连，则相连后在频域上连续。

(3) 每个 Chirp 基的首尾，分别最多只和一个 Chirp 基稀疏分量相连。

根据上述特征，可以得到稀疏分量之间的邻接矩阵。定义矩阵 $\boldsymbol{D}_{M\times M}$，其中 $d_{i,j}\in\boldsymbol{D}_{M\times M}$表示在时域上第 i 个稀疏分量之后为第 j 个稀疏分量，若 $d_{i,j}=1$ 表示两个基相连；反之，则不相连。矩阵 $\boldsymbol{D}_{M\times M}$是对 M 个稀疏分量是否相连的描述，当 $d_{i,j}=1$ 时，第 i 个和第 j 个稀疏分量应该同时满足如下条件：

① 时域连续性。根据邻接矩阵 $\boldsymbol{D}_{M\times M}$的定义和特征(1)，即在时域上第 j 个基出现在第 i 个基之后，若两个 Chirp 基稀疏分量相连，则在时域上连续，此时有 $t_j^+>t_i^+, t_j^->t_i^-, |t_j^--t_i^+|\leqslant\delta t$。

② 频域连续性。根据特征(2)，若属于同一非线性调频信号的两个 Chirp 基

稀疏分量相连,则它们的调频率不相等,且在频域上连续,即

当 $\mu_i \neq \mu_j$ 时,$|f_j^- - f_i^+| \leqslant \delta f$。

如果两个分量满足时域连续性,但调频率却相等,即 $\mu_i = \mu_j$,此时信号可能为频率捷变或者 LFM 锯齿波信号,在频域上将发生突变,不能用频域上的连续性判定为不相连。

③ 相连唯一性。满足条件①,②的矩阵式 $\boldsymbol{D}_{M\times M}$,可能会出现一个基和多个 Chirp 基分量相连或者多个基和一个 Chirp 基分量相连的情况。然而根据特征(3),每个 Chirp 基分量的首尾,分别最多只和一个 Chirp 基分量相连,邻接矩阵式 $\boldsymbol{D}_{M\times M}$还应该同时满足下列条件:

$$\sum_{j=1}^{M} d_{i,j} = 0 \text{ 或 } 1, \quad \sum_{i=1}^{M} d_{i,j} = 0 \text{ 或 } 1, \quad i,j = 1,\cdots,M$$

为了保证条件③,需要对按条件①、②求得的矩阵式 $\boldsymbol{D}_{M\times M}$进行唯一性分析,这时候可以利用欧氏距离进行辨别,从可能相连的基中进行择优选取。

2. 信号分量与有向分图

将提取出的 M 个 Chirp 基稀疏分量构成节点集 $V=\{v_1,\cdots,v_M\}$,Chirp 基有序对的相连情况构成弧集 A,则得到有向图 $Q=(V,A)$。不难得出,此时矩阵式 $\boldsymbol{D}_{M\times M}$为有向图的邻接矩阵。根据所求的邻接矩阵式 $\boldsymbol{D}_{M\times M}$,可知有向图 $Q=(V,A)$是简单的、无圈的、非连通的,并且和信号分量具有如下关系:

(1) 每个信号分量的所有 Chirp 基的有序对组成一条路径,并构成一个连通分图,不同信号分量的 Chirp 基属于不同的连通分图。

(2) 根据相连唯一性,连通分图是单向的,每个节点的入度和出度最大值为 1,一个节点只能属于一个单向连通分图,即只能属于一个信号分量。

如果能求解出有向图 $Q=(V,A)$的所有单向分图,则每个单向分图的节点子集对应一个信号分量的所有 Chirp 基成分。信号分量可以由这些 Chirp 基稀疏分量的线性组合得到,并且根据单向分图的最大路径还可以得出这些 Chirp 基稀疏分量按照时间的先后排列顺序。

由于此时一个节点只属于一个单向分图,单向分图同时是弱分图,求解弱分图可以转化成无向图,即将原图的每一个有向边都可以看成无向边。因此,从任意结点出发进行深度优先(DFS)遍历,便可得到原图的一个极大子图且是弱连通的。从各个结点出发进行遍历,可求出原图的各个弱分图。

8.3.3 仿真实验与分析

1. 实验 8.3.1:信号的时限 Chirp 基稀疏分量提取

设观测信号 $x(t)$ 如式(8-43),五个仿真信号分别取凸二次调频,$f(t)=$

$(100+100t^2)$MHz，$t\in[-0.5,1]\mu$s；线性调频，$f(t)=(75t)$MHz，$t\in[0,1.5]\mu$s；凹二次调频，$f(t)=(100-37.5t^2)$MHz，$t\in[0,2]\mu$s；对数调频，$f(t)=(10^{1+0.5t})$MHz，$t\in[0.5,1.5]\mu$s；频率捷变，$f(t)$分别取 50MHz、125MHz、75MHz、200MHz，对应时间 t 分别为$[0,0.5)$、$[0.5,1)$、$[1,1.5)$、$[1.5,2]\mu$s。采样频率 $F=500$MHz/s，$\Delta=1/F$，采样点数 1024 点。

信号 $x(t)$的伪 Wigner-Ville 时频分布如图 8-14 所示，五个信号在时域和频域上产生了交叉重叠，因此单独在时域或频域实现信号的分离很难，而采用 Chirp 基函数的信号分离方法实际上是在信号的时频联合域对信号进行分离，如表 8-4 所示。

表 8-4　提取出的 Chirp 基特征

编号	阶数	调频率 /(MHz/s)	起始频率 /MHz	终止频率 /MHz	起始时间 /μs	终止时间 /μs	持续时间 /μs	平均幅度
1	0.9	−38.67	85.37	9.66	32	1011	979	1.06
2	1	0	198.19	198.19	414	671	257	0.29
3	1	0	198.19	198.19	739	1010	271	0.26
4	1.2	79.33	−2.76	113.69	33	767	734	0.77
5	1.1	38.67	14.92	54.36	497	1007	510	0.49
6	1	0	124.88	124.88	246	506	260	0.33
7	1	0	75.51	75.51	534	750	216	0.30
8	1	0	49.61	49.61	13	252	239	0.28
9	1.3	124.40	111.03	202.09	51	417	366	0.38
10	0.8	−79.33	195.98	176.14	668	793	125	0.15

对信号 $x(t)$进行 Chirp 基稀疏分量提取，经过伪 Winger-Ville 变换进行线性叠加之后得到图 8-15。图 8-14～图 8-16 表明：

(1) 图 8-15 消除了图 8-14 中交叉项的干扰，并且每个稀疏分量都近似一个时限的 Chirp 函数。由于保留了余项，提取出稀疏分量的时频线存在曲线形式，例如 No. 1、No. 5 和 No. 9。

(2) 稀疏分量提取过程中采用了先强后弱的顺序，对于存在时频交叠的两个信号分量，例如 No. 1 和 No. 4，弱分量 No. 4 在交叠部分存在能量损失，解决这个问题的一种方法是可以在 FRFD 采用均值滤波。

(3) 稀疏分量 No. 2 和 No. 3 具有相同的 Chirp 基函数(调频率为零)，需要在时域进行分离(图 8-16),而其他稀疏分量都对应唯一的信号分量,这正如第8.3.1节中所述的第Ⅱ和第Ⅰ种情况。

(4) Chirp 基函数相比 Chirplet 变换虽然减少了时延和时宽 2 个参数,提高了参数搜索效率,但是却需要估计起止时间,一定程度上增加了算法的复杂度。

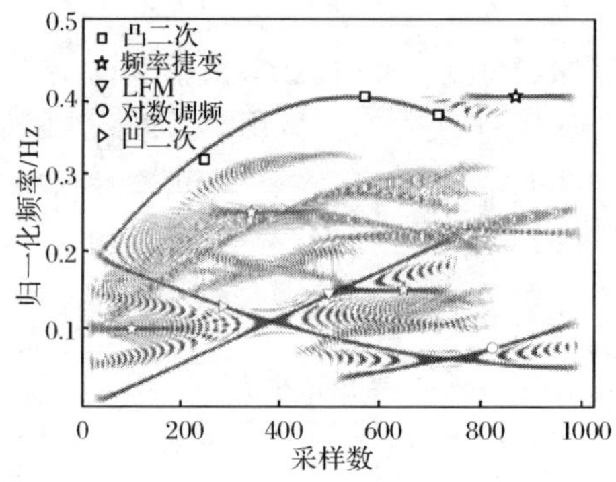

图 8-14　观测信号 $x(t)$ 的时频分布

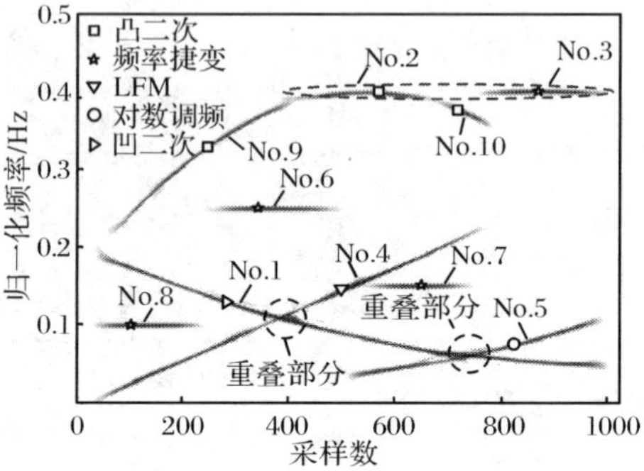

图 8-15　Chirp 基稀疏分量的时频分布

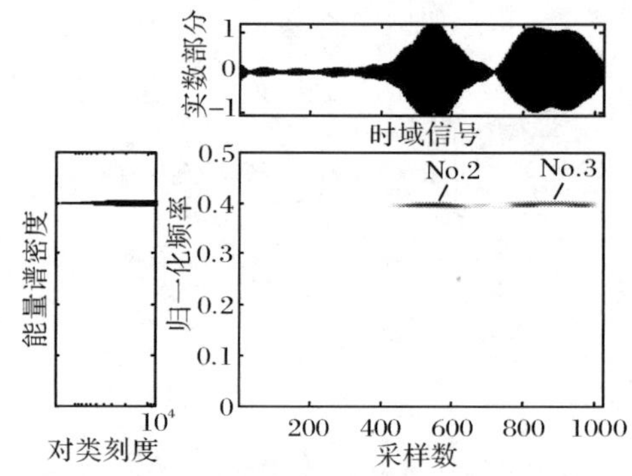

图 8-16　具有相同 Chirp 基函数的两个稀疏分量

2. 实验 8.3.2:信号分量与稀疏分量的有向图

将实验 8.3.1 中提取出的 10 个稀疏分量,求得每个稀疏分量的起止频率和起止时间,并求得邻接矩阵式 $\boldsymbol{D}_{M\times M}$。图 8-17 是在 $\delta t=30\Delta$ 条件下利用时域连续性,将稀疏分量构成的有向图。

由图 8-17 可知与某个稀疏分量相连的其他稀疏分量可能会有多个,例如 No. 6 就和 No. 5、No. 7 在时间上相隔很近,还需要进一步利用频域的连续性进行判断。6→5 在频域上存在阶跃,不符合频域连续性条件,因此判断它们不属于同一个信号分量,4→3 亦是如此。最后,利用 Chirp 基稀疏分量的有向图,可以实现信号分量分离,有向分图为 1,4,5,9→2→10、8→6→7→3,结果如

图 8-18 所示。

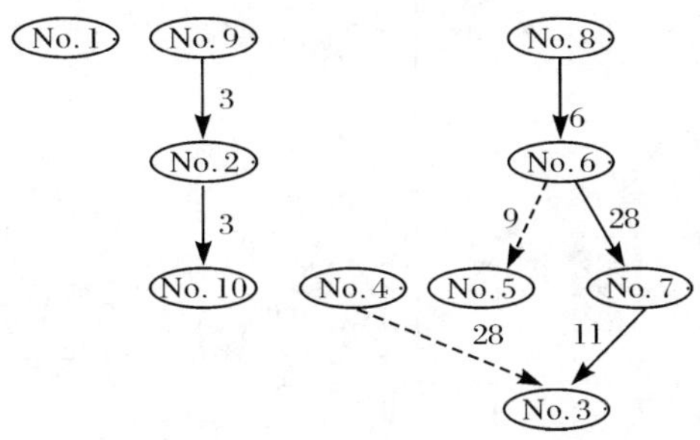

图 8-17　稀疏分量按照时域连续性构成的有向图

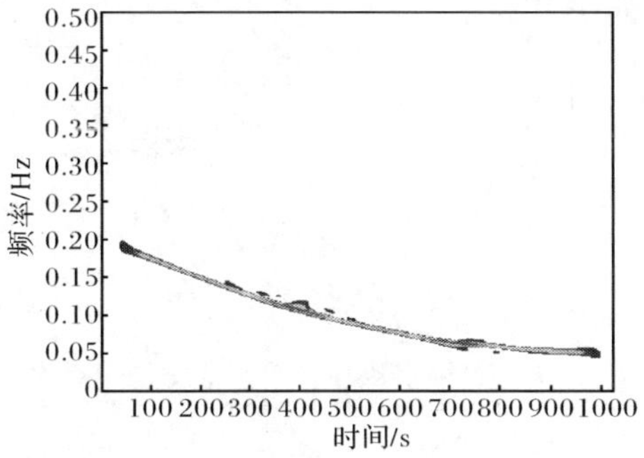

{1}

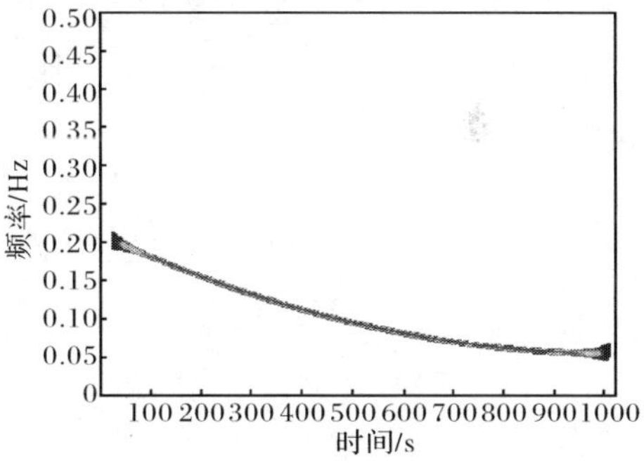

信号分量 1

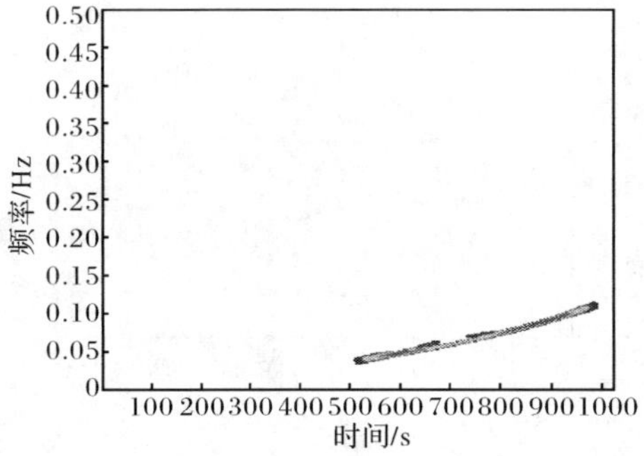

{5}

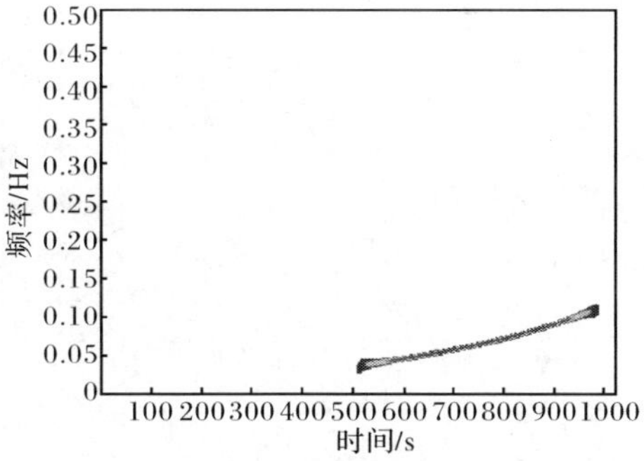

信号分量 2

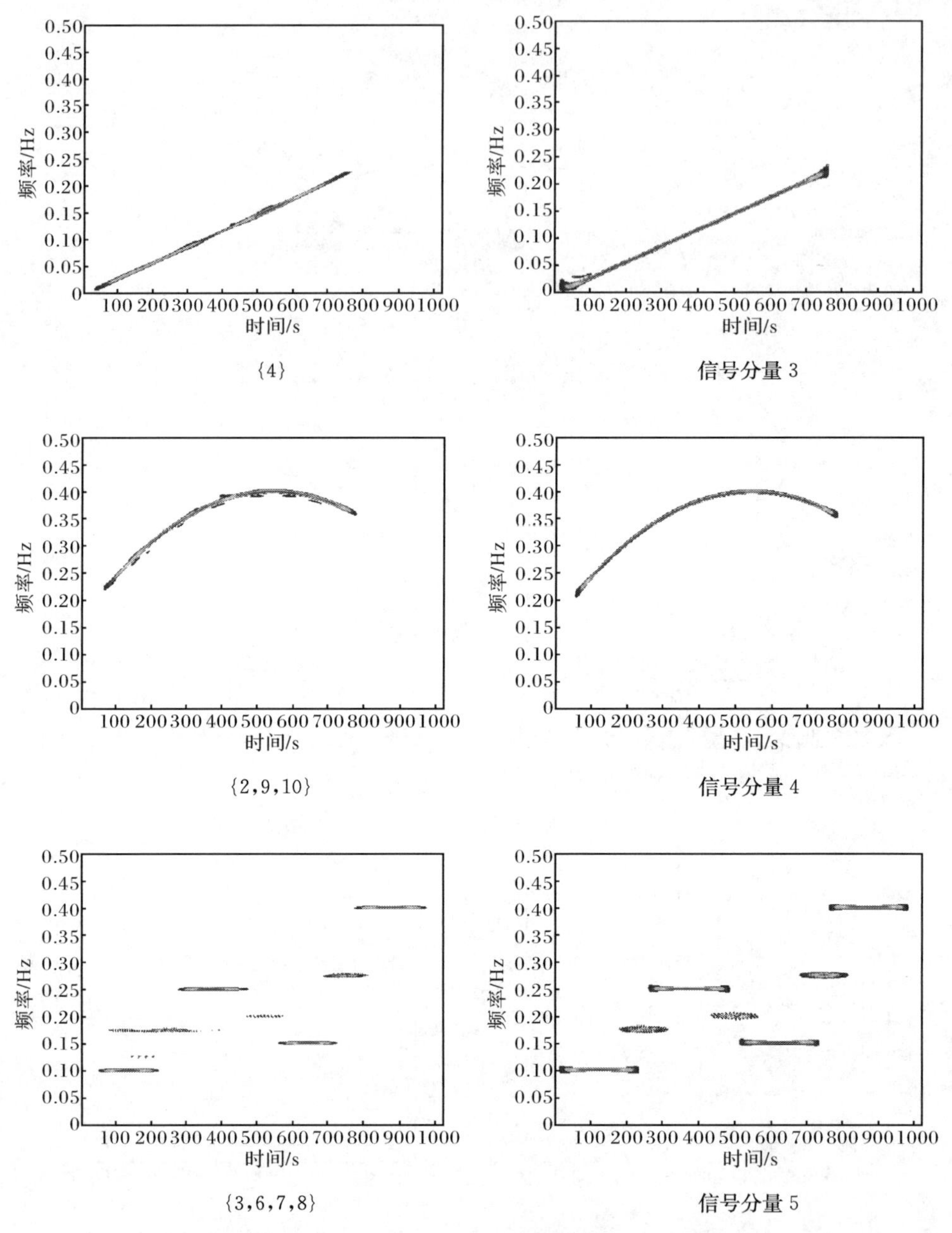

图 8-18　分离出的信号分量和原始信号分量

另外,采用有向分图将稀疏分量进行分类,还得到了 Chirp 基排列的时间先后顺序。利用这点还可以判断具有相同 Chirp 基稀疏分量的信号是否属于同一个信号分量。这里本质上是利用了稀疏分量之间的时频相关性进行特征原子聚类,在本书的第 11 章中将详细讨论利用稀疏特征原子进行信号分选的方法。

从图 8-18 可以看出：①提取出的信号分量能较好反映出 LFM 或类似 LFM 信号的时频特征；②提取后的强弱信号分量时频交叠部分的能量存在差异，例如信号分量 1、2 和 3；③对于利用时限 Chirp 基分段划分的曲线调频信号分量，分离后仍然能较好保留信号的时频特征，例如信号分量 4；④对于具有多个 Chirp 基的信号，分离效果相对较差，例如信号分量 5。

求解 Chirp 基稀疏分量有向分图的关键是计算邻接矩阵式 $\boldsymbol{D}_{M\times M}$，而邻接矩阵的相连性判断依据的是时限 Chirp 基稀疏分量的起止频率和起止时间。时限 Chirp 基函数的特征参数估计好坏直接影响着信号分量提取和分离性能。在 Chirp 基提取时利用了匹配跟踪和 CLEAN 思想，根据 Chirp 基能量大小依次提取，对于能量较小的 Chirp 基成分在提取时会存在较大误差，亦即对弱分量提取的误差。因此，Chirp 基参数估计性能的好坏，取决于对弱分量提取的好坏，信号分量分离的好坏主要由最小能量 Chirp 基决定，这在一定程度上限制了算法的应用。算法的使用通常需要满足如下条件：①信噪比较大；②Chirp 基稀疏分量能量差异不能太大；③Chirp 基个数不能太多，亦即信号分量最好是近似线性。因此，信号分量越多，Chirp 基稀疏分量越多，信号分离就越困难。

3. 实验 8.3.3：信号分离性能分析

通过求解 Chirp 基稀疏分量的有向分图，可以得到属于不同信号分量的 Chirp 基稀疏分量，采用线性组合，进而实现信号分离。通常情况下，在雷达电子情报侦察中，会得到雷达信号的部分先验信息，利用这些信息可以大大提高信号的分离效率。

假设对每个 Chirp 基稀疏分量分类都正确，在不同信噪比下，分析信号的分离性能。在实验 8.3.1 的基础上，信噪比 SNR 定义为多个雷达信号线性叠加后和噪声的功率比，分别取 0dB、3dB、7dB、10dB 和 13dB，每个信噪比下采用蒙特卡罗法仿真 1000 次；分离相关系数 R 定义为分离后的信号分量 $\hat{s}_n(t)$ 与源信号分量 $s_n(t)$ 的相关系数，结果如图 8-19 所示。

当信噪比 SNR>3dB 时，信号分量的分离相关系数 R 都达到了 0.9 以上，并随着信噪比的增加逐渐趋向于一个定值，不能达到 1 的原因可能是由于单传感器数据、非匹配处理和时频交叠带来的误差。对于信号分量 4，由于没有受到其他信号分量在时域和频域上的交叠影响，在大信噪比条件下的分离相关系数 R 最高，但是随着信噪比降低却下降最快，这是因为包含的 Chirp 基稀疏分量数量越多，受到噪声的影响就会越大，并且对弱稀疏分量(如 No.10)的影响更为严重。

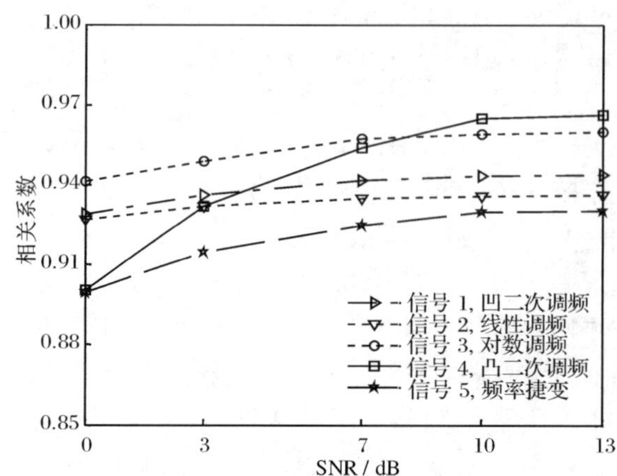

图 8-19　分离出的信号分量和原始信号分量的相关系数 R

8.4　小　　结

本章主要以单脉冲和由单脉冲组成的脉冲流信号、多分量脉冲信号为研究对象,研究了基于 FRFT 的复杂调制雷达信号稀疏特征提取与分选,利用 FRFT 域时限 Chirp 基稀疏分解特征,实现了多分量脉冲雷达信号的分离,主要工作和结论如下:

(1) 分析了雷达信号类型和时频特征,提出对具有线性或类似线性调频时频特征的信号用 Chirp 基进行线性表示。

(2) 利用 FRFT 和函数族的思想对信号进行 Chirp 基稀疏成分提取,得到了在 FRFT 域中的稀疏分解公式,提出的基函数族稀疏分解方法减少了基函数字典集的原子数,降低了分解迭代次数,提高了分解效率。

(3) 利用信号 Chirp 基稀疏分解的特征参数将雷达信号分为五大类,有效实现了对具有线性或曲线时频特征的雷达信号初步分类识别,并且在低信噪比下仍然具有较高的正确分选概率和较低的错误分选概率,为后续雷达侦察信号处理中按信号类型进行分类处理奠定了基础。

此外,雷达信号的 Chirp 基稀疏分解特征不仅是调频率和初始频率,还包括分解系数等,当信号时频特征不明显时,如何综合利用这些特征进行分选与识别,还需要进一步的探讨研究。

(4) 利用时限 Chirp 基对具有类似线性调频特征的单分量雷达脉冲信号的时域进行分段划分,对时限 Chirp 函数的 Taylor 展开在初始频率误差范围内积分,保留了信号的调频余项;采用 FRFT 实现了时限 Chirp 基稀疏分量提取和特征参数估计,能够较好地提取出近似 LFM 信号的时频特征,扩大了算法的应用范围。

(5) 讨论了多分量脉冲信号的时限 Chirp 基稀疏分量提取,由于多分量信号的 Chirp 基稀疏分量包含了各个信号分量和噪声的信息,当提取的每个 Chirp 基稀疏分量对应唯一的信号分量时,可以实现信号分量的分离。讨论了 FRFT 域的滤波窗函数、矩形窗函数在不同的 FRFT 域仍然近似为矩形。比较分析了与 Chirp 函数族稀疏分解的关系,时限 Chirp 基 Taylor 展开式和 Chirp 基函数族的稀疏分解都采用了 FRFT 进行计算,虽然最后的计算结果类似,但是二者分析问题的出发点不同,是由于经过近似推导计算后导致的结果。

(6) 利用 Chirp 基稀疏分量在时域和频域的相关性构造有向图,根据单向连通分图和信号分量之间的关系,将求解信号分量问题转换成求解有向图的单向连通分图问题,得到了单个信号分量所有 Chirp 基稀疏分量的时序,并且完成了信号分离。这种方法本质上是通过组合信号稀疏特征实现信号分离,因此需要各个信号分量的稀疏特征在特征参数空间没有重叠,并且当信号的类 LFM 性质不明显,提取的 Chirp 基稀疏分量较多时,会增加信号分离的难度。

由于雷达情报侦察系统一般是单通道输出,雷达信号调制类型多样,雷达辐射源数目未知,要想完全实现对多个未知雷达脉冲信号交叠时的分离相当困难[40～95],对该问题今后还需要更加深入的探索和研究。另外,对于交叠连续波信号的分离将在后面第 9 章和第 10 章分别进行研究与讨论。

参考文献

[1] Demirli R, Saniie J. Model-based estimation pursuit for sparse decomposition of ultrasonic echoes. Signal Processing IET, 2012, 6(4): 313－325.

[2] Liu Z M, Huang Z T, Zhou Y Y. Direction-of-arrival estimation of wideband signals via ovariance matrix sparse representation. IEEE Transactions on Signal Processing, 2011, 59(9): 4256－4270.

[3] Jafari M G, Plumbley M D. Fast dictionary learning for sparse representations of speech signals. IEEE Journal of Selected Topics in Signal Processing, 2011, 5(5): 1025－1031.

[4] Jalal F M, Starck J L, Bobin J, et al. Image decomposition and separation using sparse representations: An overview. Proceedings of the IEEE, 2010, 98(6): 983－994.

[5] López-Risueño G, Grajal J. Unknown signal detection via atomic decomposition//Proceedings of 11th IEEE Workshop on Statistical Signal Processing, Singapore, 2001: 174－177.

[6] López-Risueño G, Grajal J, Yeste-Ojeda O A. Signal detection and classification using atomic decomposition//Proceedings of European Signal Processing Conference, Toulouse, 2002: 129－132.

[7] López-Risueño G, Grajal J, Yeste-Ojeda O A. Atomic decomposition-based complex radar

interception. IEEE Proceedings-Radar, Sonar and Navigation, 2003, 150(4): 323—331.

[8] López-Risueño G, Grajal J, Yeste-Ojeda O A. On the use of EM and high resolution atomic decomposition to estimate a linear mixture of Chirplets//Proceedings of the IEEE Workshop Statistical Signal Processing, Saint Louis, 2003: 258—260.

[9] Mann S, Haykin S. The Chirplet transform: Physical considerations. IEEE Transactions on Signal Processing, 1995, 43(11): 2745—2761.

[10] Moody D I, Brumby S P, Myers K L, et al. Sparse classification of rf transients using Chirplets and learned dictionaries//Signals, Systems and Computers (ASILOMAR), 2011 Conference Record of the Forty Fifth Asilomar, Pacific Grove, 2011: 1888—1892.

[11] Bultan A. A four-parameter atomic decomposition of Chirplets. IEEE Transactions on Signal Processing, 1999, 47(3): 731—745.

[12] Greenberg J M, Wang Z S, Li J. New approaches for Chirplet approximation. IEEE transactions on signal processing, 2007, 55(2): 734—741.

[13] 陶然,邓兵,王越. 分数阶傅里叶变换及其应用. 北京:清华大学出版社,2009.

[14] Chen S S, Donoho D L, Saunders M A. Atomic decomposition by basis pursuit. SIAM Review, 2001, 43(1): 129—159.

[15] 赵兴浩,邓兵,陶然. 分数阶傅立叶变换数值计算中的量纲归一化. 北京理工大学学报, 2005, 25(4): 361—364.

[16] Skolnik M. Radar Handbook. New York: McGraw-Hill, 2008.

[17] Greenberg J M, Wang Z S, Li J. New approaches for Chirplet approximation. IEEE transactions on signal processing, 2007, 55(2): 734—741.

[18] Pace P E. Detecting and Classifying Low Probability of Intercept Radar. Norwood: Artech House, 2004.

[19] Yilmaz O, Rickard S. Blind separation of speech mixtures via time-frequency masking. IEEE Transactions on Signal Processing, 2004, 52(7): 1830—1847.

[20] Yang Z, Xiang Y, Xie S, et al. Nonnegative blind source separation by sparse component analysis based on determinant measure. IEEE Transactions on Neural Networks and Learning Systems, 2012, 23(10): 1601—1610.

[21] Abrard F, Deville Y. A time-frequency blind signal separation method applicable to underdetermined mixtures of dependent sources. Signal Processing, 2005, 85: 1389—1403.

[22] López-Risueño G, Grajal J. Multiple signal detection and rstimation using atomic decomposition and EM. IEEE Transactions on Aerospace and Electronic Aystems, 2006, 42 (1): 84—102.

[23] 罗洁思,于德介,彭富强. 基于多尺度线调频基信号稀疏分解的信号分离和瞬时频率估计. 电子学报, 2010, 36(10): 2224—2228.

[24] Skolnik M. Radar Handbook. Third Edition. New York: McGraw-Hill, 2008.

[25] Mardia H K. New techniques for the deinterleaving of repetitive sequences. IEEE Proceedings F, Communication Radar&Signal Process, 1989, 136(4): 149—154.

[26] Davies C L, Holland P. Automatic processing for ESM. IEEE Proceedings F Communication Radar&Signal Process, 1982, 129, (3): 164—171.

[27] Milojevic D J, Popovic B M. Improved algorithm for the deinterleaving of radar pulses. IEEE Proceedings F Communication Radar&Signal Processing, 1992, 139(1): 98—104.

[28] Nelson D J. Special purpose correlation functions for improved signal detection and parameter estimation. Proceedings of International Conference on AcoustiCS Speech and Signal Processing, 1993, 4: 73—76.

[29] Nishinuchi K, Kobayashi M. Improved algorithm for estimating pulse repetition intervals. IEEE Transactions on Aerospace and Electronic Systems, 2000, 36: 408—421.

[30] 胡来招. 平面变换用于复杂环境的信号处理. 电子工业部二十九研究所科技成果汇编, 1995.

[31] Perkins J, Coat I. Pulse train deinterleaving via the Hough transform. IEEE International Conference on Acoustics, Speech, and Signal Processing, 1994, 3(3): 198—200.

[32] Oris R J, Moore J B, Mahony R E. Interleaved pulse train spectrum estimation. IEEE Transactions on Signal Processing, 1999, 47(6): 1646—1653.

[33] Oris R J, Moore J B, Mahony R E. Interleaved pulse train spectrum estimation// International Symposium Signal Processing and its Applications, ISSPA, Gold Coast, 1996.

[34] Mardia H K. Adaprive clustering for ESM. IEEE Colloquium on Signal Processing for ESM systerms, 1988, 52: 1—4.

[35] Wilkinson D R, Watson A I. Use of metric techniques in ESM data processing. IEEE Proceedings F Communication Radar&Signal Process, 1985, 132, (4): 28—36.

[36] Trunk G V. Detection results for scanning radars employing feedback integration. IEEE Transactions on Aerospace and Electronic Systems, 1970, 6: 522—527.

[37] Ienne P. Digital Connectionist Hardware: Current Problems and Future Challenges//Mira J, Moreno-Diaz R, Cabestany J. Biological and Artificial Computation: From Neuroscience to Technology. Berlin: Springer, 1997: 688—713.

[38] 宋小全，皇甫堪，周良柱. 基于白组织神经网络的雷达信号分选. 国防科技大学学报，1995，17(4): 36—42.

[39] 徐欣. 雷达截获系统实时脉冲列去交错技术研究[D]. 长沙：国防科技大学，2001.

[40] 张万军，樊甫华，谭营. 聚类方法在雷达信号分选中的应用. 雷达科学与技术. 2004, 2(4): 199—223.

[41] 祝正威. 雷达信号的聚类分选方法. 中国电子科技集团西南电子设备研究所学术交流会论文集，2004, 12: 78—81.

[42] Hanna C A, Cirucci J A, PrunW D R. VLSI Application to ESM Processing, IBM Technical Directions, 1987, 13(1): 32—36.

[43] Kohonen T. Content Addressable Memories. Berlin: Springer-Verlag, 1980.

[44] Bacha H. Beyond the WAM, a PAWI for the CAM, Coherent Research, INC. Technical Report, 1990.

[45] 张玉恒,吴启晖,王金龙. 基于时频加窗短时傅里叶变换的 LFM 干扰抑制. 电子与信息学报,2007,29(6):1361—1364.

[46] Roessgen M,Boashash B. Time-frequency peak filtering applied to FSK signals time-frequency and time-scale analysis. Proceedings of the IEEE-SP International Symposium, 1994,17(4):516—519.

[47] López-Risueño G,Grajal J,Sanz-Osorio A. Digital channelized receiver based on time-frequency analysis for signal interception. IEEE Transactions on Aerospace and Electronic Systems,2005,41(3):879—898.

[48] 胡建伟. 小波在电子侦察中的应用[D]. 西安:西安电子科技大学,2005.

[49] 何哲平,肖先赐. BPSK 信号检测的小波相关法. 信号处理,1999,20(5):81—84.

[50] Farrell T C,Prescott G. A method for finding orthogonal Wavelet filters with good energy tiling characteristics. IEEE Transactions on Signal Processing,1999,47(1):220—223.

[51] Farrell T,Prescott G. A low probability of intercept signal detection receiver using quadrature mirror filter bank trees. IEEE International Conference on Acousitics,Speech and Signal Processing,1996,3:1558—1561.

[52] Ho K C,Prokopiw W,Chan Y T. Modulation identification of digital signals by the wavelet transforms. Radar,Sonar and Navigation,IEEE Proceedings,2000,147(4):169—175.

[53] Delpart N. Asymptotic wavelet and Gabor analysis:Extraction of instantaneous frequencies. IEEE Transactions on Information Theory,1992,38(3):644—664.

[54] Zhang G X,Hu L Z,Jin W D. Resemblance coefficient and a quantum genetic algorithm for feature selection. Lecture Notes in Artificial Intelligence,2004,3245:155—168.

[55] Baraniuk R G,Jones D L. Wigner-based formulations of the Chirplet transform. IEEE Transactions on Signal Processing,1996,44(12):3130—3134.

[56] Mann S,Haykin S. The Chirplet transform:Physical considerations. IEEE Transactions on Signal Processing,1995,43(11):2746—2760.

[57] Yin Z P,Chen W D. New LFM signal detectors based on fractional Fourier transform. EURASIP Journal on Advangces in Signal Processing,2010,4:1—7.

[58] Jacob R,Thomas T,Unnikrishnan A. Applications of fractional Fourier transform in sonar signal processing. IETE Journal of Research,2009,55(1):16—27.

[59] 曲强,金明录. 基于自适应分数阶傅里叶变换的线性调频信号检测与参数估计. 电子与信息学报,2009,31(12):2938—2940.

[60] 李家强,金荣洪,耿军平,等. 基于高斯短时分数阶傅里叶变换的多分量 LFM 信号检测与参数估计. 电子与信息学报,2007,29(3):570—573.

[61] Qi L,Zhang Y H,Tao R,et al. Adaptive filtering in fractional Fourier domain. IEEE International Symposium on MAPE for Wireless Communications Proceedings,2005,8 (2): 1032—1036.

[62] Durak L,Aldirmaz S. Adaptive fractional Fourier domain filtering. Signal Processing,2010, 90(4):1188—1196.

[63] 司锡才,柴娟芳. 基于FRFT的α域-包络曲线的雷达信号特征提取及自动分类. 电子与信息学报,2009,8(31):1892—1897.

[64] Barshan B, Ayrulu B. Fractional Fourier transform preprocessing for neural networks and its applications to object recognition. Neural Networks,2002,15:131—140.

[65] Erden M F, Kutay M A, Ozaktas H M. Repeated filtering in consecutive fractional Fourier domains and its application to signal restoration. IEEE Transactions on Signal Processing, 1999,47(5):1458—1462.

[66] 牛虻. 基于分数阶 Fourier 变换的时变幅度线性调频信号的检测[D]. 郑州:郑州大学,2006.

[67] Luigi C D, Jauffret C. Estimation and classification of FM signals using time frequency transforms. IEEE Transactions on Aerospace and Electronic Systems, 2005, 41 (2): 421—437.

[68] 王国华,俞能海. 基于快速折叠算法和时频分析的LPI跳频信号截获. 电子与信息学报. 2007,29(7):1569—1571.

[69] 熊刚,杨小牛,赵惠昌. 基于平滑伪Wigner分布的伪码与线性调频复合侦察信号参数估计. 电子与信息学报,2008,30(9):2116—2118.

[70] Cardoso J C, Fish P J, Ruano M C. Parallel implementation of Choi-Williams TFD for Doppler signal analysis. Proceedings of the 20th Annual International Conference of the IEEE Engineering in Medicine and Biology Society,1998,20(3):1378—1382.

[71] Zilberman E R, Pace P E. Autonomous time-frequency morphological feature extraction algorithm for LPI radar modulation classification. Proceedings of the IEEE International Conference on Image Processing,2006:2321—2324.

[72] Upperman T L O. ELINT signal processing using Choi-Williams distribution on reconfigurable computers for detection and classification of LPI emitters [D]. Monterey :Naval Postgraduate School,2007.

[73] Moraitakis I, Fargues M P. Feature extraction of Intra-Pulse Modulated Signals Using Time-Frequency Analysis//Proceedings of 21st Century, Military Communications Conference,2000.

[74] Gustavo L R, Jesus G, Nora S O. Digiml channelized receiver based on time-frequency analysis for signal interception. IEEE Transactions on Aerospace and Electronic Systems,2005, 41(3):879—898.

[75] Barbarossa S. Analyses of multicomponent LFM signals by a combined Wigner-Hough transform. IEEE Transactions on Signal Processing,1995,43(6):1511—1515.

[76] 孙晓昶,皇甫堪. 基于Wigner-Hough变换的多分量LFM信号检测及离散计算方法. 电子学报,2003,31(2):1—4.

[77] 刘建成,王雪松,刘忠,等. 基于Wigner-Hough变换的LFM信号检测性能分析. 电子学报,2007,35(6):1212—1217.

[78] 刘锋,孙大鹏,黄宇,等. 基于改进Wigner-Hough变换的多分量LFM信号特征提取. 北京

理工大学学报,2008,28(10):914—917.

[79] Liu F,Xu H F,Sun D P,et al. Feature extraction of symmetrical triangular LFMCW signal using Wigner-Hough transform. Journal of Beijing Institute of Technology,2009,18(4):478—483.

[80] Levanon N,Mozeson E. Radar Signals. New Jersey:John Wiley&Sons,2004.

[81] Li Y X,Xiao X C. Recursive filtering radon-ambiguity transform algorithm for detection multi-LFM signals. Journal of Electronics,2003,20(3):161—166.

[82] 赵兴浩,陶然,周思永,等. 基于 Radon-Ambiguity 变换和分数阶傅里叶变换的 Chirp 信号检测及参数估计. 北京理工大学学报,2003,23(3):371—374,377.

[83] 魏跃敏,黄知涛,王丰华,等. 基于单脉冲相关积累的 PSK 信号相位编码调制规律分析. 信号处理,2006,22(2):281—284.

[84] Gardner W A,Spooner C M. Signal interception:Performance advantages of cyclic feature detectors. IEEE Transactions on Communications,1992,40(1):149—159.

[85] Izzo L,Paura L,Tanda M. Signal interception in non-Gaussian noise. IEEE Transactions on Communications,1992,40(6):1030—1037.

[86] Gillman A M. Non-cooperative detection of LPI/LPD signals via cyclic spectral analysis [D]. Alabama:Air Force Institute of Technology,1999.

[87] 黄春琳. 基于循环平稳特性的低截获概率信号的截获技术研究[D]. 长沙:国防科学技术大学,2001.

[88] Lima A F. Analysis of low probability of intercept radar signals using cyclostationary processing. Monterey:Naval Postgraduate School,2002.

[89] 金艳. 低截获概率信号的循环平稳检测与参数估计研究[D]. 西安:西安电子科技大学,2008.

[90] Ravier P,Amblard P O. Wavelet packets and de-noising based on higher-order-statistics for transient detection. Signal Processing,2001,81(9):1909—1926.

[91] 戴幻尧,蒋鸿宇. 基于滤波器组和高阶积累量技术的 LPI 信号特征检测的新方法. 系统工程与电子技术,2009,31(6):1336—1340.

[92] Swami A,Sadler B M. Hierarchical digital modulation classification using cumulants. IEEE Transactions on communication,2000,48(3):416—429.

[93] Yang S Q,Chen W D. Classification of MPSK signals using cumulant invariants. Journal of Electronics,2002,19(1):100—103.

[94] Dobre O A,Barness Y,Su W. Higher-order cyclic cumulants for high order modulation classification//Proceedings of IEEE MILCOM,Boston,2003.

[95] 陶荣辉. 雷达信号分选技术研究[D]. 绵阳:中国工程物理研究院,2005.

第 9 章　基于周期 WHT 的时频交叠连续波信号分离

9.1　引　　言

随着战场中雷达的应用越来越多,交叠雷达信号分选、强信号背景下的弱信号检测和雷达信号波形识别在雷达侦察中扮演的角色越来越重要,成为雷达侦察要解决的几大关键问题。其中,强信号背景下弱信号的有效检测是交叠雷达信号分选与识别的前提,可利用的参数有到达时间、到达角、载频、脉宽等。其中,利用到达时间分选(即 PRI 分选)是较为常用的一种分选方法。PRI 分选算法有很多种,典型的如序列差直方图、PRI 变换以及改进的 PRI 变换算法等。但这些算法都存在一定的缺陷,难以适用于当前复杂的电磁环境。并且算法大多是以交叠脉冲雷达信号为对象开展研究的,对信噪比要求相对较高,为此,参阅了相关文献后[1~13],本章提出了周期 WHT(Wigner-Hough transform)方法。周期 WHT 通过在起始频率、调频率、时间延迟和调制周期对 LFMCW 信号进行峰值搜索,可以实现传统 WHT 等方法无法实现的准相干积累效果,从而较以往的方法有更好的 LPI 连续波信号检测能力。然而,在多个 LFMCW 信号或类似 LFMCW 信号存在相互交叠的情况下,强信号分量的周期 WHT 峰值往往也会掩盖其他弱分量,对弱分量遮蔽作用较强,从而影响了对于弱分量的信号检测。同时,基于周期 WHT 的算法可以实现准相干积累效果的弱信号检测,但是对于信号波形的识别效果不强,如能在交叠信号中将各个信号分量分离出来,就可以根据信号的其他特征进行更好的波形识别。

9.2　基于周期 WHT 的 LFMCW 循环滤波检测与分离算法

9.2.1　交叠 LFMCW 信号循环滤波算法原理

周期 WHT 域,在多分量 LFMCW 信号互相交叠并存的条件下,强信号分量可以很容易地检测出来,但是弱信号分量因为强信号分量的遮蔽作用,而湮没其中,无法实现对它们的检测。

为了避免强信号分量对弱信号分量的遮蔽作用,本节采用循环滤波思想,首先将强信号分量检测并剔除,然后在剩余的信号中进一步进行弱信号分量检测,即剔除强信号-检测次强信号的循环。当 LFMCW 信号分量较多时,同样循环上述步骤,不断实现剔除强信号-检测次强信号的过程,直至检测不到 LFMCW 信号分量。

假设 K 个分量 LFMCW 信号与噪声的线性组合表示如下:

$$x(t)=\sum_{i=0}^{K-1}s_i(t)+n(t) \tag{9-1}$$

式中,$n(t)$为均值为 0,方差为σ^2 的高斯白噪声。$s_i(t)$表示第 i 个 LFMCW 信号分量,表示如下:

$$s_i(t)=A_i\mathrm{e}^{\mathrm{j}[\varphi+2\pi f_i t+\pi\mu_i \mathrm{mod}(t+\tau_i,T_i)^2]} \tag{9-2}$$

式中,A_i、f_i、μ_i、τ_i 和 T_i 分别表示第 i 个 LFMCW 信号分量的幅度、初始频率、调频率、时间延迟和调制周期。

不失一般性,假设多分量 LFMCW 信号的各分量幅度、初始频率和调频率满足:

$$A_0>A_1>\cdots>A_{K-1} \tag{9-3}$$

$$f_i\neq f_j,\quad \forall i\neq j,\quad i,j=0,1,\cdots,K-1 \tag{9-4}$$

$$\mu_i\neq\mu_j,\quad \forall i\neq j,\quad i,j=0,1,\cdots,K-1 \tag{9-5}$$

则用最强 LFMCW 信号分量的调频率、时间延迟和调制周期估计值 $\hat{\mu}_0$、$\hat{\tau}_0$ 和 $\hat{T}_0$ 组成的因子 $\mathrm{e}^{-\mathrm{j}\pi\hat{\mu}_0 \mathrm{mod}(t+\hat{\tau}_0,\hat{T}_0)^2}$ 与信号 $x(t)$相乘(又称为解线调),可以得到

$$\begin{aligned} x'(t)&=x(t)\mathrm{e}^{-\mathrm{j}\pi\hat{\mu}_0 \mathrm{mod}(t+\hat{\tau}_0,\hat{T}_0)^2}\\ &=\sum_{i=0}^{K-1}A_i\mathrm{e}^{\mathrm{j}[\varphi+2\pi f_i t+\pi\mu_i \mathrm{mod}(t+\tau_i,T_i)^2]}\mathrm{e}^{-\mathrm{j}\pi\hat{\mu}_{00} \mathrm{mod}(t+\hat{\tau}_0,\hat{T}_0)^2}+n'(t)\\ &=A_0\mathrm{e}^{\mathrm{j}\{\varphi+2\pi f_0 t+\pi[\mu_0 \mathrm{mod}(t+\tau_0,T_0)^2-\hat{\mu}_0 \mathrm{mod}(t+\hat{\tau}_0,\hat{T}_0)^2]\}}\\ &\quad+\sum_{i=1}^{K-1}A_i\mathrm{e}^{\mathrm{j}\{\varphi+2\pi f_i t+\pi[\mu_i \mathrm{mod}(t+\tau_i,T_i)^2-\hat{\mu}_0 \mathrm{mod}(t+\hat{\tau}_0,\hat{T}_0)^2]\}}+n'(t) \end{aligned} \tag{9-6}$$

式中

$$n'(t)=n(t)\mathrm{e}^{-\mathrm{j}\pi\hat{\mu}_0 \mathrm{mod}(t+\hat{\tau}_0,\hat{T}_0)^2} \tag{9-7}$$

因为式(9-7)仅属于相位的变化,所以对于信噪比的改变影响不大,在此不予深入研究。

进一步分析式(9-6)的第一项

$$A_0\mathrm{e}^{\mathrm{j}\{\varphi+2\pi f_0 t+\pi[\mu_0 \mathrm{mod}(t+\tau_0,T_0)^2-\hat{\mu}_0 \mathrm{mod}(t+\hat{\tau}_0,\hat{T}_0)^2]\}} \tag{9-8}$$

由参数估计性能分析的相关结论可知,$\hat{\mu}_0$、$\hat{\tau}_0$ 和 $\hat{T}_0$ 是最强信号 $x_0(t)$特征参数 μ_0、τ_0 和 T_0 的最优渐近正态估计。所以,$\mu_0 \mathrm{mod}\ (t+\tau_0,T_0)^2-\hat{\mu}_0 \mathrm{mod}\ (t+\hat{\tau}_0,\hat{T}_0)^2\approx 0$,式(9-8)可以被视为一个以 f_0 为起始频率、带宽非常窄的 LFM

信号，甚至几乎可以看作一个单载频信号。即

$$
\begin{aligned}
A_0 e^{j\{\varphi+2\pi f_0 t+\pi[\mu_0 \mathrm{mod}(t+\tau_0,T_0)^2-\hat{\mu}_0 \mathrm{mod}(t+\hat{\tau}_0,\hat{T}_0)^2]\}} &\approx A_0 e^{j(\varphi+2\pi f_0 t+\pi\mu\tau^2)}, \tau\rightarrow 0 \\
&\approx A_0 e^{j(\varphi+2\pi f_0 t)} \qquad (9\text{-}9)
\end{aligned}
$$

由式(9-9)可以看出，信号能量主要集中于 f_0 附近。以仿真实验中解线调后的 STLFMCW 正调频率和负调频率的频谱特征为例，明显可以看出其窄带信号的性质(图 9-1)。

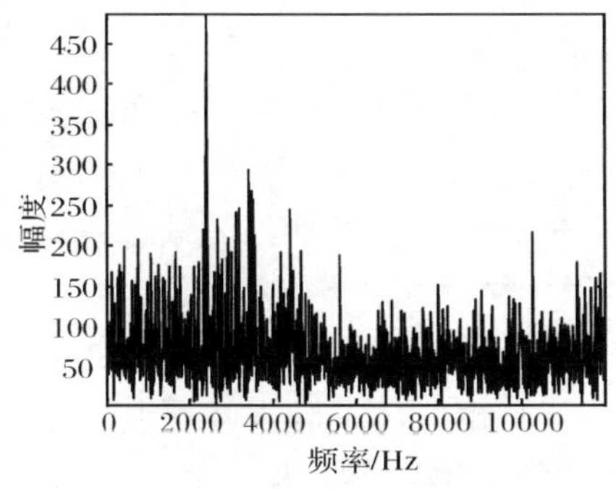

(a) 正调频率分量解线调后的频谱　　(b) 负调频率分量解线调后的频谱

图 9-1　STLFMCW 解线调后的频谱

而式(9-6)的其余项中 $\mu_i \mathrm{mod}\,(t+\tau_i,T_i)^2-\hat{\mu}_0 \mathrm{mod}\,(t+\hat{\tau}_0,\hat{T}_0)^2\neq 0$，则对应的信号仍然是以 f_i 为初始频率的宽带 LFMCW 信号。

当在 f_0 附近采用特定的窄带频域陷波滤波器进行处理后，可以从 $x'(t)$ 中剔除式(9-8)最强的信号分量 $s_0(t)$，同时保留式(9-6)中的其他弱信号分量。设滤波算子为 $F[\cdot]$，则有

$$
\begin{aligned}
x''(t) &= F[x'(t)] \\
&= x(t)e^{-j\pi\hat{\mu}_0 \mathrm{mod}(t+\hat{\tau}_0,\hat{T}_0)^2} - A_0 e^{j\{\varphi+2\pi f_0 t+\pi[\mu_0 \mathrm{mod}(t+\tau_0,T_0)^2-\hat{\mu}_0 \mathrm{mod}(t+\hat{\tau}_0,\hat{T}_0)^2]\}} \\
&= \sum_{i=1}^{K-1} A_i e^{j\{\varphi+2\pi f_i t+\pi[\mu_i \mathrm{mod}(t+\tau_i,T_i)^2-\hat{\mu}_0 \mathrm{mod}(t+\hat{\tau}_0,\hat{T}_0)^2]\}} + n'(t) \qquad (9\text{-}10)
\end{aligned}
$$

将式(9-10)乘以 $e^{j\pi\hat{\mu}_0 \mathrm{mod}(t+\hat{\tau}_0,\hat{T}_0)^2}$，可以得到剔除最强信号 $s_0(t)$后的剩余信号

$$
\begin{aligned}
x_1(t) &= x''(t)e^{j\pi\hat{\mu}_0 \mathrm{mod}(t+\hat{\tau}_0,\hat{T}_0)^2} \\
&= \sum_{i=1}^{K-1} A_i e^{j[\varphi+2\pi f_i t+\pi\mu_i \mathrm{mod}(t+\tau_i,T_i)^2]} + n(t) \\
&= \sum_{i=1}^{K-1} s_i(t) + n(t) \qquad (9\text{-}11)
\end{aligned}
$$

与此同时，如果将式(9-6)的信号在 f_0 附近采用窄带频域滤波器进行滤波，可以

从 $x'(t)$中分离出式(9-8)最强的信号分量 $s_0(t)$,同时剔除了式(9-6)中的其他弱信号分量,实现了最强的信号分量 $s_0(t)$的分离。频域窄带滤波的输出,主要是 $s_0(t)$信号分量对应的成分与部分噪声成分 $n'_0(t)$:

$$\begin{aligned} x_0{}'(t) &= s_0{}'(t) + n_0{}'(t) \\ &= A_0 \mathrm{e}^{\mathrm{j}\{\varphi+2\pi f_0 t+\pi[\mu_0 \operatorname{mod}(t+\tau_0, T_0)^2 - \hat{\mu}_0 \operatorname{mod}(t+\hat{\tau}_0, \hat{T}_0)^2]\}} + n_0{}'(t) \end{aligned} \tag{9-12}$$

将式(9-12)乘以 $\mathrm{e}^{\mathrm{j}\pi\hat{\mu}_0 \operatorname{mod}(t+\hat{\tau}_0, \hat{T}_0)^2}$,则可以恢复出存在部分噪声的 s_0 信号分量

$$\begin{aligned} x_0(t) &= s_0(t) + n_0(t) \\ &= A_0 \mathrm{e}^{\mathrm{j}[\varphi+2\pi f_0 t+\pi\mu_0 \operatorname{mod}(t+\tau_0, T_0)^2]} + n_0(t) \end{aligned} \tag{9-13}$$

式中,$n_0(t)$表示滤波后 $s_0(t)$残存的噪声。

由于采用了频域窄带滤波,该过程在实现信号 $s_0(t)$提取的过程同时,还滤除了大部分不在 f_0 附近的噪声,从而具有了对分离后信号的消噪效果。

使用式(9-11)、$\hat{\mu}_1$、$\hat{\tau}_1$ 和 $\hat{T}_1$,重复式(9-6)~式(9-13)的过程,可以实现次强信号分量的分离。重复上述过程,直至检测不到 LFMCW 信号,这样就避免了强信号对弱信号的遮蔽作用,实现了多分量强弱信号的依次检测。

9.2.2 基于周期 WHT 的 LFMCW 检测与分离流程

将循环滤波算法原理与周期 WHT 相结合,用以实现低信噪比条件下交叠 LFMCW 信号的检测与分离。给出 LFMCW 交叠信号周期 WHT 域检测与分离流程,如图 9-2 所示。

步骤 1:设定$(\hat{f}_i, \hat{\mu}, \hat{\tau}_{\text{bias}}, \hat{T})$参数搜索区间,计算雷达侦察接收机收到信号的 $\text{PWHT}(\hat{f}_i, \hat{\mu}, \hat{\tau}_{\text{bias}}, \hat{T})$,并取模 $|\text{PWHT}(\hat{f}_i, \hat{\mu}, \hat{\tau}_{\text{bias}}, \hat{T})|$。并且设 n 为检测到的 LFMCW 分量的个数,开始处理时 $n=0$。

步骤 2:根据接收机的内部噪声的统计特性、采样点数 N,得到内部噪声在周期 WHT 域的概率密度函数 $p(I|H_0)$。由概率密度函数和要求的虚警概率 P_{fa},来确定 LFMCW 信号的检测门限 $\chi^2_{P_{\text{fa}}}(N)$。

步骤 3:搜索$(\hat{f}_i, \hat{\mu}, \hat{\tau}_{\text{bias}}, \hat{T})$域内的离散周期 WHT 的最大峰值 $|\text{PWHT}_{\max}(\hat{f}'_i, \hat{\mu}', \hat{\tau}'_{\text{bias}}, \tilde{T}')|/\sigma_n^2$,将其与设定的门限 $\chi^2_{P_{\text{fa}}}(N)$进行比较。峰值超过 $\chi^2_{P_{\text{fa}}}(N)$则表示检测到 LFMCW 信号;反之表示没有检测到信号。若检测到 LFMCW 信号,$n=n+1$,进入步骤 4;反之,退出检测与分离算法流程。

步骤 4:检测到 LFMCW 信号的峰值坐标$(\hat{f}_i, \hat{\mu}, \hat{\tau}_{\text{bias}}, \hat{T})$,即为第 n 个 LFMCW 信号特征参数$(f_i, \mu, \tau_{\text{bias}}, T)_n$ 的估计值。用调频率$\hat{\mu}_n$、时间延迟$\hat{\tau}_n$ 和调制周期估计值$\hat{T}_n$ 组成的因子 $\mathrm{e}^{-\mathrm{j}\pi\hat{\mu}_n \operatorname{mod}(t+\hat{\tau}_n, \hat{T}_n)^2}$ 与信号 $x(t)$相乘,得到如式(9-6)所示的解线

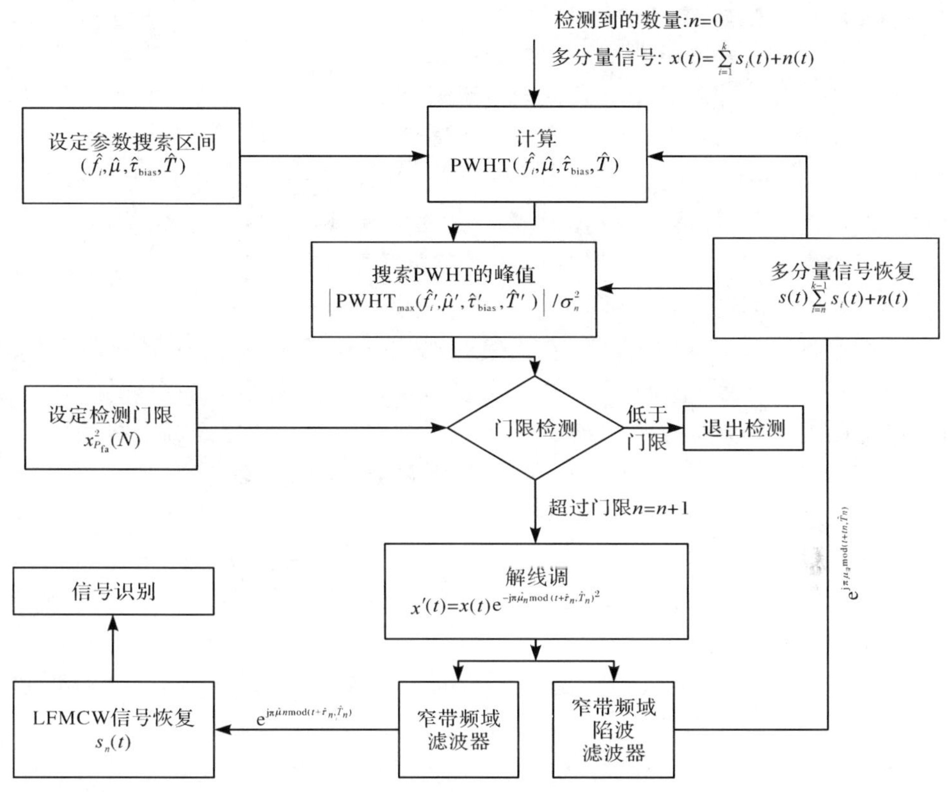

图 9-2　周期 WHT 域交叠 LFMCW 信号检测与分离流程图

调信号 $x'(t)$。

步骤 5:通过在频域 $\hat{f}_{in}$附近的窄带频域滤波器,分离出第 n 个 LFMCW 信号,并与补偿因子 $e^{j\pi\hat{\mu}_n\mathrm{mod}(t+\hat{\tau}_n,\hat{T}_n)^2}$相乘,恢复出时域 LFMCW 信号,用于后续的波形识别;采用窄带陷波滤波器滤除在 $\hat{f}_{in}$附近的第 n 个 LFMCW 信号,得到不含第 n 个 LFMCW 信号的解线调信号 $x''(t)$。

步骤 6:将不含第 n 个 LFMCW 信号的解线调信号 $x''(t)$乘以补偿因子 $e^{j\pi\hat{\mu}_n\mathrm{mod}(t+\hat{\tau}_n,\hat{T}_n)^2}$,以恢复成不含第 n 个 LFMCW 信号的时域交叠多分量 LFMCW 信号,转到步骤 1 进行迭代处理。

9.3　基于单元平均的窄带频域陷波滤波器设计

基于循环滤波算法的周期 WHT 多 LFMCW 信号检测与分离流程中,窄带频域滤波器的处理结果可以恢复出 LFMCW 信号,并且具有降低噪声的效果,其功能可以通过在初始频率 f_i 附近设置滤波器进行滤波实现。

但是,用于弱信号保留和检测的窄带频域陷波滤波器的设计却要十分小心。窄带频域陷波滤波器的处理结果直接关系到强信号 LFMCW 分量滤除的效果,并进一步影响残余信号中弱信号的检测。如果强信号分量滤除不完全,弱信号还会受到强信号抑制,导致无法对其进行检测;如果单纯的滤除所有强信号对应的窄带频段中的能量,有可能导致弱信号能量的丢失,也会影响对它们的检测。

为了避免上述影响,本节设计一种基于单元平均的窄带频域滤波器,在充分滤除强信号能量的同时,实现弱信号能量的更好保留。

因为窄带频域陷波滤波器是基于解线调的基础上进行的,而解线调后,信号最强分量变成了在频域中固定频率 f_i 处的峰值。所以,可以利用快速傅里叶变换(FFT)算法将解线调信号变换到频域,对 f_i 处信号进行滤除。然后,将滤除 f_i 处的频域信号进行逆 FFT(IFFT),再变换回时域,从而实现窄带频域强信号的滤除。

同时,解线调信号在 FFT 变换后对信号 f_i 处信号进行滤波,保留 f_i 处信号成分,移除 f_i 以外所有成分,然后再恢复出滤波后的 LFMCW 信号,可以实现强信号分量的分离。

本节设计的窄带频域陷波滤波器处理流程如图 9-3 所示,具体流程描述如下。

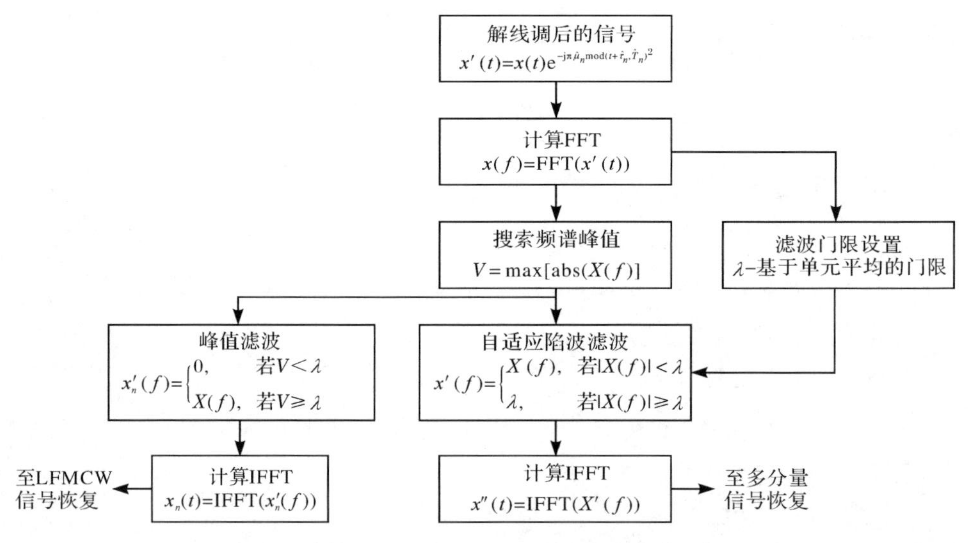

图 9-3　窄带频域陷波滤波器流程图

步骤 1:将解线调后的信号进行 FFT 处理,获得其频域表示式 $X(f)=\mathrm{FFT}[s'(t)]$。

步骤 2:搜索频谱峰值 $V=\max[\mathrm{abs}(X(f))]$,并根据频域表示 $X(f)$得到滤波门限。通过峰值滤波进行强信号 LFMCW 分量分离,输出到 LFMCW 信号恢复过程。

步骤 3:根据本节提出的基于单元平均的滤波门限进行自适应陷波滤波,尽可能滤除强信号 LFMCW 分量,同时尽量避免弱信号分量的能量丢失。

步骤 4:将自适应滤波后的输出信号进行 IFFT 变换,输出至残余多分量信号恢复,进入下一个剔除强信号-检测次强信号的循环过程。

为了尽可能滤除强信号 LFMCW 分量,同时避免弱信号分量的能量丢失。对于滤波门限的选取至关重要。一般的滤波门限设置都是将强信号分量解线调信号的 f_i 附近的数值置零。但是此方法虽然完全滤除了强信号分量,但是对于频谱相对较宽的弱信号,必然造成在 f_i 附近能量的丢失。

本节提出的单元平均的滤波门限设置算法如图 9-4 所示。

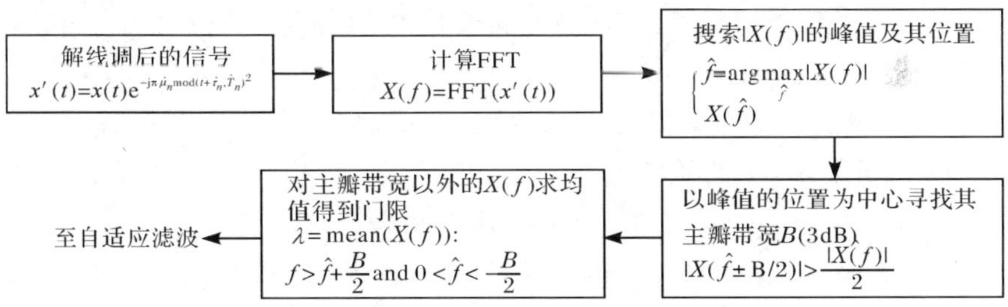

图 9-4　基于单元平均的滤波门限设置示意图

首先将解线调后的交叠信号进行 FFT 处理,得到其频谱;然后对频谱取模,搜索其峰值及位置;以峰值位置为中心,寻找其 3dB 带宽 B;对 3dB 带宽 B 以外的求均值,得到基于单元平均的滤波门限数值 λ。

在门限设置过程中,通过对解线调信号 FFT 变换域的强信号分量成分 3dB 带宽能量进行排除,使得自适应陷波滤波的滤波门限可以将强信号 3dB 带宽内的弱信号的部分能量得以保留。同时,由于强信号 3dB 带宽内包含了强信号绝大部分的能量,采用此门限对强信号进行陷波滤波,可以实现保留弱信号能量——分离强信号能量的一个更好的折中。

9.4　检测与分离算法用于类似 LFMCW 信号的可行性分析

为了避免交叠信号情况下 LFMCW 强信号分量对弱信号分量的抑制,采用本章 9.2 节的循环滤波思想,可以实现首先将强信号分量检测并剔除,然后在剩余的信号中进一步进行弱信号分量检测,即剔除强信号-检测次强信号的循环,本章

9.5 节的仿真实验验证了其有效性。

将基于周期 WHT 的循环滤波进行推广,还可以用于对类似 LFMCW 信号的交叠信号检测与分离。接下来对其可行性进行分析。

9.4.1 检测与分离算法用于 STLFMCW 信号可行性分析

STLFMCW 信号与 LFMCW 信号具有以下关系。

LFMCW 信号在每个调制周期内都是固定不变调频率的 LFM 脉冲信号,而 STLFMCW 信号在奇数调制周期为一个固定调频率的 LFM 脉冲信号,在偶数调制周期成为与奇数周期调频率相反的固定调频率 LFM 脉冲信号。初始频率在奇数周期为 f_i,则在偶数周期为 $f_i \pm B$(加减号视奇、偶周期调频率的关系决定)。由于是对称三角 LFM,基于周期 WHT 的算法中 τ_{bias},T 无论奇数还是偶数周期都是相同的。STLFMCW 信号在周期 WHT 域的两个峰值分别是奇数周期正(或负)调频率 LFM 调制周期准相干积累的结果和偶数调频周期负(或正)调频率 LFM 调制周期准相干积累的结果。

基于周期 WHT 的循环滤波,是针对 LFMCW 的检测与分离算法,每一次循环都是对一个 LFMCW 信号的检测和提取。可以联想到,采用此算法,相当于将一个 STLFMCW 信号分两次进行了检测与分离。

基于周期 WHT 的循环滤波的算法处理一个 STLFMCW 信号的结果是检测与分离出两个 LFMCW 信号。这两个 LFMCW 信号具有调频率相反、延迟时间 τ_{bias}和调制周期 T 相同的联系。将分离出的多个 LFMCW 信号进行两两参数对比,可以得出属于一个 STLFMCW 的两个 LFMCW 信号。将分离开的两个 LFMCW 信号进行相加,则恢复出分离后的 STLFMCW 信号。

综上所述,对分离出的多个 LFMCW 信号进行调频率、延迟时间和调制周期的两两对比,可以实现交叠信号情况下 STLFMCW 信号的检测,如果检测到,还可通过求和恢复出分离出的 SLTFMCW 信号。所以,基于周期 WHT 的循环滤波应用于 STLFMCW 检测是可行的。

9.4.2 检测与分离算法用于类似 LFMCW 多相编码信号可行性分析

因为类似 LFMCW 多相编码信号(Frank、P1～P4)其能量主要是在时频域 LFM 主脊线上的,而此类连续波多相编码信号的多条主脊线具有类似 LFMCW 的特征,所以,基于周期 WHT 的信号检测方法可以通过对多条主脊线的准相干积累实现较好的检测效果。通过理论推导和仿真验证证实了此类多相编码的周期 WHT 域检测性能基本等于和高于对 STLFMCW 信号的检测性能。

但是对于基于周期 WHT 的循环滤波,因为解线调时的因子 $\mathrm{e}^{-\mathrm{j}\pi\hat{\mu}_0 \operatorname{mod}(t+\hat{\tau}_0, \hat{T}_0)^2}$

与多相编码信号的相位调制函数并不是完全匹配的，所以解线调之后的信号不再是接近于 f_c 附近的单载频信号，而是在 f_c 附近具有一定带宽的宽带信号。所以，原来用于交叠 LFMCW 解线调信号的频域滤波(用于分离出强信号)和陷波滤波(用于从交叠信号中滤除强信号从而保留弱信号)带宽 3dB 就不能很好地实现多相编码强信号的分离与弱信号保留。

将频域滤波和陷波滤波带宽进行扩展，可以改进基于周期 WHT 的循环滤波强信号分离效果。选择适当的带宽，可以将多相编码信号主脊线的能量最大限度的分离和滤除，用于后续的进一步处理。所以，基于周期 WHT 的循环滤波算法，在滤波带宽选择合适的情况下，也可以用于类似 LFMCW 多相编码连续被信号的检测与分离。

9.5　仿真实验与分析

为了验证本章所提出算法的有效性，通过计算机仿真对其进行验证。首先验证算法对 LFMCW 交叠信号的检测与分离能力，然后验证算法的类似 LFMCW 交叠信号检测与分离的通用性和效果。

9.5.1　交叠 LFMCW 信号检测与分离

设噪声中含有两个强度不同的交叠 LFMCW 信号。噪声为均值为 0，方差为 1 的加性高斯白噪声，且信号与噪声相互独立。

LFMCW 的信号 1 参数为：LFM 调制脉冲数 $M_1=4$，一个 LFM 调制周期的时间长度 $T_1=0.0213\text{s}$，采样频率 $f_s=12000\text{Hz}$，则观测时间 $T_{\text{obs}}=0.0852\text{s}$ 内的总采样点数 $N=1024$，一个 LFM 调制周期的采样点数为 $Tf_s=256$，初始频率 $f_i=2500\text{Hz}$，带宽 $B_1=2400\text{Hz}$，则调频率为 $\mu=B/T\approx112.7\text{kHz/s}$，初始相位 φ 服从$(0,2\pi)$的均匀分布，信号振幅 A_1 是 A_2 的 2 倍。

LFMCW 的信号 2 参数为：LFM 调制脉冲数 $M=4$，一个 LFM 调制周期的时间长度 $T_2=0.0213\text{s}$，采样频率 $f_s=12000\text{Hz}$，则观测时间 $T_{\text{obs}}=0.0852\text{s}$ 内的总采样点数 $N=1024$，一个 LFM 调制周期的采样点数为 $Tf_s=256$，初始频率 $f_i=3600\text{Hz}$，带宽 $B_2=1800\text{Hz}$，则调频率为 $\mu=B/T\approx84.5\text{kHz/s}$，初始相位 φ 服从$(0,2\pi)$的均匀分布，信号振幅 A_2 根据 SNR_{in}的数值确定。

在弱信号信噪比为－12dB 条件下，采用基于周期 WHT 的循环滤波算法，对交叠 LFMCW 信号进行了检测与分离处理。效果如图 9-5(a)～(f)所示。其中，图 9-5(c)、图 9-5(e)分别表示提取出的信号 1 和信号 2。其交叉项是由于仿真采用的是基于 Pseudo Wigner-Ville 变换的时频分布。

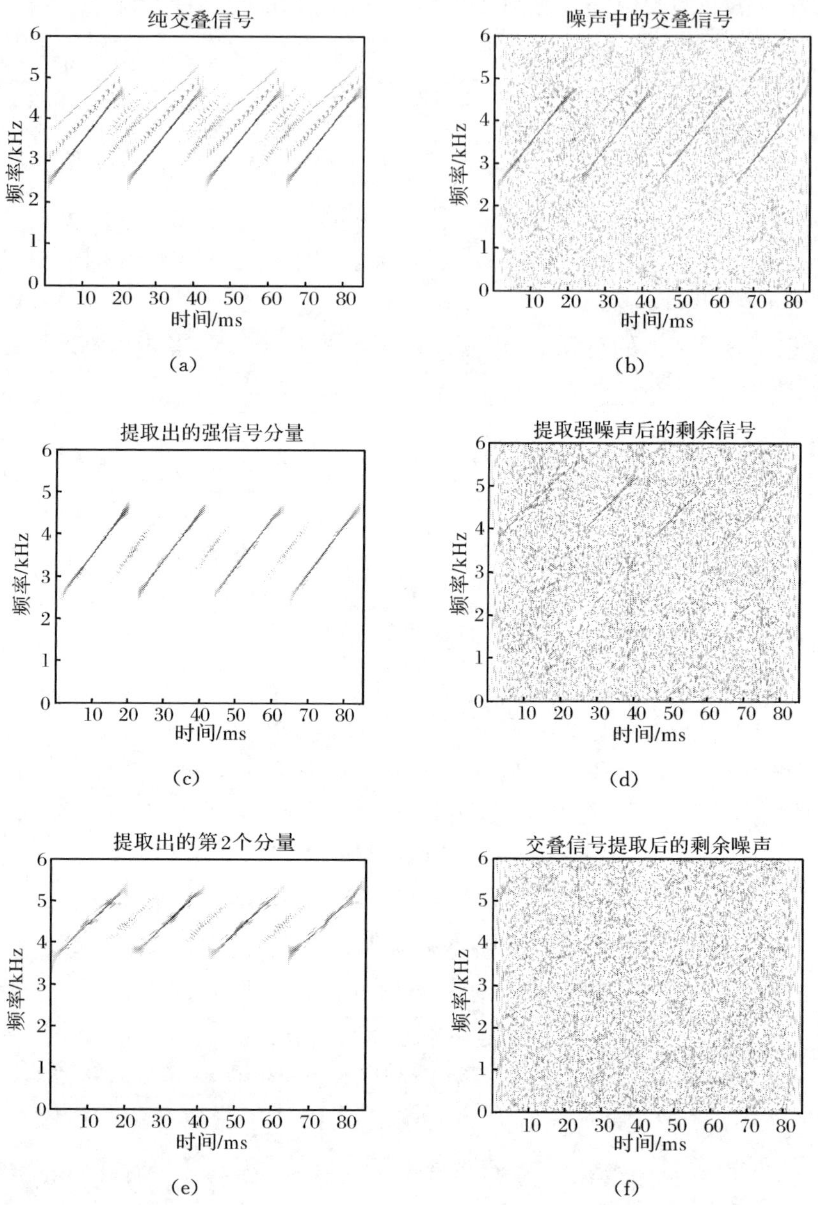

图 9-5 基于周期 WHT 的循环滤波算法效果图

由图 9-5 可以看出,在 LFMCW 信号交叠的情况下,本章提出的基于周期 WHT 的循环滤波算法,可以很好地检测并分离出两个分量的 LFMCW 信号。并且,分离出的信号噪声含量实现了较大程度的抑制,对于后续的信号识别等处理带来极大便利。

通过上述仿真，验证了本算法对交叠 LFMCW 强弱信号的检测与分离能力。

9.5.2　交叠类似 LFMCW 信号检测与分离

设噪声中含有强度不同的 LFMCW 信号、STLFMCW 信号和 P2 多相编码连续波信号。噪声为均值为 0，方差为 1 的加性高斯白噪声，且信号与噪声相互独立。

LFMCW 的信号 1 参数为：LFM 调制脉冲数 $M_1=4$，一个 LFM 调制周期的时间长度 $T_1=0.0213\text{s}$，采样频率 $f_s=12000\text{Hz}$，则观测时间 $T_{\text{obs}}=0.0852\text{s}$ 内的总采样点数 $N=1024$，一个 LFM 调制周期的采样点数为 $Tf_s=256$，初始频率 $f_i=3600\text{Hz}$，带宽 $B_1=1800\text{Hz}$，则调频率为 $\mu=B/T\approx84.5\text{kHz/s}$，初始相位 φ 服从 $(0,2\pi)$ 的均匀分布，信号振幅 A_1 根据 SNR_{in} 的数值确定。

STLFMCW 信号参数为：初始频率 $f_i=2500\text{Hz}$，带宽 $B=2000\text{Hz}$，一个 LFM 调制周期的时间长度 $T=0.0213\text{s}$，采样频率 $f_s=12000$，则观测时间 $T_{\text{obs}}=0.0852\text{s}$ 内的总采样点数 $N=1024$，一个 LFM 调制周期的采样点数为 $Tf_s=256$；则调频率为 $\mu=B/T=93.896\text{kHz/s}$ 和 $-\mu=-93.896\text{kHz/s}$；STLFM 周期数为 2，则 LFM 调制脉冲数 $M=4$；初始相位 φ 服从 $(0,2\pi)$ 的均匀分布，信号振幅 A_2 是 A_1 的 2 倍。

P2 信号的参数为：设 $N_c=64$，载频为 $f_c=3000\text{Hz}$，采样频率 $f_s=12000\text{Hz}$，每个相位包含的载波周期 PPC=1，观测周期内包含 4 个编码周期，信号振幅 A_3 是 A_1 的 1.25 倍。

在弱信号信噪比为 −7dB 条件下，采用基于周期 WHT 的循环滤波算法，对交叠类似 LFMCW 信号进行了检测与分离处理。效果如图 9-6(a)～(j)所示。图 9-6(g)、图 9-6(h)和图 9-6(j)分别为分离出的 STLFMCW 信号、LFMCW 信号和 P2 信号。

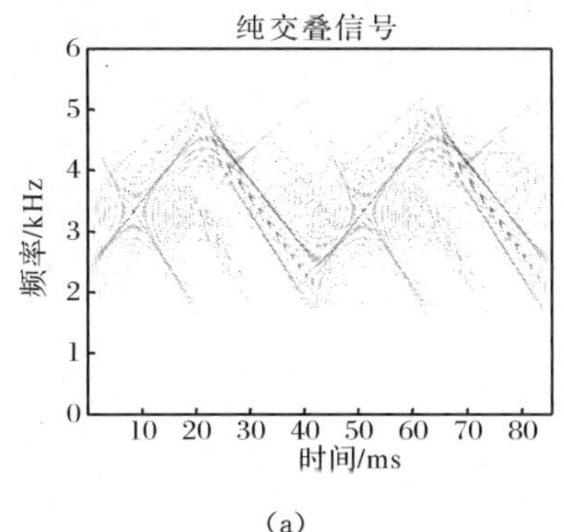

(a)

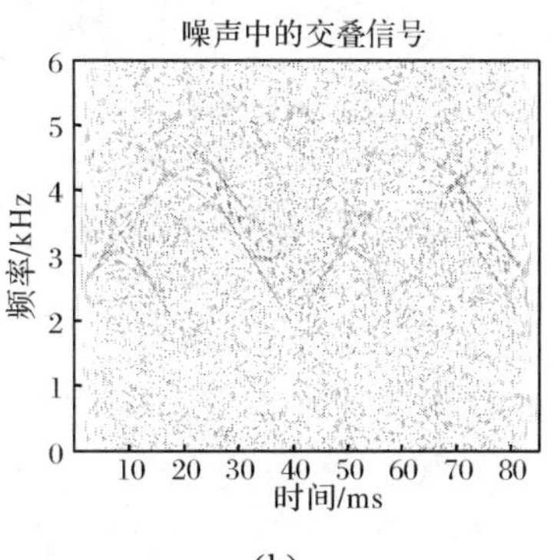

(b)

提取出的STLFMCW正调频分量
频率/kHz
时间/ms
提取 STLFMCW正调频分量后的剩余信号
频率/kHz
时间/ms
提取出的 STLFMCW负调频分量
频率/kHz
时间/ms
提取出STLFMCW信号后的剩余信号
频率/kHz
时间/ms
组合后的STLFMCW信号
频率/kHz
时间/ms
提取出的LFMCW分量
频率/kHz
时间/ms

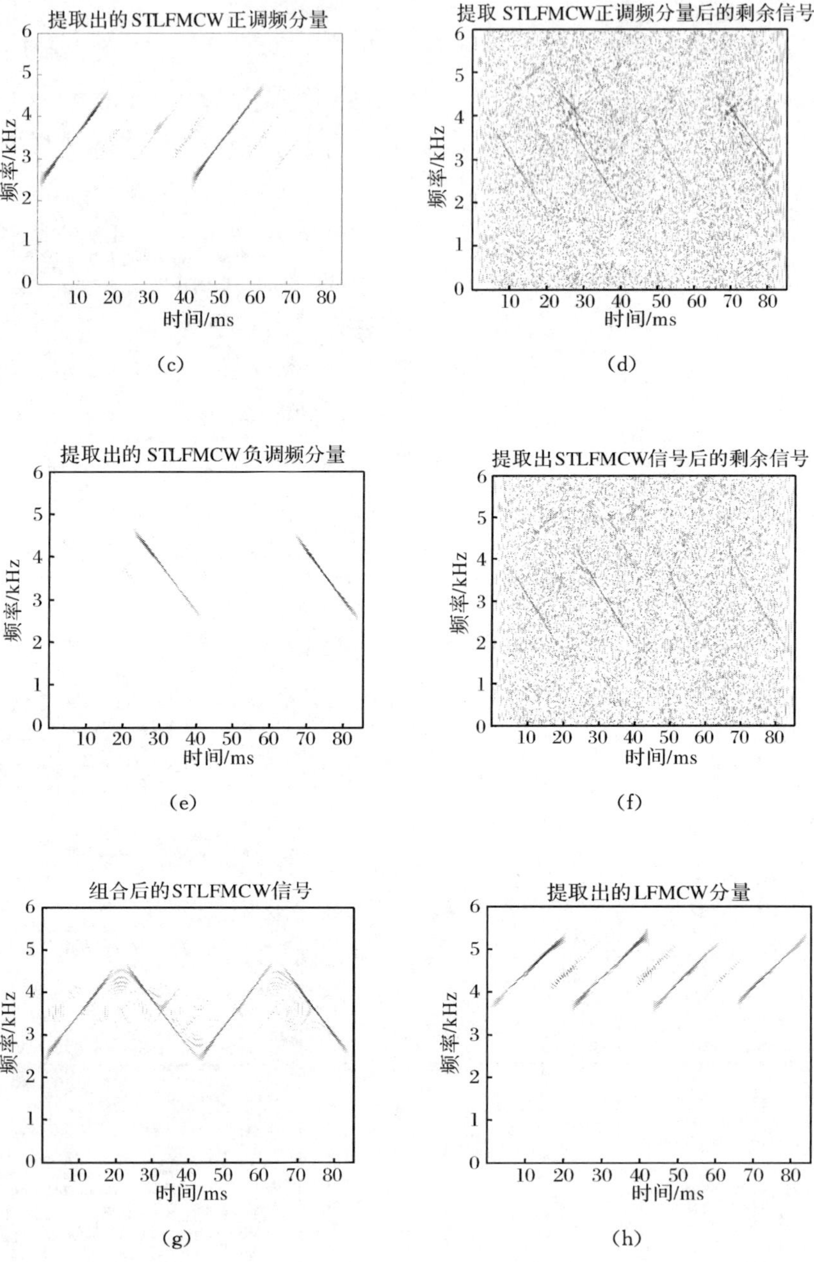

(c)　(d)

(e)　(f)

(g)　(h)

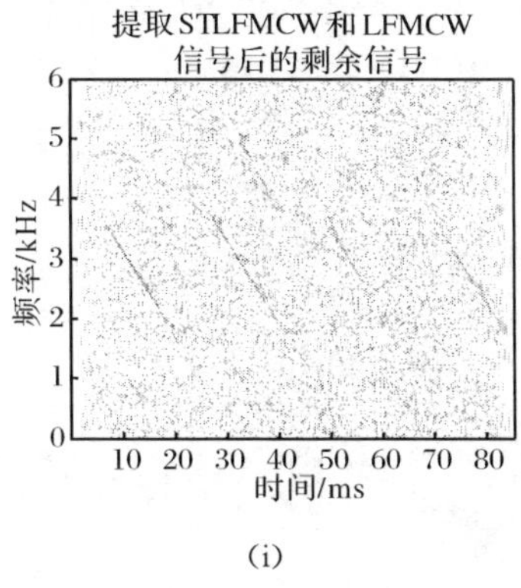

(i)

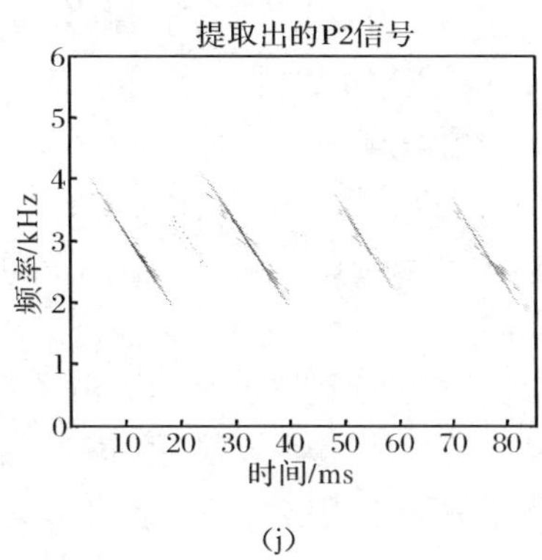

(j)

图 9-6　基于周期 WHT 的循环滤波算法效果图

由图 9-6 可以看出，在类似 LFMCW 信号交叠的情况下，本章提出的基于周期 WHT 的循环滤波算法可以有效地提取出 LFMCW 和 STLFMCW 信号分量的信号。并且抑制了分离出的信号中的噪声，对于后续的信号识别等处理带来便利。

对于 P2 信号，在仿真中放宽了对其滤波带宽的限制，提高到了 6dB 带宽，使得更多的 P2 信号可以被分离和恢复出来，但是带宽的增加是有代价的，造成了提取出的信号噪声含量较前两者高一些。总体来看，P2 信号的分离效果还是对噪声实现了较大程度的抑制，具有良好的分离效果。对于 Frank、P1、P3 和 P4 信号，只要选择合适的滤波带宽，也会取得类似的效果。

通过上述仿真，验证了本算法对交叠 LFMCW 强弱信号，包括 LFMCW 信号、STLFMCW 信号和多相编码信号同时存在情况下的检测与分离能力。

9.6　小　　结

本章首先研究了时频交叠 LFMCW 信号的检测与分离问题。然后，将其方法推广到类似时频交叠 LFMCW 信号的 STLFMCW 信号和多相编码信号的检测与分离问题。主要工作总结如下。

(1) 提出了一种基于周期 WHT 的 LFMCW 循环滤波检测与分离算法；分析、推导了交叠 LFMCW 信号循环滤波算法原理；给出了基于周期 WHT 的 LFMCW 检测与分离实现流程。

(2) 设计了一种基于 FFT 的窄带频域陷波滤波器，给出了其处理流程。提出了基于单元平均的滤波门限设置算法，实现了强信号的完整分离和弱信号完整保留之间的折中。

(3) 通过比较 STLFMCW 和类似 LFMCW 多相编码信号与 LFMCW 的联系与区别,说明了该算法可以应用于对 STLFMCW 信号的交叠信号检测与分离,指出了该算法可有条件地应用于类似 LFMCW 的多相编码信号检测与分离。

(4) 最后进行了仿真验证。从两个 LFMCW 强弱信号信号交叠和三个类似 LFMCW 强弱信号(LFMCW、STLFMCW 和 P2)交叠两方面验证了该算法的检测与分离能力。

本章提出的基于周期 WHT 的 LFMCW 循环滤波检测与分离算法,可以实现交叠 LFMCW 和类似 LFMCW 信号的强弱信号检测与分离,并且分离后的信号可以具有滤除噪声,提高信噪比的作用。

参考文献

[1] Chung C D, Polydoros A. Detection and hop-rate estimation of random FH signals via autocorrelation technique. IEEE MILCOM'91, 1991, 1: 345—349.

[2] Kay S, Boudreqaux-Bartels G F. On the optimality of the Wigner distribution for detection. ICASSP, 1985, 10: 1017—1020.

[3] Wang M S, Chan A K, Chui C K. Linear frequency-modulated signal detection using radon-ambiguity transform. IEEE Transactions on Signal Processing, 1998, 46(3): 571—586.

[4] 邹红星,周小波,李衍达. 基于 Radon-STFT 变换的含噪 LFM 信号子空间分解. 电子学报,1999,27(12): 4—8.

[5] Li Y X, Xiao X C. Recursive filtering radon-ambiguity transform algorithm for detection multi-LFM signals. Journal of Electronics, 2003, 20(3): 161—166.

[6] Chen W W, Chen R S. Multi-component LFM signal detection and parameter estimation based on Radon-HHT. Journal of Systems Engineering and Electronics, 2008, 19(6): 1097—1101.

[7] Barbarossa S, Zanalda A. A Combined Wigner-Ville and Hough transform for cross-terms suppression and optimal detection and parameter estimation. ICASSP, 1992, 5: 173—176.

[8] Barbarossa S. Analysis of multicomponent LFM signals by a combined Wigner-Hough transform. IEEE Transactions on Signal Processing, 1995, 43(6): 1511—1515.

[9] 刘建成,王雪松,刘忠,等. 基于 Wigner-Hough 变换的 LFM 信号检测性能分析. 电子学报,2007,35(6): 1212—1217.

[10] 刘锋,孙大鹏,黄宇,等. 基于改进 Wigner-Hough 变换的多分量 LFM 信号特征提取. 北京理工大学学报,2008,28(10): 914—917.

[11] Milne P R, Pace P E. Wigner distribution detection and analysis of FMCW and P4 polyphase LPI waveforms//Proceedings of IEEE International Conference on Acoustics, Speech and Signal Processing, Monterey, 2002.

[12] Geroleo F G, Pearce M B. Detection and estimation of multi-pulse LFMCW radar signals//

010 IEEE International Radar Conference, Charlottesville, 2010.

[13] Geroleo F G, Pearce M B. Detection and estimation of LFMCW radar signals. IEEE Transacion on AES, 2012, 48: 405－417.

第 10 章　基于周期 FRFT 的多分量 LFM 连续波雷达信号分离

10.1　引　　言

由于线性调频连续波（LFMCW）具有 100%的工作占空比和大的时宽带宽积，雷达情报侦察接收机往往会遇到多个 LFMCW 信号交叠的情况，这就存在一个多分量 LFMCW 信号分离问题。在第 5 章中提出了基于周期分数阶傅里叶变换(PFRFT)的 LFMCW 信号的截获和特征提取方法，在此基础上，本章进一步研究基于 PFRFT 的多分量 LFMCW 信号分离问题。

LFMCW 信号可以认为是线性调频脉冲信号的周期延拓，在一定的观测时间内具有多个 LFM 信号脉冲，可以作为多分量 LFM 信号进行处理。文献[1]和[2]分别采用 WHT 和 FRFT 对 LFM 信号分量进行提取，利用 LFM 信号分量之间的关系实现了单个 LFMCW 信号的检测和参数估计。这些方法对单分量 LFM 信号达到了近似匹配检测，但是对于多分量 LFM 信号的能量峰值进行二维搜索时存在交叉项的困扰，尤其是对于多分量 LFMCW 信号影响更为严重。而文献[3]提出的极大 Chirplet 变换（MCT），采用匹配跟踪算法（MP）有效解决了多分量 LFMCW 信号中 LFM 信号分量的提取问题，实现了多分量 FMCW 信号的检测、估计和分类，但是该方法需要分析庞大的 Chirplet 稀疏特征集，在对稀疏原子进行分类组合时会产生虚假信号，仍然没有从根本上解决多分量 LFM 信号带来的影响。

将 LFMCW 信号作为多分量 LFM 信号进行处理，LFM 信号分量会随着信号观测时间的延长迅速增加，检测和估计性能反而有所下降，解决这个矛盾的一种方法是采用具有周期特性的方法来处理 LFMCW 信号。为此，文献[4]和[5]提出了周期 Wigner-Hough 变换（PWHT），PWHT 在 WHT 的基础上加入了时延和调制周期两个参数，实现了对 LFMCW 信号的广义似然比检测（GLRT）和极大似然估计(MLE)。但是 PWHT 缺少快速计算方法，而且对于多分量 LFMCW 信号的极大似然估计需要搜索的参数维数和 LFMCW 信号个数成正比，庞大的计算量限制了其应用。因此，如何实现多分量 LFMCW 信号的快速检测和估计，以及进一步实现信号分离，还需要深入研究。

为了解决上述问题，本章提出了一种基于 PFRFT 的多分量 LFMCW 信号分离新方法。首先讨论了单个LFMCW信号和多分量LFMCW信号的PFRFT特征。然后给出了一种离散PFRFT计算方法,研究了周期分数阶傅里叶域(PFRFD)的单分量LFMCW信号窄带滤波,并且采用CLEAN算法实现了多分量LFMCW信号的分离。最后进行了仿真分析。

10.2 多分量LFMCW信号

10.2.1 多分量LFMCW信号的定义

设多分量LFMCW信号(MLFMCW)为 N 个单分量LFMCW信号的线性叠加,则

$$s(t)=\sum_{i=1}^{N}s_i(t) \tag{10-1}$$

多分量LFMCW信号由多个LFM脉冲信号组成,也是属于多分量LFM信号,比单分量LFMCW信号更加复杂,两个分量的LFMCW信号时频图如图10-1所示。

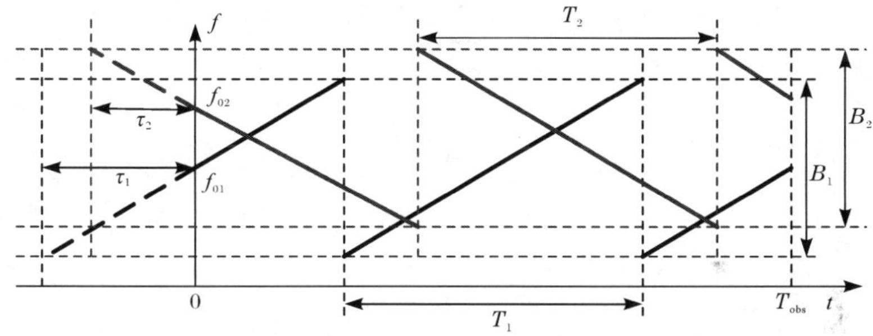

图10-1 多分量LFMCW信号

两个线性叠加的LFMCW信号在FRFD的能量分布如图10-2所示,能量冲击的数量表示包含LFM信号分量的数量,如果是对这些LFM信号分量逐个提取,还需要进一步判断哪些LFM信号分量属于一个LFMCW信号。当LFMCW信号数量增加,或者是LFMCW信号的LFM信号分量增加时,这种将多分量LFMCW信号作为多分量LFM信号进行处理的方法的局限性会更加明显,不但要提取多个LFM信号分量,还要对多个LFM信号分量进行聚类分析,更重要的是,不可避免地要处理多分量带来的交叉项问题。

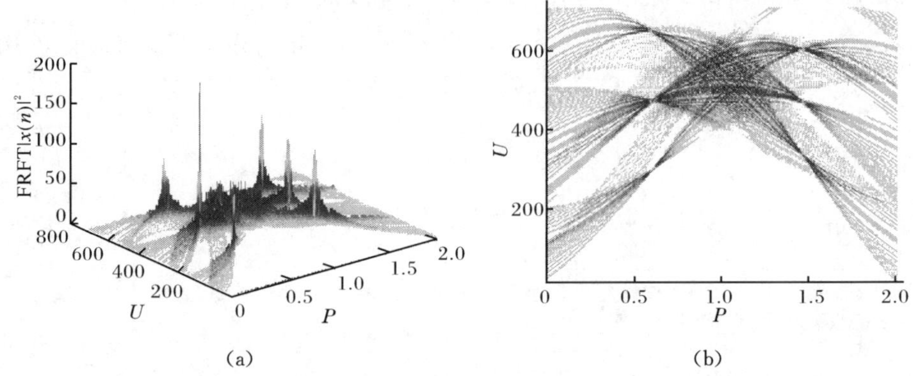

图 10-2　两分量 LFMCW 信号在分数阶傅里叶域的能量分布

10.2.2　多分量 LFMCW 信号的 PFRFT

由式(10-1)，信号 $s(t)$的 PFRFT 为

$$\mathcal{P}_{\alpha,\tau,T}[s(t)]=\mathcal{P}_{\alpha,\tau,T}\Big[\sum_{i=1}^{N}s_i(t)\Big]=\sum_{i=1}^{N}\mathcal{P}_{\alpha,\tau,T}[s_i(t)] \tag{10-2}$$

能量分布为

$$|\mathcal{P}_{\alpha,\tau,T}[s(t)]|^2=\sum_{i=1}^{N}\underbrace{|\mathcal{P}_{\alpha,\tau,T}[s_i(t)]|^2}_{\text{自项}}+\sum_{i=1}^{N}\sum_{j=1,j\neq i}^{N}\underbrace{\mathcal{P}_{\alpha,\tau,T}[s_i(t)]\mathcal{P}^*_{\alpha,\tau,T}[s_j(t)]}_{\text{交叉项}} \tag{10-3}$$

式(10-3)表明，多分量 LFMCW 信号经过 PFRFT 后的能量分布由自项和交叉项构成。每个自项对应于一个单分量 LFMCW 信号，在对应的参数点附近将存在能量峰值。因此多分量 LFMCW 信号的能量分布将具有多个能量峰值，几个能量峰值对应几个 LFMCW 信号分量，利用这种一一对应的关系可以实现多分量 LFMCW 信号的特征提取，这类似于多分量 LFM 信号的 FRFT，可以采用基于 FRFT 的多分量 LFM 信号检测与参数估计的方法对多分量 LFMCW 信号在周期分数阶傅里叶域进行分析[6]。式(10-3)还表明，PFRFT 虽然对单分量 LFMCW 信号具有较好的能量聚集性，但是由于能量分布中存在其他信号分量的自项和交叉项的影响，即使在峰值点依据能量对信号分量进行提取，也不可能实现信号的完全分离。

10.3　基于周期 FRFT 的信号分离

10.3.1　PFRFT 的数值计算

采用 FRFT 对 PFRFT 进行计算有两种方法，一种是对信号按周期 T 截取并进行相位补偿，求和后计算 FRFT，这种方法只需要运算一次 FRFT；另一种方法是先对截取后的信号进行 FRFT 运算，再进行相位补偿求和，这种方法虽然需要进行多次 FRFT 计算，但是可以方便地利用逆 FRFT 求得源信号。本章采用第二种方法，结构如图 10-3 所示，其中 z_T^{-1} 表示时延 T。

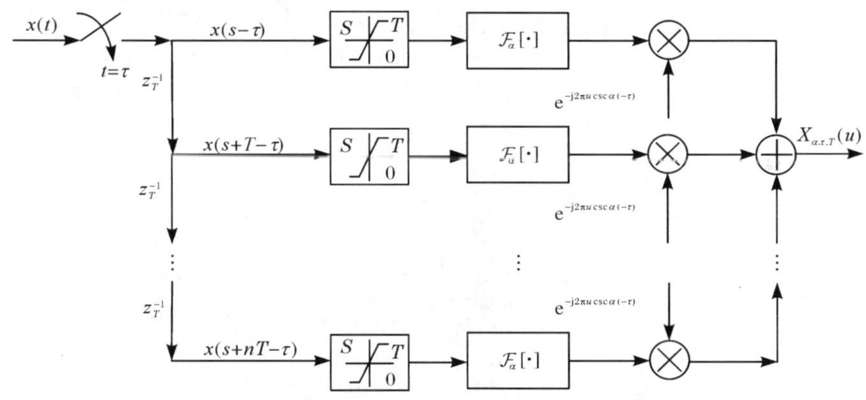

图 10-3　采用 FRFT 计算的 PFRFT 结构图

离散 PFRFT 同样可以采用离散的 FRFT 进行计算。设采样频率为 F，采样点数为 N，采样时间 T_{obs}，采样信号为 $x(k)$，则 $x(k)$的离散 FRFT 为[7]

$$\mathcal{F}_\alpha[x]\left(\frac{m}{2\Delta x}\right)=\frac{A_\alpha}{2\Delta x}e^{j\pi(\cot\alpha-\csc\alpha)\left(\frac{m}{2\Delta x}\right)^2}\sum_{k=-N}^{N}e^{j\pi\csc\alpha\left(\frac{k-m}{2\Delta x}\right)^2}e^{-j2\pi(\cot\alpha-\csc\alpha)\left(\frac{k}{2\Delta x}\right)^2}x\left(\frac{k}{2\Delta x}\right) \tag{10-4}$$

式中，$-N\leqslant m\leqslant N$，式(10-4)采用 FFT 计算时需要量纲归一化，归一化宽度为 $\Delta x=\sqrt{T_{obs}F}$。式(10-4)对 Δx 进行了 2 倍插值，相当于归一化宽度扩展为 $2\Delta x$。

由于 PFRFT 进行了分段计算，此时 $T_{obs}=T$，采用式(10-4)进行计算时，有

$$\mathcal{F}_\alpha[x(s-\tau+nT)]=\mathcal{F}_\alpha[x_n]\left(\frac{m}{2\Delta x}\right),\quad -TF\leqslant m\leqslant TF \tag{10-5}$$

又因为经过量纲归一化处理后，$T\to 2\Delta x$，$u\to\dfrac{m}{2\Delta x}$，此时

$$e^{-j2\pi\csc\alpha uT\left(n-\frac{\tau}{T}\right)}\to e^{-j2\pi\csc\alpha\left(\frac{m}{2\Delta x}\right)2\Delta x\left(n-\frac{\tau}{T}\right)} \tag{10-6}$$

结合式(10-5)和式(10-6)，得

$$\mathcal{P}_{\alpha,\tau,T}[x]\left(\frac{m}{2\Delta x}\right)=\sum_{n}\mathrm{e}^{-\mathrm{j}2\pi\csc\alpha m\left(n-\frac{\tau}{T}\right)}\ \mathcal{F}_{\alpha}[x_n]\left(\frac{m}{2\Delta x}\right) \tag{10-7}$$

离散 PFRFT 的能量分布可表示为

$$\left|\mathcal{P}_{\alpha,\tau,T}[x]\left(\frac{m}{2\Delta x}\right)\right|^2=\left|\sum_{n}\mathrm{e}^{-\mathrm{j}2\pi\csc\alpha mn}\ \mathcal{F}_{\alpha}[x_n]\left(\frac{m}{2\Delta x}\right)\right|^2 \tag{10-8}$$

式中，$-TF\leqslant m\leqslant TF$。

式(10-7)和式(10-8)表明，由于对 PFRFT 的数值计算中进行了分段计算和归一化处理，信号变换后的归一化宽度为 $\Delta x=\sqrt{TF}$，由采样频率 F 和调制周期 T 决定。由于利用式(10-4)计算需要对信号 2 倍插值，因此利用式(10-7)进行 PFRFT 计算后还应该进行 2 倍抽取。

10.3.2 单分量 LFMCW 的窄带滤波

设参数向量 $\boldsymbol{\gamma}=[\alpha,u,T,\tau]^{\mathrm{T}}$，LFMCW 信号分量 $s_i(t)$在参数$\boldsymbol{\gamma}_i$ 的 PFRFT 能量分布存在峰值，因此可以在点$\boldsymbol{\gamma}_i$ 构造窄带陷波器，将信号提取出来，即

$$\hat{s}_i(t)=\mathcal{P}_{-\alpha_i,\tau_i,T_i}\{H(\boldsymbol{\gamma}_i)\mathcal{P}_{\alpha_i,\tau_i,T_i}[s_i(t)]\} \tag{10-9}$$

滤波函数 $H(\boldsymbol{\gamma}_i)$可能由于 PFRFT 的计算方法不同而存在差异，本章结合图 10-3和式(10-7)，在基于 FRFT 的 PFRFT 算法基础上，构造窄带陷波器实现 LFMCW 信号分量的提取。设信号分量 $s_i(t)$第 n 个周期在α_i 的 FRFT 窄带滤波函数为

$$H_n^{\alpha_i}(u_i)=\begin{cases}1, & |u-u_i|\leqslant\Delta u/2\\ 0, & |u-u_i|>\Delta u/2\end{cases} \tag{10-10}$$

式中，Δu 为信号在 FRFD 的带宽。当对信号按周期 T 进行分段处理时，由式(10-7)可知，相位补偿函数 $e_n(u)=\mathrm{e}^{-\mathrm{j}2\pi u\csc\alpha(nT-\tau)}$对滤波点 u_i 的位置没有影响，即 u_i 只和信号的初始频率 f_i 和周期 T 有关，因此每个周期内的滤波函数相同。此时对 LFMCW 信号分量的滤波算法可由图 10-4 表示。

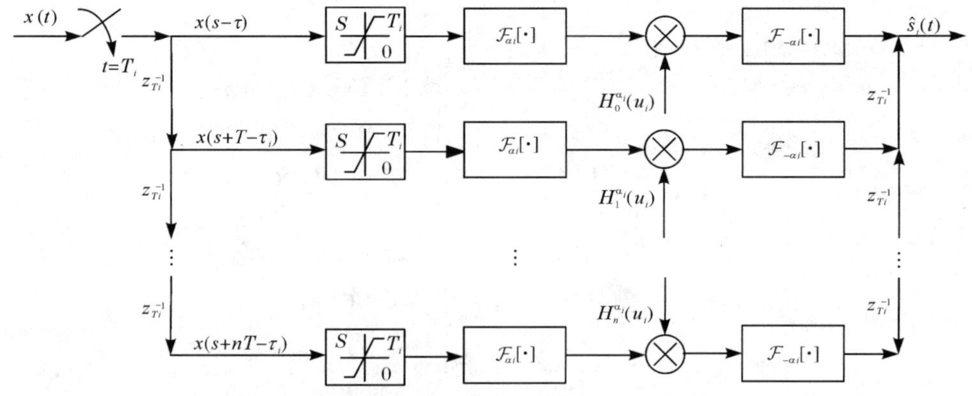

图 10-4 LFMCW 信号分量的 PFRFT 窄带滤波算法

10.3.3　多分量 LFMCW 信号分离

设观测信号

$$x(t)=s(t)+n(t) \tag{10-11}$$

式中，$n(t)\sim N(0,\sigma_n^2)$为实部和虚部相互独立的零均值复高斯噪声。

对多分量 LFMCW 信号的检测与特征提取可描述为

$$\hat{\boldsymbol{\gamma}}_n=\arg\max_{\gamma}|\mathcal{P}[R^n x(t)]|^2>M \tag{10-12}$$

式中，M为阈值。采用 CLEAN 思想可以将 LFMCW 信号分量依次提取出来，递推算法如下：

$$R^0 x(t)=x(t) \tag{10-13}$$

$$R^1 x(t)=R^0 x(t)-s_1(t) \tag{10-14}$$

LFMCW 信号分量提取

$$\hat{s}_n(t)=\mathcal{P}_{-\alpha_n,\tau_n,T_n}\{H(\hat{\boldsymbol{\gamma}}_n)\mathcal{P}_{\alpha_n,\tau_n,T_n}[R^{n-1}x(t)]\} \tag{10-15}$$

剩余信号的分离可以在时域或者周期分数阶傅里叶域求得

(1) 时域(时域对消)

$$R^n x(t)=R^{n-1}x(t)-\hat{s}_n(t) \tag{10-16}$$

(2) 周期分数阶傅里叶域(频域陷波)

$$R^n x(t)=\mathcal{P}_{-\alpha_n,\tau_n,T_n}\{[I-H(\hat{\gamma}_n)]\mathcal{P}_{\alpha_n,\tau_n,T_n}[R^{n-1}x(t)]\} \tag{10-17}$$

对式(10-17)的求取，在式(10-9)的基础上将滤波函数 $H_n^{\alpha_i}(u_i)$替换为 $I-H_n^{\alpha_i}(u_i)$即可实现。

采用 CLEAN 思想的递推算法可以实现强弱信号的依次提取，这里采用的是 PFRFT。PFRFT 作为 FRFT 的进一步推广，保留了 FRFT 许多有用的性质，采用基于 FRFT 的 PFRFT 计算方法，使在时域和周期分数阶傅里叶域实现多分量 LFMCW 信号的分离成为可能。

由于递推算法需要对稀疏分量逐个提取，并且式(10-12)在 LFMCW 信号的检测过程中需要进行四维参数空间的峰值搜索，因此具有较大的计算量。

10.4　仿真实验与分析

10.4.1　实验 10.4.1：计算效率分析

比较 PWHT 和 PFRFT 的计算效率。设采样频率 $F=200\text{MHz}$，采用周期 Δ_s-1/F_s，观测时间 $T_{obs}=300\Delta_s\mu s$、$5000\Delta_s\mu s$，对观测信号 $x(t)$分别计算 PWHT[8]和 PFRFT。

由于 PFRFT 利用式(10-7)计算时需要进行周期 T 分段处理，对于观测信号 $x(t)$ 的 PFRFT，分别取周期 $T=100\Delta_s\mu s$、$500\Delta_s\mu s$ 和 $1000\Delta_s\mu s$。

图 10-5(a)是在不同采样点数条件下 PWHT 和 PFRFT 的计算时间，图 10-5(b)是在不同采样点数条件下，PWHT 相对 PFRFT 的计算时间比值。图 10-5 表明：

(1) PFRFT 比 PWHT 具有明显的计算优势，随着采样点数的增加，计算效率会更高。这是因为 PWHT 的计算复杂度为 $O(N^2)$，而基于 FFT 的 PFRFT 计算复杂度为 $O(N\log_2 N)$，PWHT 需要的计算时间约为 PFRFT 的 $N/\log_2 N$ 倍。

(2) 在采样点数相同的情况下，PFRFT 的计算效率和周期 T 有关。一般来说，T 越大，每段所含采样点数就会越多，相应的计算量会增加，例如 $T=100\Delta_s\mu s$ 和 $T=1000\Delta_s\mu s$；但是 T 越小，需要计算的周期个数也会越多，计算量并不一定会减少，例如 $T=100\Delta_s\mu s$ 和 $T=500\Delta_s\mu s$。

(3) 随着采样点数的增加，PWHT 相对于 PFRFT 的计算时间比值逐渐接近于理论值 $N/\log_2 N$。当采样点数为 1024 时，PFRFT 的计算时间小于 PWHT 的 1/20，计算效率至少是 PWHT 的 20 倍。

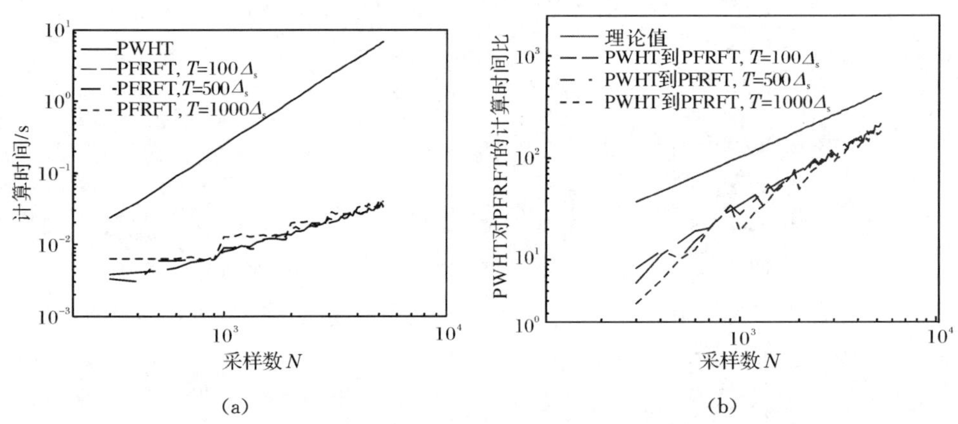

图 10-5　PWHT 和 PFRFT 的计算时间

10.4.2　实验 10.4.2：多分量 LFMCW 信号分离

基于 PFRFT 的多分量 LFMCW 信号分离。设采样频率 $F_s=200\text{MHz}$，观测时间 $T_{obs}=700\Delta_s\ \mu s$，此时观测信号的离散形式为

$$x(k)=\sum_{i=1}^{N}s_i(k)+n(k) \tag{10-18}$$

设两个 LFMCW 信号，分量 1：$\mu_1=-50\text{MHz}/\mu s$，$T_1=200\Delta_s\ \mu s$，$\tau_1=100\Delta_s\mu s$，$a_1=1$，$f_1=30\text{MHz}$；分量 2：$\mu_2=40\text{MHz}/\mu s$，$T_2=300\Delta_s\mu s$，$\tau_2=100\Delta_s\mu s$，$a_2=0.8$，$f_2=70\text{MHz}$。信噪比 SNR 定义为多分量 LFMCW 信号 $s(k)$(LFMCW 信号分量

的线性叠加)与高斯白噪声 $n(k)$ 的功率之比,取 -7dB。采用基于 PFRFT 的分离算法对多分量 LFMCW 信号分离,分离结果如图 10-6 所示。

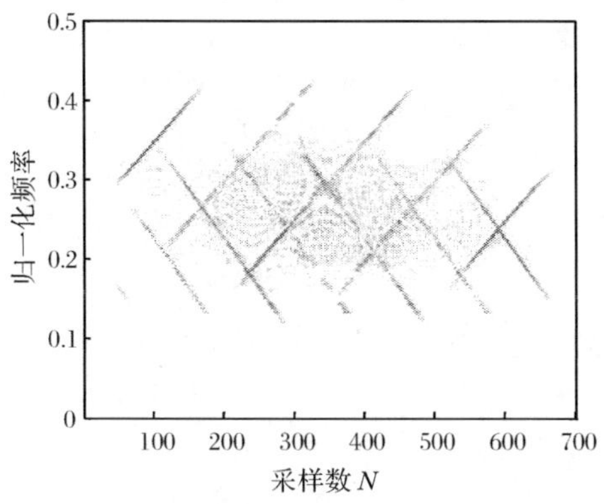

(a) 两个 LFMCW 信号的 Wigner-Ville 分布

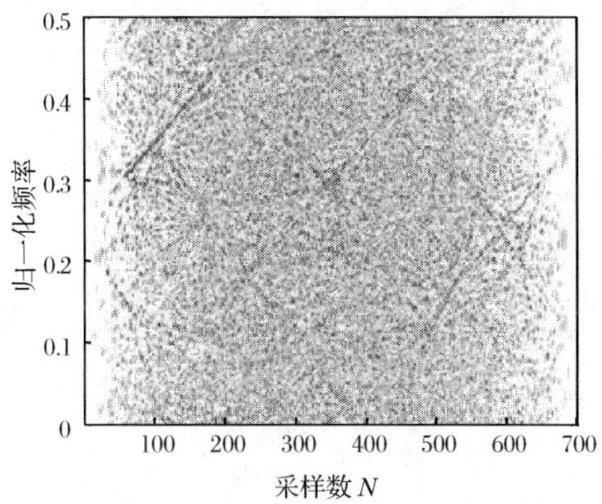

(b) 高斯白噪声背景下两个 LFMCW 信号的 Wigner-Ville 分布,SNR=-7dB

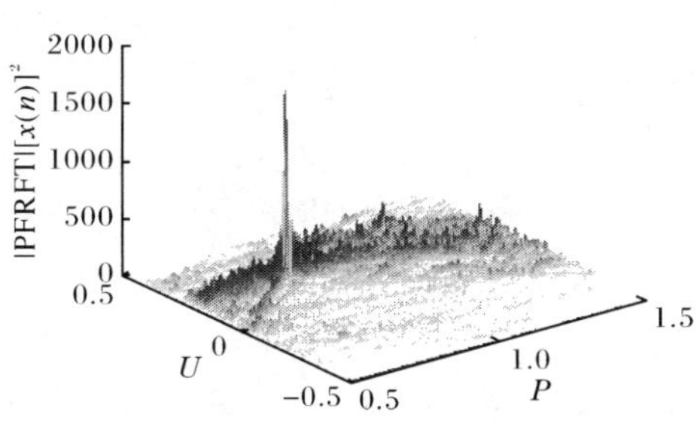

(c) 观测信号 $x(k)$ 在 $T=T_1$,$\tau=\tau_1$ 时的 PFRFT 切片

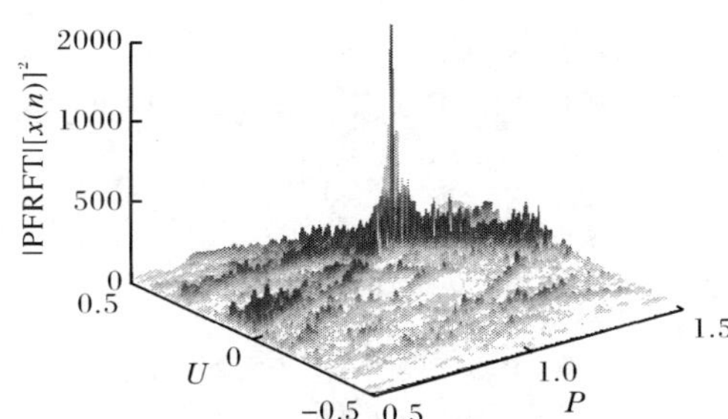

(d) 观测信号 $x(k)$ 在 $T=T_2$,$\tau=\tau_2$ 时的 PFRFT 切片

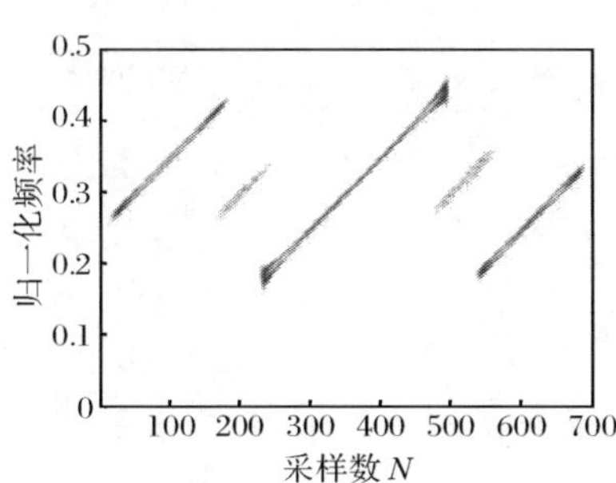

(e) 分离出的 LFMCW 信号分量 1 的伪 Wigner-Ville 分布

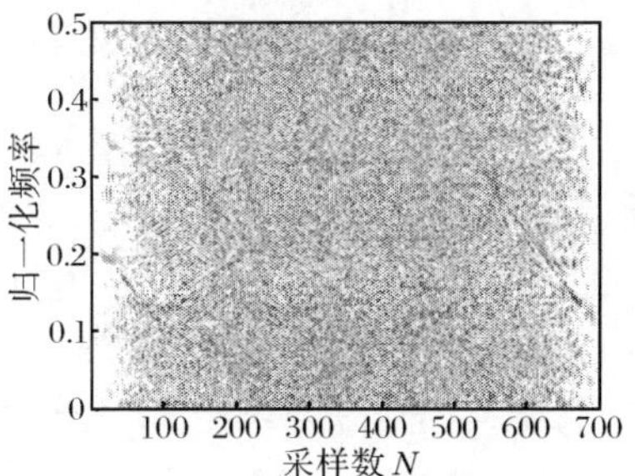

(f) 分离信号分量 1 后剩余信号的 Wigner-Ville 分布

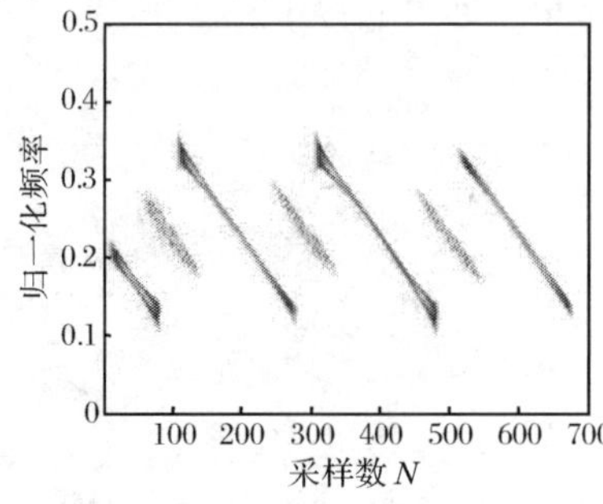

(g) 分离出的 LFMCW 信号分量 2 的伪 Wigner-Ville 分布

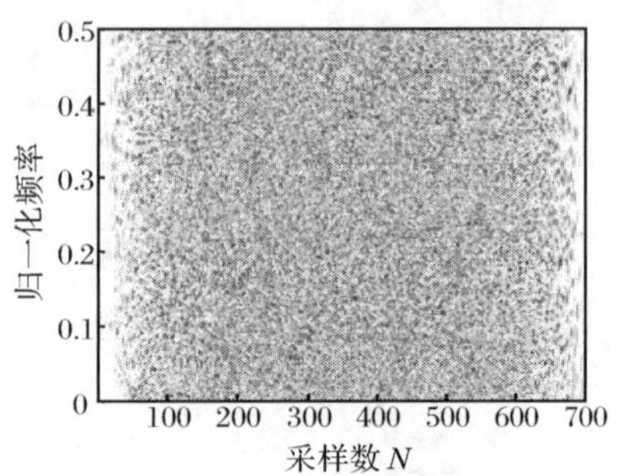

(h) 分离信号分量 1 和 2 后剩余信号的 Wigner-Ville 分布

图 10-6　多分量 LFMCW 信号的分离

图 10-6 表明：

(1) LFMCW 信号由于具有多个 LFM 信号分量，因此多分量 LFMCW 信号的 Wigner-Ville 分布具有很严重的交叉项干扰(图 10-6 (a))。

(2) 加入－7dB 的零均值高斯白噪声后，观测信号的 Wigner-Ville 分布基本上不能反映出 LFMCW 信号的时频特征(图 10-6 (b))。

(3) 对信号进行 PFRFT 计算，当 $T=T_1,\tau=\tau_1$，以及 $T=T_2,\tau=\tau_2$ 时，两个 LFMCW 信号分量在平面(P,U)内分别聚集为两个能量冲击(图 10-6(c)、(d))，说明式(10-3)的推导分析是有效的。

(4) 采用分离算法对信号进行分离得到图 10-6(e)～(h)，分离后的 LFMCW 信号分量同时滤除了噪声，较好地保留了时频信息，为后续信号的识别奠定了基础。分离最后得到的剩余信号，亦可作为噪声进行分析。

10.4.3　实验 10.4.3：弱 LFMCW 信号分量分离

无噪声背景下，对弱 LFMCW 信号分离的性能分析。两个 LFMCW 信号分量的参数定义见实验 10.4.2，分离相关系数 $r(\hat{s_i}(t),s_i(t))$ 定义为分离出的 LFMCW 信号分量和初始 LFMCW 信号分量的相关系数，参数 $S_1S_2R=20\log_{10}(a_1/a_2)$ 定义为 LFMCW 信号分量 1 和分量 2 的功率比，分别取 0～18dB。对信号分量 1 分离后，分别在时域(TD)利用式(10-16)和在周期分数阶傅里叶域利用式(10-17)求取剩余信号，再对分量 2 进行分离提取，得到不同条件下 LFMCW 信号分量的分离相关系数如图 10-7 所示。

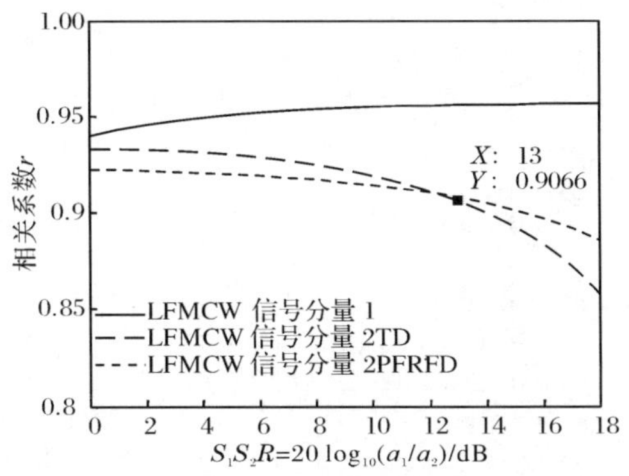

图 10-7　弱 LFMCW 信号分离性能分析

从图 10-7 可以得到如下结论：

(1) 当两个 LFMCW 信号分量的功率相等，S_1S_2R＝0dB 时，首先分离出来的分量 1 比分量 2 的分离相关系数 r 要大，这说明分离出的分量 1 携带了部分分量 2 的能量，不能实现信号分量的完全分离。

(2) 随着强信号分量(分量 1)功率的增加，分离相关系数逐渐增大，而弱信号分量(分量 2)的分离相关系数却逐渐减小，这说明对强信号分量具有更好的分离效果。

(3) 强信号分量(分量 1)的分离相关系数逐渐趋近于 0.96，不能趋近于 1 的原因可能是由于单传感器接收，窄带滤波时的谱泄漏、离散算法以及其他信号分量的影响，而弱信号分量(分量 2)的分离相关系数在强弱信号功率比为－13dB 时仍然可以达到 0.9。

(4) 当弱信号分量(分量 2)能量较高时(S_1S_2R＜13dB)，采用时域的方法分离性能要好，相反则周期分数阶傅里叶域的方法分离性能更好。

10.4.4　实验 10.4.4：分离性能分析

高斯白噪声背景下，多分量 LFMCW 信号分离性能分析。观测信号模型如式(10-18)，两个 LFMCW 信号分量的功率比为 S_1S_2R＝0dB，其他参数设置如实验 10.4.2，信噪比 SNR 分别取－13～13dB，每个信噪比下采用蒙特卡罗法仿真 1000 次。分别采用时域和周期分数阶傅里叶域的方法求取 LFMCW 信号分量 2。不同信噪比下 LFMCW 信号分量的分离相关系数如图 10-8 所示。

图 10-8 表明：

(1) LFMCW 信号分量的分离相关系数 r 随着信噪比的增加，逐渐增大并趋近于一个定值，这和实验 10.4.3 中对强信号分量(分量 1)的分离结果类似。

(2) 采用时域分离比周期分数阶傅里叶域的方法分离后相关系数要大，分离

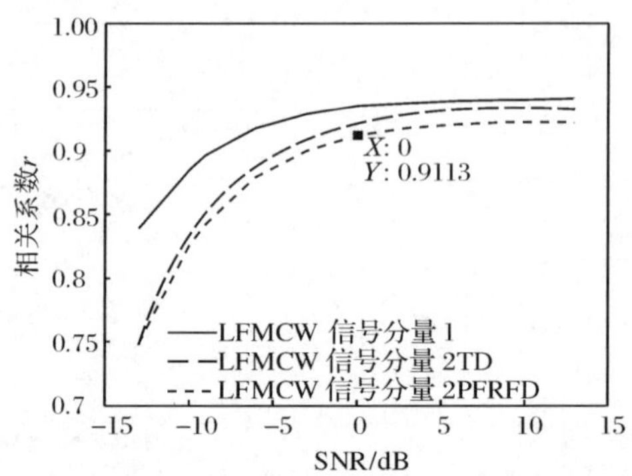

图 10-8　不同信噪比下多分量 LFMCW 信号的分离性能分析

效果要好。

(3) 当信噪比为 0dB 时，两个 LFMCW 信号分量的分离相关系数 r 都达到了 0.9 以上。

10.5　小　　结

本章在参考了相关文献的基础上[9~23]，利用 PFRFT 实现了多分量 LFMCW 信号的快速检测和有效分离，主要工作和结论如下：

(1) 分析了多分量 LFMCW 信号的 PFRFT 特征。PFRFT 对多分量 LFMCW 信号处理时会出现多个能量峰值，能量峰值和 LFMCW 信号分量一一对应，利用 CLEAN 思想和窄带滤波算法可以实现多个 LFMCW 信号的依次提取，仿真结果表明，LFMCW 信号分量在特定 PFRFD 中具有能量峰值，分离后能较好保留时频特征。

(2) 给出了一种离散 PFRFT 的数值计算方法。通过分析 PFRFT 和 FRFT 之间的关系，提出了基于 FRFT 的 PFRFT 分段计算算法，并给出了算法结构图。仿真结果表明，PFRFT 的计算效率和调制周期有关，相比 PWHT 具有明显的计算优势。

(3) 结合单分量 LFMCW 信号 PFRFT 域的窄带滤波和 CLEAN 算法实现了多分量 LFMCW 信号的分离。仿真结果表明：对多分量 LFMCW 信号在时域(时域对消)进行分离比在频域陷波(PFRFD)的分离效果要好；当两个 LFMCW 信号分量的功率相差较大时，适合在 PFRFD 分离，反之适合在时域分离；当信噪比为 0dB 时，两个具有相同功率的 LFMCW 信号分量分离后，与初始信号分量的相关系数都达到了 0.9 以上。

另外，PFRFT 在对 LFMCW 信号进行检测时需要搜索初始频率、调频率、时延和调制周期四个变量，计算量较大，下一步的工作将重点研究对 LFMCW 信号检测的快速搜索算法。

关于时频交叠信号（既含有脉冲信号，又含有连续波信号）的分离问题将分别在第 11 章和第 12 章研究和讨论。

参考文献

[1] Liu F, Xu H F, Sun D P, et al. Feature extraction of symmetrical triangular LFMCW signal using Wigner-Hough transform. Journal of Beijing Institute of Technology, 2009, 18(4): 478—483.

[2] 刘锋，徐会法，陶然. 基于 FRFT 的对称三角线性调频连续波信号检测与参数估计，电子与信息学报，2011，33(8)：1864—1870.

[3] Millioz F, Davies M. Sparse detection in the chirplet transform: Application to FMCW radar signals. IEEE Transactions on Signal Processing, 2012, 10: 2190730.

[4] Geroleo F G, Brandt-Pearce M. Detection and estimation of multi-pulse LFMCW radar signals//Radar Conference 2010 IEEE, Washington D C, 2010.

[5] Geroleo F G, Brandt-Pearce M. Detection and estimation of LFMCW radar signals. IEEE Transactions on Aerospace and Electronic Aystems, 2012, 48(1): 405—418.

[6] Qi L, Tao R, Zhou S Y, et al. Detection and parameter estimation of multicomponent LFM signals based on the fractional Fourier transform. Science in China, Ser E, 2004, 47(2): 184—198.

[7] Ozaktas H M, Arikan O, Kautay M A. Digital computation of the fractional Fourier transform. IEEE Transactions on Signal Processing, 1996, 44(9): 2141—2150.

[8] Geroleo F G, Brandt-Pearce M. Detection and estimation of LFMCW radar signals. IEEE Transactions on Aerospace and Electronic Aystems, 2012, 48(1): 405—418.

[9] Pace P E. Detecting and Classifying Low Probability of Intercept Radar. Norwood: Artech House, 2004.

[10] Lopez-Risueno G, Grajal J, Yeste-Ojeda O. Atomic decomposition-based radar complex signal interception. IEEE Proceedings of Radar Sonar Navig, 2003, 150(4): 323—331.

[11] Lopez-Risueno G, Grajal J, YesteOjeda O A, et al. Two digital receivers based on timefrequency analysis for signal interception//Proceedings of the International Radar Conference, Madrid, 2003.

[12] Milne P R, Pace P E. Wigner distribution detection and analysis of FMCW and P4 polyphase LPI waveforms//2002 IEEE International Conference on Acoustics, Speech, and Signal Processing, Orlando, 2002.

[13] Copeland D B, Pace P E. Detection and analysis of FMCW and P4 polyphase LPI waveforms using quadrature mirror filter trees//2002 IEEE International Conference on Acoustics, Speech, and Signal Processing, Orlando, 2002.

[14] Jennison B K. Detection of polyphase pulse compression waveforms using the Radon-ambiguity transform. IEEE Transaction on Aerospace and Electronic Systems, 2003, 39 (1): 335—343.

[15] Yuan W M, Wang M, Wu S J. Study on modulation and recognition for LPI radar signals. Signal Processing, 2006, 22(2): 153—156.

[16] Lewis B L, Kretschmer F F, Shelton W W. Aspects of Radar Signal Processing. Norwood: Artech House, 1986.

[17] Choi H I, Williams W J. Improved time-frequency representation of multicomponent signals using exponential kernels. IEEE Transactions on Acoustics, Speech, and Signal Processing, 1989, 37(6): 862—871.

[18] Stankovic L J. A method for time-frequency signal analysis. IEEE Transactions on Signal Process, 1994, 42: 225—229.

[19] Gonzalez R C, Woods R E. Digital Image Processing. New Jersey: Prentice-Hall, 2002.

[20] Bailey R B, Srinath M. Orthogonal moment features for use with parametric and non-parametric classifiers. IEEE Transactions on Pattern Analysis & Machine Intelligence, 1996, 18(4): 389—399.

[21] Lunden J, Terho L, Koivunen V. Classifying pulse compression radar waveforms using time-frequency distributions//Proceedings of the 39th Annual Conference on Information Sciences and Systems, Baltimore, 2005.

[22] Chong C W, Raveendran P, Mukundan R. The scale invariants of pseudo-Zernike moments, Pattern Anal & Applicat, 2003, 6(3): 176—184.

[23] Ciblat P, Loubaton P, Serpedin E, et al. Asymptotic analysis of blind cyclic correlation-based symbolrate estimators. IEEE Transacions on Information Theory, 2002, 48, 7: 1922—1934.

第 11 章　基于周期 FRFT 的时频交叠雷达侦察信号分选

11.1　引　　言

时频交叠雷达侦察信号，也是多分量雷达信号，由脉冲信号和连续波信号组成。第 8～10 章分别对脉冲信号和 LFMCW 信号的分离问题进行了研究，在此基础上，本章将综合考虑雷达侦察接收机同时接收到脉冲信号和连续波信号时的分选问题。

脉冲信号相对于连续波信号而言属于强信号分量，因此这里的信号分选需要考虑强弱信号的影响。强弱信号的提取一般采用 CLEAN 的思想，依据信号强弱进行依次提取以实现对弱信号的检测。依次提取采用贪婪的方式，首先需要寻找满足检测条件的最强信号分量，然后将强信号分量从源信号中分离，再重新寻找剩余信号中的最强信号分量。由于每次寻找强分量都需要搜索所有的参数空间，当数据采样点数过大，信号分量太多时，计算量会非常大。

然而对脉冲信号和连续波信号的检测需要的数据采样点数是有很大区别的。脉冲信号时宽比较小，连续波信号则具有很大的时宽带宽积，并且由于低信噪比特性需要较长时间的能量积累，在相同采样频率下，处理连续波信号比起脉冲信号需要的采样点数要多很多。因此若对脉冲和连续波信号同时处理，不但需要解决强弱信号的问题，还要考虑计算量的问题。解决这个矛盾的一种思路是先将脉冲信号和连续波信号分离，再分别进行分选。

本章将在前面章节的理论基础上，对时频交叠雷达侦察信号进行分选，根据对脉冲和连续波信号先分离后分选的思路，逐渐展开讨论。另外，前面章节主要是对单个数据样本进行研究，本章将在大数据样本下进行分析。主要内容安排如下：

(1) 时频交叠雷达侦察信号模型。

(2) 基于时域陷波的脉冲信号和连续波信号分离。

(3) 基于特征原子分解的交叠脉冲信号分选。

(4) 基于 PFRFT 的缺失数据条件下多分量连续波信号分选。

11.2 时频交叠雷达侦察信号模型

假设雷达侦察接收机接收到的雷达侦察信号是雷达脉冲信号和连续波信号的线性叠加,并且忽略雷达信号在传播途径中受到的影响,那么在观测时间 T_{obs} 内,观测信号 $x(t)$ 可以表示为

$$x(t)=s_{\text{pulse}}(t)+s_{\text{CW}}(t)+n(t),\quad 0\leqslant t\leqslant T_{\text{obs}} \tag{11-1}$$

式中,$s_{\text{CW}}(t)$ 为连续波信号;T_{obs} 为调制时间;$s_{\text{pulse}}(t)$ 为脉冲信号,以脉冲串形式被接收;$n(t)$ 主要是雷达侦察接收机的热噪声,假设为零均值的高斯白噪声。信号均采用复数形式进行处理。

本章考虑的脉冲信号主要为上述章节中考虑的具有类似 LFM 性质的脉冲信号和类似 LFMCW 信号。这里便于分析,脉冲信号选择单载频信号,连续波信号为 LFMCW 信号。

假设雷达信号经过了中频降频处理,采样频率 $F_s=1/\Delta_s=500$,采样时间 $T_{\text{obs}}=5000\Delta_s$。

脉冲信号:单载频,频率 150,脉宽 $500\Delta_s$,脉间 $2000\Delta_s$,平均功率 $p_{\text{pulse}}=10$。

连续波信号:LFMCW,频率 50～225,周期 $1000\Delta_s$,平均功率 $p_{\text{LFMCW}}=1$。

噪声:复高斯白噪声,均值为 0,方差为 1,平均功率 $p_{\text{noise}}=2$。

图 11-1 为多分量雷达信号的时频分布图、多分量信号是脉冲信号、LFMCW 信号和系统噪声(主要为白噪声)的线性组合。

(1) 脉冲信号的瞬时功率较大,LFMCW 信号具有大的时宽和带宽,瞬时功率小。无论在时域或是频域,脉冲信号对连续波信号都存在遮蔽效果。

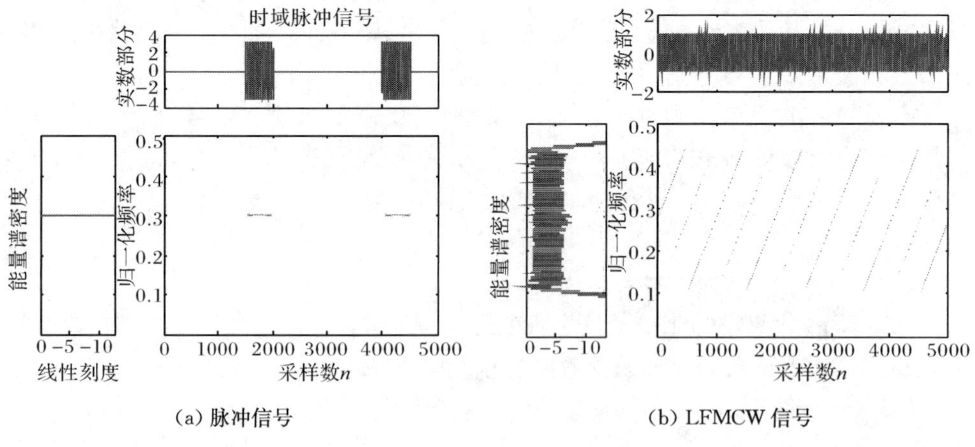

(a) 脉冲信号　　(b) LFMCW 信号

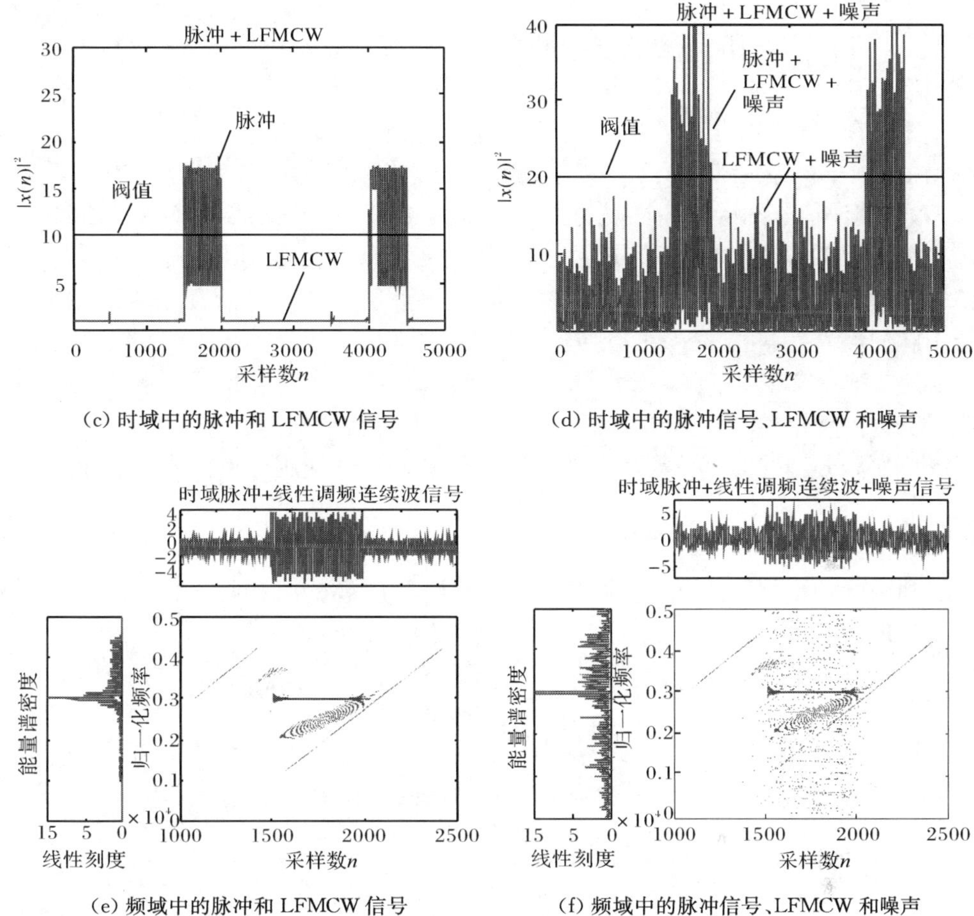

(c) 时域中的脉冲和 LFMCW 信号

(d) 时域中的脉冲信号、LFMCW 和噪声

(e) 频域中的脉冲和 LFMCW 信号

(f) 频域中的脉冲信号、LFMCW 和噪声

图 11-1　脉冲信号、LFMCW 信号和噪声的线性组合

(2) 脉冲信号和 LFMCW 信号在时域和频域都出现了重叠,仅利用时域或者频域的特征是不能将它们分离的,即使在时频域中,两类信号也会发生部分重叠,因此利用时频特征实现脉冲信号和 LFMCW 信号的完全分离也不可能。

(3) 当对信号进行脉冲检测时,LFMCW 信号通常不会超过门限,而被作为噪声进行处理。

由此可见,连续波信号具有 100%的占空比,湮没在噪声中,相对脉冲信号来说为弱信号,如果和脉冲信号一同处理,将会带来很大的难度,解决这个问题的一种方法是将脉冲和连续波信号先分离,然后再进行后续的信号分选与识别。

11.3　基于时域陷波的脉冲和连续波信号分离

正如前面所述,对信号进行分离,可以在时域、频域、二维变换域实现。然而,观测信号中同时存在脉冲信号和连续波信号,连续波信号具有很大的时宽带宽积,对连续波信号的处理往往需要较长的观测时间。基于二维变换域和频域的分离方法需要对全局数据进行变换处理,这直接导致数据量剧增,给信号处理和硬件条件带来了很大难度。并且,连续波信号相对于脉冲信号而言,瞬时功率远远低于脉冲信号,因此又是一个对强弱信号进行处理的问题。所以,如果把观测信号变换到二维变换域或频域来分离脉冲和连续波信号也十分困难,而一种可行的方法是,把脉冲和连续波信号在时域上进行初步分离后,再对脉冲和连续波信号进行特征提取和分选。时域分离的方法是直接将脉冲信号利用时域陷波函数滤除。

11.3.1　时域陷波

利用脉冲检测阈值,将观测信号对脉冲信号进行分离,剩余信号作为连续波信号处理,观测信号的时域陷波分离结果如图 11-2 所示。

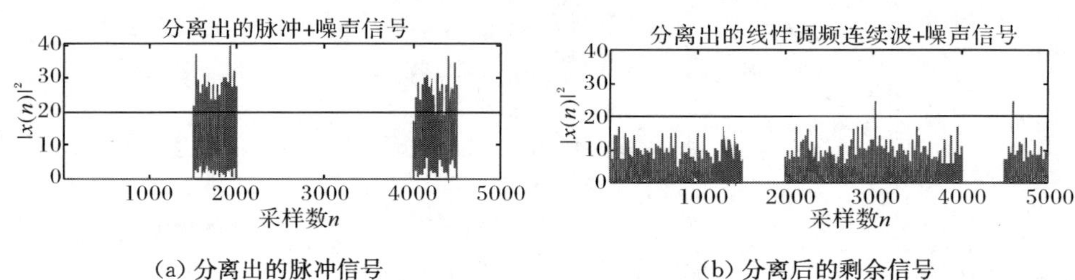

(a) 分离出的脉冲信号　　(b) 分离后的剩余信号

图 11-2　观测信号的时域陷波

这种时域陷波的方法实现了对强弱信号的分离,即脉冲信号和连续波信号。下面对分离后的信号分别分析它们的信噪比。

1) 脉冲信号

此时,脉冲信号在脉冲持续期间的信干比可表示为

$$\mathrm{SIR_{pulse}}=10\log\frac{p_{\mathrm{pulse}}}{p_{\mathrm{CW}}+p_{\mathrm{noise}}} \tag{11-2}$$

又由于 $p_{\mathrm{noise}}>p_{\mathrm{CW}}$,因此$\mathrm{SIR_{pulse}}\approx 10\log\frac{p_{\mathrm{pulse}}}{p_{\mathrm{noise}}}$,此时主要考虑噪声对脉冲信号的影响。

2) 连续波信号

观测信号在时域滤除脉冲信号后,假设剩余信号中在观测时间内都存在连续

波信号，则有

$$\mathrm{SIR_{CW}}=10\log\frac{p_{\mathrm{CW}}}{p_{\mathrm{noise}}} \tag{11-3}$$

因此，连续波主要考虑噪声的影响。

上述分析时脉冲信号采用的是单载频信号，在分离时虽然可以采用频域分离技术，但是由于需要对数据进行全局变换，计算量太大，并且如果是具有大时宽带宽积的信号，如 LFM 脉冲，在频域分离反而更加困难。

综上所述，在时域对观测信号进行脉冲信号和连续波信号分离后，分别对脉冲和连续波信号进行处理时，只需要考虑噪声的影响就可以了。时域陷波的方法能够有效地实现两类信号的分离，但是对于连续波信号而言由于陷波处理，丢失了和脉冲信号时域重叠期间的能量，对后续连续波信号的能量检测算法将带来影响，如图 11-3 所示。下面将分析时域分离后，对连续波信号的检测问题。

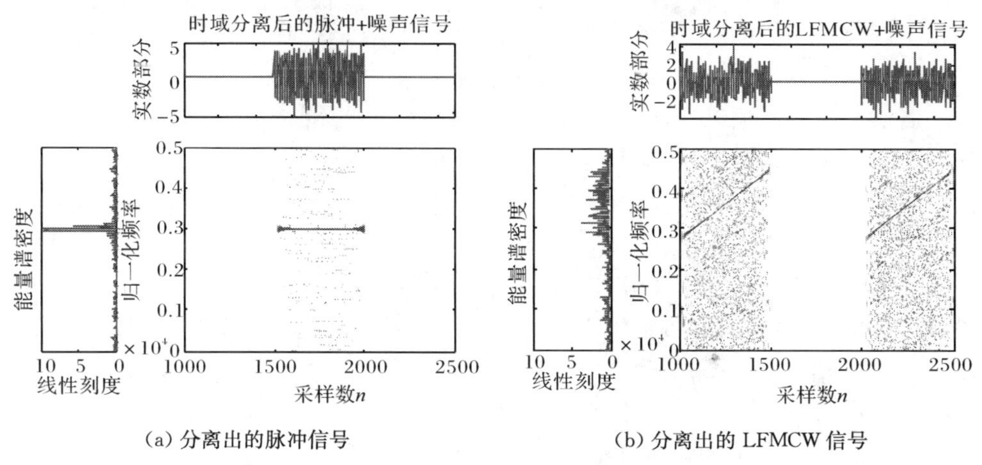

(a) 分离出的脉冲信号　　(b) 分离出的 LFMCW 信号

图 11-3　脉冲信号和 LFMCW 信号的时域分离

11.3.2　时域分离对 CW 信号的影响

连续波信号具有 100％的占空比，在时域剔除脉冲信号后，观测时间内的 CW 信号会损失脉冲信号持续期间的能量，同时丢失了这部分信息，但是剔除了脉冲信号强分量的干扰，给后续 CW 信号的处理带来了很大方便。由于对 CW 信号的分析采用了 PFRFT，这里主要以 LFMCW 信号为例，PFRFT 随着观测时间的增加，可以实现 LFMCW 信号的能量积累，采用 PFRFT 对 LFMCW 信号进行截获实际上是利用了能量检测，因此，对信号的观测时间越长，信号积累的能量越多，将越有利于检测(图 11-4)。

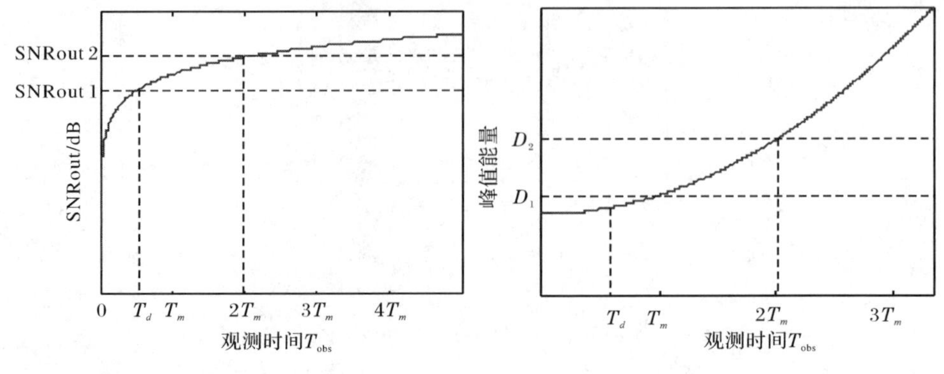

(a) 观测时间与输出信噪比的关系　　(b) 观测时间与 LFMCW 信号峰值能量的关系

图 11-4　观测信号与检测性能

下面分析观测时间，即采样点数与信号检测之间的关系，分别从 PFRFT 的输出信噪比SNR_{out}和信号峰值能量 D 进行分析。

假设信号输入信噪比SNR_{in}一定，只存在 LFMCW 信号和高斯白噪声，并且在观测时间内 LFMCW 信号没有能量损失，即没有进行上文所述的时域陷波处理。

1. 对已知 LFMCW 信号的检测

当 LFMCW 已知时，根据 LFMCW 信号的参数直接利用 PFRFT 变换，即可在特定点进行能量积累，得到 LFMCW 信号的能量峰值。当信号能量峰值大于阈值 D_1 时，阈值 D_1 由SNR_{in}确定，即可求得所需的最短采样时间 T_1，因此，若观测时间 T_{obs}满足

$$T_{obs} \geqslant T_1 \tag{11-4}$$

即可实现对已知 LFMCW 信号的检测。

当对观测信号进行时域陷波后，假设 LFMCW 信号丢失了总时间为 T_{lost}的能量，此时 LFMCW 信号的实际观测时间为 $T_{obs}-T_{lost}$，若满足

$$T_{obs}-T_{lost} \geqslant T_1,\quad \frac{T_{obs}-T_{lost}}{T_{obs}} \geqslant \frac{T_1}{T_{obs}} \tag{11-5}$$

此时，LFMCW 在特定点进行能量积累后，能量峰值依旧会超过检测门限，仍然可以将 LFMCW 信号检测出来。LFMCW 信号在观测时间 T_{obs}内的占空比为$r=\frac{T_{obs}-T_{lost}}{T_{obs}}$，需要的最小占空比为 $r_1=T_1/T_{obs}$，观测时间的余量为 $T_r=(1-r_1)T_{obs}$。也就是说，在时域内，对观测信号 $x(t)$ 在观测时间 T_{obs} 内进行脉冲信号和 LFMCW 分离后，若得到的 LFMCW 信号的占空比 r 大于 r_1，仍然可以实现LFMCW信号的检测，忽略由于时域陷波对 LFMCW 信号的能量丢失带来的影响。这得益于

PFRFT 对 LFMCW 信号的能量积累效果，也是能量积累检测的优势。

2. 对未知 LFMCW 信号的检测

由于未知 LFMCW 信号的参数特征，首先是否存在 LFMCW 信号需要进行判断，假设 LFMCW 信号的调制周期是 T_m，并且没有能量丢失。

当 $T_1 \leqslant T_{\text{obs}} < T_m$ 时，此时观测信号只含有一个信号调制周期内的信息，只能确定信号具有 LFM 性质；

当 $T_m \leqslant T_{\text{obs}} < 2T_m$ 时，此时观测信号不一定含有三个信号调制周期内的信息，不能确定信号的调制周期；

当 $2T_m \leqslant T_{\text{obs}}$ 时，此时观测信号中至少含有三个信号调制周期内的信息，并且可以得到 LFMCW 信号的调制周期。

因此，若观测时间 T_{obs} 满足

$$T_{\text{obs}} \geqslant 2T_m \tag{11-6}$$

利用 PFRFT 即可实现对未知 LFMCW 信号的检测，并可以求得信号的调制周期的估计值 T'_m。

当观测信号在时域存在信号丢失时，若 $T_{\text{obs}} \geqslant 2T_m$，但是 $T_{\text{obs}} - T_{\text{lost}} < 2T_m$。实际上，只要观测时间内的信号至少包含三个信号调制周期内的信息就可以得到信号的调制周期，仍然能够实现 LFMCW 信号的检测。但是为了得到充分条件，此时仍然需要满足

$$T_{\text{obs}} - T_{\text{lost}} \geqslant 2T_m \tag{11-7}$$

分离后的 LFMCW 信号需要的最小占空比为 $r_3 = 2T_m / T_{\text{obs}}$，观测时间的余量为 $T_r = (1 - r_3) T_{\text{obs}}$。由此可见，相对于已知 LFMCW 信号的检测，对未知 LFMCW 信号的检测需要的观测信号最小占空比要高得多，至少是两倍以上，如图 11-5 所示。

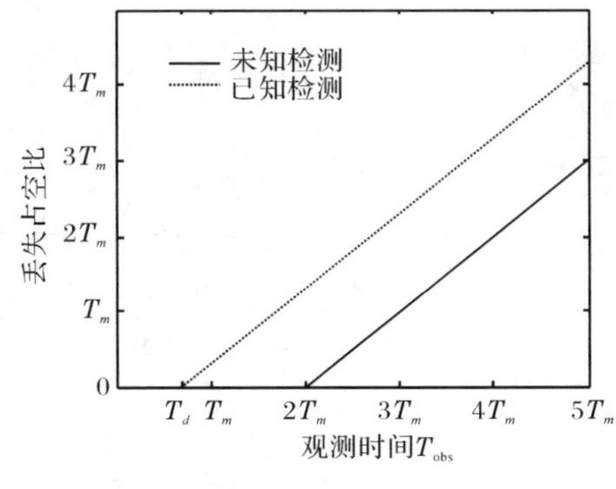

(a) 观测时间和最小丢失占空比

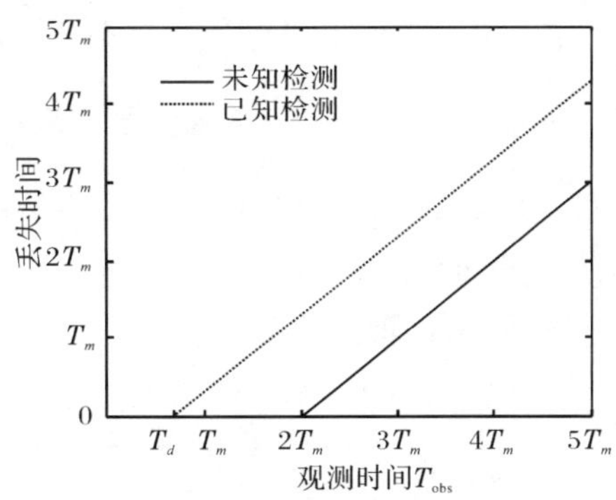

(b) 观测时间和最小丢失时间

图 11-5　观测时间和最小丢失时间

11.3.3　时频交叠信号分选流程

综合前面研究内容,对于时频交叠信号的分选,采用分类处理的方法,先把脉冲和连续波信号进行初步分离后,再分别采用前文所述的方法对两类信号进行处理。观测信号分为脉冲和连续波信号后,先对已知信号进行检测和分离,然后再对未知信号进行特征提取和分离,分选流程图如图 11-6 所示。

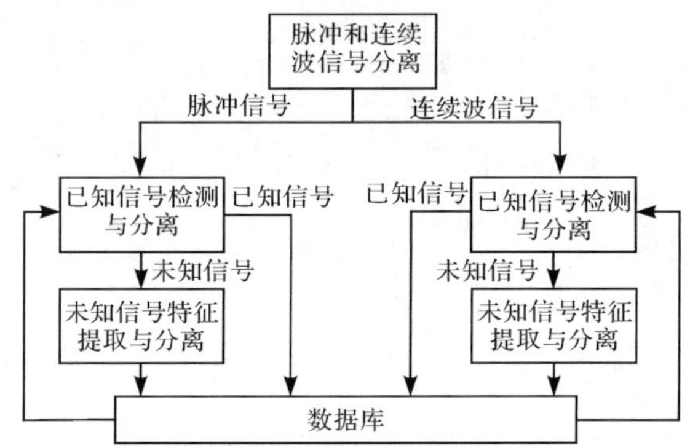

图 11-6　时频交叠雷达侦察信号特征提取与分选流程图

脉冲和连续波信号分离:采用时域陷波技术,分离成脉冲信号和连续波信号,供后续进行分类处理。

已知信号检测与分离:为了减少算法的复杂度,充分利用信号的先验信息,首先对已知信号进行检测和分离。

未知信号特征提取与分离:对未知信号的处理是难点和重点,在这个阶段可能需要较长的处理时间。提取出来的信号特征进入数据库。

数据库:保存信号的各种特征和先验信息。

11.3.4　实验 11.3.1:脉冲信号和连续波信号分离

采用时域陷波的方法实现脉冲和连续波信号在时域的分离。单载频和 LFM 脉冲信号分量各一个,LFMCW 信号分量两个,噪声为复高斯白噪声,参数如表 11-1所示。观测信号为信号和噪声的线性组合。

表 11-1　信号参数

信号类型	初始频率 f	调频率 μ	幅度 a	脉冲宽度	周期 T
单载频脉冲	30	—	0.50	$90\Delta_s$	$390\Delta_s$
LFM 脉冲	50	60	0.40	$200\Delta_s$	$600\Delta_s$
LFMCW 信号 1	40	20	0.05	—	$400\Delta_s$

续表

信号类型	初始频率 f	调频率 μ	幅度 a	脉冲宽度	周期 T
LFMCW 信号 2	60	-10	0.05	—	$600\Delta_s$
复高斯白噪声	—	—	0.05	—	—

注：采样频率 $f_s=200$，采样周期 $\Delta_s=1/f_s$，表中数据的单位进行了归一化。

多分量雷达信号的观测信号时频分布如图 11-7 所示，由于脉冲信号的瞬时功率远远大于连续波信号，连续波信号的时频特征基本上被脉冲信号所遮蔽。这也是强弱信号带来的问题，因此若对脉冲信号和连续波信号同时进行处理，对连续波信号的截获和特征提取势必会带来很大困难。对脉冲信号和连续波信号进行时域分离后的时频分布如图 11-8 所示，脉冲信号并没有多大变化，而连续波信号虽然损失了和脉冲信号时域交叠部分的能量，但是却避免了强信号分量的影响。

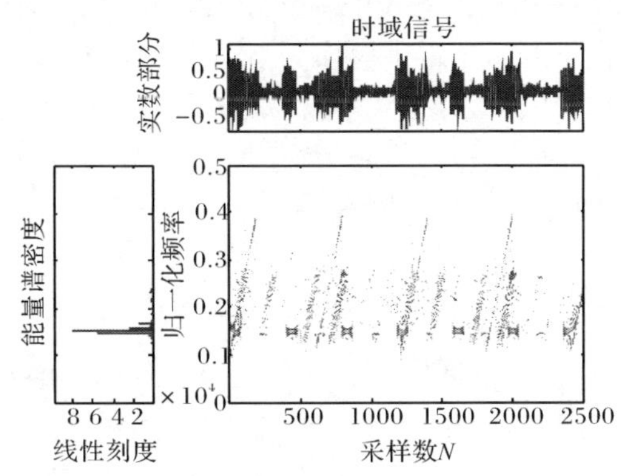

图 11-7　观测信号的时频分布

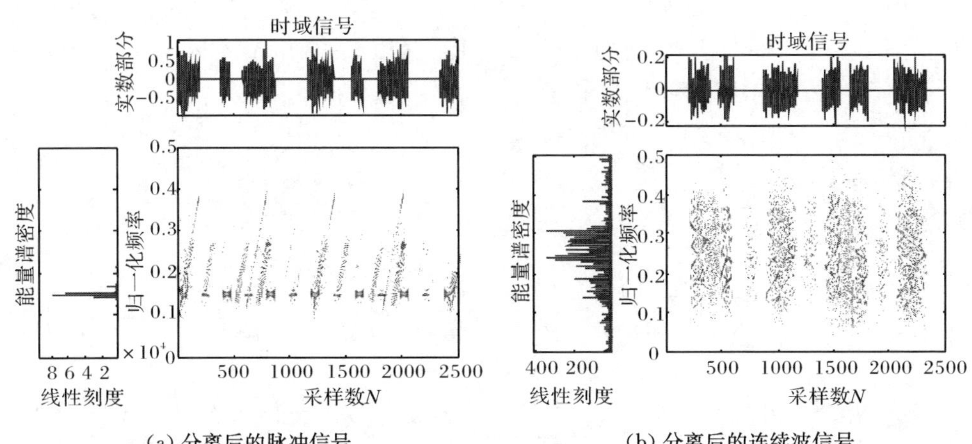

(a) 分离后的脉冲信号　　(b) 分离后的连续波信号

图 11-8　脉冲信号和连续波信号时域分离

11.4 基于特征原子分解的交叠脉冲信号分选

11.3节讨论了脉冲和连续波信号的分离,本节将重点讨论分离后对脉冲信号的分选。对于存在交叠脉冲的脉冲串数据进行雷达信号的分选,实际上是对样本数据进行数理统计分析,利用脉冲特征进行聚类分析。

传统的方法没有考虑交叠脉冲存在的问题,这使得交叠脉冲成为一个新的雷达信号脉冲,往往导致错误信号类型的出现。分选出来的某类脉冲信号由于丢失了部分脉冲数量,很容易造成特征参数的错误提取。

解决上述问题的一种思路是先对交叠脉冲进行分离,得到单个脉冲,再利用传统的方法进行信号分选。事实上,在存在大量脉冲数据样本的情况下,对每个未知的脉冲作为交叠脉冲都进行先分离再分类,不但具有较大困难,而且需要大量的处理时间,不太适合实际应用中对大量脉冲信号的处理。

另一种思路是不考虑脉冲是否交叠,而是直接对脉冲进行稀疏特征原子提取,最后对所有脉冲的特征原子进行聚类分析。本节将在大量脉冲数据样本下,采用第二种思路讨论脉冲信号的分选问题。

11.4.1 信号的原子分解

一个脉冲信号构成一个数据样本。对于一个样本的处理,传统的方法主要是基于线性扩展的思想,或在时域上测量它的脉冲到达时间、脉宽等参数,或是利用傅里叶基、Gabor基和Wavelet基在频域和时-频域中测量它的时频特征,然后再利用这些特征对脉冲样本进行分类。这类方法的局限性在于对交叠脉冲,仍然视为一个脉冲进行处理,因此对于存在交叠脉冲情况下的信号分选将不再适用。解决这个问题的一种方法是采用原子分解,将交叠脉冲分解成不同的特征原子,再对这些特征原子进行分类组合,最终实现信号分选(图11-9)。

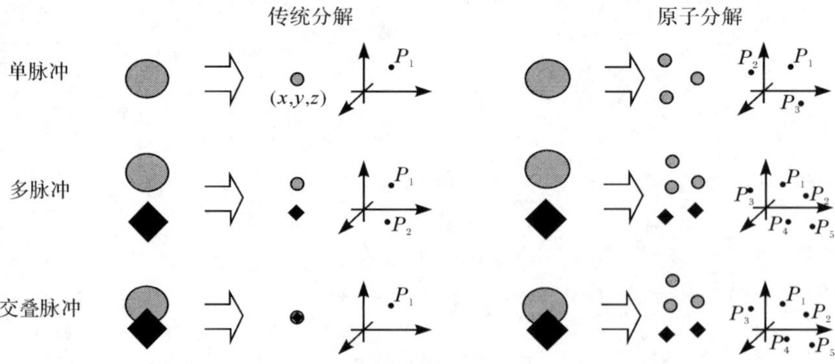

图11-9 原子分解与传统分解

但是原子分解不能保证将交叠的信号完全分离，因为它不能够保证分解成的每个特征原子仅仅来源于一个信号类型。尽管如此，原子分解却可以做到尽可能地使信号投影在互不相同的特征原子上。尤其是对于多参数特征原子，如 Chirp 基、Chirplet 小波基、Gabor 基等，不同雷达信号脉冲的时频特征在这些基下的非线性投影，出现相同特征原子的概率会比较小；相反，对于只有一维频率参数的 cos 基，会出现很多的特征重叠。

11.4.2　交叠脉冲信号分类

对于一个未知交叠脉冲，即使采用特征原子分解，要实现交叠脉冲的分离和分类也是比较困难的。然而，雷达脉冲信号的分选是对大量的脉冲信号进行数理统计分析，也就是说，在数字接收机接收到的脉冲流中，有交叠脉冲，也有某类信号的单脉冲。虽然事先并不知道脉冲流中哪些是交叠脉冲，哪些是单脉冲，但是原子分解都会将这些脉冲分解成一个一个基本特征原子的线性组合。因此不用考虑这些脉冲种类，只需要对分解出来的特征原子进行统计分析，利用特征原子和脉冲信号的相关性，实现信号的分类(表 11-2)。

表 11-2　脉冲信号原子分解的特征集和特征子集

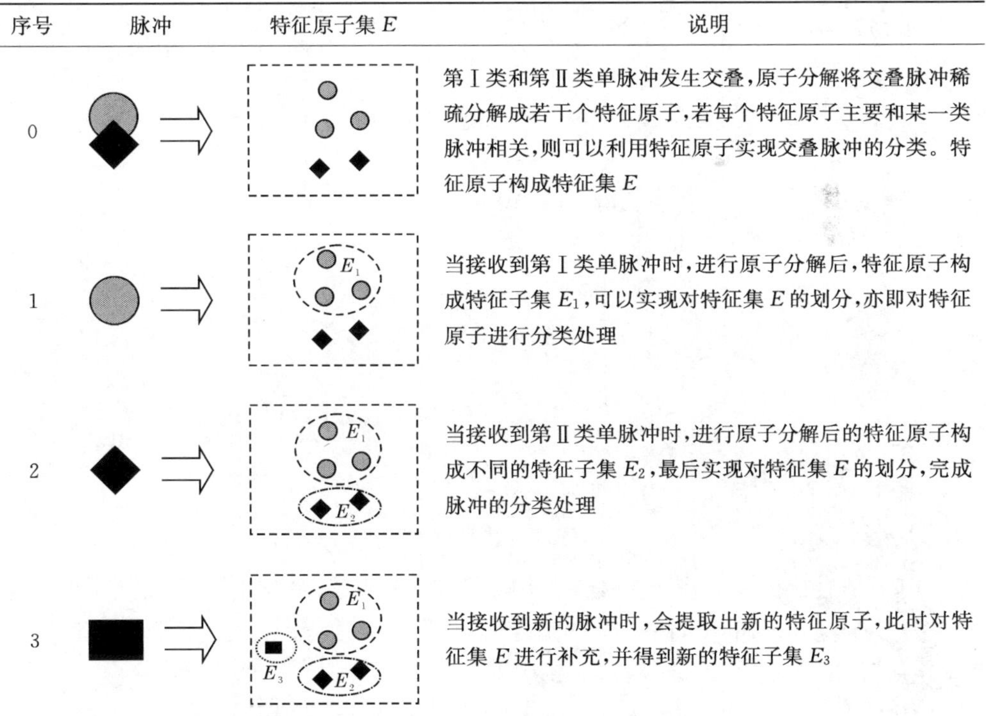

序号	脉冲	特征原子集 E	说明
0			第Ⅰ类和第Ⅱ类单脉冲发生交叠，原子分解将交叠脉冲稀疏分解成若干个特征原子，若每个特征原子主要和某一类脉冲相关，则可以利用特征原子实现交叠脉冲的分类。特征原子构成特征集 E
1		E_1	当接收到第Ⅰ类单脉冲时，进行原子分解后，特征原子构成特征子集 E_1，可以实现对特征集 E 的划分，亦即对特征原子进行分类处理
2		E_1 E_2	当接收到第Ⅱ类单脉冲时，进行原子分解后的特征原子构成不同的特征子集 E_2，最后实现对特征集 E 的划分，完成脉冲的分类处理
3		E_1 E_3 E_2	当接收到新的脉冲时，会提取出新的特征原子，此时对特征集 E 进行补充，并得到新的特征子集 E_3

续表

序号	脉冲	特征原子集 E	说明
4	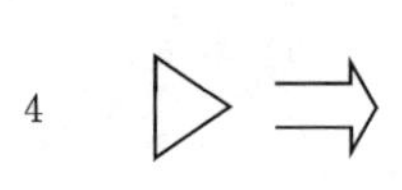	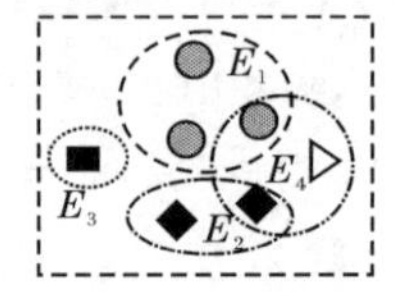	每个脉冲，不论是单脉冲还是交叠脉冲，经过原子分解后得到特征原子，具有两个作用，一是对特征集 E 进行补充，二是用特征子集 E_4 反映特征原子之间的相关性
⋮		⋮	当存在有限个脉冲数据样本时，并假设大样本情况下(脉冲数大于脉冲类型数量)，此时特征集 E 有限，对特征子集 E_n 进行数理统计分析，可以实现脉冲信号类型的分类处理

采用原子分解对脉冲信号进行分类，和传统的分类方法相比，不是说利用脉冲特征直接判断这个脉冲属于哪一类，而是将它分解成基本原子，对基本原子进行分析，判断哪些原子属于某一类信号。下面将讨论对特征原子的分类。

假设在有限个脉冲数据样本条件下，$X=\{x_n\}$，$n=1,2,\cdots,N$，样本数 N 大于信号类型个数 K，对所有脉冲进行原子分解得到特征原子构成的有限特征集 $E=\{e_m\}$，$m=1,2,\cdots,M$，每个脉冲样本的特征原子 x_n 构成特征子集 E_n。将脉冲样本表示为特征原子的线性组合

$$\begin{cases} x_1= a_{1,1}e_1+ a_{1,2}e_2+\cdots+a_{1,M}e_M \\ x_2= a_{2,1}e_1+ a_{2,2}e_2+\cdots+a_{2,M}e_M \\ \quad\vdots \\ x_N=a_{N,1}e_1+a_{N,2}e_2+\cdots+a_{N,M}e_M \end{cases} \tag{11-8}$$

式中，$a_{n,m}=\{0|e_m\notin E_n\}$。令

$$\boldsymbol{A}=\begin{bmatrix} a_{1,1} & a_{1,2} & \cdots & a_{1,M} \\ a_{2,1} & a_{2,2} & \cdots & a_{2,M} \\ \vdots & \vdots & & \vdots \\ a_{N,1} & a_{N,2} & \cdots & a_{N,M} \end{bmatrix} \tag{11-9}$$

式(11-8)的向量形式为

$$\boldsymbol{X}=\boldsymbol{AE} \tag{11-10}$$

式中，$\boldsymbol{X}=[x_1,x_2,\cdots,x_N]^{\mathrm{T}}$；$\boldsymbol{E}=[e_1,e_2,\cdots,e_M]^{\mathrm{T}}$。

由于是对特征原子进行分类，并不需要知道每个脉冲样本在特征原子的投影系数是多少，即 $a_{n,m}$ 的值，而只需要知道脉冲样本经过特征原子的稀疏分解后，具有哪些特征原子。因此，定义矩阵 $\boldsymbol{B}$ 如下：

$$b_{n,m}=\begin{cases} 0, & e_m\notin E_n \\ 1, & e_m\in E_n \end{cases},\quad 其中，n=1,2,\cdots,N;m=1,2,\cdots,M$$

矩阵 $\boldsymbol{B}$ 为 $N\times M$ 的 0-1 矩阵。当 $b_{n,m}=0$ 时，表示对于第 n 个样本 x_n，特征原子 $e_m\notin E_n$；反之，样本 x_n 具有特征原子 e_m。事实上，矩阵 $\boldsymbol{B}$ 是对特征集 E 进行了分类划分，将可能属于同类信号的特征原子构成了一个特征子集，那么所有特征子集中的最小特征子集是否可以认为是某种脉冲信号类型的特征原子集呢？

下面将讨论矩阵 $\boldsymbol{B}$ 和信号类型个数之间的关系。

情况Ⅰ　若 K 个不同类型的脉冲信号 s_k 没有公共特征原子，样本 $X=\{x_n\}$ 包含 K 个脉冲信号类型的所有可能组合，那么此时信号类型个数等于矩阵 $\boldsymbol{B}$ 的秩，即 $\text{Rank}(\boldsymbol{B})=K$。

设第 k 个类型的脉冲信号 s_k 的特征原子集为 E_k，则 $s_k=\text{span}\{E_k\}$。由于脉冲信号 s_k 没有公共的特征原子，即 $E_i\cap E_j=\boldsymbol{\Phi}$，$1\leqslant i,j\leqslant K$，$i\neq j$，特征集 $E=E_1\oplus E_2\oplus\cdots\oplus E_K$，因此 $s_1,s_2,\cdots,s_K$ 是线性无关的。

又因为脉冲样本 x_n 是 $s_1,s_2,\cdots,s_K$ 的线性组合，假设大样本条件下，$X=\{x_n\}$ 包含 $s_1,s_2,\cdots,s_K$ 所有线性组合，也就是包含特征原子集 E_k 中所有的线性组合形式，矩阵 $\boldsymbol{B}$ 中每个行向量对应一个特征子集，将矩阵 $\boldsymbol{B}$ 进行线性行变换，得

$$\boldsymbol{B}_{N\times M}\sim[\boldsymbol{b}_1,\boldsymbol{b}_2,\cdots,\boldsymbol{b}_K,\underbrace{0,\cdots,0}_{N-K}]^{\mathrm{T}} \tag{11-11}$$

此时矩阵 $\boldsymbol{B}$ 的秩即为信号类型的个数，$\text{Rank}(\boldsymbol{B})=K$。行向量 $\boldsymbol{b}_k$ 的非零元素对应的特征原子为第 k 个信号类型的特征子集中的特征原子，进一步可以求得特征子集。

从上述分析可知，利用矩阵 $\boldsymbol{B}$ 求解信号类型个数和信号的特征子集需要满足两个条件：

(1) 不同脉冲信号类型之间没有公共的特征原子。

(2) 需要大量的脉冲数据样本。

对于条件(2)，数字侦察接收机比较容易满足。对于条件(1)，如果采用多参数特征原子，如 Chirplet 小波、Chirp 基等，可以有效减少存在公共特征原子的可能，但不能完全避免。下面讨论存在公共特征原子情况下，信号类型数的求解。

情况Ⅱ　若 K 个不同类型的脉冲信号 s_k 存在公共特征原子，样本 $X=\{x_n\}$ 包含 K 个脉冲信号类型的所有可能组合，此时上述方法将不再适用，需要在特征子集 $E_1,E_2,\cdots,E_N$ 中寻找最小特征子集。

首先对 $E_1,E_2,\cdots,E_N$ 消除重复的特征子集得到 P 个互不相同的子集 E'_1，$E'_2,\cdots,E'_P$，构成集合 $\{E'_p\}$。然后寻找集合 $\{E'_p\}$ 中的最小特征子集，具体算法如下。

步骤 1：在集合 $\{E'_p\}$ 中寻找子集 E'_q 的所有子集。

步骤 2：若集合 $\{E'_p\}$ 中子集 E'_q 的所有子集的并集等于 E'_q，则将 E'_q 移出集合 $\{E'_p\}$。

步骤 3：继续步骤 1，直到集合 $\{E'_p\}$ 剩余的任意子集都不能由其他子集的并集

得到。

上述算法对情况Ⅰ同样适用,但是却存在两个问题:

(1) 当公共特征子集本身作为一个信号类型的特征集时,会对求解其他信号类型的特征集产生影响。这主要是因为原子分解不能从根本上将交叠信号的特征实现完全分离,这也是算法的局限性。

(2) 单脉冲数据样本较少时,样本中不存在某类信号单脉冲,极限条件可以假设为接收到的脉冲样本都是交叠脉冲,此时并不能实现信号特征的分类。这是因为上述寻找最小特征子集的方法本质上是去除交叠脉冲的特征子集,留下单脉冲的特征子集,因此当样本脉冲中不存在单脉冲时或是不存在某类信号的单脉冲时,该方法会失效。

上述两种情况的解决方法都是只利用了脉冲样本和特征原子之间的关系,并没有考虑信号类型特征原子之间,以及不同信号类型特征原子之间的关系。因此,通过分析特征原子之间的相关性对矩阵 $\boldsymbol{B}$ 和特征集 E 进行修正,可以提高对特征原子的分类性能。

本节主要对情况Ⅰ进行讨论分析,即大脉冲样本数据条件下,不同信号类型的特征集不存在公共特征原子。特征原子采用 Chirp 基,特征提取方法采用基于 FRFT 的 Chirp 基提取算法。

11.4.3 实验 11.4.1:交叠脉冲信号的分类

利用信号特征原子实现交叠脉冲信号的类型分类。取两个仿真信号,单载频脉冲、LFM 脉冲信号和噪声的参数如实验 11.3.1,观测信号为两个信号的线性叠加,采样时间 $T_{\text{obs}}=60000\Delta_s$。交叠脉冲信号通过特征原子分解,进行统计分析和分类处理得到图 11-10。

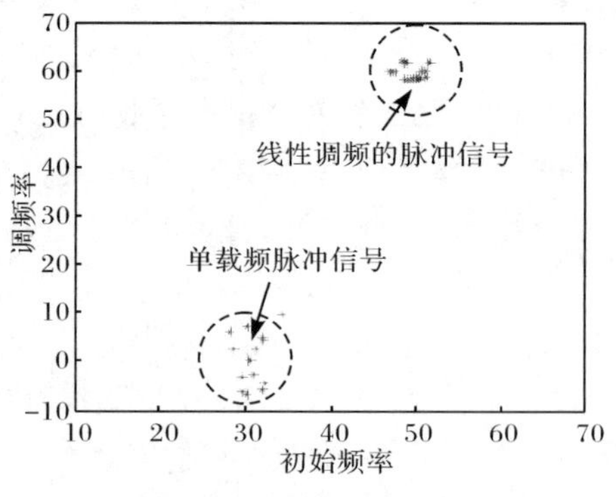

图 11-10 特征原子分类

从图 11-10 可以看出：

(1) 共得到两个特征原子，每个特征原子代表一类信号，两类信号在由调频率和初始频率构成的参数平面内，能够很容易区分。

(2) 单载频的特征原子的调频率误差较大，这是因为采用 FRFT 时调频率和旋转角是正切关系，对旋转角进行搜索时，调频率在零点附近会随旋转角的变化而剧烈变化。相反，对于调频率非零的 LFM 脉冲信号来说，调频率误差就比较小。

对特征原子分类并进行信号分离后，得到的脉冲分选结果如表 11-3 所示。

表 11-3　交叠脉冲分选结果

参数	脉冲宽度	周期	采样时间	占空比/%	产生脉冲数/个	实际接收脉冲数/个
单载频脉冲	$90\Delta_s$	$390\Delta_s$	$60000\Delta_s$	23.0	153	75
LFM 脉冲	$200\Delta_s$	$600\Delta_s$	$60000\Delta_s$	33.3	100	22

参数	交叠脉冲/个	分离后脉冲个数/个	分离前脉冲丢失比/%	分离后脉冲丢失比/%	分离前总丢失比/%	分离后总丢失比/%
单载频脉冲	78	138	51.0	9.8	61.7	6.3
LFM 脉冲		99	78.0	1.0		

注：采样频率 $f_s=200$，采样周期 $\Delta_s=1/f_s$，表中数据的单位进行了归一化。

(1) 在采样时间内，两类信号共产生 253 个脉冲，通过脉冲检测实际接收到 175 个(脉冲丢失 30.8%)，其中交叠脉冲 78 个(占实际接收脉冲的 44.6%)，单载频 75 个(占 42.9%)，LFM 脉冲 22 个(占 12.5%)。接收到的脉冲中交叠脉冲占了大部分，这种情况下若采用传统的方法对交叠脉冲的特征提取和分析将产生大量的虚假信号。

(2) 在采样时间内，分别产生单载频脉冲 153 个，LFM 脉冲信号 100 个，定义

$$\text{脉冲丢失比}=\frac{\text{脉冲总数}-\text{实际接收脉冲数}}{\text{脉冲总数}}\times 100\% \tag{11-12}$$

在对交叠脉冲分选前，单载频脉冲丢失比为 51.9%，LFM 脉冲信号的丢失比为 78.0%，说明占空比越大的脉冲信号，由于脉冲交叠而产生丢失的现象会越严重。

(3) 对交叠脉冲串分选后，得到单载频脉冲 138 个(丢失比 9.8%)，LFM 脉冲信号 99 个(丢失比 1.0%)，两类信号总的脉冲丢失比为 6.3%，而分选前的总脉冲丢失比为 61.7%。因此，采用特征原子分解的方法，有效减少了脉冲交叠情况。

11.4.4　实验 11.4.2：具有多个特征原子脉冲信号的分类

当脉冲信号具有多个特征原子时，提取出的特征原子数大于信号类型数，此时需要对特征原子之间的相关性进行分析，判断哪些特征原子属于一类信号。

将实验 11.3.1 中的 LFM 脉冲信号用三角线性调频脉冲信号(TLFM 脉冲信号)取代,初始频率为 45,调频率为±100,其他参数不变。采用 Chirp 基作为特征原子对观测信号进行特征提取,提取出特征原子 e_1 有 153 个,e_2 有 99 个。分布结果如图 11-11 所示。

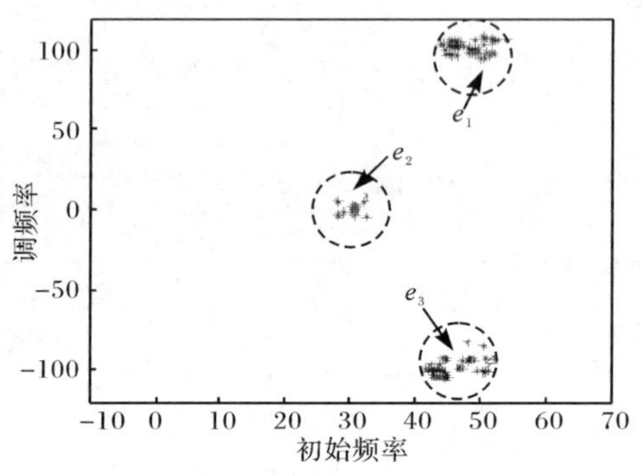

图 11-11　特征原子提取结果

图 11-12 表明,共提取出 3 个特征原子 e_1、e_2 和 e_3,利用脉冲样本 $X=\{x_n\}$ 求得矩阵 $\boldsymbol{B}$,可得 rank($\boldsymbol{B}$)=2。对矩阵 $\boldsymbol{B}$ 进行初等行变换后,可以得到行向量 $\boldsymbol{b}_1=[1,0,1]$,$\boldsymbol{b}_2=[0,1,0]$,因此对特征原子进行分类得$\{e_1,e_3\}$和$\{e_2\}$两类。

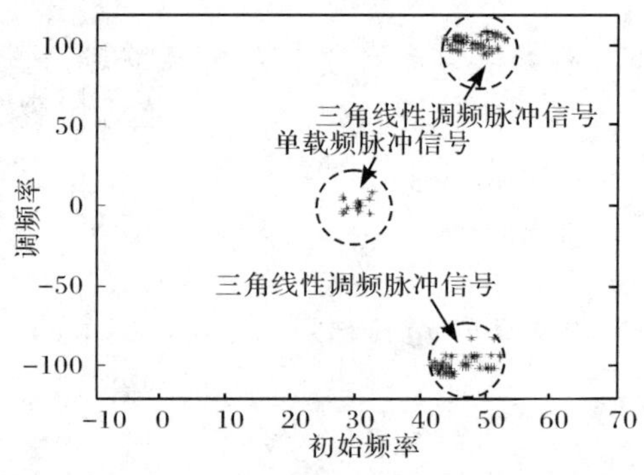

图 11-12　特征原子分类结果

实际应用中,可能遇到对某个脉冲样本的特征提取会丢失特征原子的情况,此时再利用矩阵 $\boldsymbol{B}$ 对特征原子进行分类会出现错误。为此,可以采用情况Ⅱ中求取特征子集的方法,并利用特征原子之间的相关性,剔除虚假特征子集。

11.5　缺失数据条件下的多分量连续波信号分选

11.4 节讨论了交叠脉冲信号分选,本节将重点讨论交叠连续波信号。交叠连续波信号的分选可以参考多分量 LFMCW 信号的分离方法。在这里，由于时频交叠雷达侦察信号首先对脉冲信号进行了分离，对于 LFMCW 信号具有一定的数据丢失和能量损失。因此，这里对 LFMCW 信号的处理是在丢失部分数据情况下进行分析的。

11.5.1　缺失数据下的 LFMCW 信号检测和分选

缺失数据下的 LFMCW 观测信号，信噪比并没有变化，改变的是一定采样时间内，对 LFMCW 信号的观测点数。也就是说，信号总的采样点数没有变化，但是在某些采样点 LFMCW 信号的数值为 0，使接收到的 LFMCW 信号总能量减少了。当利用基于周期 FRFT 的能量检测方法对 LFMCW 信号进行检测时，信号的能量峰值会降低。

1. 缺失数据条件下对峰值能量的影响

信号能量峰值降低导致的结果是在峰值点噪声能量的相对增加，使峰值点的输出信噪比降低了。

当数据没有丢失时，可知 PFRFT 对采样点数为 N 的 LFMCW 信号能量峰值点输出信噪比为

$$\mathrm{SNR}_{\mathrm{out}}^{\mathrm{PFRFT}}=\frac{N^2\,\mathrm{SNR}_{\mathrm{in}}^2}{2(N\,\mathrm{SNR}_{\mathrm{in}}+1)} \tag{11-13}$$

式中，$\mathrm{SNR}_{\mathrm{in}}=a^2/\sigma^2$。

假设在缺失 N_{lost}点采样数据，此时数据丢失时的输出信噪比为

$$\mathrm{SNR}_{\mathrm{out}}^{\mathrm{PFRFT}}\big|_{\mathrm{lost}}=\frac{(N-N_{\mathrm{lost}})^2\,\mathrm{SNR}_{\mathrm{in}}^2}{2[(N-N_{\mathrm{lost}})\mathrm{SNR}_{\mathrm{in}}+1]} \tag{11-14}$$

输出信噪比降低：

$$\begin{aligned}\Delta\mathrm{SNR}_{\mathrm{out}}^{\mathrm{PFRFT}}&=\mathrm{SNR}_{\mathrm{out}}^{\mathrm{PFRFT}}-\mathrm{SNR}_{\mathrm{out}}^{\mathrm{PFRFT}}\big|_{\mathrm{lost}}\\&=\frac{N^2\,\mathrm{SNR}_{\mathrm{in}}^2}{2(N\mathrm{SNR}_{\mathrm{in}}+1)}-\frac{(N-N_{\mathrm{lost}})^2\,\mathrm{SNR}_{\mathrm{in}}^2}{2[(N-N_{\mathrm{lost}})\mathrm{SNR}_{\mathrm{in}}+1]}\\&=\frac{\mathrm{SNR}_{\mathrm{in}}^2}{2}\left[\frac{N^2}{N\mathrm{SNR}_{\mathrm{in}}+1}-\frac{(N-N_{\mathrm{lost}})^2}{(N-N_{\mathrm{lost}})\mathrm{SNR}_{\mathrm{in}}+1}\right]\end{aligned} \tag{11-15}$$

下面讨论缺失数据 N_{lost}的容量。假设信号能量检测对峰值能量的阈值为 D，则需要的最低输出信噪比为$\mathrm{SNR}_{\mathrm{out}}^{\mathrm{PFRFT}}\big|_D$，此时对 LFMCW 信号的检测条件为$\mathrm{SNR}_{\mathrm{out}}^{\mathrm{PFRFT}}\big|_{\mathrm{lost}}\geqslant\mathrm{SNR}_{\mathrm{out}}^{\mathrm{PFRFT}}\big|_D$，即

$$\frac{(N-N_{\mathrm{lost}})^2\,\mathrm{SNR}_{\mathrm{in}}^2}{2[(N-N_{\mathrm{lost}})\mathrm{SNR}_{\mathrm{in}}+1]}\geqslant\mathrm{SNR}_{\mathrm{out}}^{\mathrm{PFRFT}}\big|_D \tag{11-16}$$

式(11-16)对 N_{lost}求解可化为

$$
\begin{aligned}
N_{\text{lost}} &\leqslant N-\frac{\text{SNR}_{\text{out}}^{\text{PFRFT}}|_D+\sqrt{\text{SNR}_{\text{out}}^{\text{PFRFT}}|_D{}^2+2\text{SNR}_{\text{out}}^{\text{PFRFT}}|_D}}{\text{SNR}_{\text{in}}}\\
&=N-\frac{\text{SNR}_{\text{out}}^{\text{PFRFT}}|_D}{\text{SNR}_{\text{in}}}-\sqrt{\left(\frac{\text{SNR}_{\text{out}}^{\text{PFRFT}}|_D}{\text{SNR}_{\text{in}}}+1\right)^2-1}\\
&<N-\frac{2\text{SNR}_{\text{out}}^{\text{PFRFT}}|_D}{\text{SNR}_{\text{in}}}
\end{aligned}
\tag{11-17}
$$

式(11-17)表明,当信号的采样点数、输入信噪比以及算法峰值能量检测阈值确定时,对缺失数据的要求具有最大上限值。当对多分量 LFMCW 信号检测时,为了实现对弱信号分量的检测,此时输入信噪比用信号分量的最小输入信干比代替。

取 $\text{SNR}_{\text{out}}^{\text{PFRFT}}|_D=r\,\text{SNR}_{\text{in}}$,则 $N_{\text{lost}}<N-2r$。因此,当检测器的参数固定时,检测器允许丢失的采样点数容量和采样点数成正比。这说明采用 PFRFT 对 LFMCW 信号进行能量检测对数据丢失并不十分敏感,只要采样点数足够,就可以使峰值能量超过门限检测。

此外,缺失数据条件下对 LFMCW 信号的检测,还应该同时满足条件式(11-7),即

$$
T_{\text{obs}}-T_{\text{lost}}\geqslant 2T_m \quad \text{或} \quad N_{\text{lost}}\leqslant N-2N_{\text{m}} \tag{11-18}
$$

2. 缺失数据下的 LFMCW 信号参数估计和分选

由于观测信号的输入噪声没有变化,LFMCW 信号在 PFRFD 内的峰值点位置抖动只和噪声有关,和信号在峰值点的能量大小无关。利用 PFRFT 对 LFMCW 信号进行参数估计的性能和没有数据缺失时相同。

LFMCW 信号的特征参数主要包括调频率、初始频率、时延和调制周期,采用 PFRFT 对多分量 LFMCW 信号进行特征分析,实际上是利用具有周期特征的 Chirp 基特征原子对 LFMCW 信号进行稀疏特征提取。因此可以认为一个 LFMCW 信号就是一个周期 Chirp 基特征原子,表现在 PFRFD 内就是一个能量峰值。根据这个特点在第 10 章中实现了单数据样本条件下多分量 LFMCW 信号的分离,同样的,在大数据样本 $X=\{x_n\}$ 下,利用数理统计和聚类分析也可以实现对 LFMCW 信号的分类处理,具体算法如下。

步骤 1:对数据样本 x_n 进行 LFMCW 信号检测和参数估计,得到 LFMCW 信号分量 s_k(特征原子)的参数估计值 $\boldsymbol{\gamma}_m=\{\hat{\mu}_0,\hat{f}_0,\hat{T}_0,\hat{\tau}_0\}$。

步骤 2:将 LFMCW 信号分量 s_k 从数据样本 x_n 分离,得到剩余信号 x'_n,继续进行步骤 1 处理,直到提取出数据样本 x_n 中所有可能的 LFMCW 信号分量。

步骤 3:依据步骤 1 和步骤 2,对所有样本 $X=\{x_n\}$ 进行特征原子提取,得到特征原子集 $\gamma=\{\boldsymbol{\gamma}_m\}$,对集合 $\gamma=\{\boldsymbol{\gamma}_m\}$ 进行聚类分析。

11.5.2 类似 LFMCW 信号的检测与分选

LFMCW 信号每个周期内都可以认为是一个 LFM 脉冲信号，具有 LFM 性质的脉冲信号有 Frank 码、P1、P2、P3、P4 码、S-调频、余弦调频等，将这些类似 LFM 脉冲信号进行周期延拓，就得到了类似 LFMCW 信号。类似 LFMCW 信号具有 LFM 性质和周期性，因此可以采用基于 PFRFT 的 LFMCW 信号检测与参数估计的方法对它们进行分析，只是针对具体信号有一些差别。

类似 LFMCW 信号中的一种典型信号是对称三角线性调频连续波信号(STLFMCW 信号)，本章将以 STLFMCW 信号为例，对类似 LFMCW 信号的检测和分选进行分析。

STLFMCW 信号每个周期内具有正负调频两个 LFM 脉冲，具体如图 11-13 所示。

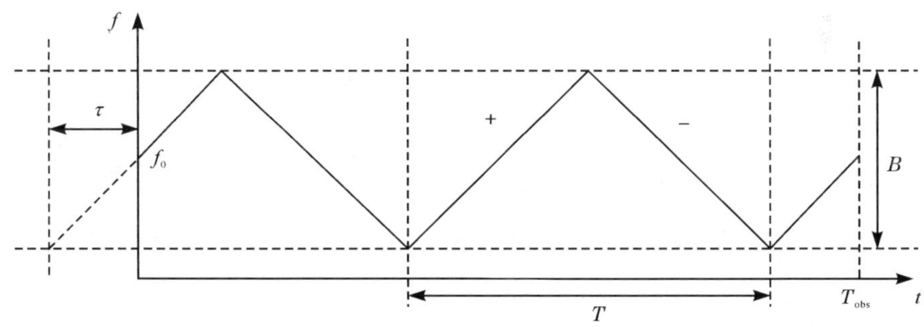

图 11-13 STLFMCW 信号的时频特征

对于 STLFMCW 信号的正调频部分，相当于一个调制周期为 T 的 LFMCW 信号，只是缺失了半个周期的数据，亦即缺少了一半的能量，相对于同样参数条件下的 LFMCW 信号，信噪比降低了 3dB。因此，利用 PFRFT 对 LFMCW 信号的方法对正调频部分进行检测和参数估计会有 3dB 的性能损失。同样的对于负调频部分也是如此。STLFMCW 信号的 PFRFT 能量分布特征如图 11-14 所示，正负调频部分的能量峰值关于 $p=1$ 对称分布。

因此，在相同信噪比条件下，相比其他类似 LFMCW 信号，PFRFT 对 LFMCW 信号的检测和估计性能是最好的，这是因为 PFRFT 的核函数对类似 LFMCW 信号不可能完全匹配，或多或少的存在能量泄漏问题。但是，利用类似 LFMCW 信号和 LFMCW 信号进行比较，可以很容易得到 PFRFT 对类似 LFMCW 信号的检测和估计性能。

利用 PFRFT 对类似 LFMCW 信号进行特征分析，很可能会得到多个特征原子，例如 STLFMCW 信号就有两个 LFMCW 信号组成，会提取出两个 LFMCW

信号的特征。在未知情况下进行分选,就需要判断这两个 LFMCW 信号特征原子是否属于一个 STLFMCW 信号,此时就需要对特征原子之间的相关性进行分析,类似于 11.4.2 小节中对交叠脉冲特征原子的分类问题。

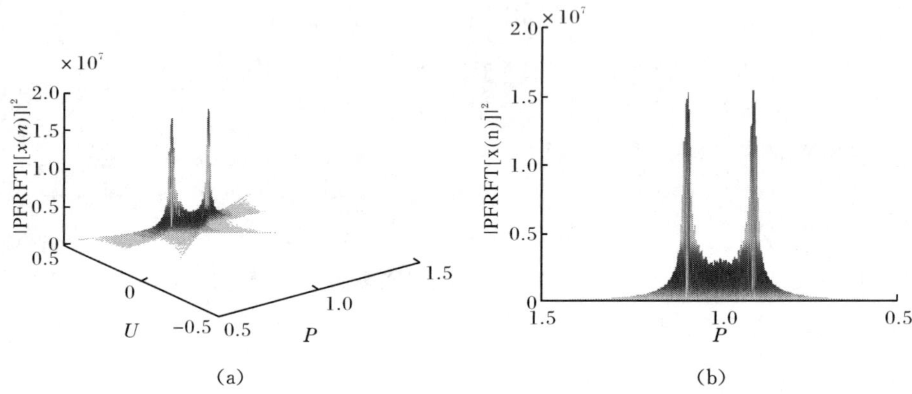

图 11-14　STLFMCW 的 PFRFT 能量分布特征($T=T_0,\tau=\tau_0$)

STLFMCW 信号的两个特征原子具有如下性质:

$$\mu^{+}+\mu^{-}=0,\quad T^{+}-T^{-}=0,\quad f_0^{+}-f_0^{-}=0 \tag{11-19}$$

上述条件可以用来判断两个 LFMCW 信号分量是否属于同一个 STLFMCW 信号。

11.5.3　实验 11.5.1:缺失数据条件下 LFMCW 的检测

在缺失数据条件下对 LFMCW 信号进行检测。两个 LFMCW 信号采用实验 11.3.1 中的分离出来的连续波信号,参数如表 11-4 所示,分离后的连续波观测信号有 51.3%的数据丢失,噪声为复高斯白噪声。

表 11-4　LFMCW 信号参数

信号类型	初始频率 f	调频率 μ	幅度 a	周期 T	采样时间	分离丢失	丢失比/%
LFMCW 信号 1	40	20	0.05	$400\Delta_s$	$60000\Delta_s$	$30760\Delta_s$	51.3
LFMCW 信号 2	60	−10	0.05	$600\Delta_s$	$60000\Delta_s$	$30760\Delta_s$	51.3
复高斯白噪声	—	—	0.05	—	$60000\Delta_s$	$30760\Delta_s$	51.3

注:采样频率 $f_s=200$,采样周期 $\Delta_s=1/f_s$,表中数据的单位进行了归一化。

对分离后的观测信号进行 PFRFT,得到图 11-15。

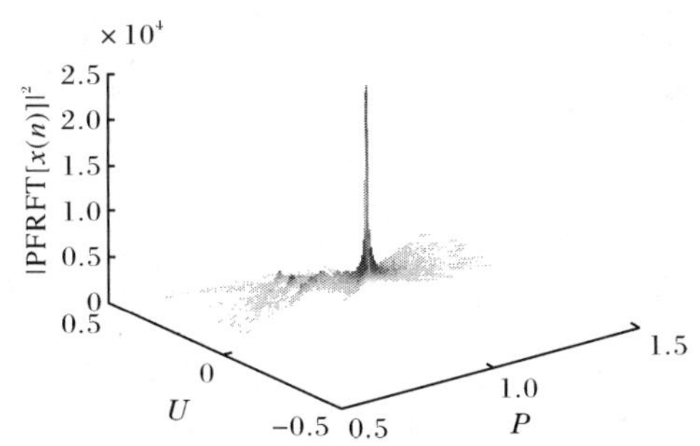

(a) LFMCW 信号分量 1 在 PFRFT 的能量峰值，$T=400\Delta_s$，$\tau=0$

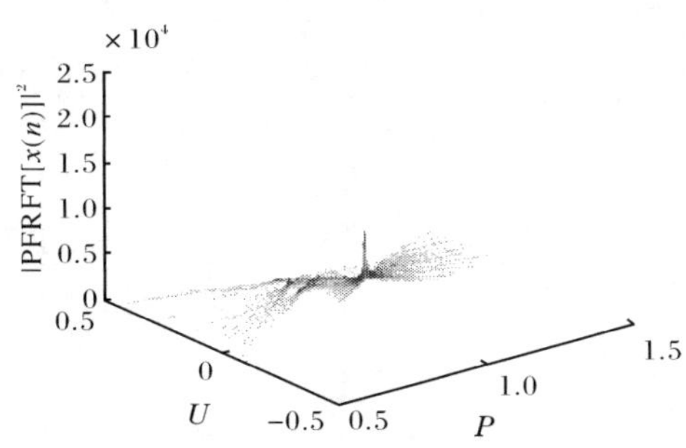

(b) 缺失数据条件下 LFMCW 信号分量 1 在 PFRFT 的能量峰值，$T=400\Delta_s$，$\tau=0$

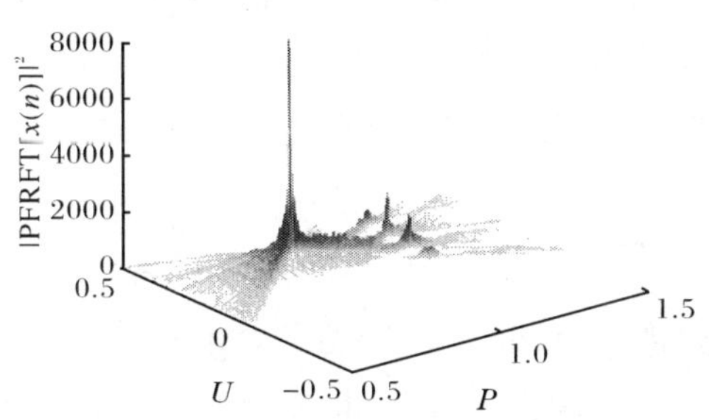

(c) LFMCW 信号分量 2 在 PFRFT 的能量峰值，$T=600\Delta_s$，$\tau=0$

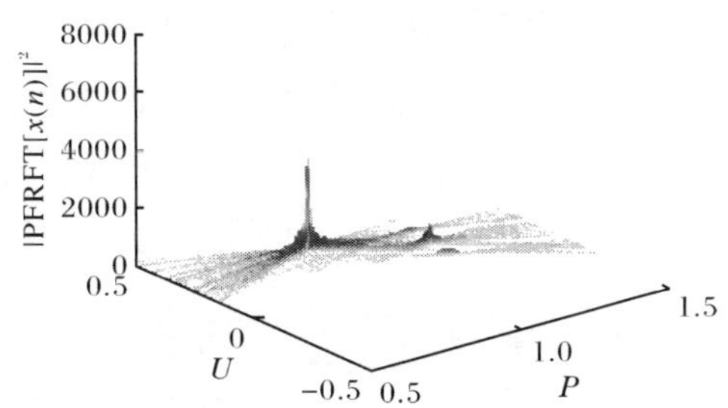

(d) 缺失数据条件下 LFMCW 信号分量 2 在 PFRFT 的能量峰值，$T=600\Delta_s$，$\tau=0$

图 11-15　多分量 LFMCW 信号的 PFRFT

图 11-15 表明：

(1) LFMCW 信号在缺失数据的条件下，在特定的 PFRFD 仍然能够聚集成一个能量峰值。

(2) 峰值能量相比未丢失数据时有了明显降低。LFMCW 信号分量 1 的能量峰值降低 60%左右，LFMCW 信号分量 2 的能量峰值降低约 50%，这是因为丢失 51.3%的数据，少了一半的能量积累。

(3) 由于同时也对噪声进行了分离，因此噪声能量在 PFRFD 的起伏也相应变得平缓。

在缺失数据条件下，假设 LFMCW 信号分量的调频率 μ 和时延 τ 参数已知，对 LFMCW 信号分量的调制周期 T 进行搜索，得到图 11-16。图 11-16 表明，LFMCW 信号分量 1 和分量 2 分别在周期 $T=400\Delta_s$ 和 $T=600\Delta_s$ 存在能量峰值，虽然缺失了部分数据，但是利用 PFRFT 对 LFCMCW 信号进行分析并没有出现虚假周期。因此，在缺失数据条件下，利用 PFRFT 对 LFMCW 信号进行检测和分析仍然有效。

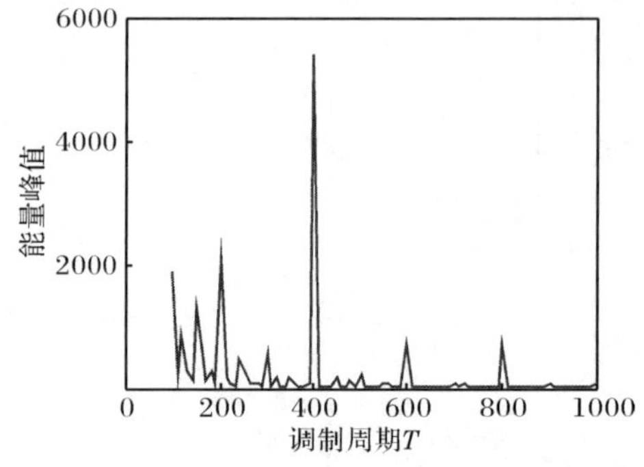

(a) LFMCW 信号分量 1 在不同调制周期 T 下的能量峰值,$\mu=20,\tau=0$

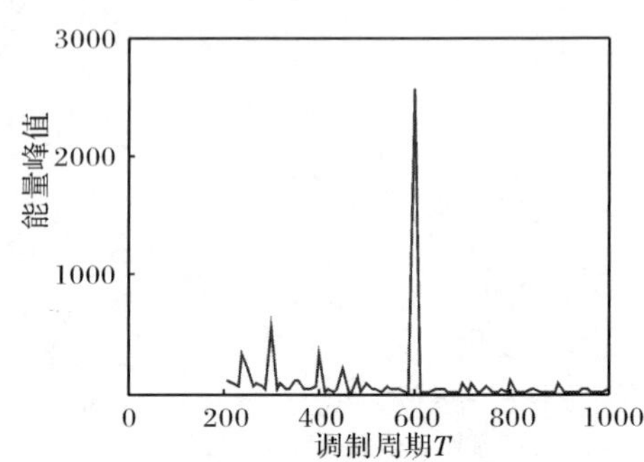

(b) LFMCW 分量 2 在不同调制周期 T 下的能量峰值,$\mu=10,\tau=0$

图 11-16 缺失数据条件下对调制周期 T 的搜索图

11.5.4 实验 11.5.2:缺失数据条件下类似 LFMCW 信号的分选

在前面讨论了对单个多分量 LFMCW 信号样本 x_n 的分离,这里主要在大数据样本条件 $X=\{x_n\}$ 下对 LFMCW 信号进行分选。样本 x_n 是三个类似 LFMCW 信号分量的线性组合,取 100 个样本,样本参数如表 11-5 所示。

表 11-5 多分量 LFMCW 信号样本参数

信号类型	初始频率 f_0	调频率 μ	幅度 a	周期 T	时延 τ	采样时间	丢失比/%
LFMCW 1	40	20	$u(0,5)$	$400\Delta_s$	$u(0,400)$	$60000\Delta_s$	$u(40,70)$
LFMCW 2	50	−20	$u(0,5)$	$500\Delta_s$	$u(0,500)$	$60000\Delta_s$	
STLFMCW	67	±10	$u(0,5)$	$600\Delta_s$	$u(0,600)$	$60000\Delta_s$	
高斯白噪声	—	—	$u(1,10)$	—	—	$60000\Delta_s$	

注:采样频率 $f_s=200$,采用周期 $\Delta_s=1/f_s$,表中数据的单位进行了归一化,$u(a,b)$表示$[a,b]$之间均匀分布的整数。

首先产生样本集 X 并利用 PFRFT 进行特征原子提取,结果如表 11-6 所示。

(1) LFMCW 信号 1 共产生 76 个,LFMCW 信号 2 共产生 90 个,STLFMCW 信号共产生 90 个。

(2) 提取出的特征原子主要分为四类$\{e_1,e_2,e_3,e_4\}$,其他还有几个是由于噪声或者算法原因产生的错误提取,占总特征原子数的 4.39%,特征原子分布如图 11-17所示。

(3) 对特征原子的提取个数和实际产生个数是不相等的,例如 LFMCW 信号

1 理论产生 76 个，实际提取了 80 个，这是由算法在提取时利用阈值检测进行了依次提取，能量较强的特征原子滤除后的剩余能量仍然要大于弱分量信号的特征原子所致。

(4) 特征原子参数估值为在一定误差范围内原子聚类后的均值，初始频率和调频率的相对误差范围均为±1。

(5) 三个信号分量提取出四个特征原子的原因是因为 STLFMCW 信号包含正负调频两个周期的 LFMCW 信号，它本身属于多分量 LFMCW 信号。对于特征原子 e_3 和 e_4，具有相反的调频率值，相同的初始频率和调制周期，由此可以判断对连续波信号的分类为 $\{e_1\}$、$\{e_2\}$ 和 $\{e_3, e_4\}$。

表 11-6　大样本条件下多分量 LFMCW 信号特征提取

信号	特征原子	初始频率 $\hat{f}_0$	调频率 $\hat{\mu}$	周期 $\hat{T}$	产生个数	提取个数
LFMCW 1	e_1	40.18	20.76	$400\Delta_s$	76	80
LFMCW 2	e_2	49.67	−19.24	$500\Delta_s$	90	105
STLFMCW	e_3	66.27	9.50	$600\Delta_s$	90	68
	e_4	66.27	−9.50	$600\Delta_s$	90	74
—	其他	—	—	—	—	15

注：采样频率 $f_s=200$，采用周期 $\Delta_s=1/f_s$，表中数据的单位进行了归一化。

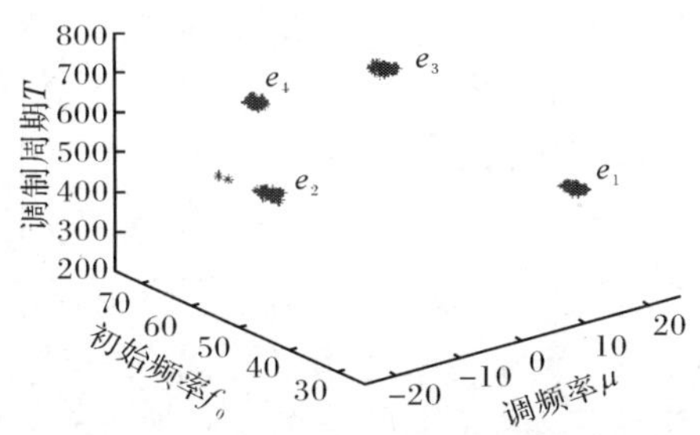

图 11-17　多分量 LFMCW 信号的特征原子

对于大样本条件下多分量 LFMCW 信号的特征提取与分选实质上是将连续波信号作为脉冲信号进行处理的。由于连续波信号的瞬时功率通常远远小于脉冲信号，持续时间反而远远大于脉冲信号，雷达侦察接收机在一次观测时间中会包含多个脉冲信号，对脉冲信号的处理可以在大样本条件下进行，而此时连续波信号却属于单个样本，利用多分量 LFMCW 信号分离方法进行分析就可以。考虑观测时间过长，采样点数增加会带来计算量大的问题，也可以将接收到的连续波信号时域分段成多个样本，采用在大样本条件下多分量 LFMCW 信号的特征提取和分选方法。

11.6 小　结

本章在第 8～10 章的基础上对时频交叠的雷达侦察信号(多分量雷达信号)进行了特征提取和分选,是对前面章节研究成果的综合运用,偏重于仿真实验和分析,主要工作和结论如下:

(1) 建立了时频交叠雷达侦察信号模型。雷达侦察接收机接收到脉冲信号和连续波信号的线性组合,不同信号在时域或频域发生交叉重叠。连续波信号相对于脉冲信号来说属于弱信号分量,不能通过脉冲检测门限,因此连续波信号往往湮没在噪声中,直接对观测信号进行特征提取和分选十分困难。

(2) 针对同时存在脉冲和连续波信号的时频交叠信号,采用时域陷波的方法对脉冲和连续波信号在时域进行了分离。给出了时频交叠信号分选流程图,信号分离后脉冲信号的信噪比并没有太多变化,而连续波信号的信噪比只和噪声有关,虽然有效避免了强弱信号的检测问题,但是连续波信号分离后缺失了存在脉冲信号期间的部分数据。讨论了时域分离后由于数据缺失对连续波信号的影响,分离后连续波信号的周期调制特性仍然能够被检测的条件是剩余数据大于信号输出信噪比的两倍。

(3) 针对多分量脉冲信号,采用稀疏原子分解的方法在大样本条件下进行了分选。讨论了原子分解与传统方法对信号进行特征提取的区别,给出了利用特征原子对信号分类的算法。仿真结果表明:特征原子分解能有效提取交叠脉冲的特征,大幅降低脉冲丢失比;在大数据样本条件下,利用 Chirp 基特征原子之间的相关性和数理统计分析,可以有效实现存在时频交叠情况下的脉冲信号分类。

(4) 针对多分量连续波信号,采用基于 PFRFT 的方法对缺失数据条件下的 LFMCW 信号进行了分选。讨论了缺失数据情况下 LFMCW 信号检测和丢失采样点数之间的关系,给出了基于周期 Chirp 基特征原子的 LFMCW 信号分选方法。进一步讨论了以 STLFMCW 信号为代表的类似 LFMCW 信号的检测和分选。仿真结果表明:在缺失数据条件下,LFMCW 在 PFRFT 域的峰值能量降低了,但是由于基于能量积累的检测算法对缺失数据并不太敏感,满足一定条件下仍然能够实现 LFMCW 信号的检测;通过周期 Chirp 基特征原子之间的相关性和数理统计分析可以有效实现大数据样本条件下多分量 LFMCW 信号的分类。

第 12 章　基于独立成分分析的时频交叠信号盲分离

12.1　引　　言

盲信号处理[1]就是利用系统(如雷达系统、通信系统、无线通道和语音混合系统等)的输出观测数据,通过某种信号处理的手段,获得我们感兴趣的有关信息(如发射源信号、系统的模型或特征等)。这与实际问题非常接近,因此得到了国内外专家学者的广泛研究。

盲信号分离[2,3]指的是:在源信号和传输通道参数未知的情况下,根据源信号的统计特性,仅由观测信号恢复出源信号的过程,有时也称为盲源分离(blind source separation)。这种技术是随着数字通信等技术的发展而在信号处理领域兴起的一个新的研究方向。对盲信号处理的研究源于阵列信号处理技术。因为许多阵列处理技术都依赖于阵列响应矩阵的数学模型,这些模型的参数是通过建模假设或直接对阵列进行测量得到的。然而在许多的实际应用中,这些参数是往往得不到的。正是由于盲信号分离技术对源信号以及传输过程的先验知识并不要求,因此在数字信号处理领域显示出广泛的应用前景。

本章研究了雷达侦察信号的盲分离问题。介绍了盲信号分离问题的起源、发展情况及存在的问题;根据信号混合方式的不同,分别对瞬态线性混合以及卷积混合的雷达侦察信号盲分离进行了研究,并在原有算法的基础上,提出了相应的分离算法;根据信号处理方式的不同,讨论了时域和频域的盲信号分离问题;同时针对信号的不同属性,研究了非平稳雷达侦察信号的盲分离问题,提出了一种新的源数估计方法。

12.2　盲信号分离

本节阐述盲信号分离理论的基本知识[4,5],主要包括盲信号分离模型、独立分量分析(ICA)方法、ICA 的分离准则以及常用的分离算法等,并且对盲分离存在的两类不确定性以及高斯信号源的不可分离性进行了说明。

12.2.1　盲分离模型

根据环境的复杂程度不同,盲信号的混合方式有瞬态线性混合、卷积混合以及非线性混合等,按照不同的混合方式需要采用不同的盲分离方法。我们主要研究瞬态线性混合及卷积混合信号的盲分离。

1. 瞬态混合信号的盲分离

设向量 $\boldsymbol{S}(t)=[s_1(t),s_2(t),\cdots,s_n(t)]^{\mathrm{T}}$ 由 n 个未知的原始信号组成,T 表示向量的转置,利用 m 个传感器对这些信号进行采样,得到观测信号向量 $\boldsymbol{X}(t)=[x_1(t),x_2(t),\cdots,x_m(t)]^{\mathrm{T}}$。忽略传输延迟等影响,观测信号与原始信号之间可以表示为以下线性组合形式:

$$\boldsymbol{X}(t)=\boldsymbol{A}\boldsymbol{S}(t)+\boldsymbol{N}(t) \tag{12-1}$$

式中,$\boldsymbol{A}$ 为 n 个原始信号到 m 个传感器的传递通道矩阵,称为 $m\times n$ 瞬态线性混合矩阵;$\boldsymbol{N}(t)=[n_1(t),\cdots,n_m(t)]^{\mathrm{T}}$ 为 m 个附加噪声。

如果信噪比较大,可以忽略附加噪声,混合信号模型可简化为

$$\boldsymbol{X}(t)=\boldsymbol{A}\boldsymbol{S}(t) \tag{12-2}$$

为了计算方便,一般假设 $m=n$,此时 $\boldsymbol{A}$ 为 $n\times n$ 方阵。

盲分离问题是在未知混合矩阵 $\boldsymbol{A}$ 的情况下,如何从 m 个混合信号 $\boldsymbol{X}(t)$ 中将 n 个源信号 $\boldsymbol{S}(t)$ 分离出来。如果没有其他任何假设条件,通常仅利用观测信号 $\boldsymbol{X}(t)$ 的有限信息来实现盲分离目标是比较困难的。盲分离一些基本假设条件如下:

(1) n 个原始信号相互统计独立,其中最多只能有一个高斯信号源。

(2) 混合矩阵 $\boldsymbol{A}$ 为列满秩矩阵。

(3) 附加噪声为相互统计独立的白噪声,并且与原始信号相互统计独立。

(4) 通常情况下传感器的数目大于或等于信号源的数目,即 $m\geqslant n$。

瞬态混合信号的盲分离方法是寻找一个分离矩阵 $\boldsymbol{B}$,使得分离后的信号 $\boldsymbol{Y}(t)=\boldsymbol{B}\boldsymbol{X}(t)=\hat{\boldsymbol{S}}(t)$ 为原始信号 $\boldsymbol{S}(t)$ 的最佳估计。如果分离矩阵能够满足 $\boldsymbol{B}\boldsymbol{A}=\boldsymbol{\Lambda}$,其中 $\boldsymbol{\Lambda}$ 为对角矩阵,则 $\boldsymbol{Y}(t)=\boldsymbol{\Lambda}\boldsymbol{S}(t)+\boldsymbol{B}\boldsymbol{N}(t)$,当信噪比较高时,$\boldsymbol{Y}(t)$ 与 $\boldsymbol{S}(t)$ 之间只有线性增益(尺度)上的差异。如果忽略附加噪声,且传感器的数目等于信号源的数目 $m=n$,当 $\boldsymbol{B}=\boldsymbol{A}^{-1}$ 时,分离信号将完全恢复为源信号。因此瞬态混合信号的盲分离实际上是在允许一定尺度变换的基础上寻找混合矩阵 $\boldsymbol{A}$ 的伪逆矩阵过程。盲信号瞬态混合与分离结构模型如图 12-1 所示。

2. 卷积混合信号盲分离

设 $\boldsymbol{S}(t)=[s_1(t),s_2(t),\cdots,s_n(t)]^{\mathrm{T}}$ 为 n 个离散时间序列构成的原始信号向

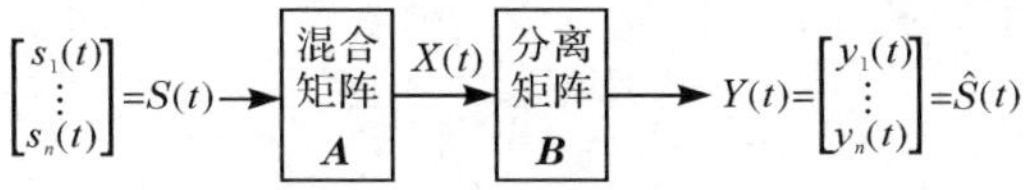

$$\begin{bmatrix} s_1(t) \\ \vdots \\ s_n(t) \end{bmatrix} = S(t) \rightarrow \boxed{\text{混合矩阵 } \boldsymbol{A}} \xrightarrow{X(t)} \boxed{\text{分离矩阵 } \boldsymbol{B}} \rightarrow Y(t) = \begin{bmatrix} y_1(t) \\ \vdots \\ y_n(t) \end{bmatrix} = \hat{S}(t)$$

图 12-1　瞬态混合信号分离模型

量，m 维观测向量序列为 $\boldsymbol{X}(t)=[x_1(t),x_2(t),\cdots,x_m(t)]^{\mathrm{T}}$，如果考虑信号的传输延迟等影响，原始信号与观测信号之间可以表达为一种卷积运算关系

$$\boldsymbol{X}(t)=\boldsymbol{A}\otimes\boldsymbol{S}(t)+\boldsymbol{N}(t)=\sum_{p=-\infty}^{p=+\infty}\boldsymbol{A}(p)\boldsymbol{S}(t-p)+\boldsymbol{N}(t) \tag{12-3}$$

式中，$\otimes$代表卷积运算；$\boldsymbol{N}(t)$为附加白噪声。

此时传递通道矩阵 $\boldsymbol{A}$ 是一个 $m\times n$ 脉冲响应滤波器结构的矩阵，可以用 $\boldsymbol{Z}$ 变换形式表达为

$$\boldsymbol{A}_{ij}(z)=\sum_{p=-\infty}^{p=+\infty}a_{ij}(p)z^{-p} \tag{12-4}$$

式中，$\boldsymbol{A}_{ij}(z)$是 $\boldsymbol{Z}$ 域矩阵 $\boldsymbol{A}(\boldsymbol{Z})$的第$(i,j)$个元素；$a_{ij}(p)$为第 p 个滤波系数；z^{-1}为延迟算子，即 $z^{-p}\boldsymbol{X}(t)=\boldsymbol{X}(t-p)$。在 Z 域中上式的卷积运算关系可转化为以下形式：

$$\boldsymbol{X}(\boldsymbol{Z})=\boldsymbol{A}(\boldsymbol{Z})\boldsymbol{S}(\boldsymbol{Z})+\boldsymbol{N}(\boldsymbol{Z}) \tag{12-5}$$

因此时域上的卷积运算在 $\boldsymbol{Z}$ 域上表现为向量与矩阵的直接乘积形式。

如果 $p<0$ 时，滤波系数 $a_{ij}(p)=0$，则系统是一个因果系统，此时混合矩阵 $\boldsymbol{A}$ 可以用有限脉冲响应滤波器(FIR)描述为 $\boldsymbol{A}(\boldsymbol{Z})=\sum_{p=0}^{L-1}\boldsymbol{A}(p)z^{-p}$，式中 L 称为滤波器的长度；如果 $p<0$ 时有 $a_{ij}(p)\neq 0$，则系统为非因果系统。盲信号分离系统多数是因果系统，因此以 FIR 模型构建的盲解卷研究较多。

与瞬态混合信号的盲分离方法类似，卷积混合信号的盲分离是寻找一个分离滤波器 $\boldsymbol{B}(\boldsymbol{Z})$，使得输出信号 $\boldsymbol{Y}(\boldsymbol{Z})=\boldsymbol{B}(\boldsymbol{Z})\boldsymbol{X}(\boldsymbol{Z})=\hat{\boldsymbol{S}}(\boldsymbol{Z})$恢复为原始信号 $\boldsymbol{S}(\boldsymbol{Z})$。设分离滤波器 $\boldsymbol{B}(\boldsymbol{Z})$的滤波长度为 K，即 $\boldsymbol{B}(\boldsymbol{Z})=\sum_{p=0}^{K-1}\boldsymbol{B}(p)z^{-p}$，则分离信号为

$$\boldsymbol{Y}(t)=\sum_{p=0}^{K-1}\boldsymbol{B}(p)\boldsymbol{X}(t-p)\cong\hat{\boldsymbol{S}}(t) \tag{12-6}$$

卷积混合信号的盲分离常称为盲解卷。如果只有一个原始信号，观测信号是原始信号在过去不同时刻的线性叠加，则恢复源信号的过程称为盲均衡。盲解卷的目的是寻找解卷滤波器矩阵 $\boldsymbol{B}(\boldsymbol{Z})$，使得 $\boldsymbol{B}(\boldsymbol{Z})\boldsymbol{A}(\boldsymbol{Z})$对角化，即

$$\boldsymbol{B}(\boldsymbol{Z})\boldsymbol{A}(\boldsymbol{Z})=\mathrm{diag}[\boldsymbol{D}_{11}(z),\cdots,\boldsymbol{D}_{nn}(z)] \tag{12-7}$$

式中，$\boldsymbol{D}_{ii}(z)=z^{-q_i}$，$i=1\sim n$，$q_i$ 为整数。

此时输出信号 $y_i(z)=s_i(z)z^{-q_i}$，即 $y_i(t)$只是比 $s_i(t)$延迟了 q_i 个时拍。盲信

号的卷积及解卷模型如图 12-2 所示。

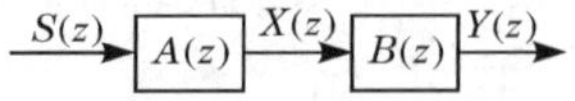

$$S(z) \rightarrow \boxed{A(z)} \xrightarrow{X(z)} \boxed{B(z)} \xrightarrow{Y(z)}$$

图 12-2　卷积混合分离模型

3. 盲分离的两类不确定性

盲信号分离过程存在两类不确定性:尺度不确定性和交互不确定性。尺度不确定性是指分离信号与原始信号之间可能存在尺度(幅值)上的差异,这种差异是无法预测的;交互不确定性是指分离信号的排列顺序与原始信号可能不同,二者不能在顺序上进行一一对应。

1) 尺度不确定性

盲分离过程是求解混合矩阵 $\boldsymbol{A}$ 的逆矩阵过程,但是要获得对混合矩阵 $\boldsymbol{A}$ 的完全辨识是相当困难的,分析如下:如果对矩阵 $\boldsymbol{A}$ 的第 j 列除以某一个因子,而相应第 j 个原始信号乘以相同的因子,则得到的观测信号保持不变,具体表现为

$$x_i(t)=\sum_{j=1}^{n} a_{ij}s_j(t)=\sum_{j=1}^{n}(\eta^{-1}a_{ij})[\eta s_j(t)],\quad i=1,2,\cdots,n \tag{12-8}$$

式中,a_{ij} 为矩阵 $\boldsymbol{A}$ 的第 i 行、第 j 列的元素;η 为任意非零系数。

由于混合矩阵 $\boldsymbol{A}$ 及原始信号都是未知的,上式表明混合信号 $\boldsymbol{X}(t)$ 可能是混合矩阵 $\boldsymbol{A}$ 及原始信号 $\boldsymbol{S}(t)$ 在各种不同尺度下混合的结果,这样对混合信号 $\boldsymbol{X}(t)$ 进行分离时,由于没有任何理论依据对分离矩阵 $\boldsymbol{B}$ 进行尺度限制,容易造成分离信号 $\boldsymbol{Y}(t)$ 与原始信号 $\boldsymbol{S}(t)$ 之间存在尺度上的差异。

在进行算法研究时,为了便于比较分离性能,在不失一般性的情况下,通常将原始信号设定为单位方差信号,即 $\boldsymbol{R}_s=E[\boldsymbol{S}(t)\boldsymbol{S}^{\mathrm{T}}(t)]=\boldsymbol{I}$,其中 $\boldsymbol{R}_s$ 为原始信号的零时延协方差矩阵,这样观测信号 $\boldsymbol{X}(t)$ 的协方差矩阵为

$$\boldsymbol{R}_X=E[\boldsymbol{X}(t)\boldsymbol{X}^{\mathrm{T}}(t)]=\boldsymbol{A}\boldsymbol{R}_S\boldsymbol{A}^{\mathrm{H}}+\boldsymbol{R}_N=\boldsymbol{A}\boldsymbol{A}^{\mathrm{H}}+\boldsymbol{R}_N \tag{12-9}$$

式中,$E[\cdot]$表示数学期望;T 表示向量的转置;H 为矩阵的共轭转置;$\boldsymbol{R}_N$ 为附加噪声的协方差。如果将盲分离的输出信号进行单位方差处理,则二者之间可以消除尺度不确定性的影响。

2) 交互不确定性

盲分离输出信号 $\boldsymbol{Y}(t)$ 与原始信号 $\boldsymbol{S}(t)$ 除了尺度上存在差异外,在信号的排列顺序上也不相同,即输出信号 $y_i(t)$ 不一定正好对应着原始信号 $s_i(t)$。如果用 $\boldsymbol{P}$ 表示一个单位交互矩阵(矩阵的每一行、每一列有且仅有一个非零元素 1),则以下等式成立:

$$\boldsymbol{X}(t)=\boldsymbol{A}\boldsymbol{S}(t)=\boldsymbol{A}\boldsymbol{P}^{-1}\boldsymbol{P}\boldsymbol{S}(t) \tag{12-10}$$

式中，$\boldsymbol{PS}(t)$与$\boldsymbol{S}(t)$相比，只是信号的排列顺序不同，而$\boldsymbol{AP}^{-1}$则变为一个新的混合矩阵，此种变换在改变原始信号$\boldsymbol{S}(t)$的顺序时，观测信号$\boldsymbol{X}(t)$的顺序保持不变，因此分离信号很难保证与原始信号的顺序保持一致。

定义 12-1　如果两个相同维数的矩阵$\boldsymbol{M}$和$\boldsymbol{N}$满足$\boldsymbol{M}=\boldsymbol{NP}$，其中$\boldsymbol{P}$是一个单位交互矩阵，则矩阵$\boldsymbol{M}$和$\boldsymbol{N}$在盲分离中是等价的，可表达为$\boldsymbol{M}=\boldsymbol{N}$。

用$\boldsymbol{\Lambda}=\mathrm{diag}[\boldsymbol{\Lambda}_{11}\quad \boldsymbol{\Lambda}_{22}\quad \cdots\quad \boldsymbol{\Lambda}_{m}]$表示一个对角矩阵，其对角元素可以取任意非零值，$\boldsymbol{P}$为一个单位交互矩阵。如果分离矩阵$\boldsymbol{B}$能够满足$\boldsymbol{B}=\boldsymbol{P\Lambda A}^{-1}$，则$\boldsymbol{B}=\boldsymbol{A}^{-1}$，盲分离得以实现。

12.2.2　独立成分分析方法

独立成分分析(ICA)是盲信号处理理论的重要组成部分[6,7]。ICA 以瞬态线性混合模型为框架，利用信号的概率密度分布(pdf)等统计理论和信息论知识，以最大化输出信号的统计独立性为原则实现信号的盲分离。ICA 是信号处理中研究较早、具有重要应用价值的信号处理方法。

1. ICA 的目标

设$\boldsymbol{X}(t)=[x_1(t),x_2(t),\cdots,x_n(t)]^{\mathrm{T}}$是由$n$各信号组成的向量，其中每个信号的 pdf 为$p_i(x_i)$，$i=1\sim n$，向量$\boldsymbol{X}(t)$的联合 pdf 为$P(\boldsymbol{X})=p(x_1\cdots x_n)$。如果向量$\boldsymbol{X}(t)$的各个元素相互统计独立，则其联合 pdf 等于单个信号 pdf 的乘积，即

$$P(\boldsymbol{X})=p_1(x_1)p_2(x_2)\cdots p_n(x_n)=\prod_{i=1}^{n}p_i(x_i) \tag{12-11}$$

如果向量$\boldsymbol{X}(t)$的各个元素存在互相关，则 ICA 的目标是寻找一个线性变换矩阵$\boldsymbol{B}$，使得输出信号$\boldsymbol{Y}(t)=\boldsymbol{BX}(t)=[y_1(t),y_2(t),\cdots,y_n(t)]^{\mathrm{T}}$的各元素达到最大化的线性独立。如果输入信号$\boldsymbol{X}(t)$是由高斯信号组成的向量，则 ICA 的目标是输出信号$\boldsymbol{Y}(t)$去相关，即使得$\boldsymbol{Y}(t)$的协方差矩阵$\boldsymbol{R}_Y$为对角矩阵

$$\boldsymbol{R}_Y=\boldsymbol{B}\boldsymbol{R}_X\boldsymbol{B}^{\mathrm{T}}=\boldsymbol{\Lambda} \tag{12-12}$$

式中，$\boldsymbol{R}_X$为输入信号$\boldsymbol{X}(t)$的协方差矩阵；$\boldsymbol{\Lambda}$为对角矩阵。

在盲分离问题中，假设原始信号相互统计独立，经过混合矩阵$\boldsymbol{A}$变换后，混合信号一般会失去统计独立性而变得线性相关(除非混合矩阵$\boldsymbol{A}$本身是对角矩阵或交互矩阵)。由于混合矩阵$\boldsymbol{A}$未知，因此盲分离通常以恢复输出信号的最大统计独立性为原则，这与 ICA 的基本思想是一致的。ICA 分析方法是解决盲分离问题的重要途径，ICA 方法应用于盲分离问题时假设条件如下：

(1) 各原始信号$s_i(t)$为零均值、相互统计独立的实信号。如果单个信号的 pdf 为$p_i(s_i)$，则信号向量$\boldsymbol{S}(t)$的联合 pdf 为$P_S(\boldsymbol{S})=\prod_{i=1}^{n}p_i(s_i)$。

(2) 原始信号中最多只能有一个高斯分布变量,如果高斯变量数目在两个以上,则原始信号不能进行分离。

(3) 观测噪声可以忽略不计,测量传感器数目等于原始信号数目,即 $m=n$。

(4) 混合矩阵 $\boldsymbol{A}$ 是 $n\times n$ 满秩方阵,其逆矩阵 $\boldsymbol{A}^{-1}$ 存在。

ICA 的主要方法是首先建立一个以分离矩阵 $\boldsymbol{B}$ 为变量的目标函数 $L(\boldsymbol{B})$,如果某个矩阵 $\hat{\boldsymbol{B}}$ 能够使 $L(\boldsymbol{B})$ 达到极大或极小值,则该矩阵 $\hat{\boldsymbol{B}}$ 即为所需的分离矩阵。根据最大化输出信号的线性独立性原则建立相应的目标函数 $L(\boldsymbol{B})$,是 ICA 的一个重要组成部分。按照 $L(\boldsymbol{B})$ 定义的不同以及求解 $\hat{\boldsymbol{B}}$ 的不同方法,可以构成多种 ICA 算法。

2. 统计独立性评价准则

如何利用概率统计理论以及信息论知识评价分离信号的统计独立性,是 ICA 研究的主要任务。本节主要从信号的联合 pdf 以及 KL 散度两方面进行分析。

1) 联合 pdf

设两个随机变量 y_1 和 y_2,用 $p(y_1,y_2)$ 表示它们的联合 pdf,$p_1(y_1)$ 和 $p_2(y_2)$ 分别表示变量各自的 pdf,称为边界 pdf。如果已知联合 pdf 值 $p(y_1,y_2)$,则信号的边界 pdf 可以由以下算式得到:

$$p_1(y_1)=\int p(y_1,y_2)\mathrm{d}y_2,\quad p_2(y_2)=\int p(y_1,y_2)\mathrm{d}y_1 \tag{12-13}$$

如果 y_1 和 y_2 相互独立,y_1 中不包含 y_2 的任何信息,y_2 中也不包含 y_1 的任何信息,则它们的联合 pdf 等于信号边界 pdf 的乘积,即

$$p(y_1,y_2)=p(y_1)p(y_2) \tag{12-14}$$

同样,多个相互独立变量的联合 pdf 等于各自的边界 pdf 的乘积,表示为

$$p(y_1,y_2,\cdots,y_n)=\prod_{i=1}^{n} p_i(y_i) \tag{12-15}$$

定理 12-1　如果两个随机变量相互统计独立,给定任意两个函数 h_1 和 h_2,则

$$E[h_1(y_1)h_2(y_2)]=E[h_1(y_1)]E[h_2(y_2)] \tag{12-16}$$

证明　由变量相互统计独立的条件,得

$$\begin{aligned} E[h_1(y_1)h_2(y_2)] &= \iint h_1(y_1)h_2(y_2)p(y_1,y_2)\mathrm{d}y_1\mathrm{d}y_2 \\ &= \iint h_1(y_1)p_1(y_1)h_2(y_2)p_2(y_2)\mathrm{d}y_1\mathrm{d}y_2 \\ &= \int h_1(y_1)p_1(y_1)\mathrm{d}y_1\int h_2(y_2)p_2(y_2)\mathrm{d}y_2 \\ &= E[h_1(y_1)]E[h_2(y_2)] \end{aligned} \tag{12-17}$$

证明完毕。

定义 12-2　如果两个变量 y_1 和 y_2 满足 $E[y_1y_2]=E[y_1]E[y_2]$，则它们互不相关。

由变量相互独立可得知它们一定互不相关，这可令上式 $h_1(y_1)=y_1, h_2(y_2)=y_2$ 得到。但变量互不相关不能得到相互独立的结论，因为不能保证对任意的函数 h_1 和 h_2 能够满足上式。因此变量互不相关是其相互独立的必要条件，是一种弱独立条件。

设 n 维向量 $\boldsymbol{X}$ 到 $\boldsymbol{Y}$ 的线性变为 $\boldsymbol{Y}=\boldsymbol{W}\boldsymbol{X}$，其中 $\boldsymbol{W}$ 为 $n\times n$ 满秩线性变换矩阵，若 $\boldsymbol{X}$ 的联合 pdf 值为 $p(\boldsymbol{X})$，$\boldsymbol{Y}$ 的联合 pdf 值为 $p(\boldsymbol{Y})$，则二者满足以下等式：

$$p(\boldsymbol{Y})=|\det\boldsymbol{W}|^{-1}p(\boldsymbol{X}) \text{或} p(\boldsymbol{X})=|\det\boldsymbol{W}|p(\boldsymbol{Y}) \tag{12-18}$$

式中，$\det\boldsymbol{W}$ 表示矩阵 $\boldsymbol{W}$ 的行列式。在盲分离中如果已知原始信号的 pdf 分布，则可以利用上式求得混合信号或分离信号的 pdf 分布，反之亦然。

2) KL 散度

KL(kullback-leibler)散度是测量信号 pdf 分布的差异程度的一种度量。假设用不同的方法得到一个信号 x 的两个估计 pdf 值 $p_1(x)$ 和 $p_2(x)$，则它们之间的差值可以用 KL 散度表示为

$$\mathrm{KL}[p_1(x)|p_2(x)]=\int_x p_1(x)\log\left[\frac{p_1(x)}{p_2(x)}\right]\mathrm{d}x \tag{12-19}$$

由式(12-17)可知，当 $p_1(x)=p_2(x)$ 时，$\mathrm{KL}[p_1(x)|p_2(x)]=0$，$p_1(x)$ 和 $p_2(x)$ 差异越大，则其 KL 值也越大，因此 KL 散度可以测量信号 pdf 的差异程度。两个不同信号 x 和 y 的 pdf 的 KL 散度可表达为 $\mathrm{KL}[x|y]$。

定理 12-2　任意两个信号 x 和 y 的 KL 散度满足 $\mathrm{KL}[x|y]\geqslant 0$，其中等号只有当两个信号的 pdf 值相等时成立。

证明　由 KL 定义得

$$\begin{aligned}\mathrm{KL}[x\mid y]&=\int p(x)\log\frac{p(x)}{p(y)}\mathrm{d}u=E\left[\log\frac{p(x)}{p(y)}\right]_x\leqslant\log E\left[\frac{p(x)}{p(y)}\right]_x\\&=\log\int p(x)\frac{p(x)}{p(y)}\mathrm{d}u-\mathrm{KL}[x\mid y]=-E\left[\log\frac{p(x)}{p(y)}\right]_x\\&=E\left[\log\frac{p(y)}{p(x)}\right]_x\leqslant\log E\left[\frac{p(y)}{p(x)}\right]_x=\log\int p(x)\frac{p(y)}{p(x)}\mathrm{d}u=0\end{aligned} \tag{12-20}$$

所以 $\mathrm{KL}[x|y]\geqslant 0$，证明完毕。

在盲信号处理理论中，如果已知原始信号和分离信号的 pdf 分布，则可以利用 KL 散度测量二者之间的差异，以判断分离信号与原始信号的接近程度。

12.2.3 基于ICA的盲分离准则

1. 最大似然估计

盲分离的目标是寻找混合矩阵 $\boldsymbol{A}$ 的逆矩阵 $\boldsymbol{B}=\boldsymbol{A}^{-1}$。假设原始信号相互统计独立且其pdf已知,即 $p(\boldsymbol{S})=\prod_{i=1}^{n} p_i(s_i)$,则根据上式可得观测信号 $\boldsymbol{X}$ 的联合pdf为

$$p(\boldsymbol{X})=|\det\boldsymbol{A}|^{-1}p(\boldsymbol{S})=|\det\boldsymbol{B}|p(\boldsymbol{S})=|\det\boldsymbol{B}|\prod_{i=1}^{n} p_i(s_i) \tag{12-21}$$

定义 $p(\boldsymbol{X})$ 的对数运算为向量 $\boldsymbol{X}$ 的似然(likelihood)pdf值,则

$$\ln p(\boldsymbol{X})=\ln|\det\boldsymbol{B}|+\sum_{i=1}^{n}\ln p_i(s_i) \tag{12-22}$$

最大似然原理(maximum-likelihood)[8,9]指出,如果矩阵 $\boldsymbol{B}$ 的取值能够使 $\ln p(\boldsymbol{X})$ 的集合平均值达到最大,则输出信号将达到最大的统计独立性,此时的矩阵 $\boldsymbol{B}$ 就是期望的分离矩阵。因此用 $\ln p(\boldsymbol{X})$ 的样本的集合平均值表示盲分离的期望目标,得到最大似然目标函数如下:

$$\widetilde{L}_{\mathrm{ML}}(\boldsymbol{B})=\frac{1}{T}\sum_{t=1}^{T}\ln p[\boldsymbol{X}(t),\boldsymbol{B}] \text{或} \widetilde{L}_{\mathrm{ML}}(\boldsymbol{B})=\frac{1}{T}\sum_{t=1}^{T}\{\ln p[\boldsymbol{BX}(t)]\}+\ln|\det\boldsymbol{B}| \tag{12-23}$$

式中,T 为样本的数目。

根据以上分析,最大似然评估的目的是寻找分离矩阵 $\boldsymbol{B}$,使得上式目标函数达到最大值,从而使输出信号获得最大的统计独立性。计算最大似然目标函数需要知道原始信号的pdf值,如果对原始信号的先验知识不够充分,实现起来比较困难,通常可以通过预先假设和在线学习等方法加以确定。

2. 信息最大化准则

信息理论的一个重要概念是熵。一个随机变量的熵代表了变量中包含的不确定信息量的大小,变量越难以预测和构造,能给出的信息量越少,则它的熵越大。给定一个随机变量 y,设其pdf值为 $p(y)$,变量 y 的微分熵定义为

$$H(y)=-\int p(y)\ln p(y)\mathrm{d}y \tag{12-24}$$

高斯分布变量在所有相同方差的变量中具有的熵最大,这说明高斯分布变量包含的不确定信息量最大。对于一些pdf分布比较集中(如在某一区间均匀分布)的变量,其包含的熵较小。为了将高斯变量和其他变量进行比较,定义负熵概念如下:

$$J(y)\triangleq H(y_{\mathrm{gauss}})-H(y) \tag{12-25}$$

式中，y_{gauss}是和变量 y 相同方差的高斯变量。只有变量 y 为高斯变量时其负熵为零，否则负熵的值总是大于零的，变量越远离高斯分布，其负熵值越大。负熵的一个重要性质是，对于任何可逆线性变换，其负熵值保持不变。

对多维随机向量 $\boldsymbol{Y}=(y_1,y_2,\cdots,y_n)^{\mathrm{T}}$，其联合微分熵定义为

$$H(\boldsymbol{Y})=E[-\ln p(\boldsymbol{Y})]=-\int p(\boldsymbol{Y})\ln p(\boldsymbol{Y})\mathrm{d}\boldsymbol{Y} \tag{12-26}$$

如果向量 $\boldsymbol{Y}$ 的各个分量相互统计独立，则联合微分熵等于各微分熵的和，即

$$H(\boldsymbol{Y})=\sum_{i=1}^{n} H_i(y_i) \tag{12-27}$$

根据以上性质，负熵也可以作为盲信号分离的评价准则，当输出信号的统计独立性越大时，它们的负熵和越大。基于负熵的信息最大化目标函数定义为

$$L_H(\boldsymbol{B})=\sum_{i=1}^{n} J_i(y_i) \tag{12-28}$$

式中，$J_i(y_i)$为单分离信号的负熵。满足 $L_H(\boldsymbol{B})$最大化的矩阵 $\boldsymbol{B}$ 就是期望的矩阵。

与最大似然估计相似，计算负熵也需要利用信号的 pdf 分布，计算量大，实际应用受到限制。为简化计算，Hyvarinen 提出一种近似负熵计算方法

$$J(y)=\sum_{i=1}^{p} k_i\ \{E[G_i(y)]-E[G_i(\nu)]\}^2 \tag{12-29}$$

式中，k_i 为正的常数项；ν 是一个零均值、单位方差的高斯变量。

输出变量 y 也是零均值、单位方差，G_i 为非二次项函数，p 是选用的 G_i 数目。两种常用的非二次项函数 G 表达如下：

$$G_1(u)=\frac{1}{a}\mathrm{logcosh}au,\quad G_2(u)=-\exp(-u^2/2) \tag{12-30}$$

式中，$1\leqslant a\leqslant 2$ 是常数项。如果仅使用一非二次项函数 G 计算，近似负熵可表达为

$$J(y)\propto\{E[G(y)]-E[G(\nu)]\}^2 \tag{12-31}$$

3. 互信息最小化准则

基于熵的概念，定义向量 $\boldsymbol{Y}=(y_1,y_2,\cdots,y_n)^{\mathrm{T}}$ 的互信息(mutual-information)为

$$\boldsymbol{I}(y_1,y_2,\cdots,y_n)=\sum_{i=1}^{n} H_i(y_i)-H(\boldsymbol{Y}) \tag{12-32}$$

式中，$H_i(y_i)$为单个元素的熵；$H(\boldsymbol{Y})$为向量 $\boldsymbol{Y}$ 的联合熵。

当向量 $\boldsymbol{Y}$ 的各元素相互统计独立时，其联合熵等于单个变量的熵的和，互信息 $\boldsymbol{I}(y_1,y_2,\cdots,y_n)=0$。因此互信息也可以作为盲分离的评判准则，分离目标是寻找分离矩阵 $\boldsymbol{B}$，使得输出变量 $\boldsymbol{Y}=\boldsymbol{BX}$ 的互信息最小化，目标函数为

$$L_{\mathrm{MI}}(\boldsymbol{B})=\boldsymbol{I}(y_1,y_2,\cdots,y_n)=\sum_{i=1}^{n}H_i(y_i)-H(\boldsymbol{Y}) \tag{12-33}$$

向量$\boldsymbol{Y}$的互信息也可以用KL散度表达为

$$\begin{aligned}\boldsymbol{I}(y_1,y_2,\cdots,y_n)&=\mathrm{KL}[p(\boldsymbol{Y})\mid p_1(y_1),\cdots,p_n(y_n)]\\&=\int p(\boldsymbol{Y})\ln\frac{p(\boldsymbol{Y})}{p_1(y_1)\cdots p_n(y_n)}\mathrm{d}\boldsymbol{Y}\end{aligned} \tag{12-34}$$

如果观测向量的样本数为T,用样本平均值代替以上的积分

$$\boldsymbol{I}(y_1,y_2,\cdots,y_n)=\frac{1}{T}\sum_{t=1}^{T}\ln\frac{p(\boldsymbol{Y})}{p_1(y_1)p_2(y_2)\cdots p_n(y_n)} \tag{12-35}$$

根据熵和KL散度的定义,上面两式在本质上是等价的,即

$$\mathrm{KL}[p(\boldsymbol{Y})|p_1(y_1),\cdots,p_n(y_n)]=\sum_{i=1}^{n}H_i(y_i)-H(\boldsymbol{Y}) \tag{12-36}$$

如果向量$\boldsymbol{Y}$的各元素相互统计独立,则上式两边都等于零。

4. 准则的等价性

ICA的各分离准则之间具有等价性关系,分析如下:

1) 负熵与互信息的关系

对于可逆线性变换$\boldsymbol{Y}=\boldsymbol{BX}$,互信息可以表达为

$$\boldsymbol{I}(y_1,y_2,\cdots,y_n)=\sum_{i=1}^{n}H_i(y_i)-H(\boldsymbol{Y})=\sum_{i=1}^{n}H_i(y_i)-H(\boldsymbol{X})-\log|\det\boldsymbol{B}| \tag{12-37}$$

如果分离矩阵$\boldsymbol{B}$使得输出$\boldsymbol{Y}=(y_1,y_2,\cdots,y_n)^{\mathrm{T}}$的各元素相互独立且为单位方差,即

$$E[\boldsymbol{Y}\boldsymbol{Y}^{\mathrm{T}}]=\boldsymbol{B}E[\boldsymbol{X}\boldsymbol{X}^{\mathrm{T}}]\boldsymbol{B}^{\mathrm{T}}=\boldsymbol{I} \tag{12-38}$$

则

$$(\det\boldsymbol{B})\left(\det E[\boldsymbol{X}\boldsymbol{X}^{\mathrm{T}}]\right)(\det\boldsymbol{B}^{\mathrm{T}})=\det\boldsymbol{I}=1 \tag{12-39}$$

假设混合向量$\boldsymbol{X}$的各元素为零均值、单位方差,即$E[\boldsymbol{X}\boldsymbol{X}^{\mathrm{T}}]=\boldsymbol{I}$,由于$\det\boldsymbol{B}=\det\boldsymbol{B}^{\mathrm{T}}$,上式说明$\det\boldsymbol{B}$是常数项1,因此$\log|\det\boldsymbol{B}|=0$。由于$H(\boldsymbol{X})$与矩阵$\boldsymbol{B}$无关,由上式可得互信息和负熵之间仅差一个符号项和一个常数项,即

$$\boldsymbol{I}(y_1,y_2,\cdots,y_n)=C-\sum_{i=1}^{n}J_i(y_i) \tag{12-40}$$

式中,C是一个与矩阵$\boldsymbol{B}$无关的常数项。上式说明了负熵和互信息之间的内在联系,即负熵的最大化等价于互信息的最小化。

2) 最大似然函数与互信息的关系

由最大似然函数的定义式可得

$$L_{\mathrm{ML}}(\boldsymbol{B}) = \frac{1}{T}\sum_{t=1}^{T}\{\ln p(\boldsymbol{S})\} + \ln|\det\boldsymbol{B}| = \frac{1}{T}\sum_{t=1}^{T}\sum_{i=1}^{n}\ln p_i(s_i) + \ln|\det\boldsymbol{B}| \tag{12-41}$$

设 $\boldsymbol{Y}=\boldsymbol{BX}$，则 $p(\boldsymbol{Y})=|\det\boldsymbol{B}|^{-1}p(\boldsymbol{X})$，从而

$$\ln\frac{p(\boldsymbol{Y})}{p_1(y_1)p_2(y_2)\cdots p_n(y_n)} = -\ln|\det\boldsymbol{B}| + \ln p(\boldsymbol{X}) - \ln[p_1(y_1)\cdots p_n(y_n)] \tag{12-42}$$

将上式代入互信息定义式得

$$\boldsymbol{I}(y_1,y_2,\cdots,y_n) = -\ln|\det\boldsymbol{B}| + \frac{1}{T}\sum_{t=1}^{T}\ln p(\boldsymbol{X}) - \frac{1}{T}\sum_{t=1}^{T}\sum_{i=1}^{n}\ln[p_i(y_i)] \tag{12-43}$$

比较上面两式可知，如果将各 y_i 的 pdf 取得与各源信号 s_i 的 pdf 一致，则最大似然与互信息之间有以下关系：

$$L_{\mathrm{ML}}(\boldsymbol{B}) = -\boldsymbol{I}(y_1,y_2,\cdots,y_n) - \frac{1}{T}\sum_{t=1}^{T}\ln p(\boldsymbol{X}) \tag{12-44}$$

由于上式中右边第二项与矩阵 $\boldsymbol{B}$ 无关，因此，如果分离矩阵 $\boldsymbol{B}$ 能够使 $L_{\mathrm{ML}}(\boldsymbol{B})$ 取最大值，则将使 $\boldsymbol{I}(y_1,y_2,\cdots,y_n)$ 取最小值，二者之间是等价的。

以上分析说明，最大似然估计、信息最大化准则和互信息最小化准则是相互一致的，理论上取其中的任何一个目标函数作为盲信号的分离准则，都可以获得输出信号的最大统计独立性。

12.2.4　鲁棒的白化处理

在每个盲分离算法中，预白化处理是一个很重要的预处理过程。一般白化处理应用的都是观测数据的零延迟相关矩阵 $\boldsymbol{R}_x(0)=E\{\boldsymbol{X}(\boldsymbol{K})\boldsymbol{X}^{\mathrm{T}}(\boldsymbol{K})\}$ 作为处理对象，以至于这种方法不能有效地去除附加噪声的影响。在这节当中我们引入一种鲁棒的白化处理方法[10,11]，它充分利用了各个时延相关矩阵的信息，因此能很好地抑制白噪声的影响。本章所有的算法均是采用这种预白化方法。其基本推导如下：

观测数据的时延相关矩阵为

$$\begin{aligned}\boldsymbol{R}_x(\tau) &= E\{\boldsymbol{X}(K)\,\boldsymbol{X}^{\mathrm{T}}(K-\tau)\} \\ &= \boldsymbol{A}\boldsymbol{R}_s(\tau)A^{\mathrm{T}}\end{aligned} \tag{12-45}$$

式中 $\tau\neq 0$，可以很容易地得到 $\boldsymbol{R}_x^{-\frac{1}{2}}(\tau)$ 可以对观测数据 $\boldsymbol{X}(K)$ 进行白化处理，并且不受到噪声向量 $\boldsymbol{N}(K)$ 的任何影响，因为在处理的过程当中，噪声向量所产生的影响被抵消了。这和一般的白化处理方法相比，该方法在进行了白化处理之后，直接将观测信号映射到了信号子空间上，因此很好地抑制了噪声的影响。

尽管如此，但是在一般的情况下，时延相关矩阵 $\boldsymbol{R}_x(\tau)$ 并不总是正定的，所以

对一些时延 τ，$\boldsymbol{R}_x^{-\frac{1}{2}}(\tau)$并不能有效地进行预白化处理。鲁棒白化处理的基本思想就是考虑下面时延相关矩阵的一个线性组合：

$$\boldsymbol{C}_x=\sum_{i=1}^{K}\alpha_i\boldsymbol{M}_x(\tau_i) \tag{12-46}$$

式中

$$\boldsymbol{M}_x(\tau_i)=\frac{1}{2}\{\boldsymbol{R}_x(\tau_i)+\boldsymbol{R}_x^{\mathrm{T}}(\tau_i)\} \tag{12-47}$$

通过合适的选择$\{\alpha_i\}$，使得 $\boldsymbol{C}_x$ 为正定矩阵。采用文献[12]提出的 FSGC 方法求出系数$\{\alpha_i\}$。

对混合矩阵 $\boldsymbol{C}_x$ 进行特征值分解得

$$\boldsymbol{C}_x=\boldsymbol{U}\boldsymbol{D}\boldsymbol{U}^{\mathrm{T}} \tag{12-48}$$

式中，$\boldsymbol{U}=(u_1,\cdots,u_m)$，并且

$$\boldsymbol{D}=\begin{bmatrix}\boldsymbol{D}_1 & \\ & 0\end{bmatrix} \tag{12-49}$$

这里 $\boldsymbol{D}_1\in\mathbf{R}^{n\times n}$是一个对角矩阵，它的对角元素由 n 个 $\boldsymbol{C}_x$ 的主特征值构成。令 $\boldsymbol{U}_1=(u_1,\cdots,u_n)$，于是鲁棒白化转换矩阵 $\boldsymbol{Q}=\boldsymbol{D}_1^{-\frac{1}{2}}\boldsymbol{U}_1^{\mathrm{T}}$，它将观测数据映射到 n 维的信号子空间上，并实现了数据的白化处理。记白化之后的数据为$\boldsymbol{Z}(K)$，于是

$$\boldsymbol{Z}(K)=\boldsymbol{Q}\boldsymbol{X}(K)=\boldsymbol{B}\boldsymbol{S}(K)+\boldsymbol{Q}\boldsymbol{N}(K) \tag{12-50}$$

式中，$\boldsymbol{B}\in\mathbf{R}^{n\times n}$，并且有 $\boldsymbol{B}\boldsymbol{B}^{\mathrm{T}}=\boldsymbol{I}$。

算法的具体步骤如下：

(1) 构建一个 $m\times mJ$ 矩阵来估计时延相关矩阵

$$\boldsymbol{M}=[\boldsymbol{M}_x(\tau_1),\cdots,\boldsymbol{M}_x(\tau_J)] \tag{12-51}$$

然后计算矩阵 $\boldsymbol{M}$ 的奇异值分解

$$\boldsymbol{M}=\boldsymbol{U}\Sigma\boldsymbol{V}^{\mathrm{T}} \tag{12-52}$$

式中，$\boldsymbol{U}\in\mathbf{R}^{m\times m}$，$\boldsymbol{V}\in\mathbf{R}^{mJ\times mJ}$都是正交矩阵，$\Sigma$ 是在(i,i)处非零$(i=1,\cdots,n)$，而其他位置均为零的矩阵。通过寻找奇异值可以得到

$$\boldsymbol{U}_s=(\boldsymbol{u}_1,\cdots,\boldsymbol{u}_n) \tag{12-53}$$

式中，$\boldsymbol{u}_i$ 是矩阵 $\boldsymbol{U}$ 的第 i 个列向量，并且 $n\leqslant m$。

(2) 对于 $i=1,\cdots,J$，计算

$$\boldsymbol{F}_i=\boldsymbol{U}_s^{\mathrm{T}}\boldsymbol{M}_x(\tau_i)\boldsymbol{U}_s \tag{12-54}$$

(3) 选择 $\boldsymbol{\alpha}=(\alpha_1,\cdots,\alpha_J)^{\mathrm{T}}$ 的初始值。

(4) 计算

$$\boldsymbol{F}=\sum_{i=1}^{J}\alpha_i\boldsymbol{F}_i \tag{12-55}$$

(5) 计算 $\boldsymbol{F}$ 的舒尔分解，确定 $\boldsymbol{F}$ 是否为正定矩阵。如果 $\boldsymbol{F}$ 是正定矩阵，则终

止算法。假如 $\boldsymbol{F}$ 不是正定矩阵，则转到步骤(6)。

(6) 选择矩阵 $\boldsymbol{F}$ 最小特征值所对应的特征向量 $\boldsymbol{u}$，用 $\boldsymbol{\alpha}+\boldsymbol{\delta}$ 来更新 $\boldsymbol{\alpha}$，其中 $\boldsymbol{\delta}$ 为

$$\boldsymbol{\delta}=\frac{[\boldsymbol{u}^{\mathrm{T}}\boldsymbol{F}_1\boldsymbol{u},\cdots,\boldsymbol{u}^{\mathrm{T}}\boldsymbol{F}_J\boldsymbol{u}]^{\mathrm{T}}}{\|\boldsymbol{u}^{\mathrm{T}}\boldsymbol{F}_1\boldsymbol{u},\cdots,\boldsymbol{u}^{\mathrm{T}}\boldsymbol{F}_J\boldsymbol{u}\|} \tag{12-56}$$

在经过了一段有限的循环之后，返回到步骤(4)。

(7) 计算

$$\boldsymbol{C}_x=\sum_{i=1}^{J}\boldsymbol{\alpha}_i\boldsymbol{M}_x(\tau_i) \tag{12-57}$$

然后对 $\boldsymbol{C}_x$ 进行特征值分解得

$$\boldsymbol{C}_x=[\boldsymbol{U}_{c1},\boldsymbol{U}_{c2}]\begin{bmatrix}\boldsymbol{D}_1 & \\ & 0\end{bmatrix}[\boldsymbol{U}_{c1},\boldsymbol{U}_{c2}]^{\mathrm{T}} \tag{12-58}$$

式中，$\boldsymbol{U}_{c1}$ 为由 $\boldsymbol{D}_1$ 的 n 个主要奇异值对应的特征向量组成。

(8) 于是可得白化之后的数据为

$$\boldsymbol{Z}(K)=\boldsymbol{Q}\boldsymbol{X}(k) \tag{12-59}$$

式中，$\boldsymbol{Q}=\boldsymbol{D}_1^{-\frac{1}{2}}\boldsymbol{U}_{c1}^{\mathrm{T}}$。

12.3　瞬态混合平稳雷达侦察信号盲分离

12.3.1　传统的雷达侦察信号分选原理

所谓雷达信号分选[13]就是对混叠的雷达信号去交错、去交叠的过程。电子侦察接收模型如图 12-3 所示，由此图可知信号分选的流程。首先通过 DOA(direction of arrival)波达方向对信号进行稀释预处理，因为目标的空间位置在一定的时间段不会突变，所以信号的到达方向是一个固定不变的量。这样就可以将密集的信号分成若干个块，完成信号的粗分选，达到稀释的作用。其次再根据 DOA 稀释后的分块进行相应的分选工作。

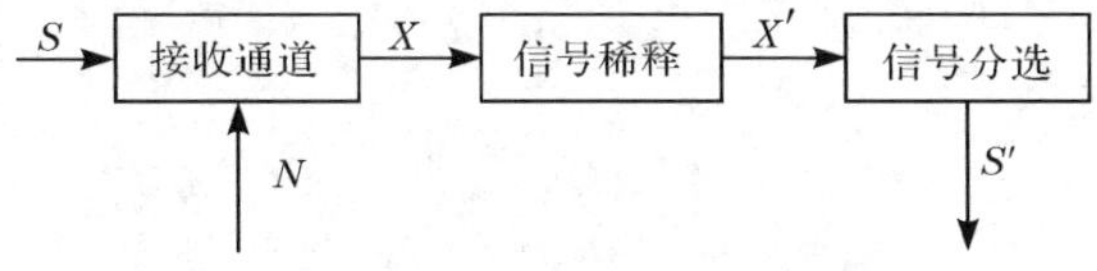

图 12-3　雷达信号接收模型

在讨论信号分选时，必须对信号的形成有一个清晰的概念。连续波雷达信号的形成是一个简单的混合过程。脉冲雷达信号的形式可以用图 12-4 说明。图 12-4(a)表示一号雷达的脉冲信号序列依次为 a、b、c，图 12-4(b)表示二号雷达的脉冲信号序列依次为 a_1、b_2、c_3，这两部雷达的脉冲信号同时进入雷达侦察接收

机,形成 12-4(c)的混合脉冲序列,即全脉冲信号,这时输出的全脉冲信号数据依次为 A、B、C。信号分选的目的是从图 12-4(c)的全脉冲信号数据中分选出一号雷达的三个脉冲 a、b、c 和二号雷达的三个脉冲 a_1、b_2、c_3。

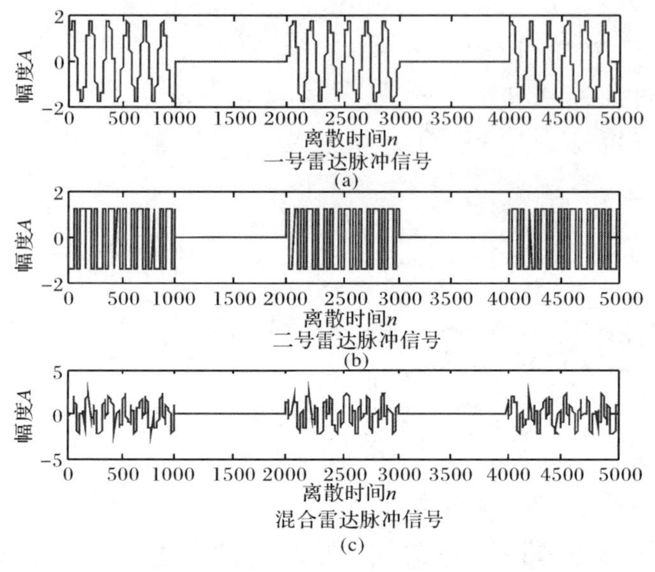

图 12-4 信号的形成

信号分选是利用信号特征参数的相关性实现的,表征辐射源的特征参数如下:

(1) 频域参数。载频频率、频率变化规律等。

(2) 时域参数。脉冲到达时间、脉冲宽度、脉冲重复周期及其变化规律。

(3) 空域参数。信号的到达方向、方位角、仰角。

(4) 脉冲的幅度参数。天线调制参数、天线扫描周期及扫描规律。

在这些信号参数中,主要可供分选的信号参数有脉冲到达时间 TOA、脉冲宽度 PW、脉冲重复周期 PRI(或脉冲重复频率 PRF)、信号载频 f 以及信号的波达方向 DOA 等五个参数。

传统的雷达信号分选根据所采用的分选参数和分选功能,有以下几种方法:

(1) 重频分选。PRF 是用单个参数进行辐射源参数识别时最具特征的参数。利用脉冲重复周期的相关性可以比较容易地从交叠信号流中分离出各雷达脉冲序列。

(2) 时域、频域多参数分选。指对载频、脉宽、重复周期的多参数信号分选。

(3) 空域、频域、时域综合分选。当密集信号流很难完成分选任务,这就需要加入准确地到达角这一信号参数进行分选。这就要求侦察系统能对每个来到的脉冲进行准确的测向、测频，并且在每个脉冲的基础上进行到达方向、载频、到达时间、脉宽、脉幅等相关处理，然后进行综合参数的分选。准确到达方向是最有力的分选参数，因为目标的空间位置是不会突变的，信号的到达方向也不会突变。因此精确的到达方向作为密集信号流的预分选是解决各类频域捷变和时域捷变等信号的可靠分选途径。

从以上各分选方法可以看出，利用的参数越多，分选就越有利，而 PRI 方法是各种分选最终都需要的分选手段。当然 PRI 分选是在利用其他各种参数的基础上进行的，由于这种传统的分选方法是一种串行规则检测系统，脉冲参数如载频、幅度、脉宽、到达角，都用来与事先确定的脉冲群比较，每个参数都要严格地检测是否落入在一定容差范围内的现有单元中。如果都满足条件，脉冲被归入该类，否则要建立一个新的脉冲类，以后的工作是根据新的统计量如均值、方差等确定容限。由此就导致了几个根本问题：

(1) 速度慢，因为检测是串行实现的，难以找到并行的条件检测方法。

(2) 对于异常情况，如受到噪声不完整的数据和被污染的脉冲参数的影响，系统分选相应很不理想。

(3) 上述方法适合于常规雷达信号的分选，但对于多个复杂的特殊雷达信号分选，难以奏效。

出现上述问题的根本原因是传统的分选方法是基于雷达参数分选的。本章将最新的盲信号分离技术引入雷达信号分选中，利用 ICA 方法源信号的统计独立性较好地克服了这些问题。

12.3.2　基于 ICA 的雷达侦察复信号盲分离

当源目标雷达和杂波源在空间上与雷达侦察接收机的距离基本一致时，侦察接收机所接收的信号是源信号的瞬时混叠。本节主要研究平稳的雷达侦察信号，因为它在结构上满足盲分离的模型，因此可以采用盲源分离的方法来分离侦察接收信号。首先采用独立成分分析的方法对侦察的复信号进行盲分离，然后根据雷达信号的特点，推导了一种基于阶数估计的盲分离算法。

1. 复随机变量

一个复随机变量可以表述为 $y=u+iv$，其中 u 和 v 是两个实随机变量。y 的概率密度函数为 $f(y)=f(u,v)\in\mathbf{R}^2$。$y$ 的数学期望为 $E\{y\}=E\{u\}+iE\{v\}$。当 $E\{y_1y_2^*\}=E\{y_1\}E\{y_2^*\}$ 时，两个复数变量 y_1 和 y_2 被认为是不相关的，其中，y^* 是 y 的共轭转置。一个 0 均值复随机向量 $\mathbf{Y}=(y_1,\cdots,y_n)$ 的协方差矩阵为

$$E\{\boldsymbol{Y}\boldsymbol{Y}^{\mathrm{H}}\}=\begin{bmatrix}\boldsymbol{C}_{11}\cdots\boldsymbol{C}_{1n}\\ \vdots \quad \vdots\\ \boldsymbol{C}_{n1}\cdots\boldsymbol{C}_{nn}\end{bmatrix} \tag{12-60}$$

式中,$\boldsymbol{C}_{jk}=E\{y_j y_k^*\}$和$\boldsymbol{Y}^{\mathrm{H}}$是$\boldsymbol{Y}$的厄米特矩阵。

在复数ICA模型当中,所有的源信号$\boldsymbol{S}_j$都是0均值、单位方差的随机变量,并且实部和虚部不相关,有相同的方差。也就是说$E\{\boldsymbol{S}\boldsymbol{S}^{\mathrm{H}}\}=\boldsymbol{I}$和$E\{\boldsymbol{S}\boldsymbol{S}^{\mathrm{T}}\}=\boldsymbol{O}$。

复数ICA存在两点不确定性。

(1) 不能确定独立分量的方差(能量),最精确也只能估计到符号,即使振幅接近,符号也无法确定,大多数应用中这种模糊性并不重要。

(2) 不能确定独立分量的排列顺序,扩展的ICA中,有学者提出很多办法来克服基本的ICA模糊性。

2. ICA算法

1) 目标函数与算法

估计独立分量分析数据模型时,通常先选择一个目标函数,然后再采取一定的优化算法来优化该目标函数,使之达到最大或最小。因此ICA方法可以归结如下:

ICA方法=目标函数+优化算法

ICA分离目标的特性取决于等式的右边两项。其中ICA方法的统计特性(如一致性、鲁棒性)取决于目标函数的选取;算法特性(收敛速度、内存要求)取决于优化算法的选择。本章采用基于负熵最大化的$J_G(\mathbf{W})=E\{G(|\boldsymbol{W}'\boldsymbol{X}|^2)\}$作为目标函数,其中$G:R^+\cup\{0\}\to R$是一个平滑的偶函数,并且限制$E\{|\boldsymbol{W}^{\mathrm{H}}\boldsymbol{X}|^2\}=1$,优化算法采用快速固定点算法。

2) ICA预处理

在应用ICA之前,通常要对观测数据进行预处理,使得ICA估计更加简单,运算更加简化。首先进行去均值处理,使得观测数据的均值为0。其MATLAB表达式为

```
meanValue=mean(xold')';
xold=xold-meanValue * ones (1,size (xold, 2));
```

再用PCA方法对xold进行白化处理,白化矩阵$\boldsymbol{Q}=Dx^{-\frac{1}{2}}Ex'$,其MATLAB表达式为

```
[Ex, Dx]=eig(cov(xold'));
Q=sqrt(inv(Dx)) * Ex';
x=Q * xold;
```

3）快速固定点算法

盲信号的分离可以表述为最大化下式：

$$\text{maximize} \sum_{j=1}^{n} J_G(\boldsymbol{W}_j) \text{ with respect to } \boldsymbol{W}_j (j=1,\cdots,n) \tag{12-61}$$

其中

$$E\{(\boldsymbol{W}_k^{\mathrm{H}}\boldsymbol{X})(\boldsymbol{W}_j^{\mathrm{H}}\boldsymbol{X})^*\}=\delta_{jk} \tag{12-62}$$

在本书当中，选取

$$\begin{cases} G(y)=\log(a+y) \\ g(y)=\dfrac{1}{a+y} \end{cases} \tag{12-63}$$

当估计一个源信号时，快速固定点算法为

$$\begin{cases} \boldsymbol{w}^+=E\{\boldsymbol{X}(\boldsymbol{w}^{\mathrm{H}}\boldsymbol{X})^* g(|\boldsymbol{w}^{\mathrm{H}}\boldsymbol{X}|^2)\}-E\{g(|\boldsymbol{w}^{\mathrm{H}}\boldsymbol{X}|^2)+|\boldsymbol{w}^{\mathrm{H}}\boldsymbol{X}|^2 g'(|\boldsymbol{w}^{\mathrm{H}}\boldsymbol{X}|^2)\}\boldsymbol{w} \\ \boldsymbol{w}_{\text{new}}=\dfrac{\boldsymbol{w}^+}{\|\boldsymbol{w}^+\|} \end{cases} \tag{12-64}$$

在使用压缩分离 ICA 方法估计多个源信号时，采用 Gram-Schmidt 正交化方法对混合向量进行去相关处理：

$$\begin{cases} \boldsymbol{w}_{p+1}=\boldsymbol{w}_{p+1}-\sum\limits_{j=1}^{p}\boldsymbol{w}_j\boldsymbol{w}_j^{\mathrm{H}}\boldsymbol{w}_{p+1} \\ \boldsymbol{w}_{p+1}=\dfrac{\boldsymbol{w}_{p+1}}{\|\boldsymbol{w}_{p+1}\|} \end{cases} \tag{12-65}$$

在同时估计多个源信号时，采用如下方法进行去相关：

$$\boldsymbol{W}=\boldsymbol{W}(\boldsymbol{W}^{\mathrm{H}}\boldsymbol{W})^{-\frac{1}{2}} \tag{12-66}$$

12.3.3　基于一阶 AR 模型的盲分离算法

1. 基本条件

统计独立源信号的盲分离算法大多数是基于下列属性进行分离的：源信号的非高斯性、不同的自相关函数和平滑改变的非平稳方差。下面介绍一种通过建立源信号一阶 AR 模型的盲分离算法[14,15]。这种算法综合了以上三种特性，可以对具备上述特性的源信号进行盲分离，我们的主要目的就是找到一种简单、具体、并适用于各种信号环境下的实用算法。在这里使用一阶自回归模型

$$s_i(t)=\alpha_i s_i(t-\tau)+n_i(t) \tag{12-67}$$

式中，$n_i(t)$的均值是 0，它可以是具有非高斯性的新息量，也可以是具有非平稳方差的新息量。假如 $n_i(t)$是非高斯的，那么源信号 $s_i(t)$也是具有非高斯性的变量。假如自回归系数非 0，那源信号就有不同的自相关函数。同样如果新息 $n_i(t)$的方

差具有非平稳性,那么源信号也是具有非平稳方差的变量。因此,这种源信号自回归模型能够对以上三种属性进行模拟。

与一些典型的盲分离方法相同,选取瞬时混合的观测信号模型

$$\boldsymbol{X}(t)=\boldsymbol{A}\otimes\boldsymbol{S}(t)+\boldsymbol{N}(t),\quad M\geqslant N \tag{12-68}$$

式中,$\boldsymbol{X}(t)=[x_1(t),\cdots,x_M(t)]^{\mathrm{T}}$ 是 M 个观察信号 $x_i(t),i=1,\cdots,M$ 构成的列向量;$\boldsymbol{S}(t)=[s_1(t),\cdots,s_N(t)]^{\mathrm{T}}$ 是 N 个未知的源信号 $s_i(t),i=1,\cdots,N$ 构成列向量;$\boldsymbol{N}(t)=[n_1(t),\cdots,n_M(t)]^{\mathrm{T}}$ 是由 M 个白色、高斯、统计独立噪声信号 $n_i(t),i=1,\cdots,M$ 构成的列向量,其中 t 是离散时刻,取值为 $0,1,2\cdots$. 设 $\boldsymbol{A}$ 是一个 $M\times N$ 矩阵,一般称为混合矩阵。

本书根据以下的几个基本假设条件来解决盲分离问题:

(1) 各信号源 $s_i(t)$均为 0 均值、做仿真时为了去除幅度的不确定性,故限制源信号的方差为 1,并且各源信号之间统计独立。

(2) 混合阵 $\boldsymbol{A}$ 是一个确定且未知的 $M\times N$ 矩阵。在这里假设 $\boldsymbol{A}$ 是可逆的方阵,$M=N$。

(3) 各个源信号 $s_i(t)$可以具有不同的自协方差,也就是具有不同的功率谱。

2. 目标函数

在无噪声的 ICA 模型中推导似然度并不困难,由概率密度现行变换的一般结果可以知道

$$p_x(\boldsymbol{X})=|\det\boldsymbol{W}|\,p_s(S)=|\det\boldsymbol{W}|\prod_i p_i(s_i) \tag{12-69}$$

式中,$\boldsymbol{W}=\boldsymbol{A}^{-1}$,$p_i$ 是表示那些独立成分的概率密度函数。上式还可以表示成矩阵 $\boldsymbol{W}$ 和向量 $\boldsymbol{X}$ 的函数

$$p_x(\boldsymbol{X})=|\det\boldsymbol{W}|\prod_i p_i(\boldsymbol{w}_i^{\mathrm{T}}\boldsymbol{X}) \tag{12-70}$$

假定有 $\boldsymbol{X}$ 的 T 个观测,分别用 $\boldsymbol{X}(1),\boldsymbol{X}(2),\cdots,\boldsymbol{X}(T)$表示。那么似然度可以通过将 T 个点密度估计相乘得到,似然度记为 L,将它作为 $\boldsymbol{W}$ 的函数

$$L(\boldsymbol{W})=\prod_{t=1}^{T}\prod_{i=1}^{n}p_i[\boldsymbol{w}_{\mathrm{i}}^{\mathrm{T}}\boldsymbol{X}(t)]\,|\det\boldsymbol{W}| \tag{12-71}$$

在实际中普遍使用似然度的对数,因为对数在代数运算上更为简洁,似然度的对数取极大值的点与似然度本身的极大值点是相同的。对数似然度可由下式给出:

$$\log L(\boldsymbol{W})=\sum_{t=1}^{T}\sum_{i=1}^{n}\log p_i[\boldsymbol{w}_{\mathrm{i}}^{\mathrm{T}}\boldsymbol{X}(t)]+T\log|\det\boldsymbol{W}| \tag{12-72}$$

两边同时除以 T,然后求平均得

$$\frac{1}{T}\log L(\boldsymbol{W})=E\left\{\sum_{i=1}^{n}\log p_i(\boldsymbol{w}_i^{\mathrm{T}}\boldsymbol{X})\right\}+\log|\det\boldsymbol{W}| \tag{12-73}$$

这里的数学期望运算并非理论上的数学期望，而是从观测数据算出的平均。当然，实际算法中的数学期望终究是要用样本的平均值来代替的，因此上面的区别也只是纯理论的。

假设一开始已知新息变量 $n_i(t)$，那么就可以用时间平均来估计$n_i(t)$的标准差 $\sigma_i(t)$，将估计记作

$$\hat{\sigma}_i(t)=\sqrt{\sum_{\gamma}h(\gamma)n_i^2(t-\gamma)} \tag{12-74}$$

式中，$h=(\cdots,h(-2),h(-1),h(0),h(1),h(2),\cdots)$是一个低通滤波器，它的权系数的和为 1。由于 $s_i(t)=\boldsymbol{w}_i^{\mathrm{T}}\boldsymbol{X}$，$n_i(t)$是 $s_i(t)$的函数，因此可以知道，$\hat{\boldsymbol{\sigma}}_i(t)$是$\boldsymbol{w}_i$，$h$，$\boldsymbol{\alpha}_i$ 的函数，记作$\hat{\boldsymbol{\sigma}}_i(t,\boldsymbol{w}_i,h,\boldsymbol{\alpha}_i)$。

下面计算新息过程的似然度函数，在这里为了简化起见，不考虑$\boldsymbol{\sigma}_i(t)$的先验分布，因为通过仿真试验表明，在不知道先验信息的条件下已经能够得到很好的分离结果。为了计算新息量，需要估计自回归系数 $\boldsymbol{\alpha}_i$。同 $\boldsymbol{\sigma}_i(t)$一样，它是 $\boldsymbol{w}_i$ 的函数。记作

$$\hat{\boldsymbol{\alpha}}_i=\hat{E}\{[\boldsymbol{w}_i^{\mathrm{T}}\boldsymbol{X}(t)][\boldsymbol{w}_i^{\mathrm{T}}\boldsymbol{X}(t-1)]^{\mathrm{T}}\}=\boldsymbol{w}_i^{\mathrm{T}}\boldsymbol{C}_{-1}\boldsymbol{w}_i \tag{12-75}$$

式中，$\boldsymbol{C}_{-1}=\hat{E}\{\boldsymbol{X}(t)\boldsymbol{X}(t-1)^{\mathrm{T}}\}$是自协方差矩阵，并且有新息的概率密度函数为

$$p_i(n_i,t)=\frac{1}{\boldsymbol{\sigma}_i(t)}p_i\left[\frac{n_i}{\boldsymbol{\sigma}_i(t)}\right] \tag{12-76}$$

按照上述所推导的似然度函数，可以得到新息的对数似然函数为

$$\begin{aligned}\frac{1}{T}\log L(\boldsymbol{W})=&\sum_{i=1}^{n}\hat{E}\Big(\boldsymbol{G}_i\Big\{\frac{1}{\hat{\boldsymbol{\sigma}}_i(t,\boldsymbol{w}_i,h,\boldsymbol{\alpha}_i)}\boldsymbol{w}_i^{\mathrm{T}}[\boldsymbol{X}(t)-\hat{\boldsymbol{\alpha}}_i(\boldsymbol{w}_i)\boldsymbol{X}(t-\tau)]\Big\}\\&-\log\hat{\boldsymbol{\sigma}}_i(t,\boldsymbol{w}_i,h,\boldsymbol{\alpha}_i)\Big)\\&+\log|\det\boldsymbol{W}|\end{aligned} \tag{12-77}$$

式中，$\hat{E}$ 代表对时间的均值；G_i 是潜在新息过程变量概率密度函数的对数。

3. 估计算法

下面根据式(12-77)求解基于最大似然函数的算法。

首先必须注意到下面的算法容易变得不稳定，更确切地说是对 G_i 进行估计必须非常准确，应该尽量避免 W 为零或者无穷大。因此使用一种经典的盲信号处理算法：白化数据并限制 W 为正交矩阵，在经过了这样的稳定性处理之后，对数似然函数简化为

$$\frac{1}{T}\log L(\boldsymbol{W})=\sum_{i=1}^{n}\hat{E}\Big(G_i\Big\{\frac{1}{\hat{\boldsymbol{\sigma}}_i(t,\boldsymbol{w}_i,h,\boldsymbol{\alpha}_i)}\boldsymbol{w}_i^{\mathrm{T}}[\boldsymbol{X}(t)-\hat{\boldsymbol{\alpha}}_i(\boldsymbol{w}_i)\boldsymbol{X}(t-\tau)]\Big\}$$

$$-\log \hat{\boldsymbol{\sigma}}_i(t,\boldsymbol{w}_i,h,\boldsymbol{\alpha}_i)\Big) \tag{12-78}$$

$\frac{1}{T}\log L(\boldsymbol{W})$关于 $\boldsymbol{w}_i$ 的梯度可得

$$\begin{aligned}
\nabla_{w_i}\log L(\boldsymbol{W}) =&\hat{E}\Big(\frac{1}{\hat{\boldsymbol{\sigma}}_i(t,\boldsymbol{w}_i,h,\boldsymbol{\alpha}_i)}[\boldsymbol{X}(t)-\hat{\boldsymbol{\alpha}}_i(\boldsymbol{w}_i)\boldsymbol{X}(t-\tau)]\\
&\times g_i\Big\{\frac{1}{\hat{\boldsymbol{\sigma}}_i(t,\boldsymbol{w}_i,h,\boldsymbol{\alpha}_i)}\boldsymbol{w}_i^{\mathrm{T}}[\boldsymbol{X}(t)-\hat{\boldsymbol{\alpha}}_i(\boldsymbol{w}_i)\boldsymbol{X}(t-\tau)]\Big\}\Big)\\
&+\hat{E}\Big(\frac{1}{\hat{\boldsymbol{\sigma}}_i(t,\boldsymbol{w}_i,h,\boldsymbol{\alpha}_i)}[(\nabla_{w_i}\hat{\boldsymbol{\alpha}}_i(\boldsymbol{w}_i))\boldsymbol{w}_i^{\mathrm{T}}\boldsymbol{X}(t-\tau)]\\
&\times g_i\Big\{\frac{1}{\hat{\boldsymbol{\sigma}}_i(t,\boldsymbol{w}_i,h,\boldsymbol{\alpha}_i)}\boldsymbol{w}_i^{\mathrm{T}}[\boldsymbol{X}(t)-\hat{\boldsymbol{\alpha}}_i(\boldsymbol{w}_i)\boldsymbol{X}(t-\tau)]\Big\}\Big)\\
&-\hat{E}\Big(\frac{1}{\hat{\boldsymbol{\sigma}}_i(t,\boldsymbol{w}_i,h,\boldsymbol{\alpha}_i)}\nabla_{w_i}\hat{\boldsymbol{\sigma}}_i(t,\boldsymbol{w}_i,h,\boldsymbol{\alpha}_i)\\
&+\frac{1}{\hat{\boldsymbol{\sigma}}_i(\mathrm{t},\boldsymbol{w}_i,h,\boldsymbol{\alpha}_i)^2}\nabla_{w_i}\hat{\boldsymbol{\sigma}}_i(t,\boldsymbol{w}_i,h,\boldsymbol{\alpha}_i)\boldsymbol{w}_i^{\mathrm{T}}\\
&\times[\boldsymbol{X}(t)-\hat{\boldsymbol{\alpha}}_i(\boldsymbol{w}_i)\boldsymbol{X}(t-\tau)]\\
&\times g_i\Big\{\frac{1}{\hat{\boldsymbol{\sigma}}_i(t,\boldsymbol{w}_i,h,\boldsymbol{\alpha}_i)}\boldsymbol{w}_i^{\mathrm{T}}[\boldsymbol{X}(t)-\hat{\boldsymbol{\alpha}}_i(\boldsymbol{w}_i]\boldsymbol{X}(t-\tau)]\Big\}\Big)
\end{aligned} \tag{12-79}$$

下面应用一个引理[16]。

引理 12-1　对任何具有平滑概率密度函数的随机变量 x,并且满足 $E\{x\}=0$,则有

$$E\left[x\frac{p_x^{'}(x)}{p_x(x)}\right]=-1 \tag{12-80}$$

将这个引理应用到标准化了的新息变量当中,可得

$$\hat{E}\left(\frac{\boldsymbol{w}_i^{\mathrm{T}}(\boldsymbol{X}(t)-\hat{\boldsymbol{\alpha}}_i(\boldsymbol{w}_i)\boldsymbol{X}(t-\tau))}{\hat{\boldsymbol{\sigma}}_i(t,\boldsymbol{w}_i,h,\boldsymbol{\alpha}_i)}g_i\left\{\frac{\boldsymbol{w}_i^{\mathrm{T}}[\boldsymbol{X}(t)-\hat{\boldsymbol{\alpha}}_i(\boldsymbol{w}_i)\boldsymbol{X}(t-\tau)]}{\hat{\boldsymbol{\sigma}}_i(t,\boldsymbol{w}_i,h,\boldsymbol{\alpha}_i)}\right\}\right)\to -1 \tag{12-81}$$

也就是当样本数趋近于无穷大的时候,上式渐近收敛于-1。并且要求所有被估计的参数都准确地进行了估计。标准化的新息量与所有 $\boldsymbol{\sigma}_i(t)$的转换都是独立的,于是可得

$$\hat{\boldsymbol{\sigma}}_i(t,\boldsymbol{w}_i,h,\boldsymbol{\alpha}_i)=\sqrt{\sum_j(\boldsymbol{w}_i^{\mathrm{T}}a_j)^2\boldsymbol{\sigma}_i^2(t)} \tag{12-82}$$

上式关于 $\boldsymbol{w}_i$ 的梯度也是与新息统计独立的。因此可得

$$
\begin{aligned}
&\hat{E}\left(\frac{\nabla_{w_i}\hat{\boldsymbol{\sigma}}_i(t,\boldsymbol{w}_i,h,\boldsymbol{\alpha}_i)\,\boldsymbol{w}_i^{\mathrm{T}}[\boldsymbol{X}(t)-\hat{\boldsymbol{\alpha}}_i(\boldsymbol{w}_i)\boldsymbol{X}(t-\tau)]}{\hat{\boldsymbol{\sigma}}_i(t,\boldsymbol{w}_i,h,\boldsymbol{\alpha}_i)^2}\right.\\
&\qquad\left.\times g_i\left\{\frac{\boldsymbol{w}_i^{\mathrm{T}}[\boldsymbol{X}(t)-\hat{\boldsymbol{\alpha}}_i(\boldsymbol{w}_i)\boldsymbol{X}(t-\tau)]}{\hat{\boldsymbol{\sigma}}_i(t,\boldsymbol{w}_i,h,\boldsymbol{\alpha}_i)}\right\}\right)\\
&\approx\hat{E}\left[\frac{\nabla_{w_i}\hat{\boldsymbol{\sigma}}_i(t,\boldsymbol{w}_i,h,\boldsymbol{\alpha}_i)}{\hat{\boldsymbol{\sigma}}_i(t,\boldsymbol{w}_i,h,\boldsymbol{\alpha}_i)}\right]\\
&\qquad\times\hat{E}\left(\frac{\boldsymbol{w}_i^{\mathrm{T}}[\boldsymbol{X}(t)-\hat{\boldsymbol{\alpha}}_i(\boldsymbol{w}_i)\boldsymbol{X}(t-\tau)]}{\hat{\boldsymbol{\sigma}}_i(t,\boldsymbol{w}_i,h,\boldsymbol{\alpha}_i)}g_i\left\{\frac{\boldsymbol{w}_i^{\mathrm{T}}[\boldsymbol{X}(t)-\hat{\boldsymbol{\alpha}}_i(\boldsymbol{w}_i)\boldsymbol{X}(t-\tau)]}{\hat{\boldsymbol{\sigma}}_i(t,\boldsymbol{w}_i,h,\boldsymbol{\alpha}_i)}\right\}\right)\\
&\qquad\to\hat{E}\left[\frac{\nabla_{w_i}\hat{\boldsymbol{\sigma}}_i(t,\boldsymbol{w}_i,h,\boldsymbol{\alpha}_i)}{\hat{\boldsymbol{\sigma}}_i(t,\boldsymbol{w}_i,h,\boldsymbol{\alpha}_i)}\right]\times(-1)
\end{aligned}
\tag{12-83}
$$

所以式(12-79)的第二项为零。又因为$[\nabla_{w_i}\hat{\boldsymbol{\alpha}}_i(\boldsymbol{w}_i)]\boldsymbol{w}_i^{\mathrm{T}}\boldsymbol{X}(t-\tau)$的值仅与$\boldsymbol{w}_i^{\mathrm{T}}\boldsymbol{X}(t)$的过去值有关。因此它与标准化了的新息量在时间上是渐近独立的，式(12-79)的第二项也是趋近于零的。所以

$$
\begin{aligned}
&\nabla_{w_i}\frac{1}{T}\log L(\boldsymbol{W})\\
&\approx\hat{E}\left(\frac{[\boldsymbol{X}(t)-\hat{\boldsymbol{\alpha}}_i(\boldsymbol{w}_i)\boldsymbol{X}(t-\tau)]}{\hat{\boldsymbol{\sigma}}_i(t,\boldsymbol{w}_i,h,\boldsymbol{\alpha}_i)}g_i\left\{\frac{\boldsymbol{w}_i^{\mathrm{T}}[\boldsymbol{X}(t)-\hat{\boldsymbol{\alpha}}_i(\boldsymbol{w}_i)\boldsymbol{X}(t-\tau)]}{\hat{\boldsymbol{\sigma}}_i(t,\boldsymbol{w}_i,h,\boldsymbol{\alpha}_i)}\right\}\right)
\end{aligned}
\tag{12-84}
$$

式中，$g_i(\cdot)$是$G_i(\cdot)$的导数，$\hat{\boldsymbol{\sigma}}_i(t,\boldsymbol{w}_i,h,\boldsymbol{\alpha}_i)$等于

$$
\begin{aligned}
&\hat{\boldsymbol{\sigma}}_i(t,\boldsymbol{w}_i,h,\boldsymbol{\alpha}_i)\\
&=\sqrt{\sum_{\gamma}h(\gamma)\,\{\boldsymbol{w}_i^{\mathrm{T}}[\boldsymbol{X}(t-\gamma)-\hat{\boldsymbol{\alpha}}_i(\boldsymbol{w}_i)\boldsymbol{X}(t-\gamma-\tau)]\}^2}\\
&=\sqrt{\sum_{\gamma}h(\gamma)\hat{n}_i^2\,(t-\gamma)}
\end{aligned}
\tag{12-85}
$$

梯度的逼近是非常合理的，因为当数据按自回归模型产生时，这种逼近是渐近收敛的。为了改进算法的收敛性，将梯度映射到正交矩阵的正切面是非常有用的，也就是

$$
\nabla_W^{\mathrm{ort}}=\nabla_W-\boldsymbol{W}\,\nabla_W^{\mathrm{T}}\boldsymbol{W}
\tag{12-86}
$$

4. 稳定性条件

盲信号分离的目标函数取决于源信号的概率分布，因此很难获得最优的估计函数，为了解决这个问题，一般情况下都采用非线性激励函数来近似代替未知的

源信号概率密度函数。一个很自然的问题是:选择什么样的非线性激励函数?在满足什么条件下,该激励函数能够实现盲信号的分离?为此,引入下面的定理,它很好地说明了该问题。

定理 12-3　如果把独立成分的假设密度记为 $\widetilde{p}_i$,并且有

$$G_i(s_i)=\log\widetilde{p}_i(s_i) \tag{12-87}$$

$$g_i(s_i)=\frac{\partial}{\partial s_i}G_i(s_i)=\frac{\partial}{\partial s_i}\log\widetilde{p}_i(s_i)=\frac{\widetilde{p}_i'(s_i)}{\widetilde{p}_i(s_i)} \tag{12-88}$$

将独立成分估计 $y_i=\boldsymbol{w}_i^{\mathrm{T}}\boldsymbol{X}$ 的约束确定为相互不相关且具有单位方差。如果假设的密度 $\widetilde{p}_i$ 对所有的 i 满足下面的条件,那么极大似然估计器是局部一致稳定的

$$E\{s_i g_i(s_i)-g_i'(s_i)\}>0 \tag{12-89}$$

这个定理严格地表明,我们对概率密度 p_i 所做估计中的小误差不影响极大似然估计器的局部一致性,因为足够小的变化不会改变上式的符号。

基于上面的定理,可以有针对性地选择非线性函数来满足上面的稳定性条件,假设新息过程是服从超高斯分布的,选择 $g(y)=-\mathrm{sign}(y)$ 或者 $g(y)=-\tanh(y)$,而对于亚高斯分布的新息过程来说,选择 $g(y)=-y+\tanh(y)$ 或者 $g(y)=-y^3$,服从高斯分布的选择线性函数 $g(y)=-y$。

5. 算法步骤

(1) 对观测数据进行去均值处理,然后采用主成分分析方法进行白化,抑制噪声的影响。将白化之后的数据记为 $\boldsymbol{Z}(t)$,并初始化 $\boldsymbol{W}$,使 $\boldsymbol{W}$ 为正交矩阵。

(2) 计算估计的源信号 $\hat{s}_i(t)=\boldsymbol{w}_i^{\mathrm{T}}\boldsymbol{Z}(t)$。

(3) 采用经典的最小均方误差方法对自回归系数进行估计

$$\hat{\alpha}_i=\hat{E}\{[\boldsymbol{w}_i\boldsymbol{Z}(t)]\boldsymbol{w}_i^{\mathrm{T}}\boldsymbol{Z}(t-1)^{\mathrm{T}}\}=\boldsymbol{w}_i^{\mathrm{T}}\hat{\boldsymbol{E}}[\boldsymbol{Z}(t)\boldsymbol{Z}(t-1)^{\mathrm{T}}]\boldsymbol{w}_i=\boldsymbol{w}_i^{\mathrm{T}}\boldsymbol{C}_{-1}\boldsymbol{w}_i \tag{12-90}$$

(4) 计算新息量 $\hat{n}_i(t)=\hat{s}_i(t)-\hat{\boldsymbol{\alpha}}_i\hat{s}_i(t-1)$,然后计算其标准差

$$\begin{aligned}&\hat{\boldsymbol{\sigma}}_i(t,\boldsymbol{w}_i,h,\boldsymbol{\alpha}_i)\\&=\sqrt{\sum_{\gamma}h(\gamma)\{\boldsymbol{w}_i^{\mathrm{T}}[\boldsymbol{Z}(t-\gamma)-\hat{\boldsymbol{\alpha}}_i(\boldsymbol{w}_i)\boldsymbol{Z}(t-\gamma-\tau)]\}^2}\\&=\sqrt{\sum_{\gamma}h(\gamma)\hat{n}_i^2(t-\gamma)}\end{aligned} \tag{12-91}$$

(5) 在新息量进行了归一化之后 $\hat{n}_i(t)/\hat{\sigma}_i(t)$,选择非线性 g_i 来估计源信号的概率密度函数。当新息的四阶累计量为正时,选择 $g_i(y)=-\mathrm{sign}(y)$,反之选

$$g_i(y)=-y+\tanh(y) \tag{12-92}$$

(6) 按照式(12-86)计算似然函数的梯度，再计算

$$\boldsymbol{W} \leftarrow \boldsymbol{W}+\mu \nabla_{\boldsymbol{W}}^{\text{ort}} \tag{12-93}$$

式中，μ 是一个小的步进常数。

(7) 正交化 $\boldsymbol{W}$

$$\boldsymbol{W} \leftarrow (\boldsymbol{W}\boldsymbol{W}^{\mathrm{T}})^{-1/2}\boldsymbol{W} \tag{12-94}$$

重复步骤(2)～(7)直到 $\boldsymbol{W}$ 收敛。

12.4　瞬态混合非平稳雷达侦察信号盲分离

自然界的许多信号具有非平稳属性[17]，在雷达方面，现代的新体制雷达信号，一般都具有非平稳的特性。本节就讨论非平稳信号的盲分离问题。

12.4.1　基于时频分布的非平稳雷达侦察信号盲分离

1. 时频分布

因为源信号向量 $\boldsymbol{S}(t)$ 假定是一非平稳的多变量过程，并且各个源信号之间是相互独立的，所以它的协方差矩阵为

$$\begin{aligned}\boldsymbol{R}_{SS}(t,\tau)&=E\left\{\boldsymbol{S}\left(t+\frac{\tau}{2}\right)\boldsymbol{S}^{\mathrm{H}}\left(t-\frac{\tau}{2}\right)\right\}\\&=\operatorname{diag}[\rho_1(t,\tau),\cdots,\rho_N(t,\tau)]\end{aligned} \tag{12-95}$$

式中，$\rho_i(t,\tau)=E\left\{\boldsymbol{S}_i\left(t+\frac{\tau}{2}\right)\times \boldsymbol{S}_i^*\left(t-\frac{\tau}{2}\right)\right\}, i=1,\cdots,n$ 表示 $\boldsymbol{S}_i$ 的瞬时自相关，H 代表共轭转置，* 代表复共轭。且有噪声向量 $\boldsymbol{N}(t)$ 的协方差矩阵为

$$E\left\{\boldsymbol{N}\left(t+\frac{\tau}{2}\right)\times \boldsymbol{N}^{\mathrm{H}}\left(t-\frac{\tau}{2}\right)\right\}=\delta(\tau)\sigma^2\boldsymbol{I}_m \tag{12-96}$$

式中，$\boldsymbol{I}_m$ 代表的是 m 维的单位矩阵；$\delta(\tau)$ 是一个 Dirac 函数。假设所有的噪声向量具有相同的方差 σ^2，从而由上面二式可推导得 $\boldsymbol{X}(\mathrm{t})$ 具有时间延迟的协方差矩阵为

$$\begin{aligned}\boldsymbol{R}_{XX}(t,\tau)&=E\left[\boldsymbol{X}\left(t+\frac{\tau}{2}\right)\times \boldsymbol{X}^{\mathrm{H}}\left(t-\frac{\tau}{2}\right)\right]\\&=\boldsymbol{A}\boldsymbol{R}_{SS}(t,\tau)\boldsymbol{A}^{\mathrm{H}}+\delta(\tau)\sigma^2\boldsymbol{I}_m\\&=\boldsymbol{A}\operatorname{diag}[\rho_1(t,\tau),\cdots,\rho_N(t,\tau)]\boldsymbol{A}^{\mathrm{H}}+\delta(\tau)\sigma^2\boldsymbol{I}_M\end{aligned} \tag{12-97}$$

盲分离的主要目的就是要找到一个 $\boldsymbol{A}$ 的估计 $\hat{\boldsymbol{A}}$。一旦 $\hat{\boldsymbol{A}}$ 知道了，就可以用下式对源信号进行估计

$$\hat{\boldsymbol{S}}(t)=\hat{\boldsymbol{A}}^{+1}\boldsymbol{X}(t)\approx \boldsymbol{C}\boldsymbol{S}(t)+\hat{\boldsymbol{A}}^{+1}\boldsymbol{N}(t) \tag{12-98}$$

式中,+1 代表矩阵的广义逆,$\boldsymbol{C}$ 矩阵的每行每列只有一个非零的元素,这也可以说明盲分离所具有的两种不确定性。

本书采用平滑伪 Wigner-Ville 分布进行分析。由 Cohen 类时频分布的定义可知,核函数对 Wigner-Ville 分布起着一种平滑的作用,平滑的目的是抑制 Wigner-Ville 分布的交叉项,从这个意义上说,平滑伪 Wigner-Ville 比 Wigner-Ville 具有更好的处理特性。

$\boldsymbol{R}_{XX}(t,\tau)$定义了非平稳信号 $\boldsymbol{X}(t)$的一个时延表述,由此我们可以得到 $\boldsymbol{X}(t)$的平滑伪 Wigner-Ville 分布为

$$\mathrm{SPWV}_{XX}(t,f)=\int_{-\infty}^{\infty}\boldsymbol{R}_{XX}(t,\tau)\mathrm{e}^{-\mathrm{j}2\pi f\tau}\mathrm{d}\tau \tag{12-99}$$

对于一个固定点(t,f)来说,$\mathrm{SPWV}_{XX}(t,f)$是一个 m 维方阵,它的对角元素由各个观测信号的自平滑伪 Wigner-Ville 分布组成,而非对角元则由互平滑伪 Wigner-Ville 分布组成。在时频域根据盲分离模型可以得到

$$\mathrm{SPWV}_{XX}(t,f)=\boldsymbol{A}\,\mathrm{SPWV}_{SS}(t,f)\boldsymbol{A}^{\mathrm{H}}+\sigma^2\boldsymbol{I}_m \tag{12-100}$$

式中,$\mathrm{SPWV}_{SS}(t,f)=\int_{-\infty}^{\infty}\boldsymbol{R}_{SS}(t,\tau)\mathrm{e}^{-\mathrm{j}2\pi f\tau}\mathrm{d}\tau$,因为 $\boldsymbol{R}_{SS}(t,\tau)$是对角矩阵,所以 $\mathrm{SPWV}_{SS}(t,f)$对任意时频点(t,f)都是对角矩阵。

但是在实际的计算当中,我们用下列的式子来近似估计$\mathrm{SPWV}_{XX}(t,f)$,Cohen类时频分布的统一形式为

$$\begin{aligned}\boldsymbol{D}_{XX}(t,f)&=\int_{-\infty}^{\infty}\int_{-\infty}^{\infty}\int_{-\infty}^{\infty}\boldsymbol{X}\left(\mu+\frac{\tau}{2}\right)\boldsymbol{X}^{\mathrm{H}}\left(\mu-\frac{\tau}{2}\right)\varphi(\tau,\nu)\mathrm{e}^{-\mathrm{j}2\pi(t\nu+\tau f-\mu\nu)}\mathrm{d}\mu\mathrm{d}\nu\mathrm{d}\tau\\&=\int_{-\infty}^{\infty}\int_{-\infty}^{\infty}\prod(s-t,\xi-f)\boldsymbol{W}_X(s,\xi)\mathrm{d}s\mathrm{d}\xi\end{aligned} \tag{12-101}$$

式中

$$\prod(t,f)=\int_{-\infty}^{\infty}\int_{-\infty}^{\infty}\varphi(\xi,\tau)\mathrm{e}^{-\mathrm{j}2\pi(f\tau+\xi t)}\mathrm{d}\tau\mathrm{d}\xi \tag{12-102}$$

因此,$\prod$ 可以看做是一个平滑函数,$\boldsymbol{W}_X(s,\xi)$是 Wigner-Ville 分布值,当定义 $\prod(t,f)=g(t)H(-f)$ 时,则可得

$$\begin{aligned}\mathrm{SPWV}_{XX}(t,f)&\approx\boldsymbol{D}_{XX}(t,f)\\&=\int_{-\infty}^{\infty}h(\tau)\int_{-\infty}^{\infty}g(s-t)\boldsymbol{X}\left(s+\frac{\tau}{2}\right)\boldsymbol{X}^{\mathrm{H}}\left(s-\frac{\tau}{2}\right)\mathrm{d}s\mathrm{e}^{-\mathrm{j}2\pi f\tau}\mathrm{d}\tau\end{aligned} \tag{12-103}$$

式中,$h(t)$和 $g(t)$分别为时域平滑函数和频域平滑函数的时域形式。

2. 参数估计及分离算法

首先对观测数据进行预白化处理,即寻找一个 $n\times m$ 矩阵 $\boldsymbol{V}$,使得 $\boldsymbol{V}\boldsymbol{A}\boldsymbol{A}^{\mathrm{H}}\boldsymbol{V}^{\mathrm{H}}=$

$\boldsymbol{I}_n$，则 $\boldsymbol{V}$ 就为所求的白化矩阵。令 $\boldsymbol{U}=\boldsymbol{V}\boldsymbol{A}$，显然 $\boldsymbol{U}$ 是一个酉矩阵，并且满足 $\boldsymbol{A}=\boldsymbol{V}^{+1}\boldsymbol{U}$（其中 $\boldsymbol{V}^{+1}$ 代表的是 $\boldsymbol{V}$ 的广义逆矩阵），对源信号的盲分离也就是要找到 $n\times n$ 维酉矩阵 $\boldsymbol{U}$。

白化后的观测向量仍然遵循线性模型

$$Z(t)=\boldsymbol{V}\boldsymbol{X}(t)=\boldsymbol{V}[\boldsymbol{A}\boldsymbol{S}(t)+\boldsymbol{N}(t)]=\boldsymbol{U}\boldsymbol{S}(t)+\boldsymbol{V}\boldsymbol{N}(t) \tag{12-104}$$

下面来求白化矩阵 $\boldsymbol{W}$，因为

$$\begin{aligned}\boldsymbol{R}_{XX}(t,0)&=\lim_{T\to\infty}\frac{1}{T}\sum_{t=1}^{T}\boldsymbol{X}(t)\,\boldsymbol{X}^{\mathrm{H}}(t)\\&=\lim_{T\to\infty}\frac{1}{T}\sum_{t=1}^{T}[\boldsymbol{A}\boldsymbol{S}(t)+\boldsymbol{N}(t)]\,[\boldsymbol{A}\boldsymbol{S}(t)+\boldsymbol{N}(t)]^{\mathrm{H}}\\&=\boldsymbol{A}\boldsymbol{A}^{\mathrm{H}}+\sigma^2\,\boldsymbol{I}_m\end{aligned} \tag{12-105}$$

所以 $\boldsymbol{A}\boldsymbol{A}^{\mathrm{H}}=\boldsymbol{R}_{XX}(t,0)-\sigma^2\boldsymbol{I}_m$，如果噪声方差已知或者可以估计，则白化矩阵 $\boldsymbol{V}$ 可由观测数据的零延时自相关矩阵 $\boldsymbol{R}_{XX}(t,0)$ 的特征分解求得。首先对 $\boldsymbol{R}_{XX}(t,0)$ 进行特征值分解，求得特征值 $\lambda_1\geqslant\lambda_2\geqslant\cdots\geqslant\lambda_m$；对应的特征向量为 $h_1,\cdots,h_m$，则可估计噪声方差

$$\hat{\sigma}^2=\frac{1}{m-n}\sum_{i=n+1}^{m}\lambda_i \tag{12-106}$$

从而白化矩阵 $\boldsymbol{V}$ 可按下式进行估计：

$$\hat{\boldsymbol{V}}=[(\lambda_1-\hat{\sigma}^2)^{-\frac{1}{2}}h_1,\cdots,(\lambda_n-\hat{\sigma}^2)^{-\frac{1}{2}}h_n]^{\mathrm{H}} \tag{12-107}$$

得到白化之后的数据 $\boldsymbol{Z}$

$$\boldsymbol{Z}=\hat{\boldsymbol{V}}\boldsymbol{X} \tag{12-108}$$

对白化之后的数据 $\boldsymbol{Z}$，求得其平滑伪 Wigner-Ville 分布为

$$\begin{aligned}\mathrm{SPWV}_{ZZ}(t,f)&\approx\boldsymbol{D}_{ZZ}(t,f)\\&=\boldsymbol{V}[\mathrm{SPWV}_{XX}(t,f)-\sigma^2\,\boldsymbol{I}_m]\,\boldsymbol{V}^{\mathrm{H}}\\&=\boldsymbol{U}\mathrm{SPWV}_{SS}(t,f)\,\boldsymbol{U}^{\mathrm{H}}\\&=\boldsymbol{U}\,\boldsymbol{D}_{SS}(t,f)\,\boldsymbol{U}^{\mathrm{H}}\end{aligned} \tag{12-109}$$

也就是对酉矩阵 $\boldsymbol{U}$ 来说，选取时频点 (t,f)，使得 $\mathrm{SPWV}_{SS}(t,f)$ 都为对角矩阵，可以采用联合对角化方法对 $\mathrm{SPWV}_{ZZ}(t,f)$ 进行联合对角化[18]，求得酉矩阵 $\boldsymbol{U}$。

3. 单个自项的选择

针对时频点 (t,f) 是否可使 $\boldsymbol{D}_{SS}(t,f)$ 对角化，定义单个自项（single auto term，SAT）位置，即对于时频点 (t,f)，$\boldsymbol{D}_{SS}(t,f)$ 只有一个非零的对角化项。对任意的时频点 (t,f)，根据式（12-109），并且注意到 $\boldsymbol{U}$ 是一个酉矩阵，则有 $\mathrm{eig}[\boldsymbol{D}_{SS}(t,f)]\approx\mathrm{eig}[\boldsymbol{D}_{ZZ}(t,f)]$，因而有下面的准则[19]：

$$\boldsymbol{C}(t,f)=\frac{\max\left(\left|\operatorname{eig}[\boldsymbol{D}_{ZZ}(t,f)]\right|\right)}{\sum\left|\operatorname{eig}[\boldsymbol{D}_{ZZ}(t,f)]\right|} \tag{12-110}$$

当 $\boldsymbol{C}(t,f)>\varepsilon$ 时,(t,f)就是一单个自项位置。其中 ε 是一个门限值,它的取值范围为$[0,1]$,$\boldsymbol{C}(t,f)$越接近 1,则(t,f)就越接近理想的单个自项位置。本章采用的单个自项选取的算法为

首先计算 $\mathrm{Tr}(t,f)=\mathrm{trace}[\boldsymbol{D}_{ZZ}(t,f)]$;$\boldsymbol{C}(t,f)=\dfrac{\max(\left|\operatorname{eig}[\boldsymbol{D}_{ZZ}(t,f)]\right|)}{\sum\left|\operatorname{eig}[\boldsymbol{D}_{ZZ}(t,f)]\right|}$;再选取判别函数 $\mathrm{Cr}(t,f)=\mathrm{IF}[\mathrm{Tr}(t,f)>\varepsilon]\boldsymbol{C}(t,f)$,其中 $\mathrm{IF}[\mathrm{true}]=1$;$\mathrm{IF}[\mathrm{false}]=0$。

最后求得使 $\mathrm{Cr}(t,f)$比较接近于 1 的局部最大值就是所取的单个自项位置,并且满足下式:

$$\begin{cases}\|\mathrm{Grad}(\mathrm{Cr}(t,f))\|_2\leqslant\varepsilon_{\mathrm{Grad}}\\ \boldsymbol{H}(\mathrm{Cr}(t,f))<0\end{cases} \tag{12-111}$$

这里 $\mathrm{Grad}(\mathrm{Cr}(t,f))$和 $\boldsymbol{H}(\mathrm{Cr}(t,f))$分别为判别函数 $\mathrm{Cr}(t,f)$在时频点(t,f)处的梯度函数和海赛矩阵。

12.4.2　基于时频分析量源数估计的自适应盲分离算法

通常信号源盲分离算法都不具备对未知信号源个数进行估计的能力,只能在假设信号源的个数已经事先确定的前提下才能进行计算,否则就无法进行信号的分离。在处理过程中,一般假设传感器数目与源信号的数目相等。然而在雷达侦察设备的阵列信号处理中,通常传感器接收的实际信号数目往往远小于传感器的数目。因此信号源数目的估计对侦察信号的盲分离具有重要的意义。目前,有关盲分离源数估计的专门研究并不多见,主要有基于二阶矩和四阶累计量的源数估计算法。本节在时频分析的基础上,提出一种基于时频域源数估计的盲分离算法。本算法可以在事先不知道源信号数目的情况下,对侦察接收机接收到的阵列信号进行源数估计,进而选取与源信号数目相同的观测信号进行盲分离。

在阵列信号处理的过程当中,假设源信号为 n 维的未知信号 $\boldsymbol{S}(t)$,传感器阵列信号为 m 维的观测信号 $\boldsymbol{X}(t)$,并且 $m>n$,其分离模型为

$$\boldsymbol{X}(t)=\boldsymbol{AS}(t)+\boldsymbol{N}(t) \tag{12-112}$$

式中,$\boldsymbol{N}(t)$为传感器的观测噪声。

1. 源数的估计

为了更好地表述非平稳雷达侦察信号的特征属性,采取时频分布矩阵来对源信号进行估计。利用这种方法能够很好地处理二阶统计特性随时间变化的情况。因此在处理非平稳信号时比直接使用二阶矩和四阶累计量的方法性能要好,而且

时频分布对噪声具有很好的抑制作用。本节对均值为 0 非平稳随机观测信号 $\boldsymbol{X}(t)$进行分析。用四维数组来描述时频分布矩阵，其定义为

$$\mathrm{SFD}(i,j,:,:)=\mathrm{tfrspwv}(\boldsymbol{X}(i,:).',\boldsymbol{X}(j,:).',\mathrm{ceil}(1:T/Nt:T),Nf) \tag{12-113}$$

式中，$1\leqslant i;j\leqslant m$；tfrspwv 为平滑伪 Wigner-Ville 分布函数，四维数组的后两维分别为时频分布的时域和频域。于是可以构造如下的时频分布矩阵：

$$\boldsymbol{C}(t,f)=\begin{bmatrix}\mathrm{SFD}(1,1,:,:) & \mathrm{SFD}(1,2,:,:) & \cdots & \mathrm{SFD}(1,m,:,:)\\ \vdots & & & \vdots \\ \mathrm{SFD}(m,1,:,:) & \mathrm{SFD}(m,2,:,:) & \cdots & \mathrm{SFD}(m,m,:,:)\end{bmatrix} \tag{12-114}$$

文献[20]、[21]已经证明，在有噪声的信号源盲分离中，当混合信号的个数多于信号源的个数，且源信号样本的数据矩阵行满秩时，未知信号源的个数与混合信号矢量样本 $\boldsymbol{X}(t)$的主特征值数相等。其中主特征值采用如下定义：

设矩阵 $\hat{\mathbf{A}}$ 为 $m\times m$ 的方阵，$\lambda_{11}\geqslant\lambda_{22}\geqslant\cdots\geqslant\lambda_{mm}\geqslant0$ 是 $\hat{\mathbf{A}}$ 的 m 个特征值，若存在正整数 ε_λ 使得任意的 $i\leqslant\varepsilon_\lambda$ 和任意的 $j\geqslant\varepsilon_\lambda$，总有 $\lambda_{ii}\gg\lambda_{jj}$，则称 ε_λ 为矩阵 $\hat{\mathbf{A}}$ 的主特征值数。

在信号源盲分离问题中，当观测到的混合信号的数目多于未知信号源数目时，如果不存在观测噪声，则信号源的数目与混合信号矢量的样本自相关矩阵的秩相等，也就是与其非零特征值数相等，而存在观测噪声时，噪声的方差将叠加在混合信号矢量样本自相关矩阵的特征值上，从而使得混合信号矢量样本自相关矩阵的本来应该为零的特征值被相对于其他非零特征值小得多的噪声方差所代替。因此，可以使用如下的方法来计算混合信号矢量样本的主特征值数。

设 $\sigma_1\geqslant\sigma_2\geqslant\cdots\geqslant\sigma_m\geqslant0$ 为混合信号数据矩阵的按照降序排列的特征值，令 $\gamma(k)=\dfrac{\sigma_k}{\sigma_{k+1}}$，$k=1,2,\cdots,m-1$，并设

$$\gamma(k_{\max})=\max(\gamma_1,\gamma_2,\cdots,\gamma_{m-1}),\quad 1\leqslant k_{\max}\leqslant m-1 \tag{12-115}$$

则选取

$$\varepsilon_\lambda=k_{\max} \tag{12-116}$$

作为矩阵的主特征值数。

由盲源分离假设条件可知，各信号源相互独立，故其源信号个数与混合信号时频分布矩阵 $\boldsymbol{C}$ 的主特征值数相等。故对 $\boldsymbol{C}$ 进行特征值分解，其主特征值数即为所求的源信号个数估计。

2. 估计算法的具体步骤

(1) 设置好传感器阵列，采集阵列数据 $\boldsymbol{X}(t)=[x_1(t),x_2(t),\cdots,x_m(t)]^{\mathrm{T}}$。

(2) 求出观测数据的平滑伪 Wigner-Ville 分布 SFD$(i,j,:,:)$，其中 $1\leqslant i;j\leqslant m$。

(3) 计算所构造的时频分布矩阵 $\boldsymbol{C}(t,f)$。

(4) 根据上一节提出的方法进行单个自项的选择，选取合适的 K 个时频点(t,f)进行计算。

(5) 计算$\boldsymbol{M}_x(t_i,f_i)=\frac{1}{2}[\boldsymbol{C}(t_i,f_i)+\boldsymbol{C}^{\mathrm{T}}(t_i,f_i)]$，为了使算法更加稳定，取 K 个时频点的线性组合$\boldsymbol{C}_x$ 为估计对象，其中

$$\boldsymbol{C}_x=\sum_{i=1}^{K}\boldsymbol{\alpha}_i\boldsymbol{M}_x(t_i,f_i) \tag{12-117}$$

(6) 选取初始向量 $\boldsymbol{\alpha}=(\alpha_1,\cdots,\alpha_K)^{\mathrm{T}}$。

(7) 计算$\boldsymbol{C}_x$。

(8) 计算 $\boldsymbol{C}_x$ 的舒尔分解，验证 $\boldsymbol{C}_x$ 是否为正定矩阵，如果是，则对 $\boldsymbol{C}_x$ 进行特征值分解，得到 m 个特征值，并将这些特征值从大到小排列，即 $\sigma_1\geqslant\sigma_2\geqslant\cdots\geqslant\sigma_m\geqslant0$，令 $\gamma(k)=\frac{\sigma_k}{\sigma_{k+1}}$，$k=1,2,\cdots,m-1$，并设 $\gamma(k_{\max})=\max(\gamma(1),\gamma(2),\cdots,\gamma(m-1))$，则选取主特征值数 $\varepsilon_\sigma=k_{\max}$，即为所求的信号源个数。否则，转到第(9)步。

(9) 选取 $\boldsymbol{C}_x$ 的最小特征值所对应特征向量$\boldsymbol{\mu}$，并由 $\boldsymbol{\alpha}+\boldsymbol{\delta}$ 来代替更新$\boldsymbol{\alpha}$，其中

$$\boldsymbol{\delta}=\frac{[\boldsymbol{\mu}^{\mathrm{T}}\boldsymbol{M}_x(t_1,f_1)\boldsymbol{\mu},\cdots,\boldsymbol{\mu}^{\mathrm{T}}\boldsymbol{M}_x(t_K,f_K)\boldsymbol{\mu}]^{\mathrm{T}}}{\|[\boldsymbol{\mu}^{\mathrm{T}}\boldsymbol{M}_x(t_1,f_1)\boldsymbol{\mu},\cdots,\boldsymbol{\mu}^{\mathrm{T}}\boldsymbol{M}_x(t_K,f_K)\boldsymbol{\mu}]\|} \tag{12-118}$$

(10) 再返回到步骤(6)。

3. 自适应算法

本小节在基于源数估计的基础上，采用经典的自然梯度算法来对观测信号进行实时的盲分离，这种算法在信源数动态变化时，能够实时检测信源的个数，然后实现信号的分离。

为了达到实时确定信源数的目的，取包括算法当前迭代位置的前 K 个观测数据组成观测矩阵 $\boldsymbol{X}$，这样矩阵 $\boldsymbol{X}$ 作为一个滑窗也不断更新。显然，当一个信号随时增加或消失时，我们都能够实时的估计信号源的个数，之后任意选择与信源数相同的观测信号采用自适应的自然梯度算法进行盲分离，达到分选源信号的目的。

为测量非高斯输出分量之间的相依性，必须引入输出分量 $\boldsymbol{Y}(t)$的高阶累计量，即要考虑输出$\boldsymbol{Y}(t)$的某种非线性变换。我们采用互信息最小准则来表述，从而推导出自然梯度算法。为此，令 $z_i=g_i(y_i)(i=1,\cdots,n)$为非线性变换后的输出分量，$\boldsymbol{Z}(t)=[g_1(y_1),\cdots,g_n(y_n)]^{\mathrm{T}}$。可以得到用熵表示的输出分量 $\boldsymbol{Y}(t)$的互信息是

$$I(\boldsymbol{Y},\boldsymbol{W})=\sum_{i=1}^{n}H(y_i,\boldsymbol{W})-H(y_1,\cdots,y_n) \tag{12-119}$$

假定分离矩阵 $\boldsymbol{W}(t)$ 是可逆的，那么可以得到

$$H(y_1,\cdots,y_n)=H(x_1,\cdots,x_n)+\ln|\det(\boldsymbol{W})| \tag{12-120}$$

式中，$\ln|\det(\boldsymbol{W})|$ 是行列式的值，且容易证明 $\boldsymbol{Y}(t)$ 和 $\boldsymbol{Z}(t)$ 两者的互信息 $I(\boldsymbol{W})$ 相同，这说明使用互信息作为信号分离的代价函数时，对输出各个分量无需使用非线性变换这样一种预处理手段。于是可以得到学习算法为

$$\frac{\mathrm{d}\boldsymbol{W}}{\mathrm{d}t}=\eta(t)\frac{\partial H(\boldsymbol{Z},\boldsymbol{W})}{\partial \boldsymbol{W}}\boldsymbol{W}^{\mathrm{T}}\boldsymbol{W}=\eta(t)\{\boldsymbol{I}-\phi[\boldsymbol{Y}(t)]\boldsymbol{Y}^{\mathrm{T}}(t)\}\boldsymbol{W} \tag{12-121}$$

或

$$\boldsymbol{W}(t+1)=\boldsymbol{W}(t)+\eta(t)\{\boldsymbol{I}-\phi[\boldsymbol{Y}(t)]\boldsymbol{Y}^{\mathrm{T}}(t)\}\boldsymbol{W}(t) \tag{12-122}$$

式中，$\eta(t)>0$ 为自适应学习速率；$\boldsymbol{I}$ 是 $n\times n$ 单位矩阵，由于 $\frac{\partial H(\boldsymbol{Z},\boldsymbol{W})}{\partial \boldsymbol{W}}\boldsymbol{W}^{\mathrm{T}}\boldsymbol{W}$ 称为自然梯度，因此上述算法称为自然梯度算法。这种算法很容易实现，具体步骤如下：

(1) 对源数估计完之后选择的观测数据进行中心化，使其均值为 0。

(2) 选择一个初始化(可随机生成)的分离矩阵 $\boldsymbol{W}$。选择 $\gamma_i(i=1,\cdots,n)$ 的各初始化值，γ_i 可以随机选取，也可以利用先验信息。选择学习速率 $\eta(t)$ 和 μ_γ。

(3) 计算 $\boldsymbol{Y}=\boldsymbol{W}\boldsymbol{X}$。

(4) 如果非线性形式没有事先确定，

更新 γ_i：$\gamma_i=(1-\mu_\gamma)\gamma_i+\mu_\gamma E\{-\tanh(y_i)y_i+[1-\tanh(y_i)^2]\}$。

(5) 如果 $\gamma_i>0$，那么使用 $g_i^+(y_i)=-2\tanh(y_i)$，否则使用 $g_i^-(y_i)=\tanh(y_i)-y_i$。

(6) 更新分离矩阵：

$$\boldsymbol{W}(t+1)=\boldsymbol{W}(t)+\eta(t)\{\boldsymbol{I}-\phi[\boldsymbol{Y}(t)]\boldsymbol{Y}^{\mathrm{T}}(t)\}\boldsymbol{W}(t) \tag{12-123}$$

式中，$\phi[\boldsymbol{Y}(t)]=[g_1(y_1),\cdots,g_n(y_n)]^{\mathrm{T}}$。

(7) 如果尚未收敛，则返回步骤(3)。

12.4.3 性能仿真

下面分别对上面提出的两种方法进行仿真实验，验证算法的有效性。

1. 基于时频分布的非平稳雷达侦察信号盲分离

本次实验采用 Cohen 类的平滑伪 Wigner-Ville 分布对非平稳源信号进行盲分离。4 个源信号 $\boldsymbol{S}(t)=[\boldsymbol{S}_1(t),\cdots,\boldsymbol{S}_4(t)]^{\mathrm{T}}$ 分别取线性调频、正弦调频、抛物线调频和四相位键移信号，信号长度均取 512 点。源信号时域波形如图 12-5 所示，它们的平滑伪 Wigner-Ville 分布如图 12-6 所示。仿真的实际观测信号 $\boldsymbol{X}(t)=[\boldsymbol{X}_1(t),\cdots,\boldsymbol{X}_4(t)]^{\mathrm{T}}$，混合矩阵 A 任意选取，观测信号中加高斯白噪声，信噪比

SNR=5dB,白化后的观测信号如图 12-7 所示,基于 SPWVD 的估计源信号如图 12-8所示,估计源信号的时频分布如图 12-9 所示。从图中可以看出,本节所采用的方法能够很好地对雷达侦察的非平稳信号进行盲分离。

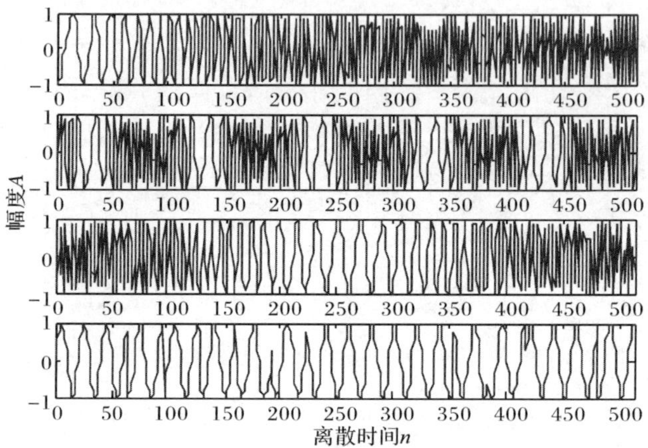

图 12-5　源信号时域波形图

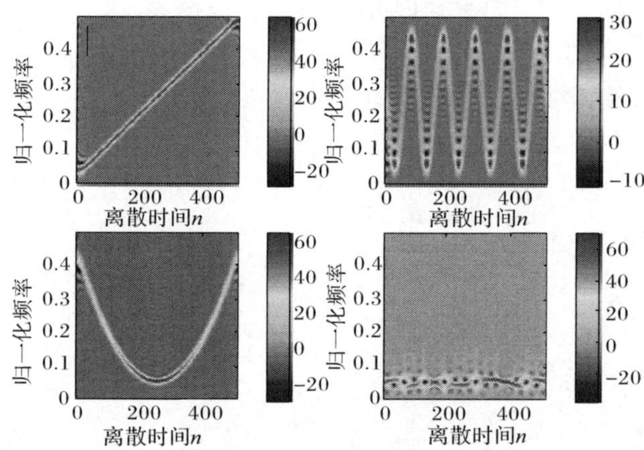

图 12-6　源信号时频分布

在本次实验中,矩阵$\boldsymbol{U}^{\mathrm{H}}\otimes\boldsymbol{V}^{\mathrm{H}}\otimes\boldsymbol{A}$ 应该是一个广义交换矩阵,它的每行每列只有一个非零的元素,所以采用下式来计算误差:

$$
\begin{aligned}
&\mathrm{Er} = \mathrm{abs}(\boldsymbol{U}^{\mathrm{H}} \otimes \boldsymbol{V}^{\mathrm{H}} \otimes \boldsymbol{A}) \\
&\mathrm{maximum} = \max(\mathrm{Er}) \\
&\mathrm{SE} = \mathrm{sum}(\mathrm{Er}.\hat{}2) - \mathrm{maximum}.\hat{}2 + (\mathrm{ones}(1,\boldsymbol{n}) - \mathrm{maximum}.\hat{}2) \\
&\mathrm{SSE} = \mathrm{sum}(\mathrm{SE})
\end{aligned}
\tag{12-124}
$$

由上式计算所得的总体误差 SSE=0.0129,广义转置矩阵

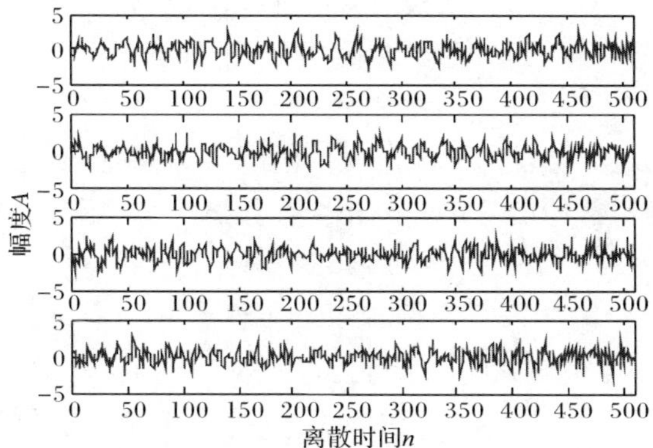

图 12-7　白化之后的混合数据

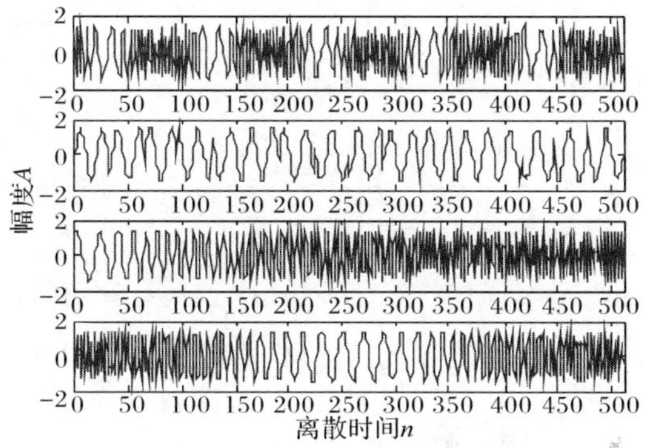

图 12-8　估计源信号

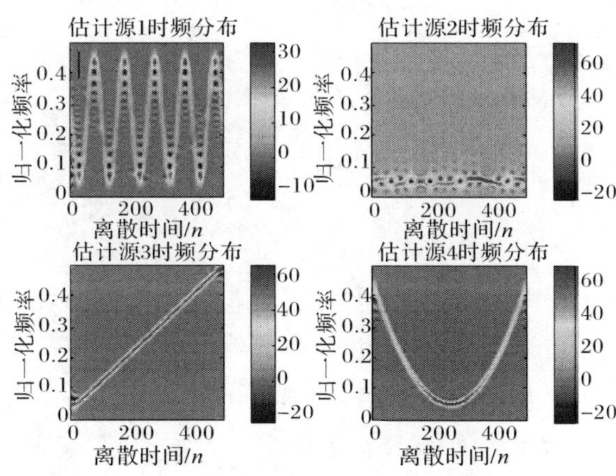

图 12-9　估计源信号时频分布

$$\boldsymbol{U}^{\mathrm{H}}\otimes\boldsymbol{V}^{\mathrm{H}}\otimes\boldsymbol{A}=\begin{bmatrix}-0.0180 & 1.0039 & -0.0111 & 0.0060\\ 0.0255 & 0.0207 & 0.0079 & 1.0028\\ -1.0023 & 0.0177 & -0.0200 & -0.0207\\ 0.0095 & 0.0086 & 1.0002 & 0.0120\end{bmatrix}\tag{12-125}$$

并且计算的源信号与估计信号之间的相关系数矩阵

$$\boldsymbol{R}=\begin{bmatrix}0.0165 & -0.0202 & -0.9987 & -0.0159\\ 0.9923 & -0.0095 & -0.0161 & 0.0183\\ -0.0084 & -0.0115 & 0.0080 & 0.9995\\ -0.0202 & 0.9981 & 0.0264 & -0.0064\end{bmatrix}\tag{12-126}$$

所以对应的源信号与估计信号的相关系数如表 12-1 所示。

表 12-1　源信号与对应的分离信号之间的相关系数

信号	S_1	S_2	S_3	S_4
分离信号	Se3	Se1	Se4	Se2
相关系数	−0.9987	0.9923	1.0000	0.9981

下面分析信噪比对相关系数及总体误差的影响性能，如图 12-10 和图 12-11 所示，当信噪比下降时，分离性能就会降低，达到一定的值时，就不能完全分离源信号。从本书的仿真实验可以得出，当信噪比达到 1dB 时，选择最优的混合矩阵和单个自项时频点，仍然可以对非平稳信号进行盲分离，只是分离性能相对高信噪比时有所降低。所以对含噪声的信号盲分离来说，去除噪声是很关键的一步。

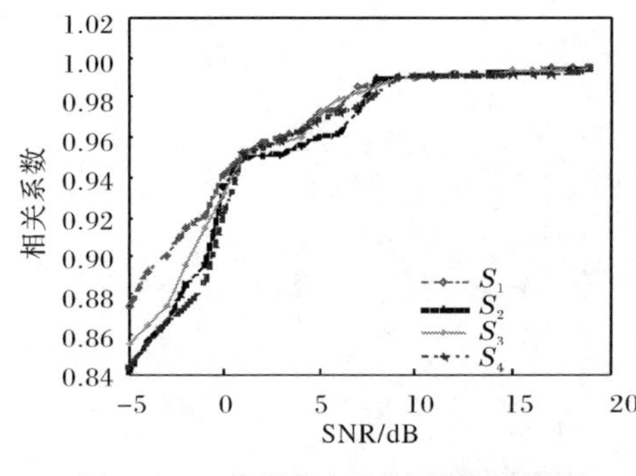

图 12-10　信噪比与相关系数的关系

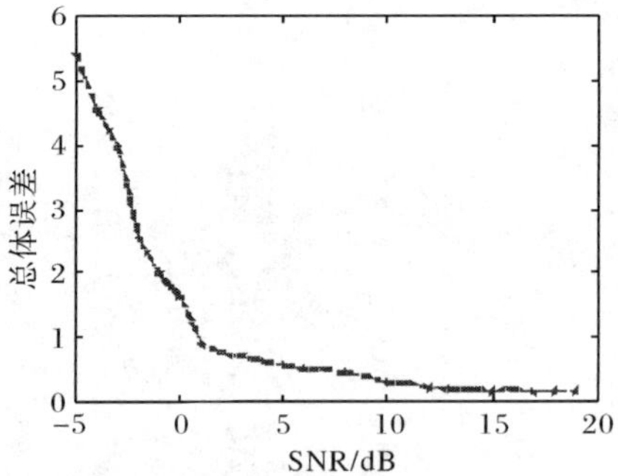

图 12-11　信噪比与总体误差的关系

2. 基于时频量源数估计的自适应盲分离

实验 1:假设侦察接收机的传感器阵列数目为 $m=9$，噪声为不相干的高斯白噪声，可以通过传感器接收的模型得到观测信号，即

$$\boldsymbol{X}(t)=\boldsymbol{AS}(t)+\boldsymbol{N}(t) \tag{12-127}$$

式中，$\boldsymbol{S}(t)=[s_1(t),s_2(t),\cdots,s_n(t)]^{\mathrm{T}}$；$\boldsymbol{N}(\mathrm{t})=[n_1(t),n_2(t),\cdots,n_m(t)]^{\mathrm{T}}$ 分别为信号和噪声矢量；$\boldsymbol{A}=[\boldsymbol{a}(\theta_1),\boldsymbol{a}(\theta_2),\cdots,\boldsymbol{a}(\theta_n)]$，$\boldsymbol{a}(\theta)=[1,\ \exp(\mathrm{j}\Delta\varphi),\ \cdots,\ \exp[\mathrm{j}(m-1)\Delta\varphi]]^{\mathrm{T}}$，$\Delta\varphi_i=\dfrac{2\pi d\sin\theta_i}{\lambda}$。源信号为四个统计独立的信号，入射方向为 $\theta_1=30°$，$\theta_2=45°$，$\theta_3=60°$，$\theta_4=75°$；信噪比 SNR＝－5～10dB，阵列间的宽度为 $d=0.0566$，波长 $\lambda=0.1$。采样点数为 1000，每组做 100 次蒙特卡罗仿真实验。从图 12-12可以看到，在入射角之间的差距比较大时，采用四阶累计量和时频分布量的方法均能对输入的信号进行准确的一致性估计，而二阶矩的方法缺乏对非平稳信号统计信息完全的描述，导致在信噪比低于 3dB 时不能够准确地估计源信号的个数。四路源信号分别为

线性调频信号

$$s_1(t)=\exp(\mathrm{j}\pi kt^2),\quad k=\pm\frac{B}{T}$$

抛物线调频信号

$$s_2(t)=\exp\left[\mathrm{j}2\pi\left(a_0t+\frac{a_1}{2}t^2+\frac{a_2}{3}t^3\right)\right]$$

幅值键移信号

$$s_3(t)$$

二相编码信号

$$s_4(t)=\sum_{k=0}^{N-1}C_kv(t-k\tau_c),\quad C_k=\{\mathrm{e}^{\mathrm{j}\varphi_k}=+1,-1\}$$

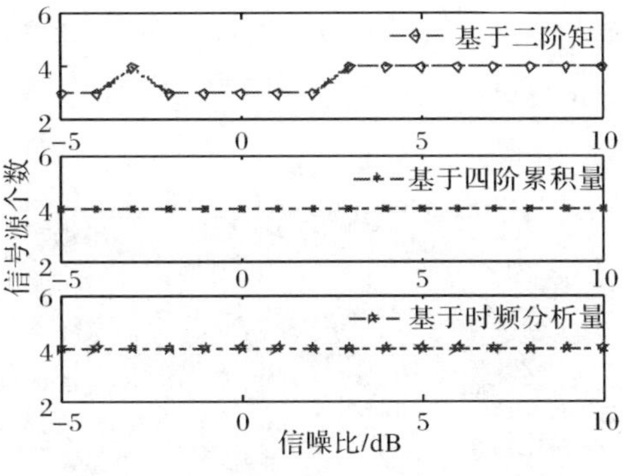

图 12-12　入射角相差较大时的估计比较

实验 2：输入的源信号与实验 1 的相同，并且也加入相同的不相干高斯白噪声，只不过输入信号的入射方向有所改变，分别为 $\theta_1=35°$，$\theta_2=50°$，$\theta_3=65°$，$\theta_4=70°$；信噪比 SNR＝－5～10dB。采样点数为 1000，每组做 100 次蒙特卡罗仿真实

验。其信号源数估计的仿真结果如图 12-13 所示。很明显,当入射角之间的差距变小时,基于二阶矩的方法也只有在信噪比大于 3dB 时才能给出准确的稳定估计,基于四阶累计量的方法受野值的影响比较大,导致估计算法的不稳定,而基于时频分析量的方法能够很好地描述输入的非平稳信号,甚至在信噪比为 0dB 时都能够给出准确的估计。

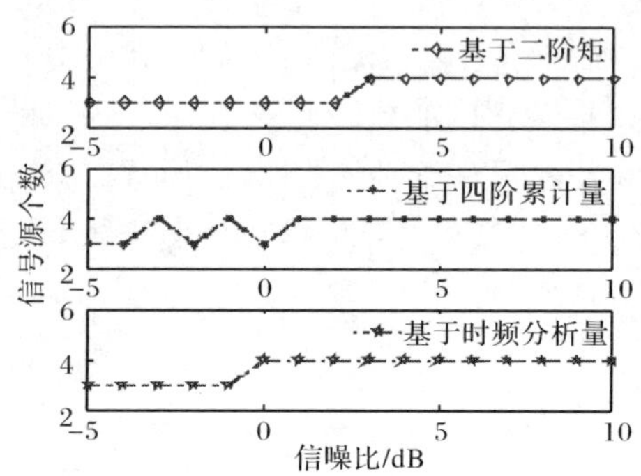

图 12-13　入射角相差较小时的估计比较

实验 3:在这里考虑入射角之间的差别大小对估计算法的影响问题。假设输入的信号与实验 1 相同,同时加入非相干的高斯白噪声,入射角的方向分别为$\theta_1=35°$,$\theta_2=50°$,$\theta_3=65°$,$\theta_4=25°\sim35°$;信噪比 SNR=3dB。采样点数为 1000,每组做 100 次蒙特卡罗仿真实验,仿真结果如图 12-14 所示。我们研究了在信噪比固定的情况下,信号源数的估计随入射角 θ_4 变化的关系,从而讨论了不同估计算法的角分辨率问题。由仿真结果(图 12-15)可以看到,基于二阶矩的方法在角度相差 4°时能够准确地估计信号源的个数,而当角度差小于 4°时就不能准确地进行估计;基于四阶累计量的方法的角度分辨率可以达到 2°,而基于时频分析量的方法角度分辨率可以精确到 1°左右。

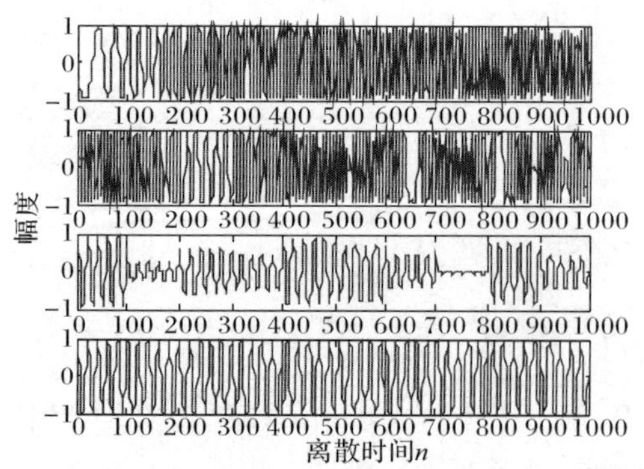

图 12-14　估计算法与入射角度差之间的关系(SNR=3dB)

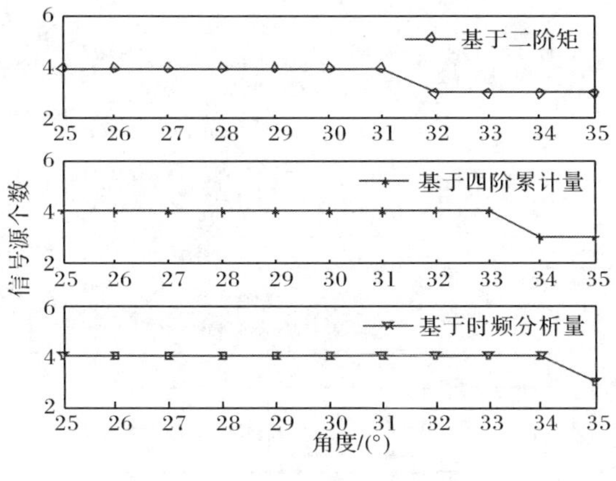

图 12-15　源信号

实验 4:在这个实验当中,结合上面提出的估计源信号个数的方法对非平稳的雷达侦察信号进行盲分离,采用基于自然梯度的自适应算法。同样假设观测信号为 9 维的传感器信号(图 12-16),输入的源信号还是上面所用的四路信号,源信号的入射方位角分别为 $\theta_1=30°$,$\theta_2=50°$,$\theta_3=65°$,$\theta_4=80°$;信噪比 SNR=−5～10dB。采样点数为 1000,每组做 100 次蒙特卡罗仿真实验。分离结果如图 12-17 所示。

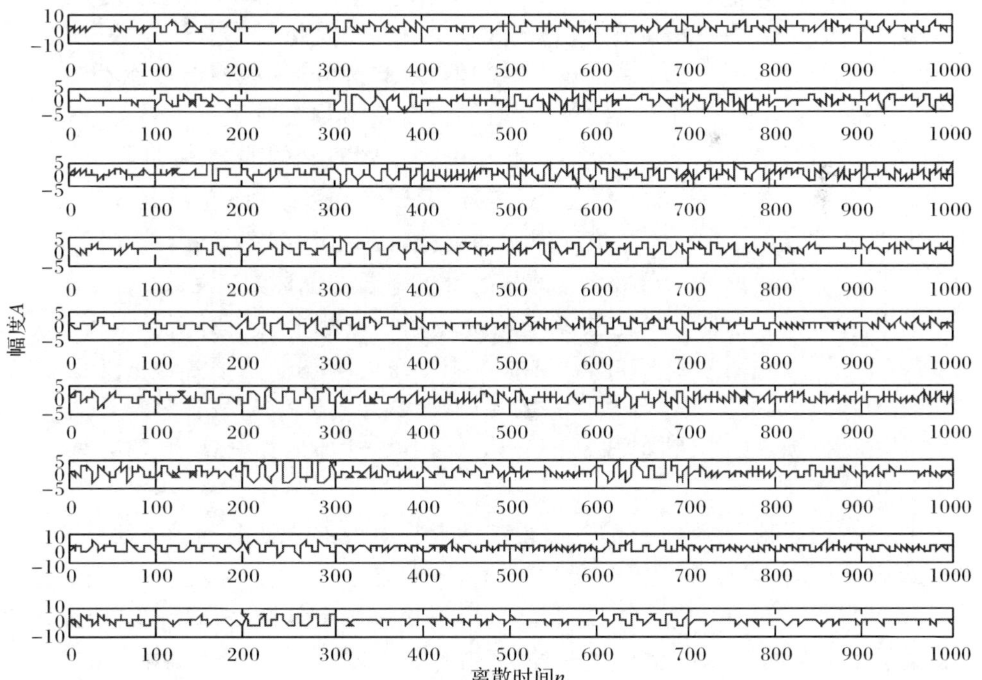

图 12-16　混合信号

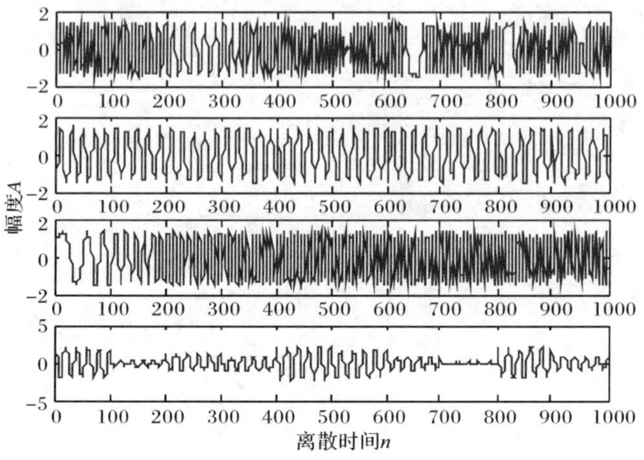

图 12-17　分离信号

12.5　卷积混合雷达侦察信号时域盲分离

迄今为止,人们对瞬态线性混合信号的盲分离问题已进行了深入的研究,并取得了许多有价值的成果。然而在现实的环境中,由于信号的传播总会存在一定的时间延迟,而且不同的传感器和不同的信号源之间的传递通道可能不同,以及环境存在的反射干扰等影响,传感器接收的混合信号很多时候不再是各个信号源之间简单的线性叠加,而是多个信号源在过去不同时刻的混合,因此更接近卷积混合情况。换而言之,瞬态线性混合对应着无记忆的系统,而卷积混合对应着有时间记忆的系统,代表一种更接近现实的情况,因此研究卷积混合信号的盲分离具有更重要的实用价值。卷积混合信号的盲分离通常也称为盲解卷。

卷积混合信号的盲分离主要就是从时域和频域两个方面对信号进行盲分离的,本节和下一节就这两个方面分别对卷积混合的雷达侦察信号进行处理,在原有方法的基础上,根据雷达侦察信号的特点,改进原有时域卷积盲分离算法,并就频域盲信号处理不确定性问题进行了研究,将其方法应用在雷达侦察信号的方位角估计上来。

在卷积混合的盲信号分离当中,很多学者将瞬态混合情况下的方法延伸到卷积混合盲分离,并得到了很好的效果。本节根据雷达侦察信号的特点,首先讨论了非平稳雷达侦察信号的盲解卷问题,然后将快速固定点算法应用到卷积混合条件下,并改进了原有算法,提出了一种针对雷达信号的盲分离快速算法。

12.5.1　基于非平稳特性的时域卷积盲分离

现在大多数的新体制雷达信号具有非平稳的特性，并且在空中经过不断的折射与反射，在雷达侦察接收端我们就可以用卷积混合的模型对观测信号进行模拟，基于此种情况，本节采用雷达信号的这种非平稳特性对观测信号进行盲分离。在分离的过程当中，将瞬态混合情况下的自然梯度算法推广应用到卷积混合情况下，得出了一套在时域进行的自然梯度盲分离算法，从仿真结果上看，该方法具有很好的分离效果。

1. 问题的形成

在实际的战场环境下，雷达信号经过多次的发射和延迟之后到达侦察接收机，进行信号处理时，将观测信号用下面的有限脉冲卷积混合来模拟接收的信号：

$$\boldsymbol{X}(k)=\sum_{\tau=0}^{P-1}\boldsymbol{H}(\tau)\boldsymbol{S}(k-\tau)+\boldsymbol{N}(k) \tag{12-128}$$

式中，$\boldsymbol{S}(k)=[s_1(k),\cdots,s_n(k)]^{\mathrm{T}}$ 表示 n 个统计独立的源信号；$\boldsymbol{X}(k)=[x_1(k),\cdots,x_m(k)]^{\mathrm{T}}$ 表示侦察接收机的观测信号；$\boldsymbol{N}(k)=[n_1(k),\cdots,n_m(k)]^{\mathrm{T}}$ 表示互不相关的高斯传感器噪声；$\boldsymbol{H}$ 表示一个 $m\times n$ 具有通道脉冲响应元素 $h_{ij}(\tau)$ $(i=1,\cdots m;j=1,\cdots,n)$ 的矩阵；$\boldsymbol{P}$ 表示滤波长度。

为了获得估计的源信号 $\boldsymbol{Y}(k)=[y_1(k),\cdots,y_n(k)]^{\mathrm{T}}$，盲分离主要目的就是找到一个滤波长度为 L 的分离滤波器矩阵 W，使得分离之后的信号具有统计独立的性质

$$\boldsymbol{Y}(k)=\sum_{\tau=0}^{L-1}\boldsymbol{W}(\tau)\boldsymbol{X}(k-\tau) \tag{12-129}$$

式中，分离滤波矩阵 $\boldsymbol{W}(\tau)$ 可以定义为

$$\boldsymbol{W}(\tau)=\begin{bmatrix} w_{11}(\tau) & \cdots & w_{1m}(\tau) \\ \vdots & & \vdots \\ w_{n1}(\tau) & \cdots & w_{nm}(\tau) \end{bmatrix} \tag{12-130}$$

引入分离滤波矩阵 $\boldsymbol{W}(\tau),\tau=0,\cdots,L-1$ 的 $\boldsymbol{Z}$ 域形式 $\overline{\boldsymbol{W}}(z)$

$$\overline{\boldsymbol{W}}(z)=\sum_{\tau=0}^{L-1}\boldsymbol{W}(\tau)z^{-\tau} \tag{12-131}$$

式中，$z^{-\tau}$ 表示一个时延运算，$z^{-\tau}\boldsymbol{X}(k)=\boldsymbol{X}(k-\tau)$。为了估计出源信号，依然采用独立成分分析准则，和瞬态混合情况下相同，卷积混合的盲解卷也具有两类的不确定性，即顺序不确定和幅度不确定性。因此可以把分离信号表示为

$$\boldsymbol{Y}(k)=\boldsymbol{P\Lambda}\otimes\boldsymbol{S}(k) \tag{12-132}$$

式中,$\boldsymbol{\Lambda}$ 为一对角矩阵,⊗表示卷积运算。

2. 目标函数

因为假设源信号是统计独立的,所以源信号的相关矩阵 $\boldsymbol{R}_{SS}(k,\tau)=E[\boldsymbol{S}(k)\boldsymbol{S}^{\mathrm{T}}(k+\tau)]$就为一个对角矩阵,再根据新体制雷达信号的非平稳性,$\boldsymbol{R}_{SS}(k,\tau)$就是随时间 k 变化的量,同样分离信号$\boldsymbol{R}_{YY}(k,\tau)=E[\boldsymbol{Y}(k)\boldsymbol{Y}^{\mathrm{T}}(k+\tau)]$也是一个与时间有关的信号,我们所要做的就是对多个时延的相关矩阵进行去相关处理,这种联合对角化的方法[22]在瞬态混合情况下有不少的学者应用过,在这里,将其延伸到卷积混合的雷达侦察信号盲分离中。为了测量这种不相关性,采用下面的目标函数:

$$J(m,\overline{\boldsymbol{W}}(z))=\frac{1}{2}\sum_{b=1}^{m}\beta(m,b)\{\log[\det\operatorname{diag}\boldsymbol{R}_{YY}^{(b)}(\tau)]-\log[\det\boldsymbol{R}_{YY}^{(b)}(\tau)]\} \tag{12-133}$$

为了更好地描述信号的非平稳特性,将观测信号分成 m 段进行处理,其中,$\boldsymbol{R}_{YY}^{(b)}(\tau)=E_{(b)}[\boldsymbol{Y}(k)\boldsymbol{Y}^{\mathrm{T}}(k+\tau)]$表示第 b 段的延迟时间为 τ 的相关矩阵,$\beta(m,b)$是引入的权系数,它满足 $\sum\limits_{b=1}^{m}\beta(m,b)=1$,在本节当中,选择 $\beta(m,b)$为

$$\beta(m,b)=(1-\lambda)\lambda^{m-b} \tag{12-134}$$

3. 具体算法

这里采用自然梯度算法来求上面目标函数的最小值,其梯度表达式为

$$\Delta\boldsymbol{W}_m(\tau)\propto-\frac{\partial J[m,\overline{\boldsymbol{W}}(z)]}{\partial\boldsymbol{W}(\tau)}\overline{\boldsymbol{W}}^{\mathrm{T}}(z^{-1})\overline{\boldsymbol{W}}(z) \tag{12-135}$$

式中,$\tau=0,\cdots,L-1$ 表示分离矩阵的延迟,于是根据式(12-133)可以得到

$$\begin{aligned}\boldsymbol{W}_m(\tau)=&\alpha\sum_{b=1}^{m}\beta(m,b)\{[\operatorname{diag}\boldsymbol{R}_{YY}^{(b)}(0)]^{-1}[\operatorname{diag}\boldsymbol{R}_{YY}^{(b)}(\tau)-\boldsymbol{R}_{YY}^{(b)}(\tau)]\}\overline{\boldsymbol{W}}_{m-1}(z)\\&+\boldsymbol{W}_{m-1}(\tau)\end{aligned} \tag{12-136}$$

式中,α 是一个步进尺寸。

为了更好地描述算法,可以将上面的式子写成

$$\boldsymbol{W}_m(\tau)=\alpha\Delta\boldsymbol{W}_m(\tau)+\boldsymbol{W}_{m-1}(\tau) \tag{12-137}$$

且有

$$\Delta\boldsymbol{W}_m(\tau)=\sum_{b=1}^{m}(1-\lambda)\lambda^{m-b}\boldsymbol{Q}_b(\tau) \tag{12-138}$$

$$\boldsymbol{Q}_b(\tau)=\{[\operatorname{diag}\boldsymbol{R}_{YY}^{(b)}(0)]^{-1}[\operatorname{diag}\boldsymbol{R}_{YY}^{(b)}(\tau)-\boldsymbol{R}_{YY}^{(b)}(\tau)]\}\overline{\boldsymbol{W}}_{m-1}(z) \tag{12-139}$$

于是就可以得到具有递归属性算法

$$\Delta \boldsymbol{W}_m(\tau)=\lambda\Delta \boldsymbol{W}_{m-1}(\tau)+(1-\lambda)\boldsymbol{Q}_b(\tau) \tag{12-140}$$

这种算法的优点是：存储量小，计算速度快，对一些时变系统(如雷达侦察接收时，传感器和目标都是移动的)具有很好的分离效果，并且权向量 $\beta(m,b)$ 具有很好的跟踪属性。

12.5.2　基于快速固定点算法的卷积混合信号盲分离

采用在瞬态混合情况下由 Hyvarinen 和 Oja 提出的快速固定点算法对卷积混合的雷达侦察信号进行盲分离。并用仿真实验验证了该算法在卷积混合情况下的有效性。

1. 快速固定点算法

在本节当中，主要讨论基于非高斯性最大的独立成分分析方法。对非高斯性进行度量的变量主要有峭度和负熵。下面分别介绍基于峭度和负熵的快速固定点算法。

1) 峭度的快速固定点算法

由于采用峭度的梯度算法收敛速度慢，且依赖于合理的学习速度序列的选择，如果学习速度选择不当，收敛性甚至会破坏。基于此，Hyvarinen 和 Oja 提出了快速固定点算法。为了得到更为有效的固定点迭代，我们注意到在梯度算法的一个稳定点处，梯度必须指向 $\boldsymbol{w}$ 的方向，也就是说梯度必须等于一个常数标量与 $\boldsymbol{w}$ 的乘积。只有在这种情况下，将梯度与 $\boldsymbol{w}$ 相加才不改变其方向，且算法在此处收敛(这意味着每次标准化为单位范数后，$\boldsymbol{w}$ 除了符号有可能改变外，其量值不再改变)。由于峭度绝对值的梯度为

$$\frac{\partial|\operatorname{kurt}(\boldsymbol{w}^{\mathrm{T}}\boldsymbol{Z})|}{\partial \boldsymbol{w}}=4\operatorname{sign}[\operatorname{kurt}(\boldsymbol{W}^{\mathrm{T}}\boldsymbol{Z})][E\{\boldsymbol{Z}(\boldsymbol{w}^{\mathrm{T}}\boldsymbol{Z})^3\}-3\boldsymbol{w}\|\boldsymbol{w}\|^2] \tag{12-141}$$

令式(12-141)等于 $\boldsymbol{w}$，则可以得到快速固定点算法

$$\boldsymbol{w}\propto(E\{\boldsymbol{Z}(\boldsymbol{w}^{\mathrm{T}}\boldsymbol{Z})^3\}-3\boldsymbol{w}\|\boldsymbol{w}\|^2) \tag{12-142}$$

由于每次固定点迭代之后，$\boldsymbol{w}$ 都要除以其范数以满足 $\|\boldsymbol{w}\|=1$，于是

$$\boldsymbol{w}\leftarrow E\{\boldsymbol{Z}(\boldsymbol{w}^{\mathrm{T}}\boldsymbol{Z})^3\}-3\boldsymbol{w} \tag{12-143}$$

最后收敛的向量 $\boldsymbol{w}$ 以 $\boldsymbol{w}^{\mathrm{T}}\boldsymbol{Z}$ 的线性组合形式可以给我们其中一个独立成分。另外在实际现实中，式(12-143)的期望运算只能用相应的估计值来代替。固定点迭代的收敛意味着 $\boldsymbol{w}$ 在一个迭代前后应具有相同的方向，即迭代前 $\boldsymbol{w}$ 值与迭代后 $\boldsymbol{w}$ 值的点积几乎等于 1。我们并不需要向量最终必须收敛于一个单点，因为 $\boldsymbol{w}$ 与

一$\boldsymbol{w}$定义的方向实际是相同的。

2) 负熵的快速固定点算法

与峭度的情况类似,同样存在一个比梯度法快得多(负熵极大化)的固定点算法。对应的FastICA算法可以找到一个方向,即一个单位向量$\boldsymbol{w}$,使得对应的投影$\boldsymbol{w}^{\mathrm{T}}\boldsymbol{Z}$的非高斯性达到极大化。非高斯性用下面的负熵近似来度量:

$$J(y)\propto(E\{G(y)\}-E\{G(\nu)\})^2 \tag{12-144}$$

式中,G是一个任意的非二次函数。对式(12-144)求梯度并考虑$E\{(\boldsymbol{w}^{\mathrm{T}}\boldsymbol{Z})^2\}=\|\boldsymbol{w}\|=1$,就得到梯度算法

$$\Delta\boldsymbol{w}\propto\gamma E\{\boldsymbol{Z}g(\boldsymbol{w}^{\mathrm{T}}\boldsymbol{Z})\},\quad \boldsymbol{w}\leftarrow\boldsymbol{w}/\|\boldsymbol{w}\| \tag{12-145}$$

式中,$\gamma=E\{(\boldsymbol{w}^{\mathrm{T}}\boldsymbol{Z})\}-E\{G(\nu)\}$,$\nu$为一个标准化的高斯随机变量。

标准化过程在这里是必需的,它将$\boldsymbol{w}$投影到单位球上以保持$\boldsymbol{w}^{\mathrm{T}}\boldsymbol{Z}$的方差不变。函数$g$是负熵近似中函数$G$的导数。下面推导基于负熵的快速固定点算法。由式(12-145)的梯度方法就可以立即得到下面的固定点迭代:

$$\boldsymbol{w}\leftarrow E\{\boldsymbol{Z}g(\boldsymbol{w}^{\mathrm{T}}\boldsymbol{Z})\} \tag{12-146}$$

每次迭代后还是要对$\boldsymbol{w}$进行标准化。系数γ可以忽略,因为标准化过程本身已消除了γ的作用。但是式(12-146)定义的迭代,比起基于峭度的FastICA算法,其收敛特性并不理想,这是因为非多项式矩不像真正的累计量一样具有良好的代数特性。因此,需要对上面的迭代进行调整。在式(12-146)两边都加上$\boldsymbol{w}$乘以某个常数,而并不改变对应的固定点。事实上则有

$$\boldsymbol{w}=E\{\boldsymbol{Z}g(\boldsymbol{w}^{\mathrm{T}}\boldsymbol{Z})\} \tag{12-147}$$

$$\Leftrightarrow$$

$$(1+\alpha)\boldsymbol{w}=E\{\boldsymbol{Z}g(\boldsymbol{w}^{\mathrm{T}}\boldsymbol{Z})\}+\alpha\boldsymbol{w} \tag{12-148}$$

因为下面的步骤就是要将$\boldsymbol{w}$标准化为单位范数,所以上面两式算法具有相同的固定点。通过精心选择α,可以获得与峭度算法具有相同收敛速度的算法。如果系数α选择合理,那么FastICA算法就变为一种近似牛顿法。为了推导近似牛顿法,首先注意到$\boldsymbol{w}^{\mathrm{T}}\boldsymbol{Z}$的近似负熵的极大值通常在$E\{G(\boldsymbol{w}^{\mathrm{T}}\boldsymbol{Z})\}$的极值点处取得,根据约束条件$\boldsymbol{E}\{(\boldsymbol{w}^{\mathrm{T}}\boldsymbol{Z})^2\}=\|\boldsymbol{w}\|=1$和拉格朗日定理,可以建立下面的方程式:

$$\boldsymbol{E}\{\boldsymbol{Z}g(\boldsymbol{w}^{\mathrm{T}}\boldsymbol{Z})\}+\beta\boldsymbol{w}=0 \tag{12-149}$$

用$\boldsymbol{F}$表示式(12-149)左侧的部分,求得梯度为

$$\frac{\partial\boldsymbol{F}}{\partial\boldsymbol{w}}=E\{\boldsymbol{Z}\boldsymbol{Z}^{\mathrm{T}}g'(\boldsymbol{w}^{\mathrm{T}}\boldsymbol{Z})\}+\beta\boldsymbol{I} \tag{12-150}$$

为了简化矩阵求逆,需要对式(12-150)中的第一项进行近似。因为数据已经是球面化过的,似乎$E\{\boldsymbol{Z}\boldsymbol{Z}^{\mathrm{T}}g'(\boldsymbol{w}^{\mathrm{T}}\boldsymbol{Z})\}\approx E\{\boldsymbol{Z}\boldsymbol{Z}^{\mathrm{T}}\}E\{g'(\boldsymbol{w}^{\mathrm{T}}\boldsymbol{Z})\}=E\{g'(\boldsymbol{w}^{\mathrm{T}}\boldsymbol{Z})\}\boldsymbol{I}$可作为一个合理的近似。这时梯度变成了对角化的矩阵,可以简单的求逆。这样得

到了近似的牛顿迭代算法

$$\boldsymbol{w} \leftarrow \boldsymbol{w} - \frac{E\{\boldsymbol{Z}g(\boldsymbol{w}^{\mathrm{T}}\boldsymbol{Z})\} + \beta \boldsymbol{w}}{E\{g'(\boldsymbol{w}^{\mathrm{T}}\boldsymbol{Z})\} + \beta} \tag{12-151}$$

简化式(12-151)可得

$$\boldsymbol{w} \leftarrow E\{\boldsymbol{Z}g(\boldsymbol{w}^{\mathrm{T}}\boldsymbol{Z})\} - E\{g'(\boldsymbol{w}^{\mathrm{T}}\boldsymbol{Z})\}\boldsymbol{w} \tag{12-152}$$

这就是对应的 FastICA 算法中固定点迭代公式。

该算法的具体步骤如下：

(1) 对数据进行中心化使其均值为 0。

(2) 对数据进行白化处理，得到 $\boldsymbol{Z}$。

(3) 选择一个具有单位范数的初始化向量 $\boldsymbol{w}$。

(4) 更新 $\boldsymbol{w} \leftarrow E\{Zg(\boldsymbol{w}^{\mathrm{T}}\boldsymbol{Z})\} - E\{g'(\boldsymbol{w}^{\mathrm{T}}\boldsymbol{Z})\}\boldsymbol{w}$。

(5) 标准化 $\boldsymbol{w}$，$\boldsymbol{w} \leftarrow \boldsymbol{w}/\|\boldsymbol{w}\|$。

(6) 如果尚未收敛返回步骤(4)。

3) 渐近(串行)正交化

在信号的盲分离当中，需要估计多个信号，这就需要对所估计的分离矩阵进行正交化处理，实现正交化的一个简单途径是利用 Gram-Schmidt 方式的正交化方法，即一个接着一个地将独立成分估计出来。假定已经估计出 p 个独立成分(或者说 p 个向量 $\boldsymbol{w}_1,\cdots,\boldsymbol{w}_p$)那么可以再次运行一元算法估计 $\boldsymbol{w}_{p+1}$，并在每次迭代循环后从 $\boldsymbol{w}_{p+1}$ 中减去其在已经估计出的前 p 个向量上的投影 $(\boldsymbol{w}_{p+1}^{\mathrm{T}}\boldsymbol{w}_j)\boldsymbol{w}_j$，$j=1,\cdots,p$，然后再对 $\boldsymbol{w}_{p+1}$ 标准化。具体步骤如下：

(1) 选择要估计的独立成分的个数 m。置 $p \leftarrow 1$。

(2) 初始化 $\boldsymbol{w}_p$(可以随机选取)。

(3) 在 $\boldsymbol{w}_p$ 上进行一元算法，进行一次迭代。

(4) 进行下面的正交化：

$$\boldsymbol{w}_p \leftarrow \boldsymbol{w}_p - \sum_{j=1}^{p-1} (\boldsymbol{w}_p^{\mathrm{T}}\boldsymbol{w}_j)\boldsymbol{w}_j \tag{12-153}$$

(5) 对 $\boldsymbol{w}_p$ 进行标准化(除以其范数)。

(6) 如果 $\boldsymbol{w}_p$ 尚未收敛，返回步骤(3)。

(7) 置 $p \leftarrow p+1$。如果 p 不大于要估计的独立成分个数，返回步骤(2)。否则返回步骤(3)。

4) 对称(并行)正交化

在许多应用中，采用对称去相关方法则更为合理，这样每个向量地位均等，没有任何向量更具有特权。这意味着向量 $\boldsymbol{w}_i$ 不是一个接一个地估计出来的，而是并行的同时估计出来的。这样做的动机首先是因为渐近方法具有以下的缺点：先估计出来向量的估计误差会累计到后面的向量估计中(这是因为正交化过程造成

的);其次,对称正交化方法可以使独立成分并行计算。其具体步骤如下:

(1) 对数据进行中心化处理,使其均值为 0。

(2) 然后对数据进行白化处理,得到白化矩阵 $\boldsymbol{Z}$。

(3) 选择要估计的独立成分的个数 m。

(4) 初始化所有的 $\boldsymbol{w}_i, i=1,\cdots,m$,其中每一个 $\boldsymbol{w}_i$ 都具有单位范数,用下面步骤(6)的方法对矩阵进行正交化。

(5) 对每个 $i=1,\cdots,m$,更新 $\boldsymbol{w}_i \leftarrow E\{\boldsymbol{Z}g(\boldsymbol{w}_i^{\mathrm{T}}\boldsymbol{Z})\}-E\{g'(\boldsymbol{w}_i^{\mathrm{T}}\boldsymbol{Z})\}\boldsymbol{w}_i$。

(6) 对矩阵 $\boldsymbol{W}=(\boldsymbol{w}_1,\cdots,\boldsymbol{w}_m)^{\mathrm{T}}$ 进行对称正交化:

$$\boldsymbol{W} \leftarrow (\boldsymbol{W}\boldsymbol{W}^{\mathrm{T}})^{-1/2}\boldsymbol{W} \tag{12-154}$$

(7) 如果尚未收敛,则返回步骤(5)。

2. 预白化处理

在瞬态混合情况下,为了简化信号的处理过程,一般在第一步采用 PCA 方法对观测信号进行预白化处理,使得白化信号满足 $E\{\boldsymbol{Z}(t)\boldsymbol{Z}^{\mathrm{T}}(t)\}=\boldsymbol{I}$,分离矩阵满足 $\|\boldsymbol{W}\|^2=1$,从而大大简化了分离的过程。在卷积混合情况下,采用相同的思想,将观测信号进行预白化处理,其过程如下。

在每一个观测时刻 n,考虑下面的列向量:

$$\widetilde{\boldsymbol{X}}(k)=[x_1(k+R),\cdots,x_1(k-R),\cdots,x_m(k+R),\cdots,x_m(k-R)]^{\mathrm{T}} \tag{12-155}$$

这是一个含有 $M=(2R+1)m$ 个元素的向量,于是就可以和瞬态混合情况下相似,采用 PCA 方法对观测信号进行预白化处理,假设白化矩阵为 $\boldsymbol{V}$,它是一个 $M\times M$ 的矩阵,我们就可以得到一个含有 M 个观测元素的列向量 $\boldsymbol{X}'(k)=[x_1'(k),\cdots,x_M'(k)]^{\mathrm{T}}$,有

$$\boldsymbol{X}'(k)=\boldsymbol{V}\widetilde{\boldsymbol{X}}(k) \tag{12-156}$$

并且满足

$$E\{x_i'(k)x_j'(k)\}=\delta_{ij}, \quad \forall\, i,j\in\{1,\cdots,M\} \tag{12-157}$$

式(12-157)表示 $x_i'(k)$是互不相关并且具有单位方差的变量。

3. 分离算法及初值的选取

卷积混合盲分离的主要目的就是在白化观测向量 $\boldsymbol{X}'(k)$中通过一个的滤波分离 $\boldsymbol{W}$,抽取分离信号 $\boldsymbol{Y}(k)$,即

$$\boldsymbol{Y}(k)=\boldsymbol{W}^{\mathrm{T}}\boldsymbol{X}'(k)=\sum_{i=1}^{M}\boldsymbol{w}_i x_i'(k) \tag{12-158}$$

式中,$\boldsymbol{W}$ 是一个 $M\times M$ 的分离矩阵,于是 $E\{\boldsymbol{Y}(k)^2\}=\boldsymbol{W}^{\mathrm{T}}E\{\boldsymbol{X}'(k)\boldsymbol{X}'(k)^{\mathrm{T}}\}\boldsymbol{W}$,因为 $\boldsymbol{X}'(k)$是白化信号,所以 $E\{\boldsymbol{Y}(k)^2\}=\boldsymbol{W}^{\mathrm{T}}\boldsymbol{I}\boldsymbol{W}=\|\boldsymbol{W}\|^2$,为了去除幅度的不确定

性，一般限制分离信号具有单位方差的属性，所以

$$E\{\boldsymbol{Y}(k)^2\}=1 \Leftrightarrow \|\boldsymbol{W}\|^2=1 \tag{12-159}$$

在采用快速固定点算法对信号进行盲分离的过程当中，需要对分离矩阵进行初始化，一般情况下随机选取这种初始值，但是从仿真的结果上看来，随机选取的初始值有可能导致算法的不收敛，并且收敛速度比较慢，其具体过程如下[23]。

假设总的分离矩阵为 $\boldsymbol{B}$，则 $\boldsymbol{B}=\boldsymbol{W}^{\mathrm{T}}\boldsymbol{V}$，初始的分离矩阵就可以选为：$\boldsymbol{w}_{i0}^{\mathrm{T}}=\boldsymbol{B}_0\boldsymbol{V}^{-1}$，而 $\boldsymbol{B}_0=[\underbrace{0,\cdots,0,1,0,\cdots,0}_{b_1},\cdots,\underbrace{0,\cdots,0,1,0,\cdots,0}_{b_m}]$，于是得到卷积混合情况下的快速固定点算法。

(1) 对观测的雷达侦察信号进行零均值处理。

(2) 采用 PCA 方法对观测信号进行预白化处理，得到白化矩阵 $\boldsymbol{X}'(k)$。

(3) 选择要估计的独立成分的个数 n，置 $i\leftarrow 1$。

(4) 用上面构造的方法初始化分离矩阵 $\boldsymbol{w}_{i0}$。

(5) 按照基于峭度的快速固定点进行更新：

$$\boldsymbol{w}_i \leftarrow E\{X'(\boldsymbol{w}_i^{\mathrm{T}}X')^3\}-3\boldsymbol{w}_i \tag{12-160}$$

(6) 进行下面的正交化：

$$\boldsymbol{w}_i \leftarrow \frac{3}{2}\boldsymbol{w}_i-\frac{1}{2}\|\boldsymbol{w}_i\|^2\boldsymbol{w}_i-\boldsymbol{w}_i\boldsymbol{w}_i^{\mathrm{H}}\boldsymbol{w}_i \tag{12-161}$$

(7) 标准化 $\boldsymbol{w}_i$，即 $\boldsymbol{w}_i \leftarrow \dfrac{\boldsymbol{w}_i}{\|\boldsymbol{w}_i\|}$。

(8) 如果 $\boldsymbol{w}_i$ 尚未收敛，则返回步骤(5)。

(9) 置 $i\leftarrow i+1$。如果 $i\leqslant n$，返回步骤(4)。

12.5.3　改进的快速固定点算法

在本节当中，将快速固定点算法进行改进，在时间和空间两个方面进行延伸，得到在时域情况下对卷积混合的雷达侦察信号进行盲分离。从仿真结果可以看出，这种方法能够较好地实现分离，达到预期的目标。改进的实质内容是：在上节引入算法基础上，根据雷达侦察信号的特点，将含噪声的雷达信号用卡亨南洛维展开[24]，利用展开正交函数的特性，推导了一种时空预白化处理方法，并模仿瞬态混合情况下，限制分离滤波器[25]，使之具有归一化属性。这样做的好处在于，不像上节的算法那样需要对初始值进行迭代处理，收敛速度明显加快。

1. 预白化处理

预白化处理的主要目的就是去除混合信号在时间和空间上的相关性，采用具有下列形式的一系列滤波矩阵对混合信号进行白化处理：

$$\boldsymbol{P}_i(z)=\boldsymbol{D}_i^{(P)}\begin{bmatrix}\boldsymbol{P}_{11i}(z) & \boldsymbol{P}_{12i}(z) & \cdots & \boldsymbol{P}_{1mi}(z)\\ 0 & \boldsymbol{P}_{22i}(z) & \cdots & \vdots\\ \vdots & \vdots & & \vdots\\ 0 & \cdots & 0 & \boldsymbol{P}_{mmi}(z)\end{bmatrix} \tag{12-162}$$

$$\boldsymbol{Q}_i(z)=\boldsymbol{D}_i^{(Q)}\begin{bmatrix}\boldsymbol{Q}_{11i}(z) & 0 & \cdots & 0\\ \boldsymbol{Q}_{21i}(z) & \boldsymbol{Q}_{22i}(z) & \cdots & \vdots\\ \vdots & \vdots & & 0\\ \boldsymbol{Q}_{m1i}(z) & \cdots & \cdots & \boldsymbol{Q}_{mmi}(z)\end{bmatrix} \tag{12-163}$$

式中，$\{\boldsymbol{P}_i(z)\}$和$\{\boldsymbol{Q}_i(z)\}$是 K 个有限脉冲响应的滤波器，其元素$\{\boldsymbol{P}_{jji}(z)\}$和$\{\boldsymbol{Q}_{jji}(z)\}$是具有零延迟的系数；$\boldsymbol{D}_i^{(P)}$ 和 $\boldsymbol{D}_i^{(Q)}$ 是 $m\times m$ 的对角尺度矩阵，通过合适的选择这些滤波矩阵，就可以去除混合矩阵的相关性。本节采用下列方法进行白化处理，其 MATLAB 代码为

```
for   i=1:m
Z((i-1)*L+1:i*L,:)=toeplitz([X(i,1);zeros(L-1,1)],X(I,:));
end
```

2. 算法的具体实现

假设 $s_i(k)(1\leqslant i\leqslant n)$表示 n 个相互统计独立的源信号，$x_j(k)(1\leqslant j\leqslant m)$表示 m 个传感器接收信号，并且有 $m\geqslant n$，于是

$$x_j(k)=n_j(k)+\sum_{i=1}^{n}\sum_{p=-\infty}^{\infty}a_{jip}s_i(k-p) \tag{12-164}$$

式中，$\{a_{jip}\}$表示混合通道的系数；$n_j(k)$表示不相关的高斯传感器噪声。卷积混合盲分离的主要目标就是计算一系列的分离信号$\{y_i(k)\}(1\leqslant i\leqslant n)$，也就是

$$y_i(k)=\sum_{j=1}^{m}\sum_{p=0}^{L'-1}b_{ijp}x_j(k-p) \tag{12-165}$$

式中，L'是滤波器的长度。

求解盲分离主要就是求解滤波器的系数问题，也就是求含有 mnL'个参数的$\{b_{ijp}\}$，分离信号与源信号之间主要存在顺序和幅度上的区别。

求解滤波器参数$\{b_{ijp}\}$的准则主要有下面三种：基于源信号的非高斯性、非平稳性和相关属性。本节采用基于非高斯性最大化的快速固定点算法，对于雷达侦察信号而言，为了构造在卷积情况下的盲分离，假设雷达信号是由均值为零，单位方差的非高斯随机过程 $\zeta_i(k)$进行线性滤波得到的，即

$$s_i(k)=\sum_{l=0}^{\widetilde{L}-1}d_{il}\zeta_i(k-l) \tag{12-166}$$

式中，$\widetilde{L}$ 是假设模型的阶数；$\zeta_i(k)$是相互统计独立的；源信号 $s_i(k)$的属性由滤波

系数$\{d_{il}\}$决定。

上面的假设对雷达信号来说是合理的，因为对多传感器卷积混合的雷达侦察信号，上式所建立的模型可以对各种雷达信号进行模拟。为了处理上的方便，我们将随机过程 $\zeta_i(k)$按一组正交函数$\{\zeta_{ir}(k)\}$进行展开，也就是常说的卡亨南洛维展开，并且满足

$$\sum_k \zeta_{ir}(k)\zeta_{in}(k) = \begin{cases} 1, & r = n \\ 0, & r \neq n \end{cases} \tag{12-167}$$

于是式(12-166)可化为

$$\begin{aligned} s_i(k) &= \sum_{l=0}^{\widetilde{L}-1} d_{il} \sum_{r=-\infty}^{\infty} \lambda_{ir}\zeta_{ir}(k-l) \\ &= \sum_{l=0}^{\widetilde{L}-1} \sum_{r=-\infty}^{\infty} d_{il}\lambda_{ir}\zeta_{ir}(k-l) \\ &= \sum_{l=0}^{L-1} \sum_{r=-\infty}^{\infty} h_{ilr}\zeta_{ir}(k-l) \end{aligned} \tag{12-168}$$

于是雷达信号的盲分离就转换为在分离信号$\{y_i(k)\}$中抽取所有的本征函数$\{\zeta_{in}(k)\}$。可以采用下面的总体分离矩阵 c_{ijlr} 来对信号进行描述，即

$$c_{ijlr} = \sum_{t=1}^{m} \sum_{p=0}^{L'-1} \sum_{q=-\infty}^{\infty} \sum_{r=-\infty}^{\infty} b_{itp} a_{tj(q-p)} h_{j(t-p)r} \tag{12-169}$$

于是

$$y_i(k) = \sum_{l=-\infty}^{\infty} \sum_{j=1}^{n} \sum_{r=-\infty}^{\infty} c_{ijlr}\zeta_{jr}(k-l) \tag{12-170}$$

因为本征函数$\{\zeta_{in}(k)\}$是由一组正交函数组成，所以与瞬态混合情况下相似，通过限制总体分离矩阵$\{c_{ijlr}\}$来简化算法，使$\{c_{ijlr}\}$满足下面归一化滤波属性：

$$\sum_{p=1}^{n} \sum_{q=-\infty}^{\infty} \sum_{r=-\infty}^{\infty} \boldsymbol{c}_{ipqr}\, \boldsymbol{c}_{jp(l+q)r} = \begin{cases} 1, & i = j, l = 0 \\ 0, & \text{其他} \end{cases} \tag{12-171}$$

通过调整总体滤波矩阵$\{\boldsymbol{c}_{ijlr}\}$，其中 $1 \leqslant j \leqslant n$，$-\infty \leqslant l \leqslant \infty$，$-\infty \leqslant r \leqslant \infty$，可以采用基于非高斯最大的快速固定点算法在卷积混合矩阵中抽取一个独立源信号 $y_i(k)$，分离之后的信号往往是源信号的一个滤波，也就是在时间上的一个延迟和尺度上的变化，这对于分离信号是无关紧要的。在尺度上的变化可以和瞬态混合情况下一样，限制分离信号的方差为 1，并采用总体分离矩阵的归一化滤波属性。

由上面的分析可知，卷积混合雷达侦察信号的盲分离就是为了求出一个具有归一化属性的分离滤波器，于是我们就可以推导出下面的算法。在本算法的应用当中，预白化处理是一个很重要的环节，它的好坏直接影响到信号是否能够分离

的问题。预白化处理的主要目的就是通过一个滤波器$\{h_{ijp}\}$，使得输出的信号$Z_i(k)$在时间和空间两方面都不相关，并且方差为1，即

$$Z_i(k)=\sum_{j=1}^{n}\sum_{p=-\infty}^{\infty}h_{ijp}x_j(k-p) \tag{12-172}$$

这里采用上面提出的预白化方法对观测信号进行处理，并定义

$$Z(k)=[Z_1^{\mathrm{T}}(k),Z_2^{\mathrm{T}}(k),\cdots,Z_m^{\mathrm{T}}(k)]^{\mathrm{T}} \tag{12-173}$$

$$Z_j(k)=[Z_j(k),Z_j(k-1),\cdots,Z_j(k-L+1)]^{\mathrm{T}} \tag{12-174}$$

且令

$$\boldsymbol{w}_i=[\boldsymbol{w}_{i1}^{\mathrm{T}},\boldsymbol{w}_{i2}^{\mathrm{T}},\cdots,\boldsymbol{w}_{im}^{\mathrm{T}}]^{\mathrm{T}} \tag{12-175}$$

$$\boldsymbol{w}_{ij}=[\boldsymbol{w}_{ij0},\boldsymbol{w}_{ij1},\cdots,\boldsymbol{w}_{ij(L-1)}]^{\mathrm{T}} \tag{12-176}$$

于是分离信号为

$$y_i(k)=\sum_{j=1}^{m}\sum_{p=0}^{L-1}\boldsymbol{w}_{ijp}Z_j(k-p)=\boldsymbol{w}_i^{\mathrm{T}}Z(k) \tag{12-177}$$

式中，$1\leqslant k\leqslant N$，N是采样点数；$\{\boldsymbol{w}_{ijp}\}$为分离矩阵。

由白化信号的统计正交性，根据上面对雷达侦察信号的分解原理，可以限制$\{\boldsymbol{w}_{ijp}\}$，使其具有归一化性质

$$\sum_{p=1}^{m}\sum_{q=-\infty}^{\infty}\boldsymbol{w}_{ipq}\,\boldsymbol{w}_{jp(l+q)}=\begin{cases}1, & i=j,l=0\\0, & 0<|l|\leqslant Q\end{cases} \tag{12-178}$$

式中，Q是分离系统的长度，且$Q\leqslant L$，也就是说在区域$0\leqslant q\leqslant L-1$之外的$\boldsymbol{w}_{ipq}$均为零。于是我们得到实行一步单元迭代的快速固定点算法步骤如下：

(1) 采样观测信号数据，对数据进行滤波，得到白化数据Z。

(2) 初始化分离矢量$\boldsymbol{w}_i$。

(3) 采用式(12-177)计算$y_i(k)$，$1\leqslant k\leqslant N$。

(4) 用快速固定点算法更新分离系数

$$\boldsymbol{w}_i\leftarrow\frac{1}{N}\sum_{k=1}^{N}f[y_i(k)]Z(k)-f'[y_i(k)]\,\boldsymbol{w}_i \tag{12-179}$$

(5) 其中，$f(y)$是算法选择的非线性函数，$f'(y)$是它的导数。在瞬态混合情况下$f(y)$的选择是按照一定的准则选取的，在卷积混合条件下，也按照这种方法选取。根据雷达信号的特点，选$f(y)=\tanh(\alpha y)$，$\alpha>0$。

(6) 判断算法有没有收敛，假如没有，则返回步骤(1)。

上面讨论了单个信号的分离问题，下面就需要分离多个信号进行研究，其主要目的就是要使分离矢量满足归一化的条件，这里可以从两个方面入手，一是采用串行的方法进行处理，二是采用并行的方法。

1) 串行正交化

在估计多个源信号的时候，需要对每个分离$\boldsymbol{w}_j$向量进行处理，使得其满足归

一化属性，其具体步骤如下。

归一化分离向量

$$\boldsymbol{w}_i \leftarrow \frac{\boldsymbol{w}_i}{\sqrt{\boldsymbol{w}_i^{\mathrm{T}} \boldsymbol{w}_i}} \tag{12-180}$$

当 $\boldsymbol{w}_i$ 与$\boldsymbol{w}_1, \boldsymbol{w}_2, \cdots, \boldsymbol{w}_{i-1}$不满足归一化属性时，进行下面的迭代：

$$\boldsymbol{w}_i \leftarrow \frac{3}{2} \boldsymbol{w}_i - \frac{1}{2} g(\boldsymbol{w}_i, \boldsymbol{w}_i) - \sum_{j=1}^{i-1} g(\boldsymbol{w}_i, \boldsymbol{w}_j) \tag{12-181}$$

式中

$$g(\boldsymbol{w}_i, \boldsymbol{w}_j) = [\boldsymbol{g}_{ij1}^{\mathrm{T}}, \boldsymbol{g}_{ij2}^{\mathrm{T}}, \cdots, \boldsymbol{g}_{ijm}^{\mathrm{T}}]^{\mathrm{T}} \tag{12-182}$$

$$\boldsymbol{g}_{ijk} = \boldsymbol{C}_{ij} \boldsymbol{w}_{jk} \tag{12-183}$$

并且 $\boldsymbol{C}_{ij}$ 的第(p,q)个元素为

$$[\boldsymbol{C}_{ij}]_{pq} = \begin{cases} \sum_{k=1}^{m} \sum_{l=0}^{L-1} \boldsymbol{w}_{jkl} \boldsymbol{w}_{ik(l+p-q)}, & |p-q| < \dfrac{L-1}{2} \\ 0, & \text{其他} \end{cases} \tag{12-184}$$

为了更好地理解上面的方法，定义第 i 个系统的 $n \times 1$ 向量多项式

$$\boldsymbol{\Psi}_i(z) = \sum_{l=0}^{L-1} [\boldsymbol{w}_{i1l}, \boldsymbol{w}_{i2l}, \cdots, \boldsymbol{w}_{iml}]^{\mathrm{T}} z^{-l} \tag{12-185}$$

那么式(12-180)～式(12-183)就可以用这种向量多项式表达为

$$\begin{aligned} \boldsymbol{\Psi}_i(z) \leftarrow \frac{3}{2} \boldsymbol{\Psi}_i(z) - \Bigg\{ & \frac{1}{2} [\boldsymbol{\Psi}_i^{\mathrm{T}}(z^{-1}) \boldsymbol{\Psi}_i(z)]_{-(L-1)/2}^{(L-1)/2} \boldsymbol{\Psi}_i(z) \\ & + \sum_{j=1}^{i-1} [\boldsymbol{\Psi}_j^{\mathrm{T}}(z^{-1}) \boldsymbol{\Psi}_i(z)]_{-(L-1)/2}^{(L-1)/2} \boldsymbol{\Psi}_j(z) \Bigg\}_0^{L-1} \end{aligned} \tag{12-186}$$

式中，$[\cdot]_J^K$ 表示截取多项式从 J 到 K 的值。于是由式(12-186)可以得到

$$[\boldsymbol{\Psi}_i^{\mathrm{T}}(z^{-1}) \boldsymbol{\Psi}_i(z)]_{-(L-1)/2}^{(L-1)/2} \to 1 \tag{12-187}$$

$$[\boldsymbol{\Psi}_j^{\mathrm{T}}(z^{-1}) \boldsymbol{\Psi}_i(z)]_{-(L-1)/2}^{(L-1)/2} \to 0, \quad 1 \leqslant j < i \tag{12-188}$$

上面的这种限制也就是使 $\boldsymbol{w}_i$ 具有正交归一化的属性，为了进一步增强这种属性，让 $L \to \infty$，并定义

$$\underline{\boldsymbol{w}}_i = \boldsymbol{\Psi}_i(z) \big|_{z=\mathrm{e}^{\mathrm{j}\omega}} \tag{12-189}$$

$$\underline{\boldsymbol{W}}_i = [\boldsymbol{\Psi}_1(z), \boldsymbol{\Psi}_2(z), \cdots, \boldsymbol{\Psi}_{i-1}(z)] \big|_{z=\mathrm{e}^{\mathrm{j}\omega}} \tag{12-190}$$

那么式(12-186)可以写成

$$\underline{\boldsymbol{w}}_{i,\text{new}} = \frac{3}{2} \underline{\boldsymbol{w}}_i - \frac{1}{2} \| \underline{\boldsymbol{w}}_i \|^2 \underline{\boldsymbol{w}}_i - \underline{\boldsymbol{W}}_i \underline{\boldsymbol{W}}_i^{\mathrm{H}} \underline{\boldsymbol{w}}_i \tag{12-191}$$

于是就得到了估计多个源信号的分离算法。

2) 对称正交化

对称正交化就是同时估计所有的源信号，并且使分离矩阵满足归一化属性。

这样做的好处就是避免了由于第一个估计不准确而连带影响后面的估计精度。其具体实现步骤如下。

标准化所有的分离向量$\{\boldsymbol{w}_i\}(1\leqslant i\leqslant m)$

$$\boldsymbol{w}_i \leftarrow \frac{\boldsymbol{w}_i}{\sqrt{\boldsymbol{w}_i^{\mathrm{T}}\boldsymbol{w}_i}} \tag{12-192}$$

当$\{\boldsymbol{w}_i\}(1\leqslant i\leqslant m)$不具有联合归一化属性时,则进行下面的迭代:

$$\boldsymbol{w}_i \leftarrow \frac{3}{2}\boldsymbol{w}_i - \frac{1}{2}\sum_{j=1}^{m} g(\boldsymbol{w}_i,\boldsymbol{w}_j) \tag{12-193}$$

式中,$g(\boldsymbol{w}_i,\boldsymbol{w}_j)$定义与上面相同。为了更好地理解算法的结构,定义 Z 域矩阵

$$\underline{\boldsymbol{W}}(z) = \sum_{l=0}^{L-1}\begin{bmatrix} \boldsymbol{w}_{11l} & \cdots & \boldsymbol{w}_{1ml} \\ \vdots & & \vdots \\ \boldsymbol{w}_{m1l} & \cdots & \boldsymbol{w}_{mml} \end{bmatrix} z^{-l} \tag{12-194}$$

于是上面的算法可以写成

$$\underline{\boldsymbol{W}}(z) \leftarrow \frac{3}{2}\underline{\boldsymbol{W}}(z) - \frac{1}{2}\{[\underline{\boldsymbol{W}}(z)\underline{\boldsymbol{W}}^{\mathrm{T}}(z^{-1})]_{-(L-1)/2}^{(L-1)/2}\underline{\boldsymbol{W}}(z)\}_0^{L-1} \tag{12-195}$$

12.5.4 仿真分析

1. 基于非平稳特性的时域盲解卷

下面采用书中介绍的方法对卷积混合的非平稳雷达侦察信号进行盲分离,验证该方法的有效性。实验中假设有三路雷达信号进入雷达侦察接收机,分别为线性调频信号、抛物线调频信号和正弦调频信号。三路信号的长度均为 1024,实验当中使用归一化频率。用滤波长度为 $P=5$ 的滤波器对源信号进行混合,考虑的噪声为高斯白噪声信号,信噪比为 20dB。权函数的参数 $\lambda=0.999$,仿真中混合滤波器的参数为

$$H_{11}(z) = 1+0.8z^{-1}+0.65z^{-2}+0.5z^{-3}+0.25z^{-4}$$
$$H_{12}(z) = 0.6+0.5z^{-1}+0.5z^{-2}+0.32z^{-3}+0.25z^{-4}$$
$$H_{13}(z) = 0.7+0.6z^{-1}+0.5z^{-2}+0.4z^{-3}+0.25z^{-4}$$
$$H_{21}(z) = 0.6+0.5z^{-1}+0.4z^{-2}+0.3z^{-3}+0.15z^{-4}$$
$$H_{22}(z) = 1+0.9z^{-1}+0.7z^{-2}+0.5z^{-3}+0.35z^{-4}$$
$$H_{23}(z) = 0.67+0.6z^{-1}+0.5z^{-2}+0.3z^{-3}+0.25z^{-4}$$
$$H_{31}(z) = 0.5+0.5z^{-1}+0.4z^{-2}+0.3z^{-3}+0.15z^{-4}$$
$$H_{32}(z) = 0.6+0.5z^{-1}+0.45z^{-2}+0.3z^{-3}+0.25z^{-4}$$
$$H_{33}(z) = 1+0.7z^{-1}+0.65z^{-2}+0.5z^{-3}+0.45z^{-4}$$

从仿真结果图 12-18～图 12-20 可以看出,这种在时域基于自然梯度的算法能够对卷积混合的雷达侦察信号进行盲分离,但是算法在实现的过程当中是非常

耗时的。整个实验做 50 次蒙特卡罗实验，程序在运行中花了将近半小时。而在频域内进行处理时，时间大大减少了。算法的分离精度还是可以的，它们的相关系数分别为：$R_{11}=0.9548$，$R_{22}=-0.9624$，$R_{33}=-0.9474$。

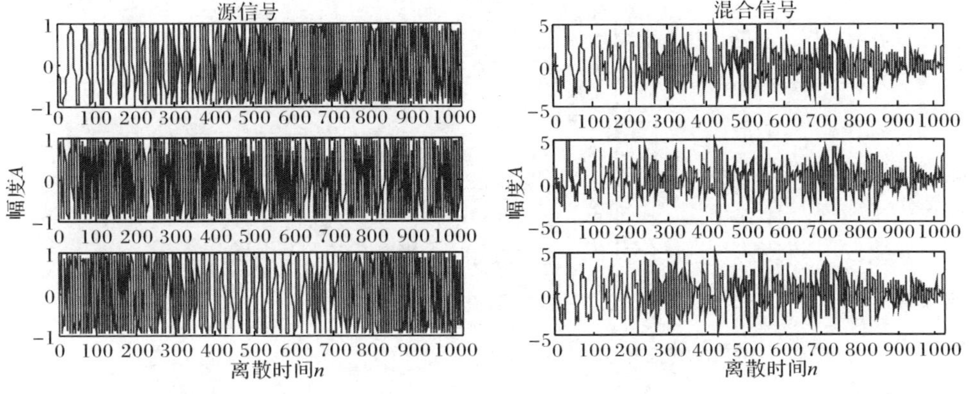

图 12-18 源信号

图 12-19 混合信号

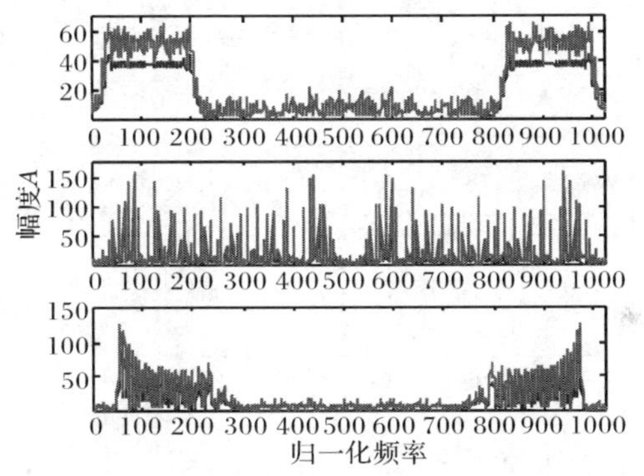

图 12-20 源信号与分离信号的谱图

2. 基于快速固定点算法的盲解卷

在本次实验当中，将本书提出的改进快速固定点算法与原有的算法进行比较。实验中假设有三路雷达信号进入雷达侦察接收机，分别为线性调频信号、幅度调制信号和低频正弦信号。三路信号的长度均为 1024。混合滤波长度为 $P=5$，其参数如图 12-21 所示，考虑的噪声为高斯白噪声信号，信噪比为 20dB。

从仿真结果图 12-22～图 12-26 可以看到，本书所改进的方法在处理雷达侦察信号时具有较好的分离效果，并且具有较快的收敛速度，与上面的自然梯度算法相比，该方法在同等条件下只需要花 10min 左右的运行时间，运算量明显降低。通过计算得出两种算法的相关系数分别为：$R_{11}=0.8965$，$R_{22}=0.9065$，$R_{33}=$

0.8767(原有算法);$R_{11}=0.9665$,$R_{22}=0.9435$,$R_{33}=0.9543$(改进算法)。

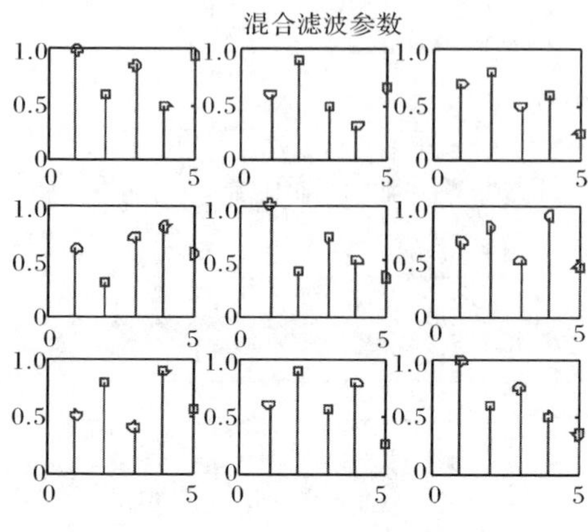

图 12-21　混合滤波参数

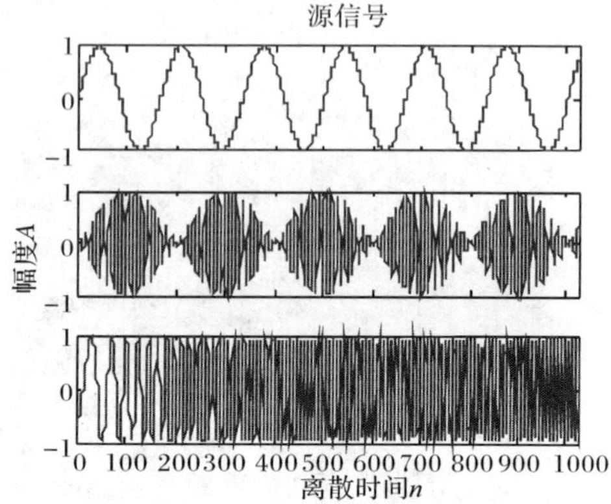

图 12-22　源信号

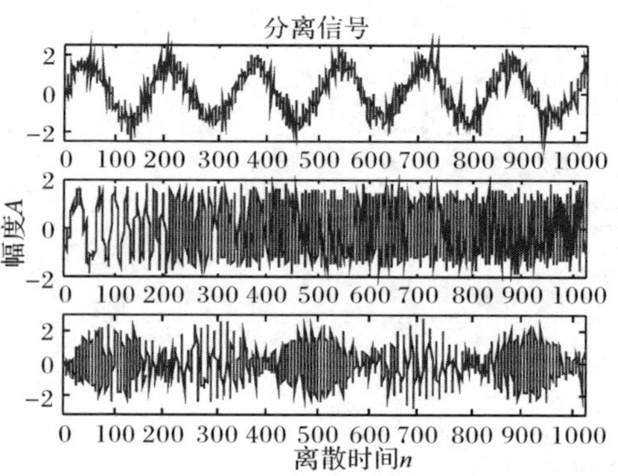

图 12-23　分离信号(原有算法)

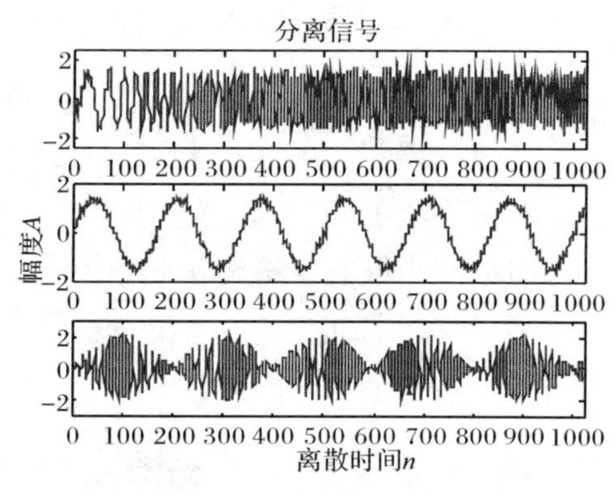

图 12-24　分离信号(改进算法)

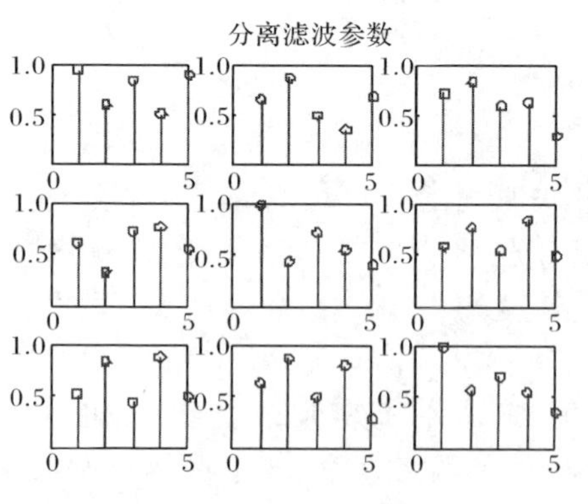

图 12-25　分离滤波参数

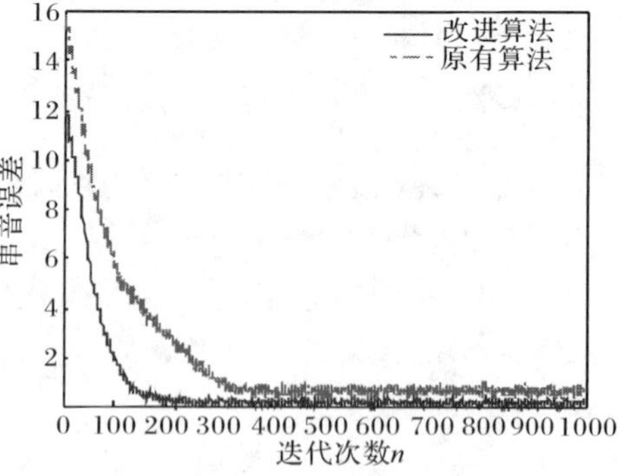

图 12-26　算法误差比较

12.6　卷积混合雷达侦察信号频域盲分离

本节在频域内对卷积混合的信号进行盲分离，主要讨论频域盲分离的两类不确定性问题。

12.6.1　基于非平稳特性的频域盲分离算法

由于现代大多数的新体制雷达信号具有非平稳的特性，将基于非平稳特性的频域盲分离算法[26]应用到卷积混合的雷达侦察信号的盲分离当中。通过仿真实验，可以得到较好的分离效果，这就为雷达侦察信号的分选识别提供了依据。假设有如下的含噪声的卷积混合模型：

$$\boldsymbol{X}(t)=\boldsymbol{A}\otimes\boldsymbol{S}(t)+\boldsymbol{N}(t) \tag{12-196}$$

首先考虑信号的自相关函数：$\boldsymbol{R}_x(t,t+\tau)=E[x(t)x(t+\tau)^{\mathrm{T}}]$，对于平稳信号，自相关函数只与信号的时间间隔有关，而与信号的时间 t 无关，即$\boldsymbol{R}_x(t,t+\tau)=\boldsymbol{R}_x(\tau)$，而对于非平稳的雷达侦察信号，其自相关函数是时变的。于是就可以利用信号的这种非平稳特性对信号进行盲分离。在这里对任意平均的互功率谱进行处理，以使得源信号的互功率谱矩阵对角化。一种样本平均的互功率谱可以定义为

$$\bar{\boldsymbol{R}}_x(\omega,t)=\frac{1}{N}\sum_{n=0}^{N-1}\boldsymbol{x}(\omega,t+nT)\,\boldsymbol{x}^{\mathrm{H}}(\omega,t+nT) \tag{12-197}$$

这种计算需要 NT 个观测样本值，然后根据卷积混合信号模型，可以得到

$$\bar{\boldsymbol{R}}_x(\omega,t)=\boldsymbol{A}(\omega)\boldsymbol{\Lambda}_s(\omega,t)\,\boldsymbol{A}^{\mathrm{H}}(\omega)+\boldsymbol{\Lambda}_n(\omega,t) \tag{12-198}$$

如果 N 足够大的话，就可以认为 $\boldsymbol{\Lambda}_s(\omega,t)$和 $\boldsymbol{\Lambda}_n(\omega,t)$为对角矩阵(因为统计独立性的假设)。对给定的频点为使上式针对不同 t 所得到的所有条件方程式是相互线性独立的方程式，就必须要求 $\boldsymbol{\Lambda}_s(\omega,t)$是随时间变化的，也即信号是非平稳的。对信号的盲分离主要就是使分离信号的互功率谱为对角信号，即

$$\hat{\boldsymbol{\Lambda}}_s(\omega,t)=\boldsymbol{W}(\omega)[\bar{\boldsymbol{R}}_x(\omega,t)-\boldsymbol{\Lambda}_n(\omega,t)]\boldsymbol{W}^{\mathrm{H}}(\omega) \tag{12-199}$$

式中，$\boldsymbol{W}(\omega)$为时域信息 $\boldsymbol{W}(\tau)$对应的 DFT 运算。为使得每个时段的线性独立条件成立，应适当的选择时段，使得在计算 t_k 所对应的 $\bar{\boldsymbol{R}}_x(\omega,t_k)$时使用的是非交叠的时段，也即 $t_k=KTN$。如果信号变化很快，就不得不选择交叠的时段。同时满足 K 个时段的去相关条件的多径模型 $\boldsymbol{W}$ 可由下面的最小二乘估计法得到，即

$$E(\omega,k)=\boldsymbol{W}(\omega)[\bar{\boldsymbol{R}}_x(\omega,k)-\boldsymbol{\Lambda}_n(\omega,k)]\boldsymbol{W}^{\mathrm{H}}(\omega)-\boldsymbol{\Lambda}_s(\omega,k) \tag{12-200}$$

$$\boldsymbol{J}(\hat{\boldsymbol{W}},\hat{\boldsymbol{\Lambda}}_s,\hat{\boldsymbol{\Lambda}}_n)=\underset{\substack{W,\Lambda_s,\Lambda_n\\ W(\tau)=0,\tau>L,L\leqslant T\\ W_{ii}(\omega)=1}}{\operatorname{argmin}}\sum_{\omega-1}^{T}\sum_{k=1}^{K}\|E(\omega,k)\|^2 \tag{12-201}$$

上面两种式子采用简化形式,即用 $\boldsymbol{\Lambda}_s$ 表示 $\boldsymbol{\Lambda}_s(\omega,t_k)$,$\boldsymbol{\Lambda}_n$ 表示 $\boldsymbol{\Lambda}_n(\omega,t_k)$,于是将式代入上式求梯度得

$$\frac{\partial \boldsymbol{J}}{\partial W^*(\omega)} = 2\sum_{k=1}^{K} E(\omega,k)\boldsymbol{W}(\omega)[\bar{\boldsymbol{R}}_x(\omega,k) - \boldsymbol{\Lambda}_n(\omega,k)] \tag{12-202}$$

$$\frac{\partial \boldsymbol{J}}{\partial \boldsymbol{\Lambda}_s^*(\omega,k)} = -\mathrm{diag}[\boldsymbol{E}(\omega,k)] \tag{12-203}$$

$$\frac{\partial \boldsymbol{J}}{\partial \boldsymbol{\Lambda}_n^*(\omega,k)} = -\mathrm{diag}[\boldsymbol{W}^{\mathrm{H}}(\omega)\boldsymbol{E}(\omega,k)\boldsymbol{W}(\omega)] \tag{12-204}$$

用约束梯度下降法并基于上面三式求解代价函数关于 $\boldsymbol{W}(\omega)$ 和 $\boldsymbol{\Lambda}_n(\omega,k)$ 最小值;而最优的 $\boldsymbol{\Lambda}_s(\omega,k)$ 是在每次梯度迭代更新步骤中固定 $W(\omega)$ 和 $\boldsymbol{\Lambda}_n(\omega,k)$,并使式(12-201)的梯度为零获得,其迭代公式为

$$\hat{\boldsymbol{\Lambda}}_s(\omega,k) = \mathrm{diag}[\boldsymbol{W}(\omega)\bar{\boldsymbol{R}}_x(\omega,k)\boldsymbol{W}^{\mathrm{H}}(\omega) - \hat{\boldsymbol{\Lambda}}_n(\omega,k)] \tag{12-205}$$

我们发现,若对不同的频点采用不同的步长,梯度算法的收敛速度可以显著改善。注意两个梯度值都和信号功率的平方成正比,而信号功率对不同频点又相差很大,因此可以用信号功率对代价函数的归一化来使得不同频点的梯度修正量相当。因此可以简单地采用加权代价函数:$J = \sum_{\omega=1}^{T}\sum_{k=1}^{K} m(\omega)\,\|\boldsymbol{E}(\omega,k)\|^2$,其中 $m(\omega)$ 直接取功率归一化函数,即 $m(\omega) = \left(\sum_{k=1}^{K}\|\bar{\boldsymbol{R}}_x(\omega,k)\|^2\right)^{-1}$,这样就可以得到较好的分离效果。

12.6.2 频域盲分离的不确定性

在卷积盲分离算法当中,为了减少算法的复杂性,经常将时域的卷积混合信号转换为频域的瞬态混合信号来进行处理,采用瞬态混合的盲分离算法对每个频率点上的信号进行分离,得到各频率点上的分离信号。但是这样存在一个问题,那就是各个频率点的分离信号都具有顺序和尺度上的不确定性,从而导致信号在重建的过程当中很难恢复出源信号,引起信号的失真。本节我们引进一种鲁棒而又准确的方法解决频域盲分离算法的不确定性。这种方法主要是基于到达方位角的估计和相邻频率分离信号之间相关系数的计算来确定信号的顺序。

1. 频域盲分离

在频域盲分离算法当中,首先将时域信号 $x_j(t)(j=1,\cdots,m)$ 经过 L 点的短时傅里叶变换,变为时频域信号 $\boldsymbol{X}_j(f,t)$,这样观测信号的卷积模型就转换为瞬态混合的情况,然后采用前面介绍的基于独立成分分析的复值信号盲分离算法对每个时频点进行盲分离,得到分离滤波的频率响应 $\boldsymbol{W}_{ij}(f)$。短时傅里叶变换的表达式为

$$\boldsymbol{X}_j(f,t)=\sum_{\tau=-\frac{L}{2}}^{\frac{L}{2}-1} x_j(\tau+t)\text{win}(\tau)\text{e}^{-\text{j}2\pi f\tau} \tag{12-206}$$

式中，$f=0,\frac{1}{L}f_s,\cdots,\frac{L-1}{L}f_s$ 为 L 个频点；f_s 为采样频率；$\text{win}(\tau)$为一个窗函数。

在本节当中取为汉明窗 $\text{win}(\tau)=\frac{1}{2}\left[1+\cos\left(\frac{2\pi\tau}{L}\right)\right]$，主要目的就是在复值信号盲分离的方法下得到分离滤波的频率响应 $\boldsymbol{W}_{ij}(f)$，使得

$$\boldsymbol{Y}(f,t)=\boldsymbol{W}(f)\boldsymbol{X}(f,t) \tag{12-207}$$

式中，$\boldsymbol{X}(f,t)=[\boldsymbol{X}_1(f,t),\cdots,\boldsymbol{X}_m(f,t)]^{\text{T}}$；$\boldsymbol{Y}(f,t)=[\boldsymbol{Y}_1(f,t),\cdots,\boldsymbol{Y}_n(f,t)]^{\text{T}}$；$\boldsymbol{W}(f)$是一个 $n\times m$ 的分离矩阵。

当传感器的数目大于源信号的数目时，就可以通过主成分分析方法对信号进行降维和去噪处理。采用频域盲分离算法的好处就是可以充分地利用瞬态混合情况下的独立成分分析方法对信号进行盲分离，这样就避免了在时域情况下多次去卷积处理，减少了计算的复杂性。但是频域盲分离算法在每个频点进行分离时都具有分离的不确定性，从而导致综合的分离信号不能够很好地重构源信号。于是就要通过下面的两种变换，将每个频点的分离矩阵进行处理，使得各个频点的信号相互对应，即

$$\begin{aligned}\boldsymbol{W}(f)&\leftarrow\boldsymbol{P}(f)\boldsymbol{W}(f)\\ \boldsymbol{W}(f)&\leftarrow\text{diag}[\boldsymbol{W}^{-1}(f)]\boldsymbol{W}(f)\end{aligned} \tag{12-208}$$

式中，$\boldsymbol{P}(f)$是一个排列矩阵，当 $n<m$ 时，可以用 $\boldsymbol{W}^{-1}(f)$的广义逆矩阵$\boldsymbol{W}^{+}(f)$来代替。最后通过对分离的时频域信号进行逆傅里叶变换，将信号转化为时域，于是就得到了想要的信号。其分离框图如图 12-27 所示。

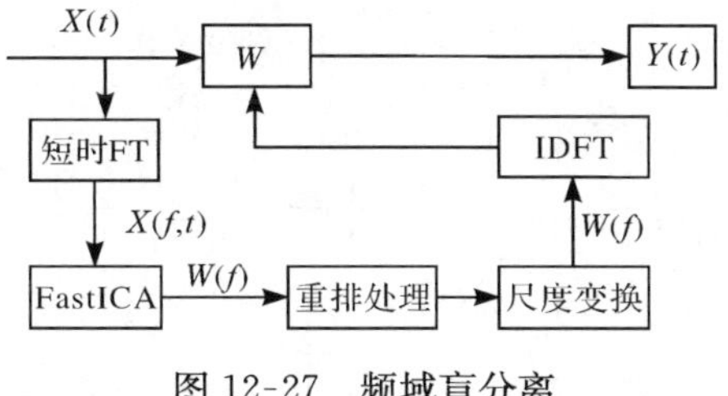

图 12-27　频域盲分离

2. 已有方法

下面的主要任务就是去除各个频点下盲分离的不确定性问题，其主要方法有方位角估计法和相关系数法。方位角估计法就是通过采用经典的 MUSIC 算法对源信号的到达方位角进行估计，然后根据得到的方位角对各个频点的分离信号进

行重新排列,使分离信号在各频点分别对应同一个信号,最后对重排之后分离滤波器进行归一化处理,这样就去除了分离信号的不确定性。而相关系数法就是对各个频点的分离信号进行相关计算,以总的相关系数达到最大为准则。下面就这两种方法进行讨论。

在方位角的估计算法当中,如果半波长大于传感器阵列间的距离,就不会产生空间混淆的现象。在阵列信号处理当中,都假设传感器阵列能够满足这一要求。通过对各个频点的信号进行了盲分离之后,得到分离滤波器的频率响应 $\boldsymbol{W}(f)$ 和分离信号 $\boldsymbol{Y}_i(f,t)$。由于在阵列信号处理当中,脉冲信号的频率响应为

$$\boldsymbol{H}_{jk}(f)=\mathrm{e}^{\mathrm{j}2\pi fc^{-1}d_j\cos\theta_k} \tag{12-209}$$

式中,c 是光速;d_j 是均匀分布的传感阵列之间的距离;θ_k 为第 k 个源信号到第 j 个传感器阵列的方位角。

再由分离信号写出描述方向模式的表达式

$$\boldsymbol{U}_i(f,\theta)=\sum_{j=1}^{m}\boldsymbol{W}_{ij}(f)\mathrm{e}^{\mathrm{j}2\pi fc^{-1}d_j\cos\theta} \tag{12-210}$$

通过绘制上述表达式随角度变化的图形,我们就可以得到估计的方位角 $\boldsymbol{\Theta}(f)=[\theta_1(f),\cdots,\theta_n(f)]^{\mathrm{T}}$,于是就可以对分离信号按照方位角进行排列,得到排列矩阵 $\boldsymbol{P}(f)$。

这种方法主要存在三方面的问题。①在频率比较低的时候,当源信号的方位角之差很小时,就不能得到方位角的准确估计。在频率较高时,就容易产生空间的混淆现象。②这种通过绘制方位角模式的方法需要耗费很多的时间。③当源信号的数目多于两个时,就很难得到准确的方位角估计。所以采用 MUSIC 的方位角估计方法不能够准确地对源信号的方位角进行估计,从而具有不准确地去除频域盲分离特性。

相关系数法是通过计算各个频点的相关系数来确定分离信号之间的排列顺序,定义两个信号的相关系数为

$$\mathrm{cor}(x,y)=\frac{E(xy)-E(x)E(y)}{[D(x)D(y)]^{\frac{1}{2}}} \tag{12-211}$$

式中,$E[\cdot]$ 表示求均值;$D(x)$ 为变量的方差。

于是可以很容易地得到 $\mathrm{cor}(x,x)=1$,当两变量之间互不相关时,$\mathrm{cor}(x,y)=0$。去除频域盲分离算法的不确定性就是找到一个转置排列矩阵 $\boldsymbol{\Pi}_f:\{1,\cdots,n\}\rightarrow\{1,\cdots,n\}$(即 $\boldsymbol{P}^{-1}(f)$),使得频域的分离滤波矩阵表示相互对应的源信号,在这里采用下面的准则来求解

$$\boldsymbol{\Pi}_f=\arg\max_{\Pi}\sum_{i=1}^{N}\mathrm{cor}\left(|\boldsymbol{Y}_{\Pi(i)}(f,t)|,\sum_{g\in\Omega}|\boldsymbol{Y}_{\Pi_g(i)}(g,t)|\right) \tag{12-212}$$

式中,$\boldsymbol{\Pi}_g$ 表示频点 g 时的排列矩阵;$\Omega=\left\{0,\frac{1}{L}f_s,\cdots,\frac{L-1}{L}f_s\right\}$ 为所需的频点。采

用这种方法的主要优点是准确性比较高，然而其鲁棒性是非常差的。其中有一个排列矩阵估计错误，则将导致后面所有的排列出错。而方位角估计法则不同，它的鲁棒性较好，但是准确性较差。基于这两种方法的优点，考虑将这两种方法进行联合处理，得到一种更可靠的去除不确定性的方法。

3. 改进方法

充分考虑以上两种方法的优点，将所有的频点进行分段处理，在每段的前几个频点采用方位角估计算法进行处理，然后在这之后的所有点采用计算相关系数的方法，这样就避免了由于频点过长而采用相关系数法导致的分离不准确性。这种方法既满足鲁棒性的优点，也具有较高准确性。如何进行分段是该方法得到可靠结果的关键，首先选取几个频点采用方位角估计的方法得到这几个频点的排列矩阵，所估计的方位角必须在一定门限之内，具有一定的可靠性，否则剔出该频点。然后在所选择的几个可靠频点之后，分别采用相关系数的方法对信号进行重新排列，最后得到一系列完整的频域分离信号。这就是本方法的基本思想，之后通过仿真实验验证了该方法比以上介绍的两种方法具有更可靠的准确性和鲁棒性。

12.6.3　侦察信号到达方位角估计

在本节当中，我们采用频域盲分离算法对雷达侦察信号的到达方位角进行估计，这种方法克服了以往的阵列信号处理中采用子空间 MUSIC(multiple signal classification)方法的缺陷，能够很快地估计出信号的到达方位角，并且该方法适用于源信号的数目等于阵列信号数目的情况。

在这种方法中，利用频域的分离矩阵 $\boldsymbol{W}(f)$来估计信号的到达方位角。根据频域信号的盲分离算法，有卷积混合情况下的频域模型

$$\boldsymbol{X}_i(f,t) = \sum_{j=1}^{n} \boldsymbol{H}_{ij}(f)\,\boldsymbol{S}_j(f,t) \tag{12-213}$$

式中，$\boldsymbol{X}_i(f,t)$和 $\boldsymbol{S}_j(f,t)$分别表示观测信号和源信号的短时傅里叶变换，再根据阵列信号的特点，可以把脉冲信号的频率响应 $\boldsymbol{H}_{ij}(f)$用下面的式子来近似逼近：

$$\boldsymbol{H}_{ij}(f) = \mathrm{e}^{\mathrm{j}2\pi f c^{-1} d_i \cos\theta_j} \tag{12-214}$$

式中，c 表示光速。

将式(12-214)代入式(12-213)可以得到频域模型的另一种表达形式

$$\boldsymbol{X}(f,t) = \sum_{j=1}^{n} \alpha(f,\theta_j)\,\boldsymbol{S}_j(f,t) \tag{12-215}$$

式中，$\alpha(f,\theta_j) = (\mathrm{e}^{\mathrm{j}2\pi f c^{-1} d_1 \cos\theta_j}, \cdots, \mathrm{e}^{\mathrm{j}2\pi f c^{-1} d_n \cos\theta_j})^{\mathrm{T}}$；$\boldsymbol{X}(f,t) = [\boldsymbol{X}_1(f,t), \cdots, \boldsymbol{X}_m(f,t)]^{\mathrm{T}}$。

下面推导方位角估计的具体步骤，首先对各个频点的信号采用复值快速固定点算法进行盲分离，得到频域分离矩阵 $\boldsymbol{W}(f)$，假如信号得到了完全的分离，则 $\boldsymbol{W}(f)\boldsymbol{H}(f)=\boldsymbol{I}$，从而 $\boldsymbol{H}(f)=\boldsymbol{W}^{-1}(f)$，于是可以利用 $\boldsymbol{W}^{-1}(f)$ 对信号的到达方位角进行估计。由于采用 FsatICA 的盲分离具有幅度和顺序上的不确定性，将式(12-209)调整为

$$\boldsymbol{H}_{ij}(f)=\boldsymbol{A}_{ij}\,\mathrm{e}^{\mathrm{j}\varphi_j}\,\mathrm{e}^{\mathrm{j}2\pi fc^{-1}d_i{}'\cos\theta_j} \tag{12-216}$$

于是就可以通过计算同一个源信号的两个不同频率响应 $\boldsymbol{H}_{ij}(f)$ 和 $\boldsymbol{H}_{i'j}(f)$ 来获得方位角，即

$$\frac{\boldsymbol{H}_{ij}(f)}{\boldsymbol{H}_{i'j}(f)}=\mathrm{e}^{\mathrm{j}2\pi fc^{-1}(d_i-d_{i'})\cos\theta_j} \tag{12-217}$$

于是有

$$\theta_j=\cos^{-1}\frac{\arg[\boldsymbol{H}_{ij}(f)/\boldsymbol{H}_{i'j}(f)]}{2\pi fc^{-1}(d_i-d_{i'})} \tag{12-218}$$

12.6.4 仿真分析

为了验证上面算法在频域内分离卷积混合信号的有效性，对其分别进行仿真实验。在整个仿真实验过程当中，仍然采用分离信号和源信号的相关系数作为性能的评价准则。

1. 基于非平稳特性的频域盲分离算法

在本实验当中，模拟三路常用的非平稳雷达侦察信号进行实验，分别为线性调频信号、二相编码信号和正弦调频信号。三路信号的长度均为 4096，实验当中使用归一化频率。我们用滤波长度为 8 的滤波器对源信号进行混合，为了便于比较，在分离时也取分离滤波长度为 8，快速傅里叶变换的长度为 256。考虑的噪声为高斯白噪声信号，信噪比为 20dB。采用本节介绍的方法对其进行盲分离，仿真结果如图 12-28～图 12-32 所示。仿真中混合滤波器的参数为

$$A_{11}(n)=[1,0.8,0.7,0.4,0.3,0.25,0.2,0.15]$$
$$A_{12}(n)=[0.6,0.5,0.5,0.4,0.3,0.2,0.15,0.1]$$
$$A_{13}(n)=[0.8,0.7,0.6,0.5,0.5,0.4,0.3,0.25]$$
$$A_{21}(n)=[0.5,0.5,0.4,0.35,0.3,0.3,0.2,0.1]$$
$$A_{22}(n)=[1,0.9,0.8,0.6,0.4,0.35,0.3,0.15]$$
$$A_{23}(n)=[0.6,0.5,0.5,0.4,0.35,0.3,0.2,0.1]$$
$$A_{31}(n)=[0.5,0.5,0.4,0.35,0.3,0.25,0.2,0.1]$$
$$A_{32}(n)=[0.6,0.5,0.45,0.4,0.35,0.3,0.25,0.2]$$
$$A_{33}(n)=[1,0.8,0.7,0.6,0.55,0.5,0.4,0.2]$$

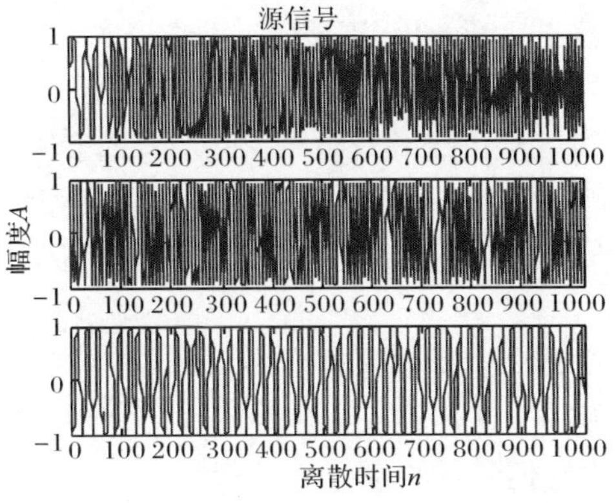

图 12-28　源信号

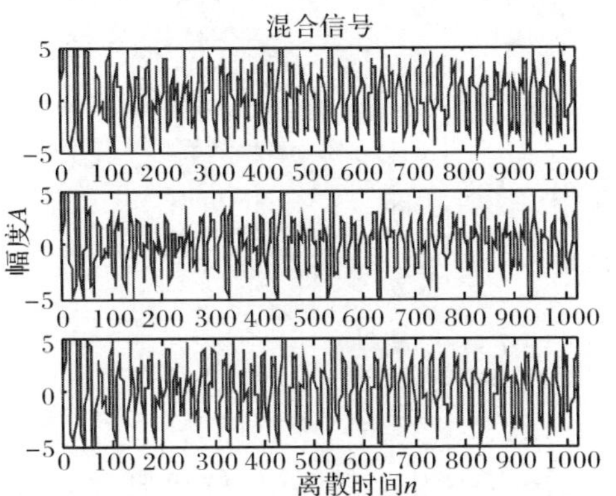

图 12-29　混合信号

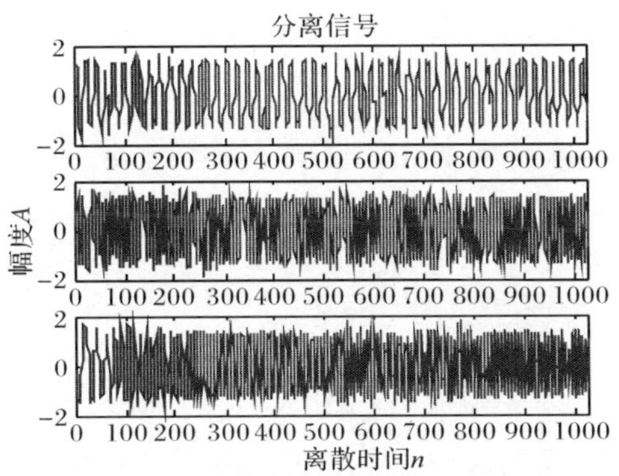

图 12-30　分离信号

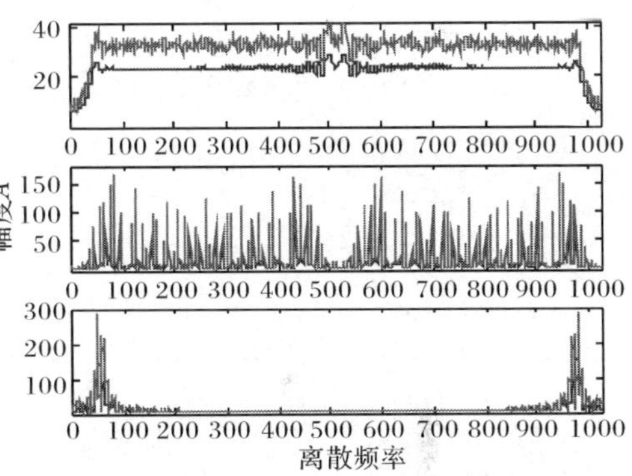

图 12-31　分离信号和源信号的谱图比较

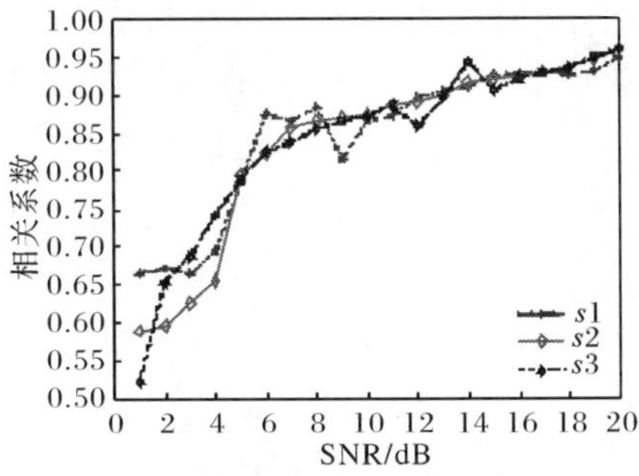

图 12-32　信噪比对分离算法的影响

在信噪比比较大的时候应用本方法对卷积混合信号能够得到较好的分离，但是效果明显不如瞬态混合情况下好，在信噪比达到 8dB 以下时就很难分离。当信噪比 SNR=20dB 时，相关系数为 $R_{11}=0.9465$，$R_{22}=0.9587$，$R_{33}=0.9585$；信噪比 SNR=13dB 时，相关系数为 $R_{11}=0.9041$，$R_{22}=0.8974$，$R_{33}=0.8961$；信噪比 SNR=8dB 时，相关系数为 $R_{11}=0.8755$，$R_{22}=0.8245$，$R_{33}=0.8241$；信噪比 SNR=1dB 时，相关系数为 $R_{11}=0.6645$，$R_{22}=0.5894$，$R_{33}=0.5248$。

2. 频域盲分离的不确定性

在本次实验当中，分别将书中引入的三种方法应用到卷积混合的雷达侦察信号盲分离当中，比较它们的分离性能和获得它们的优缺点。

实验 1：假设只有两路信号进入雷达侦察接收机，分别来自 $\theta_1=20°$ 和 $\theta_1=120°$ 的方向，两路信号分别为振幅调制信号和线性调频信号，信号的持续时间为 0.1024s，信号的采样频率为 $f_s=10\text{kHz}$，传感器阵列之间的距离为 4cm，下面分别采用方位角估计法、相关系数法和提出的综合方法对信号进行分离。

从图 12-33、图 12-34 所示的仿真结果可以看出，对于只有两个源信号的盲分离，以上的方法都能够很好地去除频域分离的不确定性。采用 MUSIC 方法也能很好地对信号的到达角进行估计。本章所提出的综合方法不具备明显的优势。下面针对多于两路的信号进行盲分离。

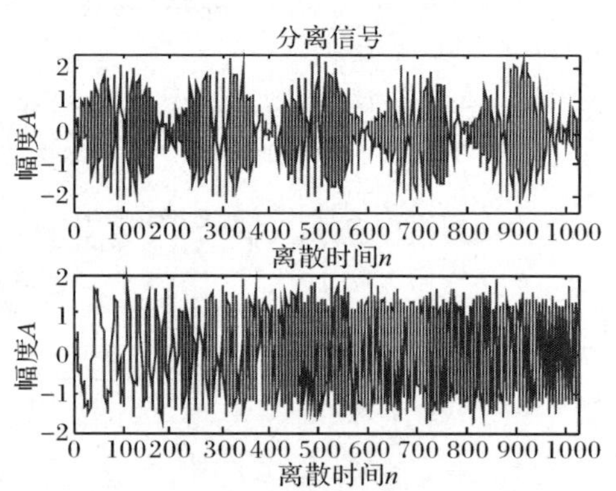

图 12-33　方位角估计后的分离信号

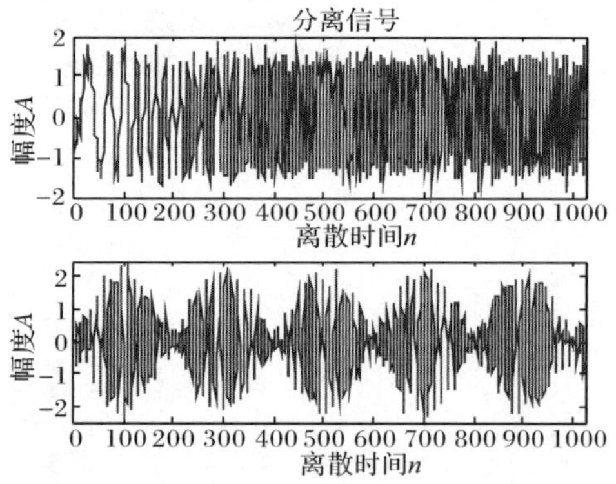

图 12-34　相关系数法的分离信号

实验 2：假设有四路信号进入雷达侦察接收机，分别来自 $\theta_1=20°$、$\theta_1=60°$、$\theta_1=120°$ 和 $\theta_1=140°$ 方向，四路信号分别为高频正弦信号、振幅调制信号、线性调频信号和相位调制信号，其他条件和实验 1 相同。

在对多路信号进行盲分离的过程当中，采用文献中提出的方位角估计方法能够很好地对源信号的方位角进行估计，从而得到较好的分离结果。从仿真结果

(图 12-35～图 12-38)可以看到,在采用方位角估计法时,因为这种方法具有很好的鲁棒性,几个方位角的估计错误不会影响后面频点信号的重排,而采用相关系数法时,由于不具备这种鲁棒性,因此中途一个频点的排列错误,将导致整个盲分离算法的失败。但就从前面的一些频点分离看来,这种方法的准确性比较高。本书提出的综合方法很好地利用了这两种方法的优点,在整个算法的分离中,能够很好地分离出源信号。其分离相关系数为:$R_{11}=0.9217$,$R_{22}=0.9347$,$R_{33}=0.9417$,$R_{44}=0.9457$。

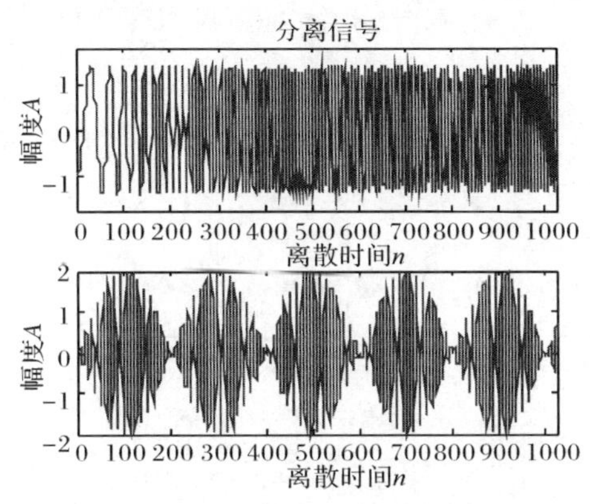

图 12-35　综合法的分离信号

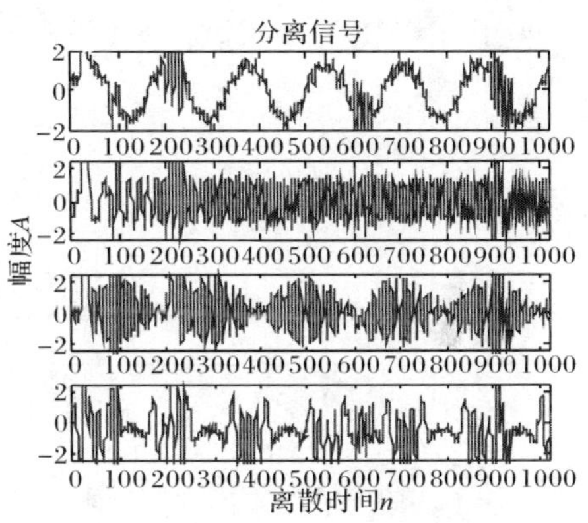

图 12-36　方位角估计的分离信号

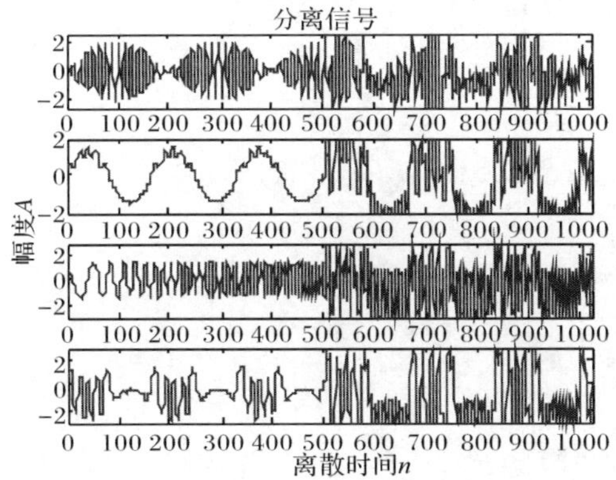

图 12-37　相关系数法的分离信号

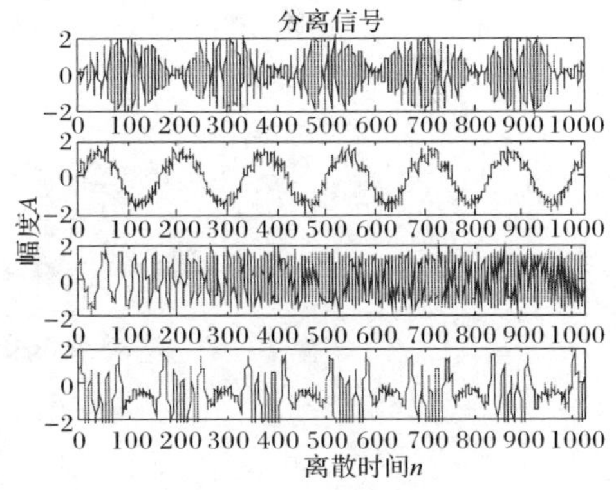

图 12-38　综合法的分离信号

3. 到达方位角的估计

在这次实验当中,对上面两个实验条件下的方位到达角进行估计,比较基于 MUSIC 的方法和基于信号盲分离的方法。如图 12-39～图 12-41 所示,两种方法估计效果均较好。

本节主要对卷积混合的雷达侦察信号进行了盲分离,分别从时域和频域两个方面出发,将瞬态混合情况下的自然梯度算法和快速固定点算法推广应用到卷积混合情况下,并针对雷达信号处理的特点,改进了原有的快速固定点算法,通过仿真实验验证了该算法的有效性。在频域上主要将原有的方法应用到雷达侦察的信号处理上来,并对其方位到达角进行了估计。

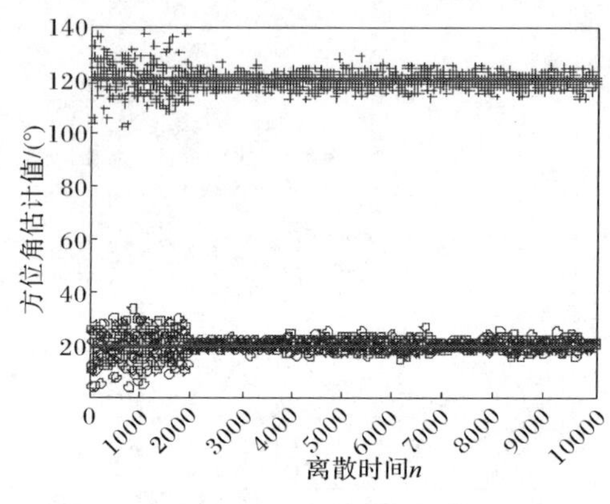

图 12-39 基于盲分离的方位角估计

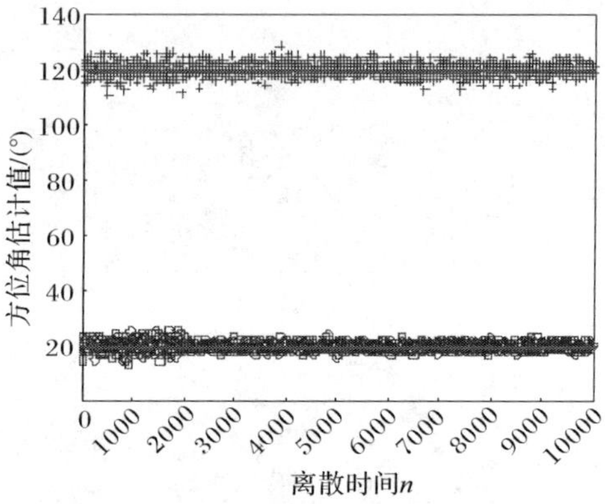

图 12-40 基于 MUSIC 算法的方位角估计

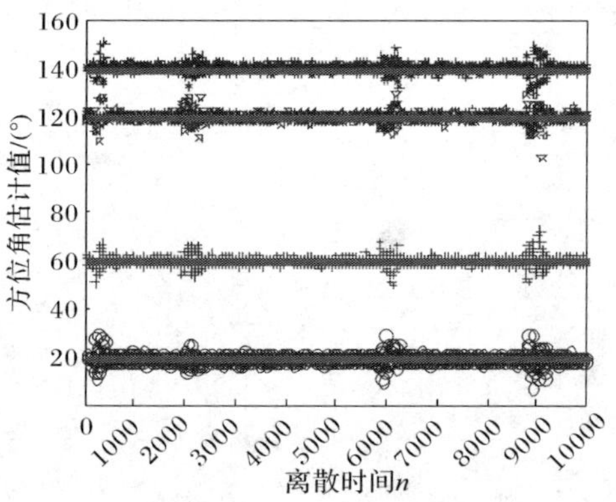

图 12-41 基于盲分离的方位角估计

12.7 小 结

本章以雷达侦察信号为研究对象,在参考了盲信号分离有关文献的基础上[27~49],分别从瞬态线性混合模型和卷积混合模型这两方面着手对信号进行盲分离。在瞬态混合情况下,主要沿着雷达侦察信号的平稳性与非平稳性这两条主线展开讨论;而卷积混合情况则根据信号处理方式的不同,在时域与频域两方面对信号进行盲分离。其主要内容如下所述。

(1) 首先阐述了盲信号分离的主要原理及分离模型,然后总结了基于独立成分分析盲分离算法的主要准则,并分别对其中的极大似然估计、信息最大化和非高斯最大准则进行讨论,并通过设计仿真实验比较它们的性能及优缺点。

(2) 针对瞬态混合的雷达侦察信号进行盲分离。分别从雷达信号的平稳性和非平稳性这两个方面展开讨论:在平稳雷达侦察信号的盲分离当中,首先研究了基于独立成分分析的雷达侦察复信号盲分离,然后将雷达信号用自回归模型进行建模;在非平稳雷达侦察信号处理方面,首先用时频分布的方法对其进行盲分离,并用仿真实验验证了该方法在雷达信号盲分离当中的可行性,然后在时频分布方法的基础上,尝试提出了一种基于时频分布量的雷达信号源数估计,并用已有的自适应盲分离算法对其进行盲分离,通过仿真实验验证了该方法的正确性。

(3) 针对卷积混合的雷达侦察信号进行盲分离。分别从时域和频域这两个方面对卷积混合信号进行了处理。在时域盲解卷方面,首先利用雷达侦察信号的非平稳特性,对非平稳的卷积混合雷达信号进行了盲分离,然后在已有算法的基础上,将雷达侦察信号按卡亨南洛维展开,并根据展开函数相互正交的特性,模仿瞬态混合情况下限制分离矩阵正交的特点,也限制分离滤波器具有一种归一化的属性,从而推导了一种将快速固定点算法应用在卷积混合雷达侦察信号盲分离中的方法。在频域盲解卷方面,重点研究了各个单频点上由于分离存在顺序上和尺度上不确定性,从而导致分离之后的信号不能正确还原成源信号的问题,本章采用了一种新的方法去除这种不确定性,通过仿真实验表明,该方法具有明显的分离效果。

盲源信号分离具有广阔的应用前景,尽管已经取得了重要进展[50～66],但仍存在大量问题需要进一步研究。

至此,本书在第 8～12 章共用 5 章的篇幅分别研究和分析交叠脉冲信号、交叠连续波信号及交叠信号的分离问题,并进行了计算机仿真。所提出的相应的各种分析方法具有一定参考价值。但这仅开了一个头,许多问题仍需要进一步的深入研究。关于本书的第三个大问题,即复杂信号识别问题分为三个方面:复杂信号参数识别、复杂信号波形识别及复杂信号辐射源识别,将在第 13～15 章分别展开研究和讨论。

参 考 文 献

[1] 刘琚,何振亚. 盲源分离和盲反卷积. 电子学报,2002:30(4):570－576.

[2] 张贤达,朱小军,朱孝龙. 盲信号分离研究分类与展望. 西安电子科技大学学报,2004:

31(3):399—404.

[3] 张贤达,保铮.盲信号分离.电子学报,2001:29(12):1766—1771.

[4] Jutten C,Herault J. Blind Sepatation of Source. Part I:An adaptive algorithm bas-ed on neuromimatic architecture. Signal Processing,1991:24(1):1—10.

[5] Lee T W,Bell A J. Blind source separation of real world signals. Proceedings of ICNN,1997:20(1):2129—2134.

[6] Makeig S, Jung T P. Blind separation of auditory event related brain responses into independent components. Proceedings of Natl Acad Sci,1997:23(1):10979—10984.

[7] Karhunen J,Hyvarinen A. Application of neural blind separation to signal and ima-ge processing. Proceedings of ICNN,1997:131—134.

[8] Sahlin H,Broman H. Separation of real world signals. Signal Processing,1998: 64(2):103—113.

[9] Hyvarinen A. Independent Component Analysis. New York:Wiley,2001.

[10] Pajunen P K. Least squares methods for blind source separation based on nonlinear PCA. Neural Systems,1998:105—110.

[11] Oja E. The nonlinear pca learning rule in independent component analysis. Neuro Computing,1997:17(1):25—46.

[12] Bell A J,Sejnowski T J. An information-maximization approach to blind sepa-ration and blind deconvolution. Neural Computation,1995:7:1129—1159.

[13] Oja E. . Nonlinear pca criterion and maximum likelihood in independent compone-nt analysis //Workshop on Independent Component Analysis and Signal Se-paratiom,Aussois,1999.

[14] Soon V C. Indenterminacy and identifiability of blind identification. IEEE Transaction on Circuits and System,1991:38(5):499—509.

[15] Liu R W,Cao X R. General approach to blind signal separation. IEEE Transaction on Signals Processing,1996:44(3):562—571.

[16] Pierre C. Independent component analysis,a new concept? Signal Processing. 1994:36(3):287—314.

[17] Linsker R. Self-organization in a perceptual network. Computer,1988,2(4):105—117.

[18] Amari S,Cichocki A. A new learning algorithm for blind source separation. Adnances in Neural Information Processing,1996:8:657—663.

[19] Fisher R A. Likelihood solution. Signal Processing : Theories and Application, 1990:621—624.

[20] 章晋龙,谢胜利.基于QR分解的最大负熵盲分离算法.通讯学报,2004:25(4): 75—83.

[21] Cichoki A,Thawonmas R. Sequential blind extraction in order specified stocha-stic properties. Electronics Letters,1997:33(1):64,65.

[22] Kung S Y,Mejuto C. Extraction of independent components from hybrid mix-ture:Kuicnet learning algorithm and application. Proceedings of ICASSP'98,1998:1209—1212.

[23] Oja E. The nonlinear pca learning rule in independent component analysis. Neuro compu-

ting,1997:17(1):25－46.

[24] Hyvarinen A,Oja E. A fast fixed-point algorithm for independent component analysis. Neural Computation,1997:9(7):1483－1492.

[25] Hyvarinen A. Fast and robust fixed-point algorithm for independent component analysis. IEEE Transaction on Neural Networks,1999:10(3):626－634.

[26] 张晋龙,谢胜利,何昭水. 基于遗传算法的有序盲信号提取. 电子学报,2004:32(4):616－619.

[27] 汪军,何振亚. 瞬时混叠信号盲分离. 电子学报,1997:25(4):1－4.

[28] 刘琚,何振亚. 线性混迭信号中独立源的盲提取. 应用科学学报,2001:19(3):210－213.

[29] 汪军,何振亚. 卷积混叠信号盲分离. 电子学报,1997:25(7):7－11.

[30] Cardoso J F. Blind beamforming for nongaussian signals. IEEE Proceedings-F, 1993, 140(6):224－230.

[31] Mckeown M J. Spatially independent activity pattern in functional mri date during the stroop corlor-naming task. Proceedings of the National Academy of Science,1998:95:803－810.

[32] Cardo B. Independent component analysis based on nonparametric density estimation. IEEE Trans on Neural Networks,2004:15(1):55－65.

[33] Sejnowski T J. Independent component analysis using an extended informax algorithm for mixed sub-gaussian and gaussian sources. Neural Computation,1998,12: 609－633.

[34] 胡光锐,虞晓. 基于高斯混合密度函数估计的语音分离. 上海交通大学学报,2000,34(2):177－180.

[35] 史见智,张洪渊. 一种用于超高斯和亚高斯混合信号盲分离的新算法. 电子学报,2001:29(10):1392－1396.

[36] 陈阳,何振亚. 一种简单盲源分离方法. 数据采集与处理,2002,17(1):5－9.

[37] Enescu M,Koivunen V. Tracking time-varying mixing system in blind separat-ion. Sensor Array and Multichannel Signal Processing Workshop,2000:3:291－295.

[38] Hild K E. Blind source separation using renyi's mutual information. IEEE Signal, 2001:8(6):174－176.

[39] Yeredor A. Time-delay estimation in mixtures. Conference on Acoustic,Speech and Signal, 2003:5:237－240.

[40] Yeredor A. An expansion of sobi for linearly time-varying mixtures. Conference on Acoustic,Speech and Signal,2003:5:903－908.

[41] Rickard S,Yilmaz O. On the approximate w-disjoint orthogonality of speech. Proceedings of ICASSP,2002.

[42] 叶中付,徐旭. 一种新的基于多用户去相关的波达方向估计方法. 中国科学技术大学学报,2004:34(2):183－189.

[43] Ikram M Z. A beamforming approach to permutation alignment for multichannel frequency-domain blind speech separation. Proceedings of ICASSP,2002:881－884.

[44] Murata N. An approach to blind source separation based on temporal structure of speech signals. Neurocomputing,2001:41:1—24.

[45] Kawamoto M. Blind deconvolution of MIMO-FIR systems with colored inputs using second-order statistics. IEICE Transaction on Fundamentals,2003:3:597—604.

[46] Bousbia-Salah H. Blind separation of convolutive mixtures using joint block diagonalization. IEEE Proceedings ISSPA2001,2001:1:13—16.

[47] 周宗潭,董国华. 独立成分分析. 北京:电子工业出版社,2007.

[48] 何文雪. 自适应盲信号分离理论与算法研究[D]. 上海:上海交通大学,2005.

[49] Hyvarinen A. New approximations of differential entropy for independent component analysis and projection pursuit. Advances in Neural Information processing sy-stems,2001,10:273—279.

[50] Hild K E. Blind sources separation using Renyi's Mutual Information. IEEE Signal Processing Letters,2001,8(6):174—176.

[51] Liu H. Blind sources separation using a rotation matrix//Conference on Identification Algorithm Info-tech and Info-net,Beijing,2001.

[52] 乐慧丰,林家骏. 过程信号的前馈-反馈控制的自适应盲分离算法. 华东理工大学学报,2000:27(5):507—510.

[53] Seungjin C. Blind source separation and independent component analysis:A review. Neural Information Processing,2005:6:1—57.

[54] Belouchrani A,Cichocki A. Robust whitening procedure in blind source sepa-Ration context. Electronics Letters,2000:36(24):2050,2051.

[55] 葛哲学,陈仲生. MATLAB时频分析技术及其应用. 北京:人民邮电出版社,2006.

[56] Hyvarinen A,A unifying model for blind separation of independent sources. IEEE Signal Processing,2004,4(2):1—11.

[57] Cardoso J F. The three easy routes to independent component analysis:Contrasts and geometry//Proceedings of ICA2001,San Diego,2001.

[58] Lutkepohl H. Introduction to Multiple Time Series Analysis. Berlin:Springer Verlag,1993.

[59] Fevotte C,Doncarli C. Two contribution to blind source separation using time-frequency distributions. IEEE Signal Processing Letters,2004:11(3):386—389.

[60] Fevotte C,Doncarli C. Single autoterms selection for blind source separation in time-frequency plane. Proceedings of EUSIPCO,2002:1:565—568.

[61] 李广彪. 基于源数估计的盲源分离. 系统仿真学报,2006:18(2):485—488.

[62] Robert A. On-Line time-domain blind source separation of nonstationary convolved signals //The 4th International Symposium on ICA and BSS,Nara,2003.

[63] Johan T. Time-domain fast fixed-point algorithms for convolutive ICA. IEEE Signal Processing,2006:13(4):228—231.

[64] Scott C D. Spatio-Temporal Fast ICA algorithm for the blind separation of convolutive mixtures. IEEE Transaction on Audio,2007:15(5):1512—1520.

[65] Parra L. Convolutive blind separation of nonstationary sources. IEEE Transaction on speech Processing,2000:8(3):320—327.
[66] Hiroshi S. A Robust and precise method for solving the permutation problem of frequency-domain blind source separation. IEEE Transaction on Speech and Aud-io Processing,2004:12(5):530—538.

第 13 章　复杂信号参数识别

13.1 引　　言

复杂信号的识别就是通过对截获的雷达信号进行特征参数提取，自动判别出雷达信号的调制规律，给出相应的调制参数，并确定相应的雷达辐射源类型。对复杂信号的识别，本书分为三个方面进行研究，一是复杂信号的参数识别，如第 13 章所述内容，二是复杂信号的波形识别，如第 14 章所述内容。三是复杂信号的辐射源识别，如第 15 章所述内容。

所谓参数识别是指利用信号的特征参数来判断信号类型和调制样式。传统的参数识别主要是基于经典的脉冲描述字，如脉宽、脉幅、载频、到达角和到达时间。现代雷达系统采用了复杂调制信号，使上述信号参数不再固定，传统的识别方法已经不能满足需求。因此出现了基于信号脉内信息的信号识别，雷达信号脉内信息直接反映在时频特征上，即二维变换域特征。由于不同信号在不同时频分析方法中的特征不同，一种方法不足以实现对所有信号的识别。因此，针对某一类信号进行识别的方法应运而生。将复杂多样的雷达信号进行分类处理一直是本书贯彻的思想，结合上述问题，第 13 章主要对 LFM 类信号和编码类信号在截获、特征提取和分选的基础上进行识别方法研究。

所谓波形识别实质是对雷达发射信号的调制波形的识别。雷达信号波形分为脉冲波形和连续波两大类，脉冲波形又可以分为非调制脉冲波形和调制脉冲波形。上述两类信号中，非调制脉冲信号的脉冲波形一般是固定载频上的等幅脉冲波，只要实现频率估计，波形就可以实现准确识别；部分连续波信号波形与通信信号中相应调制信号波形相似，可以用通信中信号波形识别的方法进行识别；其他的雷达信号波形则需要根据各自的特点进行波形识别技术研究。

所谓辐射源识别是指利用已经判明了的信号类型和调制样式来判断辐射源的类型。根据相应的调制参数和辐射源识别知识库，经过精确或非精确推理，最后给出复杂信号辐射源的类型，从而形成对敌方雷达的威胁判断、告警显示或对我方电子进攻提供相应的电子情报支援。如第 15 章所述内容，其中重点讨论复杂信号识别知识库与侦察数据均不完整情况下的辐射源识别问题，涉及黑板系统、灰色理论、遗传算法以及非精确推理等方法。

雷达脉冲信号波形调制方式复杂，包括数字调制和模拟调制，由于雷达系统任务与通信系统任务的不同，且这类波形是为了实现特定雷达功能而特殊设计，通信波形识别的方法并不适于对此类波形的识别。因此，对复杂调制雷达脉冲信号的波形识别是当前电子侦察的一大热点。

13.2　基于 FRFT 的 LFM 类信号自动识别

LPI 雷达信号具有功率低、带宽宽、波形复杂等特点。低截获概率雷达信号不仅难以被截获，而且，即使被雷达侦察接收机截获到，雷达侦察接收机也很难对其进行可靠的识别。如何对低截获概率雷达信号进行可靠的识别是当前雷达侦察系统面临的一个难题，也是近年来雷达对抗界研究的热点问题之一[1~20]。本节主要讨论一类具有 LFM 特性的低截获概率雷达信号的识别，主要包括 LFM 信号、对称三角线性调频连续波(STLFMCW)信号与多相编码(Frank、P1、P2、P3 与 P4 码)信号等[21~29]。由于 FRFT 特别适合处理 LFM 信号，因此，本节力图利用 FRFT 来识别这类具有 LFM 性质的 LPI 雷达信号的调制方式，并对它们进行脉内特征提取，最终实现信号的自动识别。根据 LFM 信号、STLFMCW 信号与多相编码信号等的时频分布特征，以及它们在各个 FRFT 域的分布特征，可以知道 LFM 信号、STLFMCW 信号与多相编码信号的尖峰在参数(p,u)平面上具有各自的分布特征。因此，本节确定以上述各种 LPI 雷达信号在参数(p,u)平面上的能量尖峰的分布特征作为其调制方式识别的依据，提出一种基于 FRFT 与聚类分析相结合的 LPI 雷达信号调制方式识别方法。最后，设计了一种基于 FRFT 的一类具有 LFM 特性的 LPI 雷达信号侦察系统信号处理流程。

13.2.1　基于 FRFT 的 LFM 类信号调制方式的识别

1. LFM 类雷达信号的时频分布特征

LFM 信号：一个有限长的 LFM 信号在时频平面上呈现为一条斜脊线。

STLFMCW 信号：在每个周期内包含正、负两个线性调频段，这两段的调频斜率大小相等、符号相反，即信号的频率在每个周期内线性上升到某个值，然后线性下降到起始值，周期重复。

多相编码信号：在时频平面上具有多条相互平行且间距相等的能量脊线。当只包含单个编码周期时，Frank 码和 P3 码信号在时频平面上具有两条主脊线和多条次脊线，P1、P2 和 P4 码信号在时频平面上具有一条主脊线和多条次脊线，其中，次脊线的能量很小，不易检测；当包含多个编码周期时，Frank 码和 P3 码信号由于相邻两个周期的相邻主脊线相互叠加，合成一条脊线，使信号的主脊线数量变为信号的编码周期数加一，P1、P2 和 P4 码信号的主脊线数量为信号的编码周期数。观测时间为两个编码周期时，各种多相编码信号的 Choi-Williams 分布图如图13-1所示。其中，只有 P2 码信号的调频斜率为负值，其他均为正值。从时频分布的角度来看，多相编码信号等价于具有同一调频斜率的多分量 LFM 信号。

2. LFM 类雷达信号在参数(p,u)平面上的尖峰的分布特征

根据上述 LPI 雷达信号的时频分布特征和 FRFT 可以看作时频面旋转了 α 角度这一性质，可得到上述 LPI 雷达信号在参数(p,u)平面上的尖峰的分布特征如下。

(1) LFM 信号：在与其调频率相匹配的最佳分数阶域内形成一个能量尖峰，信号尖峰在参数(p,u)平面上的位置由其初始频率和调频率决定。

(2) STLFMCW 信号：STLFMCW 信号包含的正调频率 LFM 段具有相同的最佳分数阶数 p_{01}，负调频率 LFM 段也具有相同的最佳分数阶数 p_{02}，则

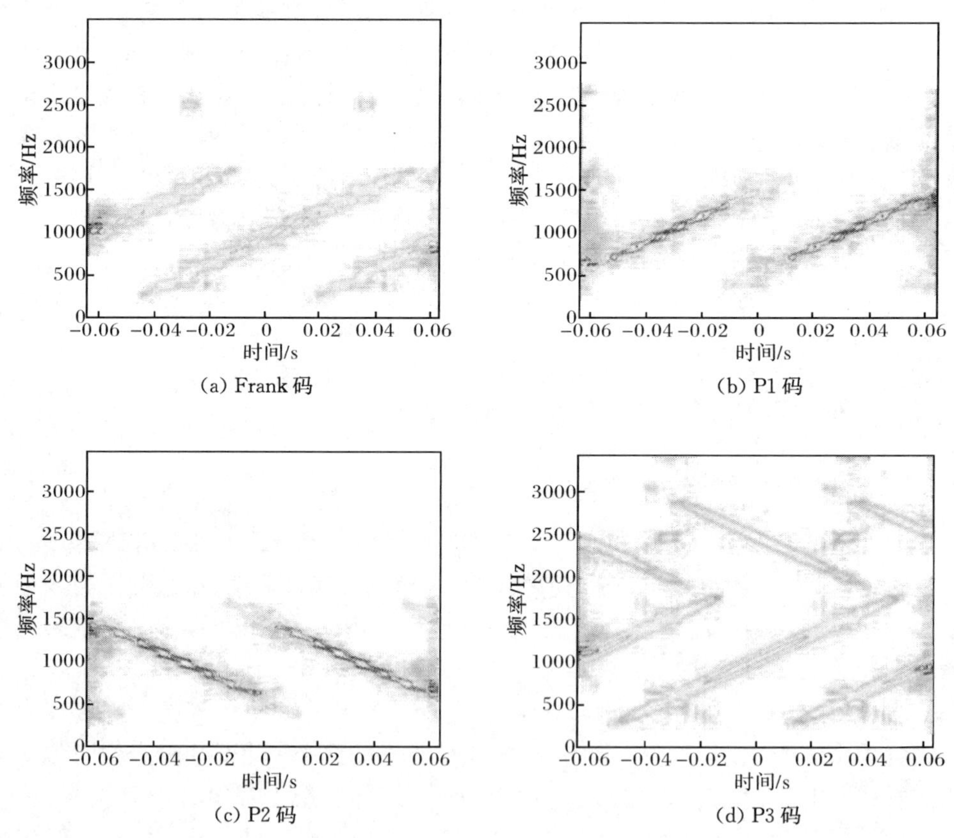

(a) Frank 码　(b) P1 码

(c) P2 码　(d) P3 码

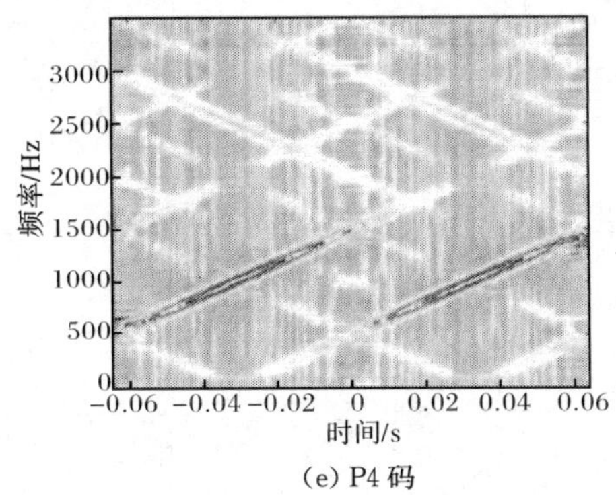

(e) P4 码

图 13-1　多相编码信号的 Choi-Williams 分布

STLFMCW 信号包含的正调频 LFM 段的尖峰具有相同的 p 坐标 p_{01} ，负调频率 LFM 段的尖峰也具有相同的 p 坐标 p_{02} ，并且正、负调频率 LFM 信号尖峰关于轴 $p=1$ 对称，即 $p_{01}\neq p_{02}$ ，$|1-p_{01}|=|1-p_{02}|\neq 0$ ，尖峰的位置也由初始频率和调频率决定，其中，$\alpha=\frac{\pi}{2}p$ 。各段 LFM 信号在其最佳分数阶域内均形成尖峰，且尖峰的高度相等。

(3) 多相编码信号：多相编码信号的尖峰在参数(p,u)平面上位置由其初始频率和调频率决定。Frank、P1、P3 与 P4 码信号在参数(p,u)平面上尖峰的 p 坐标值大于 1，P2 码信号尖峰的 p 坐标值小于 1；当信号的观测时间大于或等于两个编码周期时，各种多相编码信号在参数(p,u)平面上具有两个或两个以上能量相近且较大的主尖峰，各个主尖峰具有相同的 p 坐标，尖峰之间的距离也相等。

由上述分析可知，LFM 信号、STLFMCW 信号与多相编码信号等在参数(p,u)平面上的尖峰的分布位置具有固定的相对位置关系，并且，信号尖峰的高度也有固定关系。因此，可以利用这种固定关系来对它们的调制方式进行识别。STLFMCW 信号由于包含的各段 LFM 的频谱叠加，在低信噪比条件下会影响 STLFMCW 信号的检测与参数估计，同样也会影响信号调制方式的识别。因此，本章采用聚类分析算法克服该问题。利用聚类分析算法分析各个信号尖峰在参数(p,u)平面上的位置关系，提高对 STLFMCW 信号的识别能力。

根据上述分析，本节提出一种基于 FRFT 的一类具有 LFM 特性的 LPI 雷达信号调制识别算法，其流程图如图 13-2 所示。

3. LFM 类雷达信号调制方式的识别

算法的具体实现步骤如下。

步骤 1。对观测信号分别求旋转角 $\alpha\in[0,\pi]$(即 $p\in[0,2]$)的 FRFT，得 $Z=$

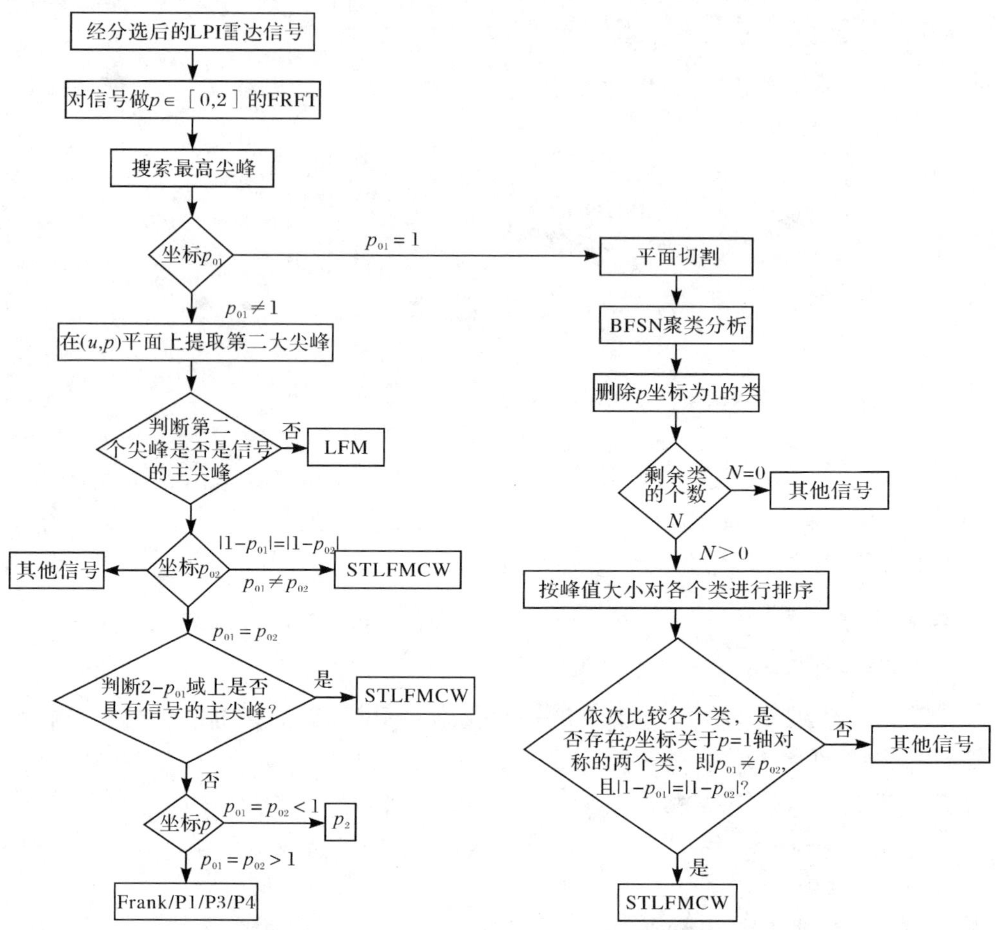

图 13-2 基于 FRFT 的一类具有 LFM 特性的 LPI 雷达信号调制方式识别算法流程图

$|\mathrm{FRFT}(p,u)|^2$，设其行数为 n，列数为 l，Z 的矩阵元素为 z_{ij}，其中 $1\leqslant i\leqslant n$，$1\leqslant j\leqslant l$。信号的观测时间应大于或等于两个编码周期。

步骤 2。在参数(p,u)平面上进行二维搜索，获得最大峰值$|X_{p_{01}}(u_{01})|^2$。

步骤 3。判断信号是否具有 LFM 特性。判断$|p_{01}-1|<\delta_1$是否满足，即判断 p_{01}是否等于 1，如果满足，则进入步骤 4；如果不满足，则进入步骤 5。

步骤 4。对信号在参数(p,u)平面上的尖峰作平面切割，截取信号的尖峰；以截取的信号尖峰作为输入集，对信号尖峰进行聚类分析；删除 p 坐标平均值为 1 的类；判断剩余类的个数 N，如果 $N=0$，则信号为其他信号，如果 $N>0$，按照峰值大小对剩余的各个类进行排序；依次比较各个类的 p 坐标，判断是否包含两个关于 $p=1$ 对称的类，即$|1-p_{01}|=|1-p_{02}|$，且 $p_{01}\neq p_{02}$，如果包含，则信号为 STLFMCW 信号，否则信号为其他信号。

步骤 5。对信号作阶数为 p_{01} 的 FRFT，在 p_{01} 域内，滤除最大尖峰 $|X_{p_{01}}(u_{01})|^2$，并将信号逆变换到时域，然后，再对信号分别求旋转角 $\alpha\in[0,\pi]$（即 $p\in[0,2]$）的 FRFT，得 $Z_1=|\text{FRFT}(p,u)|^2$。

步骤 6。在参数 (p,u) 平面上再进行二维搜索，获得第二个最大峰值 $|X_{p_{02}}(u_{02})|^2$。

步骤 7。比较 $|X_{p_{02}}(u_{02})|^2$ 与信号检测门限 Th 的大小（即判断第二个尖峰是否是信号的主尖峰），如果 $|X_{p_{02}}(u_{02})|^2<\text{Th}$，则信号为 LFM 信号，退出程序，否则，进入下一步，其中，检测门限 Th 的选取方法见文献[14]。

步骤 8。比较 p_{01} 与 p_{02} 的值，如果 $|1-p_{01}|=|1-p_{02}|$，且 $p_{01}\neq p_{02}$，则信号为 STLFMCW 信号；如果 $|p_{01}-p_{02}|<\delta_1$，在 p_{02} 域内，滤除第二大尖峰 $|X_{p_{02}}(u_{02})|^2$，并将信号逆变换到时域，然后，对信号作阶数为 $p_{03}=2-p_{01}$ 的 FRFT，并在 p_{03} 域内搜索最大值 $|X_{p_{03}}(u_{03})|^2$，比较 $|X_{p_{03}}(u_{03})|^2$ 与 Th 的大小，如果 $|X_{p_{03}}(u_{03})|^2\geqslant\text{Th}$，则信号为 STLFMCW 信号，否则，信号为多相编码信号，当 $p_{01}<1$ 时，信号为 P2 码信号，当 $p_{01}>1$ 时，信号为 Frank/P1/P3/P4 码信号；当上述两种情况均不满足时，则信号为其他调制方式的信号。

其中，δ_1 是很小的正数。通过上述步骤可以对 LFM 信号、STLFMCW 信号与多相编码信号的调制方式进行识别，也可用于其他具有 LFM 特性的低截获概率雷达信号的识别。本方法不能识别出多相编码信号中的 Frank、P1、P3 与 P4 码信号，但是可以采用其他方法对它们作进一步的识别。

4. 仿真验证

为验证上述调制识别算法，下面给出四种 LPI 雷达信号进行仿真验证。各个信号的参数分别为①LFM 信号，载频为 1MHz，脉冲宽度为 128μs，带宽 1MHz；②STLFMCW 信号，载频为 1MHz，带宽为 1MHz，调制周期为 64μs；③Frank 码信号，载频为 1MHz，码元宽度为 1μs，一个编码周期的码元数为 64，编码周期为 64μs；④P2 码信号，载频为 1MHz，码元宽度为 1 μs，一个编码周期的码元数为 64，编码周期为 64μs。信号的观测时间均为 128μs，采样频率均为 4MHz，信号的采样点数均为 512。

信噪比从 −10～2dB，每间隔 2dB 对每种信号做 200 次蒙特卡罗模拟。通过对每个信噪比条件下的仿真结果进行统计计算，得到该算法的识别性能曲线如图 13-3 所示。

从图 13-3 可以看出，该算法对上述四种信号在低信噪比条件下仍具有较好的识别效果。其中，对 LFM 信号具有最好的识别效果。该算法对上述四种信号的识别效果由信号尖峰的大小决定，而信号的脉冲宽度、调制周期或编码周期与采样频率决定了信号尖峰的大小。

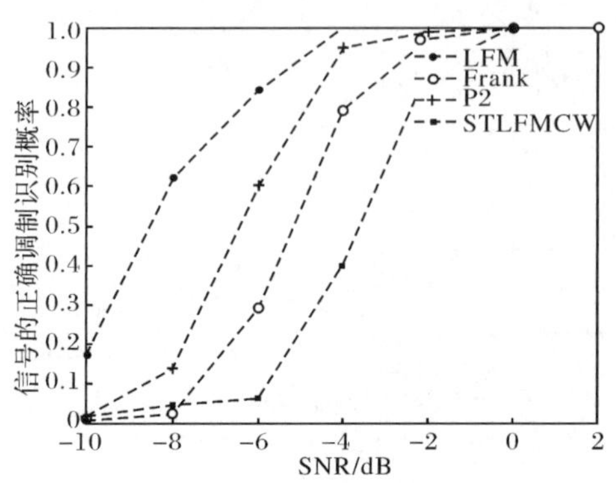

图 13-3　不同信噪比条件下信号的正确识别概率

本节根据 LFM 信号、STLFMCW 信号和多相编码信号在 FRFT 域的分布特征,提出了一种基于 FRFT 的一类具有 LFM 特性的低截获概率雷达信号调制识别方法。该方法在低信噪比条件下具有较好的识别效果。该识别方法为后续利用 FRFT 提取信号的脉内特征打下了基础。但是该方法不能识别出多相编码信号中的 Frank、P1、P3 和 P4 码信号。对于 Frank、P1、P3 和 P4 码信号的调制识别,可采用基于最大似然的多相编码信号调制方式识别算法。该算法需要先估计出多相编码信号的载频、码元宽度、码元数量和编码周期,然后构造本地参考信号,再将多相编码信号的调制方式识别问题转化为多元信号的假设检验问题。由本书上册第 4 章 4.6 节可知,本节提出的基于 FRFT 的多相编码信号检测与参数估计算法可以估计出信号的载频、码元宽度、码元数量、编码周期和带宽。所以可以采用基于 FRFT 的多相编码信号参数估计算法与最大似然算法相结合的方法实现 Frank、P1、P3 与 P4 码信号的识别。即首先利用 FRFT 估计出多相编码信号的载频、码元宽度和编码周期,然后利用最大似然算法来识别该信号属于 Frank、P1、P3 与 P4 码信号中的哪一种信号。本节对该问题不再进行讨论。

13.2.2　基于 FRFT 的 LFM 类信号脉内特征提取

对于 LPI 雷达信号,仅依靠传统的五参数,即脉冲幅度 PA、脉冲宽度 PW、载波频率 CF、到达时间 TOA 以及到达方向 DOA,很难对其进行可靠的识别。而脉内特征能够较好地表示 LPI 雷达信号的属性,在前面一节已判定信号调制方式的基础上,本节用 FRFT 提取上述三种 LPI 雷达信号的脉内特征参数。基于 FRFT 的 LFM 信号脉内特征提取算法、基于 FRFT 的 LFM 信号参数估计算法,即估计出 LFM 信号的载频 f_0 和调频率 μ 的具体实现参见本书上册第 4 章 4.3 节。基于 FRFT 的 STLFMCW 信号脉内特征提取算法、基于 FRFT 的 STLFMCW 信号参数估计算法,即估计出 STLFMCW 信号的载频 f_c、调制带宽 ΔF 和调制周期 T

的具体实现参见本书第 4 章 4.7 节。基于 FRFT 的多相编码信号的脉内特征提取算法、基于 FRFT 的多相编码信号参数估计算法，即估计出多相编码信号的载频 f_c、编码周期 T、码元宽度 t_s、码元数 N_c 与带宽 B 的具体实现参见本书上册第 4 章 4.6 节。基于 FRFT 的三种 LPI 雷达信号的脉内特征提取算法的流程图如图 13-4 所示。

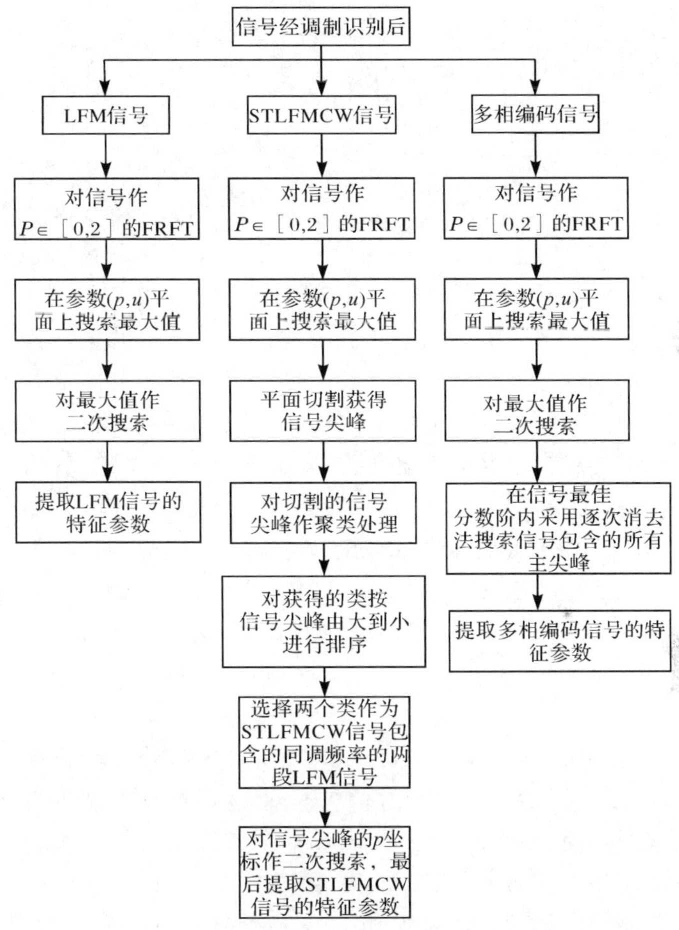

图 13-4 基于 FRFT 的 LPI 雷达信号脉内特征提取算法的流程图

13.2.3 基于 FRFT 的 LFM 类雷达信号侦察系统

总结本节的研究思路，设计了一种基于 FRFT 的一类具有 LFM 特性的 LPI 雷达信号侦察系统信号处理流程，其流程框图如图 13-5 所示。在框图中，除信号分选这个环节，其他模块在有关文献均进行了深入研究，并提出了相应的算法，而且,各个算法均经过仿真验证。信号分选问题是雷达侦察系统信号处理部分包含的一个非常重要而复杂的环节,本章不再对其进行讨论。

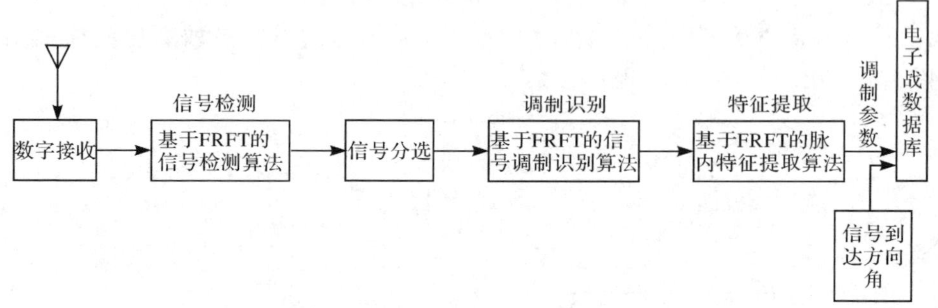

图 13-5　基于 FRFT 的一类 LPI 雷达信号侦察系统信号处理流程框图

图 13-5 给出的基于 FRFT 的一类具有 LFM 特性的 LPI 雷达信号侦察系统信号处理流程框图,对本节研究的一类具有 LFM 特性的低截获概率雷达信号具有较好的截获和识别效果。但是,对于其他形式的雷达信号未必是最佳的。为了截获与识别各种类型的 LPI 雷达信号,雷达侦察系统不仅要在方位上、频域上是宽开的,在信号处理方法上也要是宽开的,即针对不同类型的雷达信号,采用对应的最佳处理方法,来保证雷达侦察系统的截获和识别能力。对于其他类型的 LPI 雷达信号应该采用其相应的最佳信号处理方法,设计相应的侦察系统信号处理流程。将这些信号处理流程组成一个并行的雷达侦察系统信号处理分系统,保证雷达侦察系统对各种雷达信号的截获、识别能力和实时处理能力。

13.2.4　仿真验证

为了验证本节中提出的基于 FRFT 的 LPI 雷达信号的特征提取算法和基于 FRFT 一类具有 LFM 特性的 LPI 雷达信号侦察系统信号处理流程,下面仍以 13.2.2小节中给出四个 LPI 雷达信号为例,对上述算法进行仿真验证。

各个信号的参数分别为①LFM 信号,载频为 1MHz,脉冲宽度为 128μs,带宽 1MHz;②STLFMCW 信号,载频为 1MHz,带宽为 1MHz,调制周期为 64μs;③Frank码信号,载频为 1MHz,码元宽度为 1μs,一个编码周期的码元数为 64,编码周期为 64μs;④P2 码信号,载频为 1MHz,码元宽度为 1μs,一个编码周期的码元数为 64,编码周期为 64μs。信号的观测时间均为 128μs,采样频率均为 4MHz,信号的采样点数均为 512。

由于本节未研究多个信号的分选问题,在仿真验证中,假设接收的信号为单个信号。按照图 13-5 中给出的流程图,依次进行信号的检测、调制识别与特征提取,最终实现信号的自动识别。设信噪比从−10～2dB,每间隔 2dB 对每种信号做

200 次蒙特卡罗模拟仿真。设信号被正确截获与识别的判断准则为信号被检测到、调制方式被正确识别，并且提取的信号载频值的绝对误差不超过 10%，即

$$|\hat{f}_c - f_c| \leqslant 0.1 f_c \tag{13-1}$$

当一次信号截获与识别结果满足上述判断准则时，则认为该次侦察是一次有效的侦察，即达到信号自动识别效果。在不同信噪比条件下分别对每个信号进行仿真验证，并对仿真结果进行统计计算，依次得到信号检测算法、调制识别算法和自动识别算法的性能曲线如图 13-6～图 13-8 所示。其中，图 13-6 是虚警概率 $P_f=10^{-2}$时的信号检测概率图，即仿真中取信号的虚警概率 $P_f=10^{-2}$。

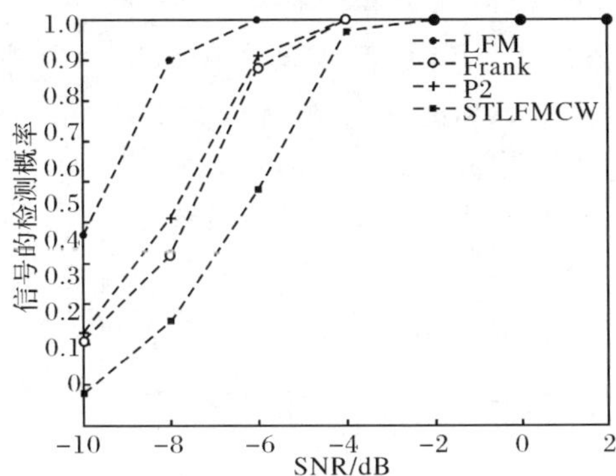

图 13-6　$P_f=10^{-2}$时，不同信噪比条件下信号的检测率

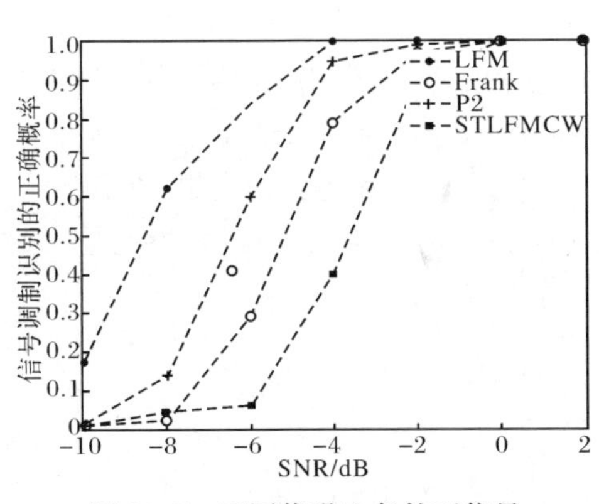

图 13-7　不同信噪比条件下信号调制识别的正确率

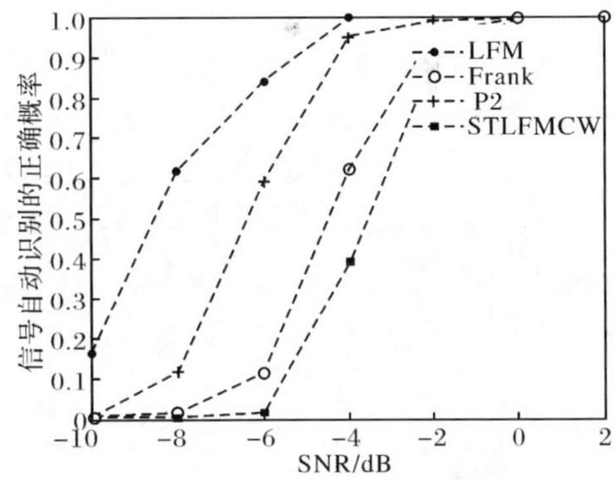

图 13-8　不同信噪比条件下信号自动识别的正确率

比较图 13-6 和图 13-7 可以看出，信号调制识别算法的抗噪性能与信号检测算法的抗噪性能相比，降低了大约 2dB。比较图 13-7 和图 13-8 可以看出，信号调制识别算法的抗噪性能与信号自动识别算法的抗噪性能相近，这说明当信号的调制方式正确识别时，信号就可以有效的侦察到，也说明基于 FRFT 的一类 LPI 雷

达信号的特征提取算法具有良好的特征提取精度。

由仿真结果可以看出,该信号处理系统在信噪比为－2dB 的条件下对这类具有 LFM 特性的 LPI 雷达信号仍具有较好的截获与识别结果。比较信号的调制识别概率和检测概率,说明调制识别算法还有进一步改进的余地。

13.3　基于广义循环谱特征的编码信号分类

利用各种典型复杂调制信号的循环谱特征提取后得到的特征参数的差异,可以将调制信号的循环谱特征进行分类。目前出现的一些利用循环谱特征来进行调制方式分类的方法,它们的基本做法就是采用信号几个特殊点的循环谱特征对调制方式进行分类,不同之处就是采用的特征参数不同。经总结归纳发现,这些算法采用的特征参数分类方法计算量大,某些情况下很难计算。

针对上述问题,本节提出基于时频自适应核函数的复杂调制信号广义循环谱特征分类方法。该方法首先分析了循环谱特征与时频分布的关系,然后通过优化时频核函数实现对循环谱特征的提取,得到了复杂调制信号的广义循环谱特征。最后,构造合适的循环谱特征分类向量,实现了复杂调制信号的调制类型分类问题。

13.3.1　循环谱特征与时频分布的关系

短时傅里叶变换、Wigner-Ville 分布,以及其他一些衍生的时频分析都是分析非平稳信号的有用工具。然而,基于这些方法的信号处理算法要求信号是缓变的,并能获得多个独立数据记录。与时频分析不同,循环平稳分析的对象是周期性信号,这类信号可以是快变的,只需单个记录数据即可完成信号检测、参数估计等处理。对于循环平稳过程,归一化渐近模糊函数与循环自相关函数的一致估计之间有如下关系:

$$N\hat{R}_x(\alpha,\tau)=A(\alpha,\tau)\triangleq\sum_{n=0}^{N-1}x^*(n)x(n+\tau)\mathrm{e}^{-\mathrm{j}2\pi\alpha n}\tag{13-2}$$

式中,$A(\alpha,\tau)$为信号 $x(n)$的模糊函数。

由循环周期图可知,循环谱与 Wigner-Ville 分布之间存在如下关系:

$$\frac{1}{T_W}W_{Xu}(n,f)=\sum_{\alpha}S_{x_{T_W}}^{\alpha}(u,f)\mathrm{e}^{\mathrm{j}2\pi\alpha u}\tag{13-3}$$

式中,$W_{Xu}(n,f)$为信号的 Wigner-Ville 分布;$S_{x_{T_W}}^{\alpha}(u,f)$是循环周期图,二者是关于循环频率 α 的傅里叶变换对。

式(13-2)和式(13-3)表明二阶循环特征与模糊函数、Wigner-Ville 分布具有一致性。实际上,循环统计量和时频分布的物理意义不同。循环谱密度函数反映了信号频谱频移后的相关性，是一种统计特征，而时频分布反映的是非统计特征。大多数低截获概率信号具有循环平稳性，谱相关函数能够反映出这些信号在频谱上的相关性，也即能更好地实现信号的能量累计。循环自相关函数是谱相关函数在时域（延迟域）的对应函数，因而其信息量与谱相关函数是等同的。此外，模糊函数一般采用输入信号的复包络计算，致使模糊函数平面丢失一些有用信息。因此，循环平稳分析比时频分析更能全面地反映出信号的内在特征，为低截获概率信号的检测和参数估计等提供了一种有效的途径。

13.3.2　广义时频核函数设计

前面的研究是基于复杂调制信号具有循环平稳特性这一基本假设，但在现实中不可避免地存在非平稳噪声（如分形随机噪声），利用循环平稳分析与时频分析的关系，考虑通过对时频分布核函数的优化设计，得到广义的循环谱密度函数，使侦察信号适用范围更广泛。

信号 $s(t)$ Wigner-Ville 分布的定义如下：

$$W_z(t,f)=\int_{-\infty}^{\infty} z\left(t+\frac{\tau}{2}\right)z^*\left(t-\frac{\tau}{2}\right)\mathrm{e}^{-\mathrm{j}2\pi\tau f}\,\mathrm{d}\tau \tag{13-4}$$

式中，$z(t)$ 是 $s(t)$ 的解析信号。

对 Wigner-Ville 分布做一定的修改，从而得到一系列其他形式的时频表示。20 世纪 60 年代中期，Cohen 将众多的时频表示归纳为一个统一的形式。在这种表示形式里，不同的时频表示只是体现在核函数的不同上。信号 $x(t)$ 的 Cohen 类时频表示为

$$P(t,f)=\int_{-\infty}^{\infty}\int_{-\infty}^{\infty} A_z(\tau,v)\phi(\tau,v)\mathrm{e}^{-\mathrm{j}2\pi(tv+\tau f)}\,\mathrm{d}\tau\mathrm{d}v \tag{13-5}$$

式中，$A_z(\tau,v)$ 是信号 $z(t)$ 的模糊函数；$\phi(\tau,v)$ 为核函数，是时延 τ 和频偏 v 的函数。每种时频分布具有固定的核函数 $\phi(\tau,v)$ 或 $\psi(t,\tau)$，所以一种时频分析方法无法对多种信号的特征有效地反映，因此考虑对固定核函数进行改进和调整，用随信号特征变化的核函数来进行时频分析。

Baraniuk 和 Hones 提出一种基于信号的最优核函数设计方法，把最优核设计过程转化为一个优化问题，从而为设计自适应核函数提供一个统一框架。最优核函数用一个二维径向高斯核函数表示：$\phi(\tau,v)=\exp\left[-\dfrac{v^2+\tau^2}{2\sigma^2(\theta)}\right]$。其中 $\sigma(\theta)$ 控制高斯核函数在径向角 θ 方向上的扩展，称为扩展函数。θ 为原点与 (τ,v) 点之间的连线和 v 轴的夹角，因此 $\theta=\arctan\dfrac{\tau}{v}$。通常情况下用用极坐标表示径向高斯核函数更方便，即 $\phi(r,\theta)=\exp\left[-\dfrac{r^2}{2\sigma^2(\theta)}\right]$，式中，$r=\sqrt{\tau^2+v^2}$。最优核函数的求解

可以转化为下面的优化问题：

$$\max_{\phi}\int_{0}^{2\pi}\int_{0}^{\infty}|A(r,\theta)\phi(r,\theta)|^{2}r\mathrm{d}r\mathrm{d}\theta \tag{13-6}$$

这个优化问题的约束条件为

$$0\leqslant\frac{1}{2\pi}\int_{0}^{2\pi}\int_{0}^{\infty}|\phi(r,\theta)|^{2}r\mathrm{d}r\mathrm{d}\theta\leqslant\beta \tag{13-7}$$

式中，$A(r,\theta)$为信号模糊函数的极坐标形式。β限制了最优核函数的体积。在这个约束下，为了使优化准则极大化，核函数$\phi(\tau,v)$将尽可能集中在原点附近。有了最优核函数，可以写出自适应时频分布的表达式

$$P_{\mathrm{opt}}(t,\omega)=\frac{1}{2\pi}\int_{-\infty}^{\infty}\int_{-\infty}^{\infty}\phi_{\mathrm{opt}}(\tau,v)h(\tau-t)A(\tau,v)\mathrm{e}^{-\mathrm{j}vt-\mathrm{j}\tau\omega}\mathrm{d}v\mathrm{d}\tau \tag{13-8}$$

式中，$\phi_{\mathrm{opt}}(\tau,v)$是根据约束条件求出的最优核函数；$h(t)$是时间窗分析函数，时间窗长度决定着自适应时频分布的时间分辨力(与时间窗长度成正比)和频率分辨力(与时间窗长度成反比)。

可见，在自适应时频分布式(13-8)中涉及两个参数的调整，一个是核函数$\phi(\tau,v)$体积的选择，它决定着自分量聚集程度和交叉项的抑制程度。如果体积选择太小，也就是核函数主要集中在原点附近，并且向外延伸的体积较小，这样就不可避免地对信号自分量进行了部分截断，造成信号自分量聚集度下降，在信号时频平面上损失部分信息。如果太大，多余部分体积将有可能向交叉项分布的区域延伸，这样对交叉项的抑制程度就相应的减弱了；另一个是窗函数$h(t)$长度。对时间窗函数长度的调整也会改变自适应时频分布的时间和频率分辨力。

首先，进行离散化处理，在自适应离散时频分布的基础上，对更具有实际意义的离散形式的时频分布进行自适应处理算法总结如下：

(1) 计算直角坐标系中信号的模糊函数式为

$$A(\tau,v)=\int_{-\infty}^{\infty}z\left(t+\frac{\tau}{2}\right)z^{*}\left(t-\frac{\tau}{2}\right)\mathrm{e}^{\mathrm{j}2\pi tv}\mathrm{d}t$$

然后对其进行采样，采样后模糊函数为$A_{d}(m,n)$，T为采样周期：

$$A_{d}(m,n)=T\sum_{k=0}^{L-1}z(kT-nT)z^{*}(kT+nT)\mathrm{e}^{\mathrm{j}2\pi mk/L} \tag{13-9}$$

(2) 转化直角坐标系中的模糊函数为极坐标中的模糊函数，因为在极坐标中计算最优核比较容易，两种坐标系中的模糊函数转换可通过插值来实现。对极坐标中的模糊函数进行采样，经过离散化处理，极坐标中径向高斯核函数可以表示为

$$\phi_{p}(p,q)=\mathrm{e}^{-(p\Delta r)^{2}/2\sigma_{q}^{2}},\quad \sigma_{q}=\sigma(q\Delta_{\theta}) \tag{13-10}$$

(3) 计算最优扩展函数$\sigma_{\mathrm{opt}}(q\Delta_{\theta})$，然后代入$\phi(\tau,v)=\exp\left[-\frac{v^{2}+\tau^{2}}{2\sigma^{2}(\theta)}\right]$计算最优

核函数。最小均方误差自适应算法，采用 LMS 算法进行逼近

$$\sigma(k+1)=\sigma(k)-\mu(k)\nabla f(k) \tag{13-11}$$

式中，$\mu(k)>0$，是迭代步长；∇f 是函数 $f(\sigma)$ 在 $\sigma(k)$ 点的梯度矢量

$$\nabla f(k)=\left[\frac{\partial f}{\partial\sigma_1(k)},\cdots,\frac{\partial f}{\partial\sigma_{q-1}(k)}\right]^{\mathrm{T}} \tag{13-12}$$

由于 $\nabla f(k)\geqslant 0$，故多次迭代后的 $\sigma(k)$ 收敛到一个 $\sigma^*(k)$，就是最优扩展函数。

(4) 转化极坐标系中的最优扩展核函数为直角坐标系中的最优扩展函数，采用的方法同样是插值法，因为一维插值比二维插值计算量少。

(5) 根据 $\phi(\tau,v)=\exp\left[-\dfrac{v^2+\tau^2}{2\sigma^2(\theta)}\right]$，在直角系中计算出最优核函数 $\phi_{\mathrm{opt}}(\tau,v)$。

(6) 根据式(13-7)，在直角坐标系中计算出信号的最优时频分布。

通过对自适应时频分布核函数的优化设计，使得核函数在模糊域保留集中在原点的信号模糊函数的自分量，抑制远离原点的交叉分量，在无信号分量的模糊区域，核函数等于零。自适应核函数时频分布最大优势在于：分析信号时不需要信号的任何先验知识，而且能够得到优良的时频分布。这与雷达侦察的背景需求相一致。

13.3.3　广义循环谱特征分析

在时频分布核函数优化设计的基础上，通过仿真实验对广义循环谱特征进行分析。参数设置为：载频 $f_c=1000\text{Hz}$；采样频率 $f_s=7000\text{Hz}$(BPSK)，15000Hz(Frank、P1～P4 码、FSK/PSK)，100kHz(SINE-PRBC)。采用基于时频分布核函数优化的广义循环谱特征如图 13-9 所示。

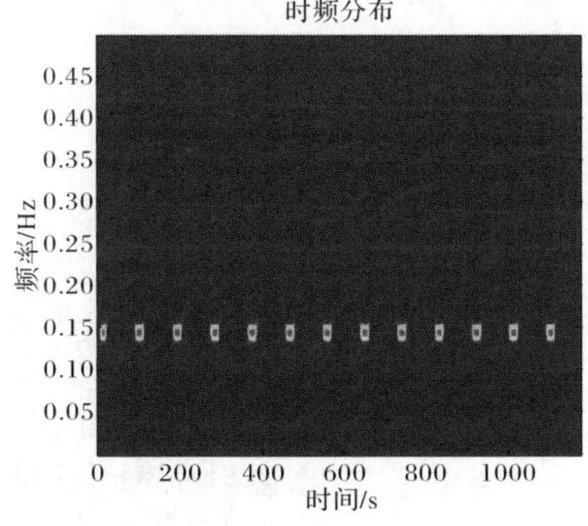

(a) 13 位 BPSK 信号

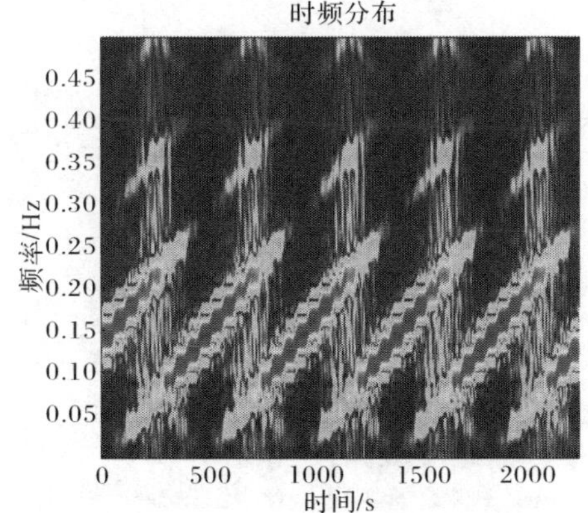

(b) 子码数为 8 的 Frank、P1 码

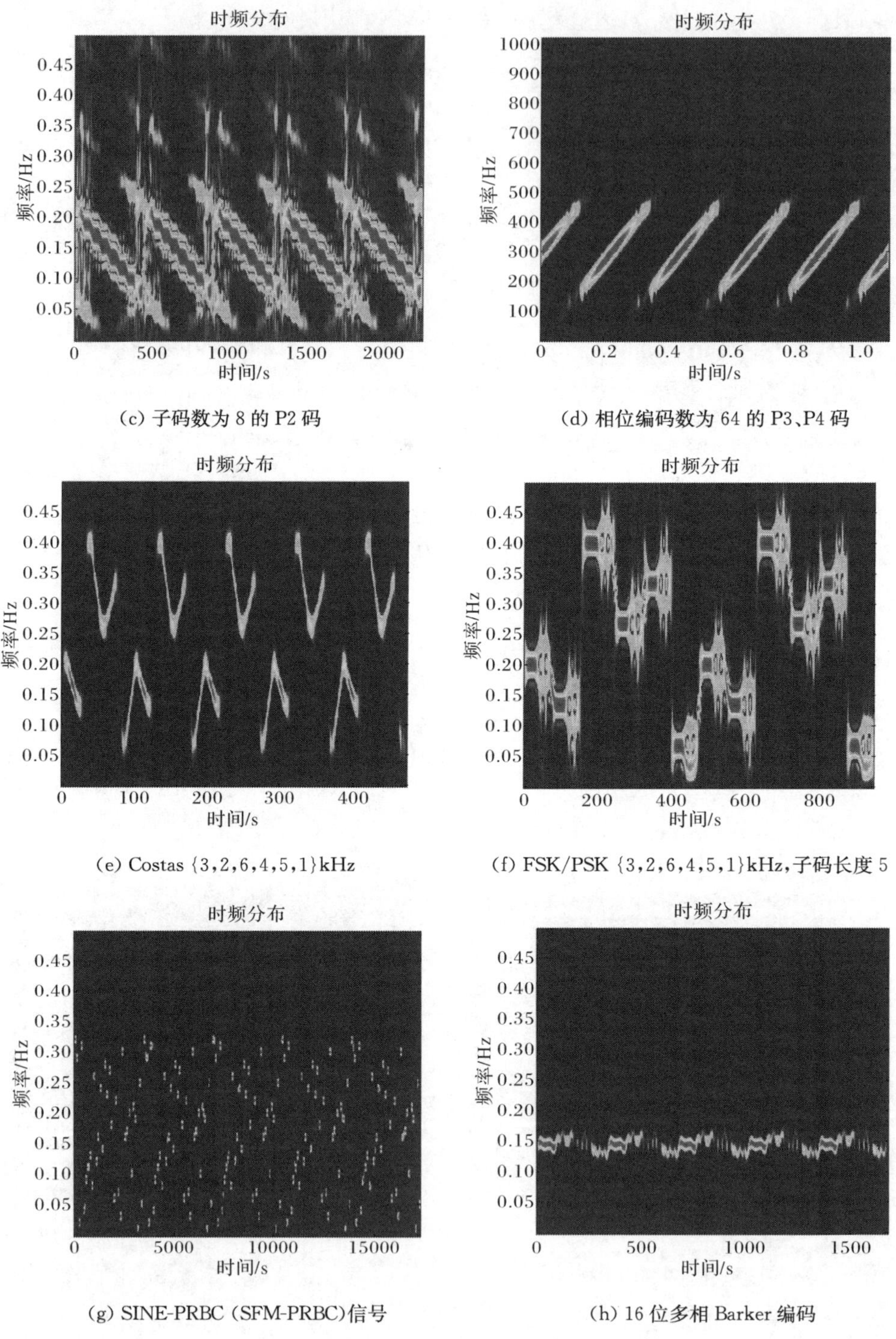

(c) 子码数为 8 的 P2 码

(d) 相位编码数为 64 的 P3、P4 码

(e) Costas {3,2,6,4,5,1}kHz

(f) FSK/PSK {3,2,6,4,5,1}kHz,子码长度 5

(g) SINE-PRBC (SFM-PRBC)信号

(h) 16 位多相 Barker 编码

图 13-9　复杂调制信号时频核函数法广义循环谱特征

由图 13-9 可知以下几点。①各复杂调制信号的广义循环谱特征体现出较好的分类特征，多相编码、频率调制和伪随机码调制三类信号的特征区分明显。②对于 BPSK 信号，广义循环谱特征能够反映出其子码个数[图 13-9(a)]；Frank 码和 P1 码的广义循环谱特征类似，也能反映出其子码个数[图 13-9(b)]；P2 码广义谱相关特征中的斜率与 Frank 码、P1 码相反，也能反映出子码个数[图 13-9(c)]；P3、P4 码广义谱循环特征呈明显等间距脊线，但是无法反映出子码个数[图 13-9(d)]。③Costas 编码、FSK/PSK 编码和多相 Barker 编码的广义谱相关特征呈现明显的分组特性，FSK/PSK 编码可以反映出子码数[图 13-9(f)]，其他两者无法反映出子码数[图 13-9(e)，(h)]。④SINE-PRBC 和 SFM-PRBC 信号广义谱相关特征具有明显的随机特性[图 13-9(g)]。复杂调制信号的广义循环谱特征总结如表 13-1 所示。

表 13-1　复杂调制信号广义循环谱特征与分类情况

复杂调制信号	广义循环谱谱特征	能否反映子码数
BPSK	尖峰	可以
Frank	平行脊线	可以
P1	与 Frank 相同	可以
P2	斜率与 Frank 相反	可以
P3	平行脊线	不可以
P4	与 P3 相同	不可以
Costas	分组	不可以
FSK/PSK	分组	可以
Polyphase Barker	分组	不可以
SINE-PRBC	随机	不可以

13.3.4　广义循环谱特征提取

在以往的调制类型分类算法中，通过引入随机相位，把循环平稳随机过程建模成平稳随机过程，信号隐含的周期性被破坏。Gardner 等基于循环平稳理论，给出了各种调制方式信号的循环谱特征表示，为利用循环谱理论进行调制方式分类奠定了基础。对于平稳噪声，其循环谱在循环频率 $\alpha=0$ 处有最强的分量，而其他循环频率处几乎没有分量。因此，从理论来说，利用循环频率在 $\alpha\neq0$ 处的特征可以识别任意信噪比下的复杂信号调制方式，但因为处理的信号在时间上都是有限长度，造成噪声的循环谱在非零循环频率处的值不等于零，因此实际的分类识别性能比理论上会有所降低。基于以上原因，充分利用前文分析和提取的复杂调制信号循环谱特征的特点，去掉一些不合适的循环谱特征参数，增加其他的循环谱特征参数，并从循环谱估计计算过程中提取一些频率特征参数信息，来形成对调制方式分类的特征参量。这样在不增加运算量复杂度的基础上能提高分类精度。

根据以上的原则，选择以下循环域特征参数作为特征提取向量：

(1) 码元速率的方差 $\sigma_r=0$。

(2) $S_x^\alpha(0)$在 α 轴上周期谱线的分布数量 N_α。

(3) 调制信号谱相干系数 $C_x^\alpha(f)$的最大值 M_c。

(4) 谱相关函数 $S_x^\alpha(f)$当 $\alpha=f_0$ 时，谱自相关函数的最大值 M_{f_0}，其中 f_0 为载波频率。

(5) $S_x^\alpha(f)$在 $\alpha=2f_0$ 处的最大归一化下降值 V_{2f_0}。

(6) $C_x^\alpha(f)$的最大值与 $S_x^\alpha(f)$在 $\alpha=2f_0$ 处的最大归一化下降值的比值 R_{2f_0}。其中，$S_x^\alpha(f)$表示信号的循环谱；$C_x^\alpha(f)$表示谱相干系数。由以上得到的参数组成一个特征向量，定义为$\boldsymbol{V}=[\sigma_r,N_\alpha,M_c,M_{f_0},V_{2f_0},R_{2f_0}]$，将此向量作为特征提取向量，对调制方式进行分类。

13.3.5　基于广义循环谱特征的调制样式分类

本节提出基于广义循环谱特征的调制样式分类方法，与以往方法相比，不需要任何先验信息，且具有抗平稳噪声干扰的特点。

1. 方法描述

根据循环谱密度估计算法，循环频率和谱频率构成的双频率平面的结构如图13-10所示。其中，$\Delta\alpha$ 表示循环频率分辨力；q 表示循环频率取值的倍数；Δf 表示谱频率分辨力；m 表示谱频率取值倍数。

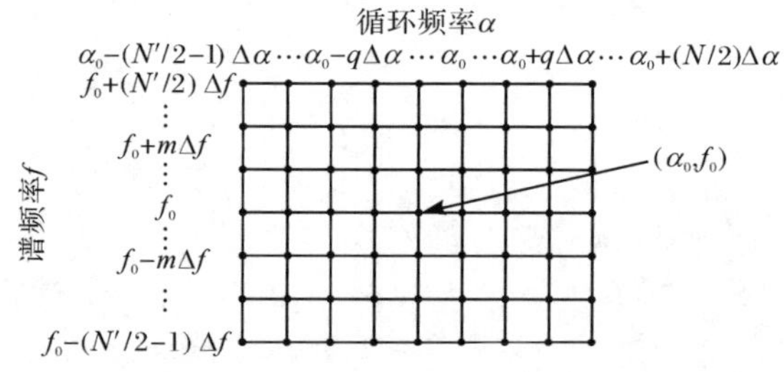

图 13-10　双循环平面结构示意图

双循环平面可用一个$(N/L_1)\times(N'/L_2)$的矩阵 $\boldsymbol{H}$ 表示，行表示循环频率，列表示谱频率，L_1 和 L_2 为抽取系数，N 为信号长度，N'为短时傅里叶长度，且 $1\leqslant L_1\leqslant N,1\leqslant L_2\leqslant N'$。抽取是为了减少判决时的运算量，当 L_1 和 L_2 等于 1 时，表示没有抽取，也就是利用全部的循环谱信息；当 $L_1=N,L_2=N'$是，矩阵 $\boldsymbol{H}$ 变成一个点，即(α_0, f_0)。注意这里的抽取是指对循环平面上的循环谱密度数值进行抽取，而不是位置抽取。通过实验得到各种调制样式的理论样本矩阵，分别表示为 $\boldsymbol{H}_{\mathrm{BPSK}}$、$\boldsymbol{H}_{\mathrm{Frank}}$、$\boldsymbol{H}_{\mathrm{Costas}}$、$\boldsymbol{H}_{P1}$、$\boldsymbol{H}_{P2}$、$\boldsymbol{H}_{\mathrm{Hybrid}}$、$\boldsymbol{H}_{\mathrm{PN\text{-}FM}}$。建立样本矩阵应满足以下条件：

(1) 建立的样本矩阵应和实际调制信号的相近。

(2) 在满足条件(1)的情况下，样本矩阵尽量小。

(3) 矩阵搜索算法简单，能提高实时性。

根据上述原则，由循环谱的对称性

$$S_x^{\alpha}(-f)=S_x^{\alpha}(f) \tag{13-13}$$

$$S_x^{-\alpha}(f)=[S_x^{\alpha}(f)]^* \tag{13-14}$$

只需考察矩阵$(N/4L_1)\times(N'/4L_2)$这部分，即对应着双循环平面的第一象限部分。根据接收的通过处理的中频信号，利用本书提出的 ASCPM 循环谱密度估计方法，得到复杂调制信号循环谱密度估计矩阵 $\boldsymbol{R}$，$\boldsymbol{R}$ 中元素与 $\boldsymbol{H}$ 中的元素是一一对应的关系。采用误差平方和最小值作为搜索依据，即计算

$$E_{RH}=\sum_{i}^{N}\sum_{j}^{N'}(R_{ij}-H_{ij})^2 \tag{13-15}$$

式(13-15)表示估计矩阵 $\boldsymbol{R}$ 和理论样本矩阵 $\boldsymbol{H}$ 的对应元素值的误差的平方和。最小值相对的调制方式即为估计的调制样式。这样能充分利用循环谱二维平面上的信息。

设抽取因子 $L_1=64$，$L_2=64$，信号数据长度 $N=32768$，短时傅里叶长度 $N'=32$。以 BPSK、Frank、Costas 为例，将抽取值进行量化和放大后，得到三种调制样式的理论样本矩阵分别为

$$\boldsymbol{H}_{\mathrm{BPSK}}=\begin{bmatrix}0&0&10&0\\3&0&0&0\\10&0&0&0\\2&0&0&0\end{bmatrix},\quad \boldsymbol{H}_{\mathrm{Frank}}=\begin{bmatrix}0&0&10&0\\0&0&1&0\\1&1&0&1\\1&0&0&0\end{bmatrix},\quad \boldsymbol{H}_{\mathrm{Costas}}=\begin{bmatrix}0&0&10&1\\1&1&0&0\\5&2&0&0\\5&2&0&0\end{bmatrix} \tag{13-16}$$

可见，三种调制样式的样本矩阵有明显的差别，如果降低抽取系数，差别将更加明显。用同样的方法得到其他调制类型的理论采样矩阵，上述过程不需要载波频率、符号速率、编码序列等先验信息。

2. 方法性能验证分析

依次选择 BPSK、Frank、Costas、P1、P2、Costas/Barker、FM-PRBC 7 种调制信号进行仿真实验。从信噪比$-4\sim20$dB，每 2dB 进行一次评估，每次进行 2000 次独立试验，信号载频和采样频率归一化为 0.25 和 1。图 13-11 给出了 7 种调制样式在 $N=32768$，$N'=512$，在不同信噪比下的分类能力。从图中可以看出在低信噪比下分类特征明显，具有较好的分类能力。

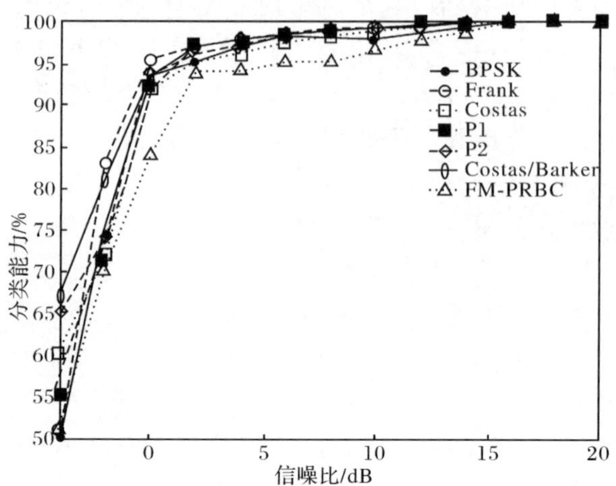

图 13-11　对不同调制样式的分类能力

13.4　小　　结

基于信号特征参数的信号识别方法已经从传统的脉冲描述字发展到基于信号的变换域特征。本章主要讨论了在分数阶傅里叶变换域和循环谱域的信号识别方法，由于不同信号在不同变换域的特征有很大差异，雷达侦察信号类型复杂多样，仅仅依靠某一种方法实现所有信号的识别是不可能的，因此针对某一类信号的识别将是未来的主要发展方向。

参考文献

[1] Martone M. A multicarrier system based on the fractional Fourier transform for time-frequency-selective channels. IEEE Transaction Communications, 2001, 49(6): 1011—1020.

[2] 孙晓兵，保铮. 分数阶 Fourier 变换及其应用. 电子学报，1996,24(12):60—65.

[3] 刘建成，刘忠，王雪松，等. 高斯白噪声背景下 LFM 信号的分数阶 Fourier 域信噪比分析. 电子与信息学报，2007,29(10):2338—2340.

[4] 邓兵，陶然，张惠云. 抽样转换的分数阶 Fourier 域分析. 电子学报，2006, 34(12): 2191—2194.

[5] Tao R, Deng B, Zhang W Q, et al. Sampling and sampling rate conversion of band limited signals in the fractional fourier transform domain. IEEE Transactions on SP, 2008, 56(1): 158—171.

[6] Sarikaya R, Gao Y Q, Saon G. Fractional Fourier transform features for speech recognition// Proceedings of: ICASSP 04, New Jersey, 2004.

[7] Namias V. The fractional order Fourier transform and its application to quantum mechanics Journal of Inst Maths Applics,1980,25:241－265.

[8] Ozaktas H M,Kutay M A,Aalevsky A. The Fractional Fourier Transform with Applications in Optics and Signal Processing. New York: John Wiley & Sons,2000.

[9] 赵兴浩,陶然. 基于分数阶相关的无源雷达动目标检测新算法. 电子学报,2005,33(9): 1567－1570.

[10] Ju Y,Barkat B,Attallah S. Analysis of peak-to-average power ratio of a multicarrier system based on the fractional Fourier transform//The 9th IEEE Singapore International Conference on Communication Systems,New York,2004.

[11] 郭斌. 分数阶 Fourier 变换的基本原理与应用[D]. 西安:电子科技大学,2006.

[12] 邓兵,陶然,齐林等. 分数阶 Fourier 变换与时频滤波. 系统工程与电子技术,2004,26(10): 1357－1359,1405.

[13] 陶然,周云松. 基于分数阶傅里叶变换的宽带线性调频信号波达方向估计新法. 北京理工大学学报,2005,25(10): 895－899.

[14] 齐林,陶然,周思永,等. 基于分数阶 Fourier 变换的多分量 LFM 信号的检测与参数估计. 中国科学 E 辑,2003,33(8): 749－759.

[15] 齐林,陶然,周思永,等. DSSS 系统中基于分数阶傅立叶变换的扫频干扰抑制算法. 电子学报,2004,32(5): 799－802.

[16] 董永强,陶然,周思永,等. 基于分数阶 Fourier 变换的 SAR 运动目标检测与成像. 兵工学报,1999,20(2): 132－136.

[17] 齐林,陶然,周思永,等. LFM 信号的一种最优滤波算法. 电子学报,2004,32(9): 1464－1467.

[18] Sun H B,Liu G S,Gu H,et al. Application of the fractional Fourier transform to moving target detection in airborne SAR. IEEE Transaction Aerospace and Electronic Systems, 2002,38(4): 1416－1424.

[19] Musha T,Uchida H,Nagashima M. Self-monitoring sonar transducer array with internal accelerometers. IEEE Journal of Oceanic Engineering,2002,27(1): 28－34.

[20] 陈恩庆,陶然,张卫强. 一种基于分数阶 Fourier 变换的时变信道参数估计方法. 电子学报, 2005,33(12): 2101－2104.

[21] 尉宇,孙德宝. 基于分数阶域的多分量线性调频信号能量聚集性检测. 电讯技术,2004,03: 139－143.

[22] Brian K J. Performance of a linear frequency modulated signal detection algorithm. IEEE international Radar Conference,2000,477－450.

[23] Wang M,Chan A K,Chui C K. Linear frequency modulated signal detecting using radon ambiguity transform. IEEE Transactions on Signal Processing,1998,46(5): 571－586.

[24] Saad Q,Apostolos G,Lampros K,et al. Interference suppression in the wigner distribution using fractional Fourier transformation and Signal Synthesis. IEEE Transactions on Signal Processing,2007,55(6):3150－3154.

[25] Juan G W, Balu S. The centered discrete fractional Fourier transform and linear chirp signals. IEEE 11th Digital Signal Processing Workshop & IEEE Signal Processing Education Workshop, 2006: 163－167.

[26] 牛虻. 基于分数阶傅里叶变换的时变幅度线性调频信号的检测[D]. 郑州:郑州大学, 2006.

[27] 钱云襄, 刘渝, 黄慧慧. 线性调频连续波信号参数估计算法. 现代雷达, 2006, 28(3): 40－43.

[28] 袁伟明, 王敏, 吴顺君. 对称三角线性调频连续波信号的检测与参数估计. 电波科学学报, 2005, 20(5): 594－597.

[29] Phillip E P. Detection and Classifying Low Probability of Intercept Radar. Boston: Artech House, 2009.

第 14 章　复杂信号波形识别

14.1　引　　言

雷达信号波形识别就是对雷达发射信号调制波形的识别。该问题是雷达辐射源识别中的核心问题之一，其应用非常广泛，包括军用和民用的频谱管理、雷达信号侦察、雷达辐射源分析与识别和有效干扰技术的设计等[1]。在复杂电磁环境中，要保证己方雷达信号安全、高效的发射和接收，同时还要识别进而干扰敌方所发射的雷达信号，对于一个智能化、自动化雷达波形识别系统的需求尤为迫切。并且，雷达波形识别结果对于电子侦察中辐射源的识别具有关键性的作用。

对雷达信号波形识别问题，国内外开展了大量的研究工作。文献[2]和[3]分别利用 Wigner 分布和正交镜像滤波器组对调频连续波和 P4 码雷达信号进行了识别，在中等信噪比条件下具有较佳的性能。文献[4]提出了利用 RAT 对多相码雷达信号进行检测的算法，该方法在搜索模糊函数幅度平面的直线时只需要一维搜索，计算量较小，但是只适合于多相码信号的检测，不适合用于调制方式识别。有文献提出基于分数阶傅里叶变换和自适应信号分解的低截获概率雷达信号调制方式识别方法。该方法对于多相码信号，只能把它们分成 P2 码、P4 码和 Frank/P1/P3 码三类。文献[5]通过构造本地参考信号，利用本地参考信号与接收信号的调制方式一致时，共轭相乘的结果是正弦波这个性质进行调制方式识别，实现了良好的识别概率，但是该方法要求首先估计接收信号的码元宽度和时宽，信号到达时间和码元宽度估计必须具有较高的精度。

本书第 5 章和第 9 章采用周期 WHT 算法，对类似 LFMCW 信号的检测、参数估计和交叠信号分离问题进行了深入研究。通过理论分析和仿真验证，证实了周期 WHT 对此类信号的弱信号检测与参数估计、强信号中弱信号的检测与分离的有效性。类似 LFMCW 信号虽然可以采用周期 WHT 对其进行有效检测与分离，但是在周期 WHT 域，并不能获得其相位调制信息，对于类似 LFMCW 信号波形，尤其是类似 LFMCW 多相编码连续波信号的识别效果并不理想。

由第 9 章交叠信号检测与分离处理后，信号被单独提取出来，并且抑制了噪声(9.4 节仿真实验)。而类似 LFMCW 连续波信号在周期 WHT 域和时频域就可以表现出明显的区别性特征。本章研究类似 LFMCW 信号(LFMCW、STLFMCW 和 Frank 码、P1～P4 码连续波信号)的识别问题。研究内容主要包括以下几方面:首先,研究类似 LFMCW 信号波形识别的原理,分析信号的周期 WHT 域和时频域特征,根据特征制定此类信号波形识别的流程;然后,重点研究根据信号时频图像特征进行 LFMCW 和多相编码信号识别的问题,为了避免 Wigner-Ville 时频分布中交叉项对信号识别的影响,提出使用基于 S-method 的时频分布方法对分离后的类似 LFMCW 信号进行处理,得到其时频分布图。接下来,对类似 LFMCW 信号的时频图像特征进行研究,分析总结时频域类似 LFM-CW 信号具有区分性的多维特征,并对多维特征的提取方法进行研究。然后,通过设计组合神经网络分类器,用以实现类似 LFMCW 信号的高效自动识别。最后,通过仿真实验验证方法的有效性。

14.2 复杂调制雷达信号波形识别原理及方法

14.2.1 雷达信号波形识别原理

图 14-1 描述了典型雷达波形识别系统的框图。识别系统的前 5 个模块组成了预处理阶段。首先检测信号存在与否,然后估计出信号的载波频率并且移除(这里载波频率定义为信号频率带宽的中心频率)。假设雷达信号已经成功检测到,经过载波移除和子脉冲速率估计和采样,进行特征提取,最后进入雷达信号波形识别。

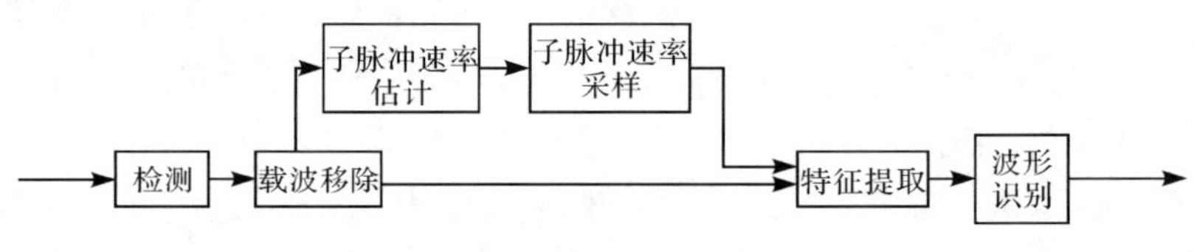

图 14-1 典型雷达波形识别系统结构

预处理阶段最关键的环节就是特征提取。很多特征都从复包络中直接计算出来。然而,为了提取多相编码信号波形更加详细的特征,必须估计子脉冲速率,然后按子脉冲速率对信号进行采样。这就是特征提取之前子脉冲速率估计和采样的原因。

实际上,一般采用相位编码信号波形的循环平稳特性来进行子脉冲速率的估计,此估计使用的是一个基于循环相关的符号速率估计器。在预处理完成之后,就可以计算出各种特征。最后计算出的特征向量输入到波形识别器,进行波形识别。

目前提出的大部分波形识别方法都是基于从雷达信号测量值中提取的特征信息。此外,基于时-频分布的特征和其他方法也常常采用。

14.2.2　基于时频分布的波形识别

1. 基于形态学处理的时频分布的波形识别

基于时频分布图像的被监督雷达波形识别系统，将估计出的 Choi-Williams 分布作为一幅 2-D 图像，采用形态学的图像操作方法，进行图像膨胀和图像腐蚀处理，从而得出二值特征图像。此二值特征图像作为输入传递至一个被监督的多层感知(MLP)识别器，由该识别器进行最后的分选。

2. 基于 pseudo Wigner-Ville 分布的频率调制信号的识别

瞬时频率的调频信号波形识别算法，对 PWVD 上每个时刻进行峰值定位而估计出瞬时频率。考虑多种不同的调频波形模型，每种可能类别的模型参数都通过一个根据估计出来的瞬时频率而设计的统计模型估计出来。最后，为了识别多种信号波形，提出一种统计假设检验，此假设检验是基于截获雷达信号和估计出的模型的均方误差(MSE)而进行的。

3. 基于短时傅里叶变换(STFT)的波形识别

基于 STFT 的信道化的波形识别系统，通过采用不同的积分长度对估计出的 STFT 进行平均从而得到信号的多个时频表示。对于不同长度的信号，可以提供更加优秀的适应性。该识别器是一个分等级的识别器，根据瞬时频率提取出的特征进行门限检测，该瞬时频率是基于时频分布方法估计出的。所提取的特征包括：信号幅度、拟合的线性模型误差和瞬时频率一阶差分最大值。因为信道化的原因，识别能力随着不同的波形差别相当明显。综合来说，对于占用了多个信道的 PSK 和 FSK 信号识别能力很差，因为滤波损坏了信号相位中携带的调制信息。

4. 基于原子分解的波形识别

基于原子分解(AD)的复杂雷达信号检测和识别方法，通过原子扩张表示截获信号，即通过基底函数构成一个字典。图 14-2 中描述了一种基于原子分解的波形识别框图。首先通过 Hilbert 变换得到信号的解析形式。然后解析信号分解为原子，之后将原子进行聚类。聚类阶段的目的是将来自相同信号的原子划分到同一个集合之中。因此，聚类阶段使得同时到达信号的识别成为可能。在原子被划分为不同的集合之后，对应于不同集合的信号就可以进行重构。先对重构信号瞬时频率进行估计，然后提取其瞬时频率的特征进行调制方式识别。所提取的特征包括：幅度、拟合线性模型的误差、误差与幅度平方之比、瞬时频率的最大偏差和中值滤波瞬时频率的方差。该调制识别器是一个基于门限检验的多层识别器。

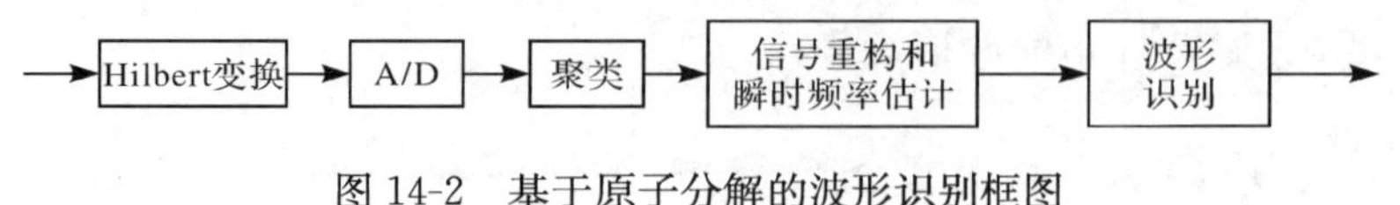

图 14-2 基于原子分解的波形识别框图

检测与估计阶段可以通过期望最大化(EM)算法和 AD 上附加的信息理论性准则进行改进。也就是说,利用迭代寻找 ML 估计的 EM 算法,对通过 AD 得到的信号初始表示进行改进。然后利用信息理论性准则实现对模型阶数的选取,即信号个数的检测。可以采用直接基于虚警概率参数的信息理论性准则。采用期望最大化算法和 AD 上附加的信息理论性准则的改进方法可以得到一个更加稀疏的信号表示,即使用比原始方法更少的原子,因此在实际应用中有更加优异的效能。

14.2.3 基于其他特征的波形识别

1. 基于相似系数和小波的雷达波形识别

基于相似系数和小波包分解特征的波形识别方法采用被监督的支持向量机(SVM)识别器,采用像自组织映射(SOM)的非监督识别器。被分析雷达波形包括单载频、BPSK、QPSK、multiple PSK(MPSK)、LFM、nonlinear FM(NLFM)、频率分集(FD)和脉内频率编码(IPFE)雷达波形信号。识别系统的能力通过信噪比为 5dB、10dB、15dB 和 20dB 的雷达信号集进行了分析。最好的被监督识别器实现了总体 86%的识别正确率,最好的非监督识别器实现了总体 82%的识别正确率。识别正确率是对所有信噪比下数据集内所有雷达信号进行统计的。

2. 基于符号时间序列特征的雷达波形识别

基于符号时间序列特征的雷达波形识别方法中,截获雷达信号首先量化以形成符号。符号形成一个有限的字母表,该字母表由 $0\sim q-1$ 的整数组成,其中 q 是字母表的大小。如 0 和 1 是大小为 2 的字母表的符号。然后这些被量化的符号通过使用滑动窗口分组为单词。计算每个单词的概率。最后单词分布的熵被计算出来。此熵的数值可以被用作特征。

14.3 复杂调制雷达信号波形特征

预处理阶段最关键的环节就是特征提取,同时也是各种波形识别方法的依据。所提取雷达信号特征的区分性决定了波形识别的效果。针对不同的调制样式,雷达信号波形的各种特征各有不同。目前常用的雷达信号波形特征主要有传统的瞬时特征、功率谱特征、时频域特征、高阶谱特征和循环谱特征。

14.3.1　基于功率谱密度的特征

基于功率谱密度(PSD)的特征可以在一定程度上描述信号在频域的分布情况,但是由于此类特征无法反映信号瞬时特征或频率(相位)随时间变化的规律,对于复杂调制的雷达信号详细特征识别作用不大。因为其计算量小且具有粗识别能力,一般用于多级波形识别的粗识别阶段。一般采用的 PSD 特征有:对称性、PSD 的最大值和平方信号功率谱的最大值。采用符号率进行采样的信号的带宽特征也是一个重要的 PSD 特征,此特征是信号自相关旁瓣的一个度量。

14.3.2　基于瞬时信号属性的特征

瞬时信号属性特征是雷达信号波形识别的一个重要特征,该类特征由于其频率、相位的高分辨特性很适合用于频率、相位瞬时变化的雷达信号。其中,瞬时相位和频率的标准差可以很好地衡量信号的瞬时特征,脉冲起始相位和终止相位之差也是经常使用的瞬时特征。为了压制相位编码信号相位突变引起的冲击,一般对瞬时频率进行中值滤波。

14.3.3　基于时频域波形特征

时频域特征可以反映复杂调制信号的频率(相位)变化规律,是目前复杂调制波形识别中最广泛采用的特征提取领域。

在时频域内,噪声基本上在每个时刻遍布所有频域空间,但是信号往往在某一时刻出现在一个确定的频率上。因此,时频分布对于接收到的信号波形的瞬时特征的提取功能相当强大。主要采用以下特征。

1. 伪 Zernike 矩

伪 Zernike(pseudo-Zernike)矩通常被用于图像中的目标识别,具有平移不变性、缩放不变性、旋转不变性和镜像不变性,因此很适合作为波形识别的重要特征。

2. 归一化处理后二值图像中的目标个数

归一化处理后二值图像中的目标个数也是一个具有明显区分性的特征。在归一化成功完成的基础上,可以在时频图像中提取出不同信号的不同目标个数。

3. 信号时频分布中峰值功率的时间位置

信号时频分布中峰值功率的时间位置是第 3 个重要的特征。如 LFM、P1、P2

和 P4 码信号的峰值功率与编码中心的距离相对较近,而 Frank 码和 P3 码在编码末端具有最高的峰值功率。该特征不是从二值图像中计算得出的,所以不需要对时频分布的完全归一化,仅通过时间选通处理就可以实现。

4. 目标分量宽度的标准差

第 4 个特征是针对多相编码信号(如 Frank 码、P1 和 P2 码信号)的时频图像块状结构的识别提出的。该方法通过计算二值图像中目标分量宽度的标准差,可以将非块状结构信号同其他块状结构多相编码信号区分开。

5. 编码对称特征

第 5 个明显的信号特征利用了编码信号的不同的编码对称特性,通过计算符号率采样脉冲和该脉冲的时间翻转信号的互相关函数得到。

14.3.4 基于循环谱和高阶统计量的特征

复杂调制信号一般采用了各种调制和编码技术来扩展频谱,这使信号具有循环平稳的特性,故循环平稳特征非常适合于这类信号的识别。循环平稳理论一方面反映了信号统计量随时间的变化,弥补了平稳信号处理方法的不足,另一方面将信号统计量视为周期变化,简化了一般的非平稳信号处理方法,故它能得到比平稳信号处理方法更满意的结果,而又比非平稳信号处理方法更简洁、更易于实现。此外,循环平稳理论还有许多优点:具有好的分辨率,能从强噪声与干扰中识别多个 LPI 信号;提供了对信号信息进行分析的工具,能反映出信号的包络、载波、相位、脉冲串重复频率等诸多参数信息。

循环平稳信号又可进一步分为一阶、二阶和高阶循环平稳信号。信号的循环平稳特性往往表现在二阶或高阶统计量上,如信号反映在二阶统计量上的周期性可以解释为该信号通过有关非线性传输系统后能够在频域产生出谱线的特性,故又称为谱线再生特性,与之对应,信号不同频带之间的相关特性则称为谱相关特性。所用到的循环统计量有:循环均值、循环自相关、谱相关密度函数。

1. 循环均值

循环均值是一阶统计量,其定义为

$$M_x^\alpha = \lim_{N\to\infty}\frac{1}{(2N+1)T_0}\sum_{n=-N}^{N}\int_{-T_0/2}^{T_0/2}x(t+nT_0)\mathrm{e}^{-\mathrm{j}2\pi\alpha t}\mathrm{d}t = \lim_{T\to\infty}\frac{1}{T}\int_{-T/2}^{T/2}x(t)\mathrm{e}^{-\mathrm{j}2\pi\alpha t}\mathrm{d}t \tag{14-1}$$

式中,$x(t)$是输入信号;α 是循环频率;$2N+1$ 是采样数;T_0 是信号均值的周期;T

是采集时间。

式(14-1)说明循环均值相当于信号频谱左移 α 后的时间平均。若信号的循环均值存在非零循环频率的谱线，即 $\alpha \neq 0$ 时 $M_x^\alpha \neq 0$，则说明信号是一阶循环平稳的。

2. 循环自相关

循环自相关函数定义为

$$R_x^\alpha(\tau) = \lim_{T\to\infty} \frac{1}{T} \int_{-T/2}^{T/2} x(t) x^*(t+\tau) \mathrm{e}^{-\mathrm{j}2\pi\alpha t} \mathrm{d}t = \lim_{T\to\infty} \frac{1}{T} \int_{-T/2}^{T/2} R_x(t, t+\tau) \mathrm{e}^{-\mathrm{j}2\pi\alpha t} \mathrm{d}t \tag{14-2}$$

循环自相关函数是二阶循环统计量，实际是信号自相关函数的广义傅里叶系数。令 $u(t)=x(t)\mathrm{e}^{-\mathrm{j}\pi\alpha t}$，$v(t)=x(t)\mathrm{e}^{\mathrm{j}\pi\alpha t}$，则循环自相关函数可写成 $u(t)$ 和 $v(t)$ 的互相关函数

$$R_x^\alpha(\tau) R_{uv}(\tau) = \lim_{T\to\infty} \frac{1}{T} \int_{-T/2}^{T/2} u(t+\tau/2) v^*(t-\tau/2) \mathrm{d}t \tag{14-3}$$

3. 谱相关密度函数

由循环自相关函数的傅里叶变换可以得到谱相关密度函数

$$S_x^\alpha(f) = \int_{-\infty}^{\infty} R_x^\alpha(\tau) \mathrm{e}^{-\mathrm{j}2\pi f\tau} \mathrm{d}\tau \tag{14-4}$$

谱相关密度函数(cyclic spectrum density，CSD)又称循环谱密度或谱相关函数，是二阶循环统计量。可将谱相关密度函数写为正交表达形式

$$S_x^\alpha(f) = S_{uv}^\alpha(f) = \lim_{T_t\to\infty} \lim_{T\to\infty} \frac{1}{T_1} \int_{-T_1/2}^{T_1/2} \frac{1}{T} U_T(t+m, f) V_T^*(t+m, f) \mathrm{d}m \tag{14-5}$$

式中

$$U_T(t, f) = X_T(t, f+\alpha/2) = \int_{t-T/2}^{t+T/2} x(u) \mathrm{e}^{-\mathrm{j}2\pi(f+\alpha/2)} \mathrm{d}u \tag{14-6}$$

$$V_T(t, f) = X_T(t, f-\alpha/2) = \int_{t-T/2}^{t+T/2} x(u) \mathrm{e}^{-\mathrm{j}2\pi(f-\alpha/2)} \mathrm{d}u \tag{14-7}$$

式中，T_1 表达对时变函数取时间均值的时窗宽度，$U_T(t,f)$ 和 $V_T(t,f)$ 分别是 $u(t)$ 和 $v(t)$ 的时间长度为 T 的傅里叶变化。从上式可看出谱相关密度函数实际是信号频谱中频率 f 分别左移和右移 $\alpha/2$ 处谱分量的互相关。若信号的循环自相关函数或谱相关函数存在非零循环频率谱线，即 $\alpha \neq 0$ 时 $R_x^\alpha(\tau) \neq 0$ 或 $S_x^\alpha(\tau) \neq 0$，则说明信号是二阶循环平稳的。

除上述循环统计量，循环平稳理论还包括：高阶循环矩、高阶循环累计量、循

环多谱等,这些高阶循环统计量具对高斯噪声不敏感的优点,并能分离平稳信号与循环平稳信号,但这些高阶循环统计量一般计算量大,实现比较困难。

14.4 基于多特征组合神经网络的波形识别

针对复杂调制雷达信号的波形多样性,要获得高效、高精度的识别率,除了提取抗干扰、易识别的特征参数外,识别器的设计更为关键。目前常用的识别器主要有 BP 神经网络、RBF 神经网络、Kolnen 神经网络和支持向量机等。

14.4.1 神经网络

神经网络由多个并行的神经元协同工作构成。神经元之间通过像生物神经系统那样互相激励而联系。整个神经网络很大程度上由神经元之间的连接情况(即权值)而确定。通过用有关雷达波形特征数据进行训练,可以调整神经网络的连接情况,从而进行雷达波形自动识别。

1. 神经网络的结构

神经元是神经网络的基本单位。一个输入为向量的神经元如图 14-3 所示。输入向量 $p_1,p_2,\cdots,p_R$ 经过加权因子 W 调整后与偏差进行求和运算得到确定值 n,作为后面转移函数 f 的输入。根据转移函数 f 输出的值 a,去调整加权因子和偏差,从而确定神经元的特征。转移函数相当于对确定值 n 的判决函数,其输出一般是已知的某种判决结果。根据不同实际需求,可以采用多种转移函数。

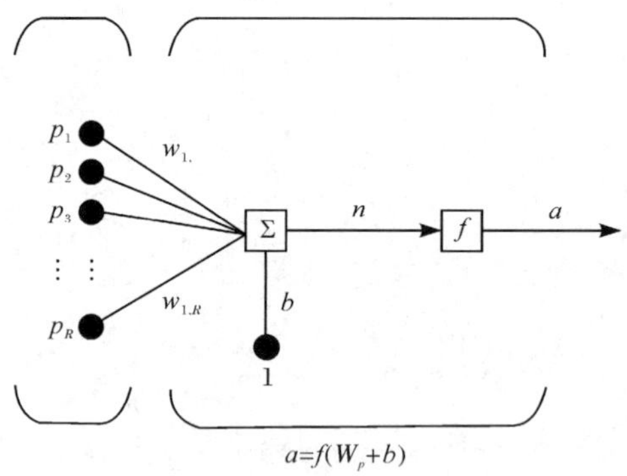

图 14-3 一个神经元的基本结构

将多个神经元组成神经网络时,一般采用图 14-4 的神经元表示方式。将输入向量用 R 表示,权值向量用 W 表示,此表示方法大大简化了神经元的复杂内部关系。

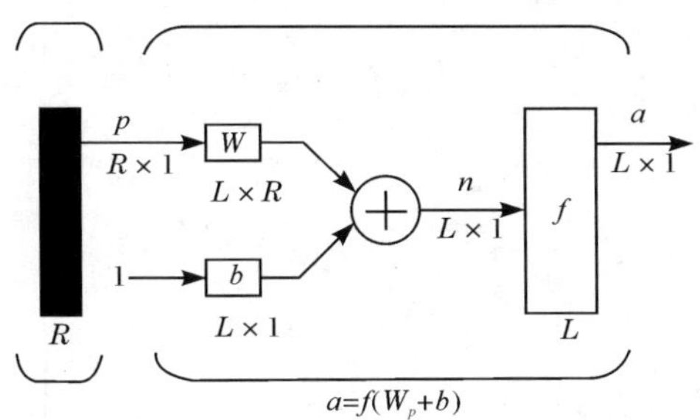

图 14-4　神经网络中的神经元表示

将多个神经元并联和级联,可以组成多种神经网络如图 14-5 和图 14-6 所示。通过设计不同的神经网络,可以解决多种复杂的模式识别问题。

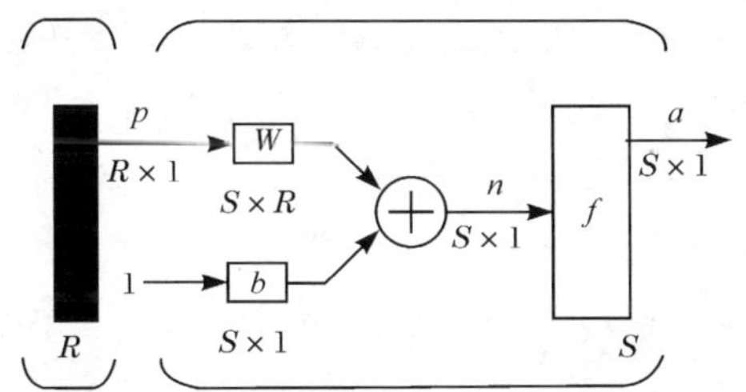

图 14-5　S 个神经元并联的神经网络

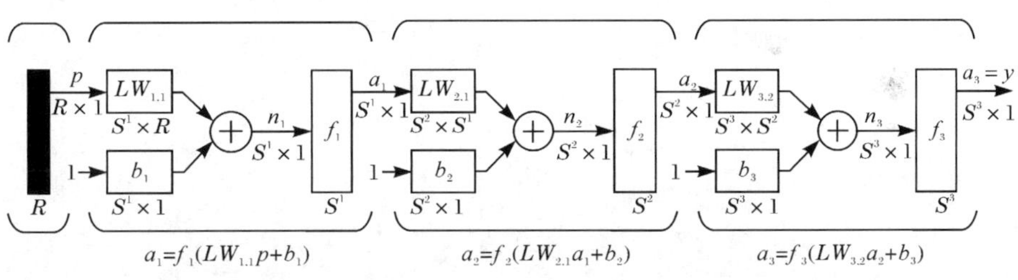

图 14-6　三级神经元级联的神经网络

2. 神经网络的训练

神经网络的训练流程如图 14-7 所述,通过大量确定的输入-已知结论对应关系比较,不断调整神经元的权值,直到神经网络输出与已知结论一致。按训练数据的方式,还可以分为批量训练和递增式训练。批量训练是指一次性将所有训练数据作为一个输入集合输入神经网络,对其权值进行调整;递增式训练又称为线上训练,是指针对训练数据的单个成员作为输入,依次针对每个数据调整权值,直至处理完所有训练数据,从而得出最终权值。

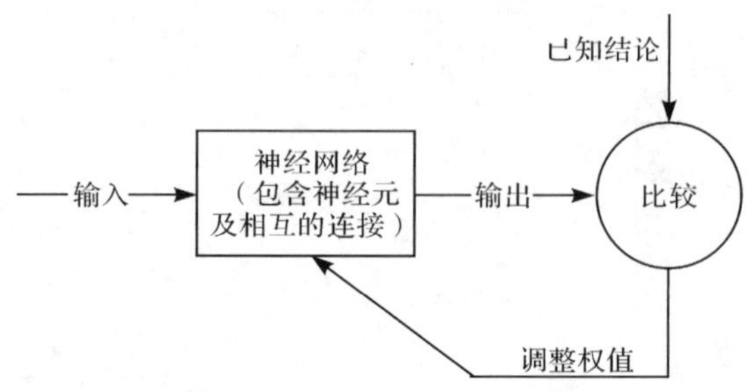

图 14-7　神经网络训练流程

14.4.2　多特征组合神经网络设计

由 14.3 节的复杂调制雷达信号波形特征参量可知,每个参量对雷达信号波形均有一定的识别能力,为了综合利用各种特征的优点,需要将这些特征进行有效的融合。为达到上述特征的有效融合,可以设计组合神经网络识别器,用以从识别精度和效率上提高神经网络的识别性能。

图 14-8 是典型组合神经网络雷达波形识别器模型,它由系统输入、单个神经网络设计、组合结构和融合规则四部分组成。系统输入是指特征参数的表示方式及单个识别器输入的确定;单个神经网络设计是指各识别器学习算法的构造和相关参数的定义;组合结构是各单识别器的组合方式,它有并联和串联两种类型;融合规则是各单识别器输出信息的组合方式,是整个模型的核心。

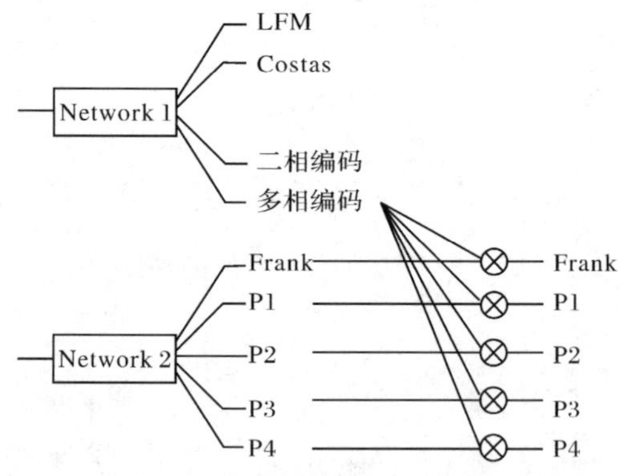

图 14-8　组合神经网络识别器模型

为实现各识别器的优劣互补,选择的单识别器应尽量差异化。BP 算法是目前应用比较广泛的神经网络学习算法;RBF 神经网络是一种局部逼近网络,能够自适应确定径向基函数神经元,收敛速度快。单识别器的输入层与输出层神经元个数由待识别特征参数与待识别的种类决定,各神经网络识别器输入的特征向量相同,输出分别作为融合规则的数据源。

14.5　基于周期 WHT 和时频分布特征的类似 LFMCW 波形识别

14.5.1　类似 LFMCW 信号波形识别原理及流程

1. 类似 LFMCW 信号周期 WHT 域的峰值分布特征

根据本书第 4 章和第 5 章的研究,可得到类似 LFMCW 信号在周期 WHT 域峰值的分布特征,分别描述如下。

(1) LFMCW 信号:在与其特征参数(f_i,μ,τ_{bias},T)相匹配的最佳坐标点处,形成 1 个能量尖峰,信号尖峰的位置在参数集坐标空间上由其初始频率、调频率、偏移时间和调制周期决定。

(2) Frank 码、P1～P4 码连续波信号:此类多相编码信号在周期 WHT 域同样形成 1 个能量尖峰。其峰值位置由其主脊线的初始频率、调频率以及时间偏移和调制周期共同决定。由于部分能量不在时频域主脊线上,此类多相编码信号较同样幅度的 LFMCW 信号在周期 WHT 域的峰值有一定比例的降低。

(3) STLFMCW 信号:在周期 WHT 域可以体现为在(f_i,μ)处和(f_i+B,$-\mu$)处的两个峰值。各段 LFMCW 信号在(f_i,μ)处和(f_i+B,$-\mu$)均形成尖峰,且尖峰的高度相等。将其与 LFMCW 的周期 WHT 域特征比较可以发现,LFMCW 的周期 WHT 峰值只代表了 STLFMCW 的正调频(或负调频)分量;STLFMCW 峰值变为 LFMCW 的周期 WHT 峰值的 1/2 左右,即能量在正负调频率等分为 2 份。

由上述分析可以看出,STLFMCW 信号在周期 WHT 峰值的分布及位置与 LFMCW 信号和 Frank、P1～P4 连续波信号有所不同。因此,可以利用这种峰值上的差异实现对 STLFMCW 的识别。因为 LFMCW 和 Frank、P1～P4 连续波信号在周期 WHT 域的峰值相似性,所以不可能在周期 WHT 域通过峰值特征对两者进行区分。

2. 类似 LFMCW 信号的时频分布特征

虽然在周期 WHT 域,对 LFMCW 和 Frank 码、P1～P4 码连续波信号通过峰值特征进行区分比较困难。但是在时频域,Frank 码、P1～P4 码连续波信号主脊线具有类似 LFMCW 特征的同时,又有各自典型的区别性特征。研究表明,

LFMCW和 Frank 码、P1～P4 码连续波信号的时频分布具有如下特征：

(1) LFMCW 信号在时频分布上具有最为平滑的周期性 LFM 特征。除了交叉项引起的能量泄漏以外，信号能量全部集中在 LFM 的各个调制周期中。

(2) Frank 码、P1～P4 码连续波信号的主脊线具有 LFMCW 的特征，主要能量集中在类似 LFMCW 区间内，所以可以利用周期 WHT 对其进行弱信号检测。但是由于数字相位编码，信号能量在主脊线之外也同时存在，即使是主脊线上，能量的分布有的也不像 LFMCW 信号(如 P1 码)，不具有均匀分布的特征。此类信号主脊线不均匀分布的特征和能量在主脊线外的分布特征，对于信号检测影响不大，但恰好成为识别的有效特征，可以将其合理利用。

(3) LFMCW 和 Frank 码、P1～P4 码连续波信号在时频域具有周期性的特征，即在任意一个调制(或编码)周期，其时频特征是相同的。所以，可以通过一个周期内的信号特征对信号进行波形识别。

(4)在上册第 4 章和第 5 章仿真图中的交叉项不是由信号本身引起的，而是由所采用的时频分布算法引起的。为了避免交叉项对识别的影响，可以采用对交叉项抑制能力强，同时又具有较高时频分辨能力的时频分布算法，求取信号的时频分布图像。

3. 类似 LFMCW 信号波形识别流程

根据上述分析，可以采用如下方法实现对 LFMCW、STLFMCW 和类似 LFMCW 多相编码连续波信号的识别。将基于周期 WHT 循环滤波分离后的类似 LFMCW 信号采用本书第 5 章提出的 STLFMCW 信号算法进行识别，然后对剩余非 STLFMCW 信号截取一个调制周期，提取时频图像特征，进行进一步识别。

本章提出一种基于周期 WHT 与时频分布的具有 LFMCW 特征的类似 LFMCW 连续波雷达信号波形识别算法，其流程图如图 14-9 所示。算法的具体实现步骤如下：

步骤 1。对交叠类似 LFMCW 信号采用基于周期 WHT 的循环滤波算法进行处理(本书第 9 章)，实现交叠信号中类似 LFMCW 分量的检测与分离。

步骤 2。将分离后的多个 LFMCW 分量按照第 9 章提出的 STLFMCW 检测算法进行处理，从而识别出 STLFMCW 信号，并将其排除。则剩余的多个 LFMCW 分量主要包含 LFMCW 信号分量和类似 LFMCW 的多相编码连续波信号分量。

步骤 3。将每个剩余信号按照估计出的调制时间 T，截取 1 个调制周期，并获得其时频分布图。

步骤 4。采用基于时频特征的波形识别算法，对时频分布图进行特征提取和识别，从而完成波形的识别。

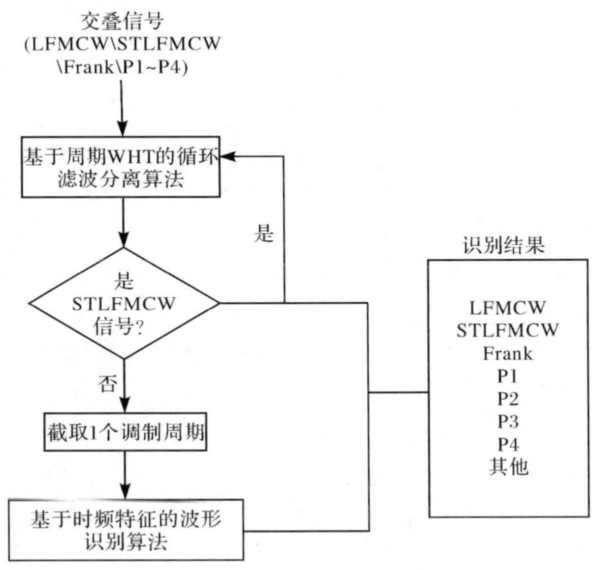

图 14-9　基于周期 WHT 与时频分布的类似 LFMCW 信号波形识别流程图

14.5.2　基于 S-method 时频分布的类似 LFMCW 信号特征提取

14.5.1 小节提出的类似 LFMCW 信号波形识别流程中，基于时频特征的波形识别算法是核心环节。本章提出提取信号 S-method 时频分布的图像特征，用以实现类似 LFMCW 信号的特征提取。

1. 基于 S-method 的时频分布

Wigner-Ville 分布是信号的二次能量分布[6]，在时频平面上，信号具有最好的能量聚集性。但是，由于其二次性，总是会出现交叉项问题，这给信号的时频特征识别必然带来影响。

文献[7]提出的基于 S-method 的方法，可以在保留信号本身能量的同时，消除或显著削弱交叉项。该方法基于短时傅里叶变换和 Pseudo Wigner-Ville 分布的关系为

$$\mathrm{WD}(n,k)=\sum_{i=N/2}^{N/2}\mathrm{STFT}(n,k+i)\mathrm{STFT}^{*}(n,k-i) \tag{14-8}$$

由上述关系，得到基于 S-method 的时频分布

$$\mathrm{SM}(n,k)=\sum_{i=-N/2}^{N/2}P(i)\mathrm{STFT}(n,k+i)\mathrm{STFT}^{*}(n,k-i)$$

$$= |\mathrm{STFT}(n,k)|^2 + 2\mathrm{Re}\left[\sum_{i=1}^{N/2} P(i)\mathrm{STFT}(n,k+i)\mathrm{STFT}^*(n,k-i)\right] \tag{14-9}$$

式中,$P(i)$为有限频率窗。本章中,选取窗口函数为

$$P(i)=\begin{cases}1, & |i|\leqslant N/2\\ 0, & |i|>N/2\end{cases} \tag{14-10}$$

采用 S-method 的方法,通过图 14-10(a)～(f)给出了 6 种不同类似 LFMCW 信号一个调制周期的时频分布图。从图 14-10 中可以看出,不同信号类别之间有比较明显的不同。如下所述。

(1) 由于产生方法是基于对 LFM 信号的频率步进逼近[8],Frank 码、P1 和 P2 码信号有明显的块状结构[图 14-10 (b)～(d)],其最大不同在于调频段的数量。

(2) 由于 P3 和 P4 码信号是对 LFMCW 信号进行采样演化而来[8],其时频分布图中可以看到更加平滑的曲线[图 14-10 (e)、(f)]。

(3) 对于 LFMCW 信号,曲线最平滑,且图像中不存在任何其他多余结构[图 14-10 (a)]。

由于此类信号时频分布有显著差异,其 S-method 时频分布可以作为 2-D 图像进行识别处理。然而,当同一类型的类似 LFMCW 信号有不同的编码长度和信号带宽时,其时频图像中的信号分量幅度和角度信息并不完全一样,这种非一致性给自动波形识别带来较大困难。为了从信号时频图像中有效分离出所需要的特征,对图像有必要首先进行归一化处理。

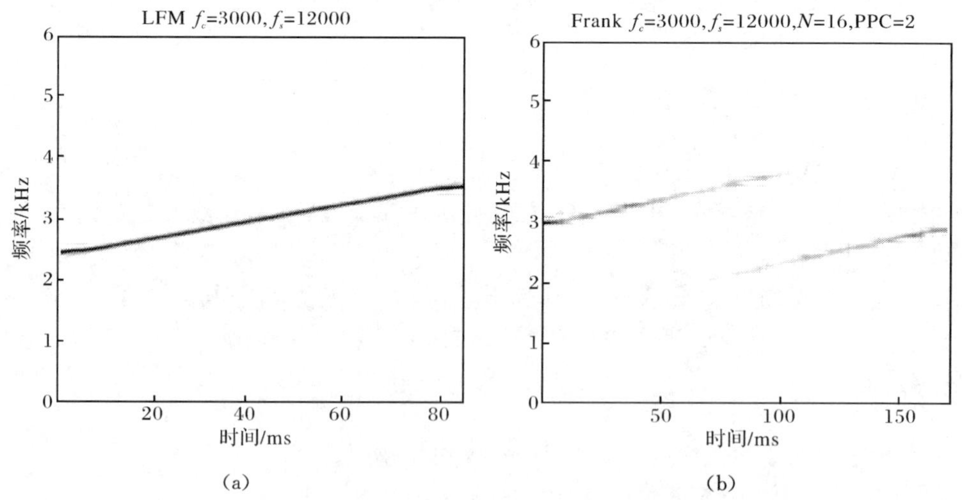

(a) (b)

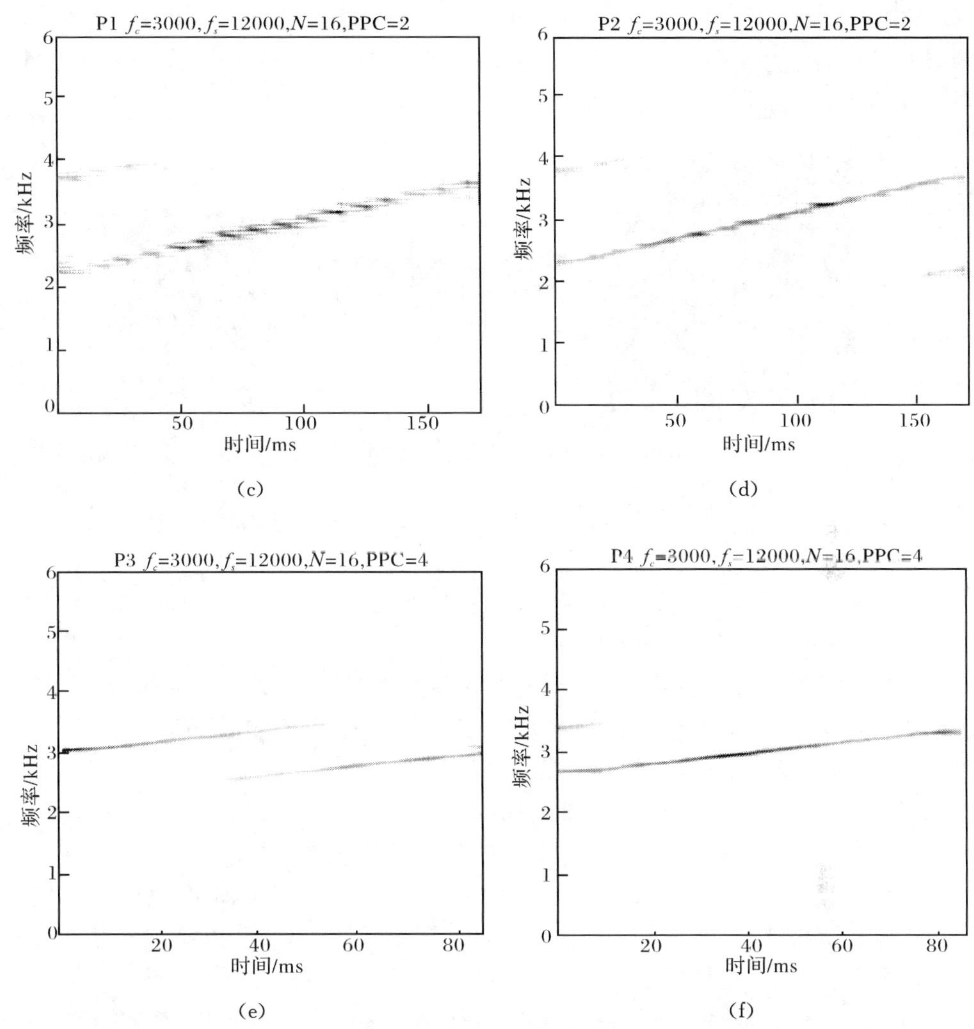

图 14-10　6 种类似 LFMCW 信号的 S-method 时频分布

2. 信号 S-method 时频图像归一化

为了最小化编码长度和信号带宽对信号时频分布带来的影响，需要对信号的 S-method 时频图像进行归一化处理，步骤如下：

(1) 对信号的 S-method 时频图像进行阈值检测处理。

(2) 对阈值检测处理后的图像进行时间选通和频域滤波，即从图像边缘中去除不含信号的区域。

(3) 最终的二值图像高宽比归一化为 1。

图 14-11 描述了 Frank 码信号波形 S-method 时频图的归一化 3 步骤的实现结果。其中,阈值选通处理后的图像数据应该仅包含信号成分而不包含有任何独立的噪声点,因为第 2 步的处理结果对这些噪声点十分敏感。

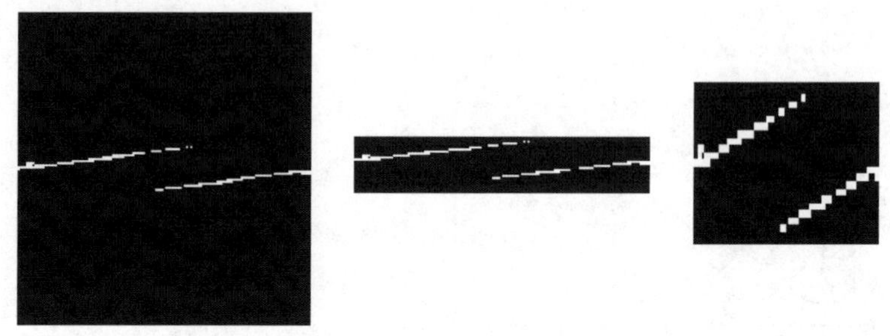

图 14-11　S-method 图像归一化步骤结果

阈值的选取对于第 1 步的输出起关键作用。本章采用文献[9]提出的迭代算法对全局阈值 T 进行求解,具体算法如下:

(1) 选择一个 T 的初始估计值,该数值可以通过对 S-method 时频图像的最大灰度水平和最小灰度水平求平均得到。

(2) 根据选定的 T 值将 S-method 时频图像划分为 G_1 和 G_2 两部分,其中 G_1 包含所有灰度水平高于 T 的点,G_2 包含所有灰度水平等于或低于 T 的点。

(3) 分别计算 G_1 和 G_2 两部分的平均灰度水平 η_1 和 η_2。

(4) 根据 $T=0.5(\eta_1+\eta_2)$计算新的阈值 T。

(5) 重复 (2)～ (4)的步骤,直到 T 的数值达到收敛的要求。

仅仅设定全局阈值的数值并不能保证独立噪声点的完全移除,在第 2 步时间选通和频域滤波之前,首先要对 S-method 时频图像进行处理,以剔除有害的噪声点,该处理通过以下步骤完成:

(1) 首先对二值图像进行腐蚀和膨胀处理。该处理不仅可以平滑图像,而且可以在低信噪比条件下移除噪声带来的奇异点。

(2) 将二值图像中具有明显区分性的对象进行标记。

(3) 剔除标记中小于一定阈值的目标。文中剔除小于图像最大目标 10%的所有目标。如果剔除目标的阈值设定的太高,P1、P2 和 P4 信号 S-method 时频图像中的非主要成分也会作为小目标剔除。

在归一化处理的第 2 步中,将不含信号成分的图像区域从整个 S-method 时频图像中移除,第 3 步将剩余含有信号成分的图像区域高宽比归一化。经过处理后的二值图像大小为 $M\times M$,其中 M 是归一化过程第 2 步处理后图像的最小维数。

3. 类似 LFMCW 雷达信号时频分布特征提取

从归一化处理的类似 LFMCW 信号 S-method 时频二值图像中，可以提取具有明显区分性的信号特征，实现不同类型信号的波形识别。对于文中研究的 6 种类似 LFMCW 雷达信号，具有区分性的特征有 5 个。

(1) Pseudo-Zernike 矩：Pseudo-Zernike 矩用于图像中的目标识别[10]，具有平移不变性、缩放不变性、旋转不变性和径向不变性，很适合信号波形识别的要求。

m 次循环的 n 阶 Pseudo-Zernike 矩可以通过平移不变和缩放不变中心几何矩和径向几何矩进行计算，具体算法如下[8,10,11]：

$$Z_{nm}=\frac{n+1}{\pi}\sum_{\substack{s=0\\n-s-m=\text{even}}}^{n-|m|}D_{nms}\sum_{a=0}^{k}\sum_{b=0}^{m}(-j)^b\binom{k}{a}\binom{m}{b}B_{nms}G_{2k-2a+m-b,2a+b}$$
$$+\frac{n+1}{\pi}\otimes\sum_{\substack{s=0\\n-s-m=\text{odd}}}^{n-|m|}D_{nms}\otimes\sum_{a=0}^{d}\sum_{b=0}^{m}(-j)^b\binom{d}{a}\binom{m}{b}B_{nms}G_{2d-2a+m-b,2a+b}\tag{14-11}$$

式中

$$k=\frac{n-s-m}{2}$$

$$d=\frac{n-s-m-1}{2}$$

$$B_{nms}=(-1)^s\frac{(n-s)!}{s!\left(\frac{n+|m|}{2}-s\right)!\left(\frac{n-|m|}{2}-s\right)!}$$

$$D_{nms}=(-1)^s\frac{(2n+1-s)!}{s!\ (n-|m|-s)!\ (n+|m|+1-s)!}$$

平移不变和缩放不变中心和径向几何矩定义为

$$G_{pq}=\frac{1}{m_{00}^{(p+q+2)/2}}\sum_x\sum_y f(x,y)(x-\bar{x})^p(y-\bar{y})^q\tag{14-12}$$

式中，$\bar{x}=\frac{m_{10}}{m_{00}}$；$\bar{y}=\frac{m_{01}}{m_{00}}$。

$$G_{pq}=\frac{1}{m_{00}^{(p+q+3)/2}}\sum_x\sum_y f(x,y)(\tilde{x}^2-\tilde{y}^2)^{1/2}\,\tilde{x}^p\,\tilde{y}^q\tag{14-13}$$

式中，$\tilde{x}=x-\bar{x}$；$\tilde{y}=y-\bar{y}$。

m_{00}、m_{01} 表示数字图像 $f(x,y)$ 的 $p+q$ 阶几何矩，其定义为

$$m_{pq}=\sum_x\sum_y f(x,y)x^p y^q\tag{14-14}$$

旋转不变性是通过对 Pseudo-Zernike 矩 Z_{nm} 取绝对值得到的，并且可以通过

对其取对数来进行动态范围压缩。综合以上,可以得出最终的提取特征为

$$\hat{Z}_{nm}=\log_e|Z_{nm}| \tag{14-15}$$

经过大量数据比较,本章选取二值图像的以下 Pseudo-Zernike 矩作为波形识别有效特征:$\hat{Z}_{20}$、$\hat{Z}_{22}$、$\hat{Z}_{30}$、$\hat{Z}_{31}$、$\hat{Z}_{32}$、$\hat{Z}_{33}$和$\hat{Z}_{43}$。

(2) 二值图像中目标的个数也是一个具有明显区分性的特征[8]。Frank 码和 P3 码信号的二值图像中有 2 个信号分量,而 LFMCW 和其他 3 个多相编码信号的二值图像中只有 1 个信号目标分量。为了提高特征的鲁棒性,本章将小于最大目标信号分量 10%的信号分量全部移除。

(3) 信号 S-method 时频分布中峰值功率的时间位置是第 3 个重要的特征。LFMCW 信号的峰值功率在时频上相对平均;P1、P2 和 P4 码信号的峰值功率与编码中心的距离相对较近;而 Frank 码和 P3 码在编码末端具有最高的峰值功率。该特征通过对原始 S-method 时频分布时间选通处理就可以实现。在S-method时频分布中计算该特征的方法如下:

$$t_{\max}=\frac{1}{N-1}\underset{n}{\arg\max}\{\mathrm{WD}_{\mathrm{SM}}(n,k)\} \tag{14-16}$$

式中,n 为时间坐标;k 为频率坐标;N 为$\mathrm{WD}_{\mathrm{SM}}(n,k)$在时间轴上的长度。$1/N-1$ 的目的是使该特征的数值归一化到 0～1 之间。

(4) 第 4 个特征是针对 Frank 码、P1 和 P2 码信号 S-method 时频图像的块状结构提出的。通过计算二值图像中目标分量宽度的标准差,可以将 LFMCW、P3 和 P4 码信号同其他 3 种信号区分开,具体计算方法如下[8]。

标记 S-method 时频图像的信号目标分量后,每次将所需处理分量之外的所有信号分量移除,针对信号目标的每一分量进行单独处理。二值图像 $B(x,y)$中的主成分是其协方差矩阵的特征向量,其计算方法如下:

$$C=\sum_{x=0}^{N-1}\sum_{y=0}^{N-1}(z-c)(z-c)^{\mathrm{T}}B(x,y) \tag{14-17}$$

式中,二值图像大小为 $N\times N$;$z=(x,y)^{\mathrm{T}}$;$c=(\bar{x},\bar{y})^{\mathrm{T}}$;$\bar{x}$ 和 $\bar{y}$ 为图像的中心横纵坐标。

图像目标宽度的标准差可以通过旋转后的二值图像数据进行计算。该参数是通过计算图像行(或列)的和值得到的,具体选取行或列是由旋转的方向决定的。对二值图像进行旋转,使得主坐标轴同图像的纵坐标或横坐标轴平行。此旋转过程需要进行插值计算,书中采用的插值算法为最近邻差值法[8]。

假定图像中与能量最高的主成分对应的第一个主坐标轴旋转到与纵轴平行,则需要计算图像行的和值

$$r(x)=\sum_{y=0}^{N-1}\hat{B}(x,y),\quad x=0,1,\cdots,N-1 \tag{14-18}$$

式中，$\hat{B}(x,y)$为旋转后的二值图像。

归一化的 $r(x)$表示如下，它限定在在 0～1 区间。

$$\hat{r}(x)=\frac{r(x)}{\max r(x)} \tag{14-19}$$

综合以上，二值图像中目标分量宽度的标准差计算公式如下：

$$\sigma_{\text{obj}}=\sqrt{\frac{1}{M}\sum_{x}\hat{r}^2(x)-\left(\frac{1}{M}\sum_{x}\hat{r}(x)\right)^2} \tag{14-20}$$

式中，M 为 $\hat{r}(x)\geqslant T_{\text{obj}}$的非弱小分量的数量，上式中的求和就是针对非弱小采用求和的。

因为弱小分量严重影响标准差估计的质量，所以在计算之前就要将其排除。本章所设定的 T_{obj}的值为 0.25，即将所有 $\hat{r}(x)<0.25$ 的弱小分量排除在求和计算之外。

于是，最终特征的数值就是图像中所有信号分量的标准差 σ_{obj}的平均值

$$\hat{\sigma}_{\text{obj}}=\frac{1}{N}\sum_{k=1}^{N}\sigma_{\text{obj}}^{k} \tag{14-21}$$

(5) 第 5 个信号特征针对 P1 和 P2 码信号无法在 S-method 时频图中采用上述 4 个特征进行有效识别而提出。该特征利用不同的编码对称特性，通过计算码元速率和单个码元的时间反转信号的互相关函数得到。互相关函数的最大值时间延迟大小是识别上述两种不同编码信号的一个重要特征，其计算方法如下[8]：

$$\hat{r}_y(\tau)=\begin{cases}\sum\limits_{n=0}^{N-\tau-1}y(n+\tau)y^*(N-1-n), & \tau\geqslant 0\\ \sum\limits_{n=-\tau}^{N-1}y(n+\tau)y^*(N-1-n), & \tau<0\end{cases} \tag{14-22}$$

式中，$y(n)$为单符号率采样的离散时间复包络信号；$|\tau|\leqslant N-1$。最终的互相关函数的最大值的时间延迟大小表示为

$$\tau_{\max}=\arg\max_{\tau}(\hat{r}_y(\tau)) \tag{14-23}$$

为了得到与时间反转信号相同的特征，还可以将$|\tau_{\max}|$作为特征进行识别。表 14-1 列出了不同多相编码信号的理论特征数值。

表 14-1　不同的多相编码信号的理论特征数值

Frank 码	P1 码	P2 码	P3 码	P4 码
$N+1$	1	0	1	1

这些数值的得出要求对类似 LFMCW 信号进行码元速率采样，即在子脉冲频率上进行采样。码元速率可以通过基于循环相关算法的检测器进行估计[12]。

14.5.3　组合神经网络分类器设计

由时频域特征可知,每个特征对类似 LFMCW 信号波形均有一定识别能力,但需要将这些特征进行有效整合,以提高总体识别能力。为达到上述特征融合,本章设计一种组合神经网络分类器,以实现多特征识别。

图 14-12 是组合神经网络分类器模型,它由系统输入、单个神经网络设计、组合结构和融合规则四部分组成[13]。系统输入是指特征参数的表示方式及单个分类器输入的确定;单个神经网络设计是指各分类器学习算法的构造和相关参数的定义;组合结构是各单分类器的组合方式,有并联和串联两种类型;融合规则是各单分类器输出信息的组合方式,是整个模型的核心。

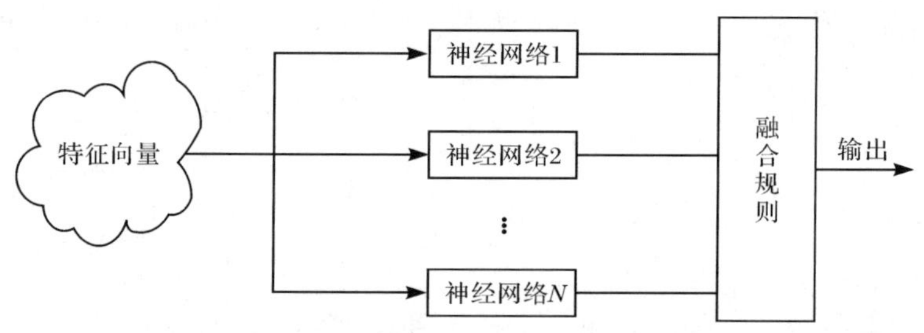

图 14-12　组合神经网络分类器模型

为实现各分类器的优劣互补,选择的单识别分类器应尽量差异化。BP 算法是目前应用比较广泛的神经网络学习算法;RBF 神经网络是一种局部逼近网络,能够自适应确定径向基函数神经元,收敛速度快。本章选用了不同的基于 BP 网络和 RBF 网络结构构成组合神经网络,作为波形识别分类器。单分类器的输入层与输出层神经元个数由特征参数与识别种类决定。

在本章中识别特征参数有 5 组(14.5.2 小节),待识别种类有 6 类(LFMCW、Frank 码和 P1～P4 码信号)。各个神经网络分类器输入的特征向量相同,输出分别作为融合规则的数据源。

组合神经网络分类器的性能很大程度上取决于融合规则的确定。目前已有多种融合算法被提出,如多数投票法、简单平均法、均方误差意义上的最佳线性组合法、置信因子法等[14,15]。本章中,采用对后验概率进行加权,通过投票表决方式来确定调制类型[14]。其方法如下:

设待分类信号的类别数为 K,分类器数目为 N,对于输入特征矢量 $\boldsymbol{X}$,则第 n 个分类器的第 k 个输出为

$$O_{nk}(\boldsymbol{X})=P(c_k|\boldsymbol{X})+e_{nk}(\boldsymbol{X}) \tag{14-24}$$

式中,$P(c_k|\boldsymbol{X})$ 为当输入为 $\boldsymbol{X}$ 时,判断为第 k 类的后验概率;$e_{nk}(\boldsymbol{X})$ 为第 n 个分类

器第 k 个节点的输出误差。权矢量 $\omega_k=\{\omega_{1k},\omega_{2k},\cdots,\omega_{nk}\}$ 为第 n 个分类器第 k 个节点的输出权值。各个分类器判断同一类别的输出加权和可以表示如下：

$$S_k(\boldsymbol{X})=\sum_{n=1}^{N}\omega_{nk}O_{nk}(\boldsymbol{X}) \tag{14-25}$$

增加约束条件 $\sum_{n=1}^{N}\omega_{nk}=1$ 和 $\sum_{n=1}^{N}\omega_{nk}e_{nk}(\boldsymbol{X})=0$，则有

$$S_k(\boldsymbol{X})=P(c_k|\boldsymbol{X}) \tag{14-26}$$

当 $S_k=\max\limits_{1\leqslant j\leqslant K}S_j$ 时，判断第 k 类信号存在。

14.5.4　仿真实验与分析

针对书中研究的 6 种类似 LFMCW 雷达信号，通过 MATLAB 仿真产生每种信号的 1000 个样本，对本章提出的信号 S-mesod 时频特征进行了仿真验证。所产生信号的具体参数如下：

采样频率为 12000Hz，载波频率在 3000～3500Hz 均匀分布。Frank 码和 P1 码信号 N 取值 4～8，P2 码信号 N 取值 6、8，P3 和 P4 码信号脉冲压缩比 ρ 取 $N\times N$，其中 $N\in[4,8]$，码元速率设为载波频率的 0.25。

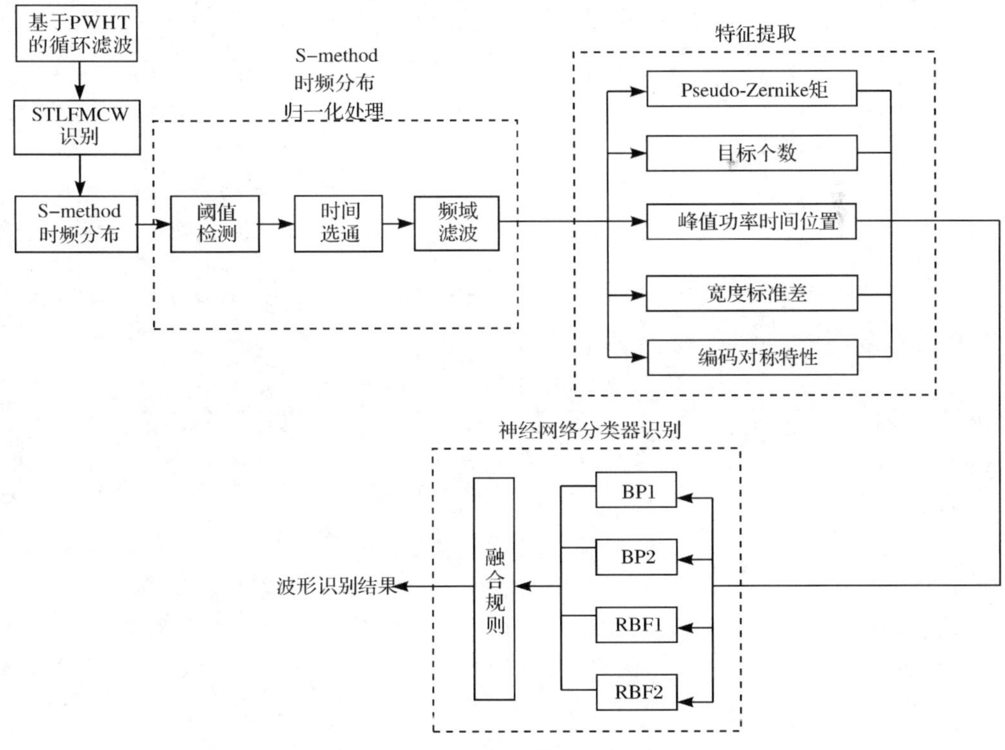

图 14-13　仿真实验流程图

采用组合神经网络分类器[16~20],验证本章提出的各种信号 S-method 时频特征的有效识别能力,其流程图如图 14-13 所示。仿真选用了 4 个结构不同的神经网络分类器,各分类器之间的初始状态、训练过程是相互独立的,四个网络的结构分别为 BP1、BP2、RBF1、RBF2。

当 SNR 为 −2～31dB 时,对各调制信号间隔 3dB 产生总共 1000 个特征样本,进行蒙特卡罗仿真,并计算均值作为测试结果。每个训练集和验证集都是将验证数据进行不同的分割来设定的,其中验证集包含原始训练集 15%的数据。

图 14-14 和图 14-15 给出了波形识别功能的正确识别率。在信噪比为 4dB 以上时,总体正确分类率高于 95%,属于单独调制类型的正确识别率高于 90%。然而,在信噪比比较高的情况下依然出现一些细微的混淆,有大约 2%的 P2 编码信号被错误地识别为 P1 编码信号,此混淆来自于估计符号率时出现的误差。此外,大约 6%的 P1 编码信号被错误地识别为 P4 编码信号。

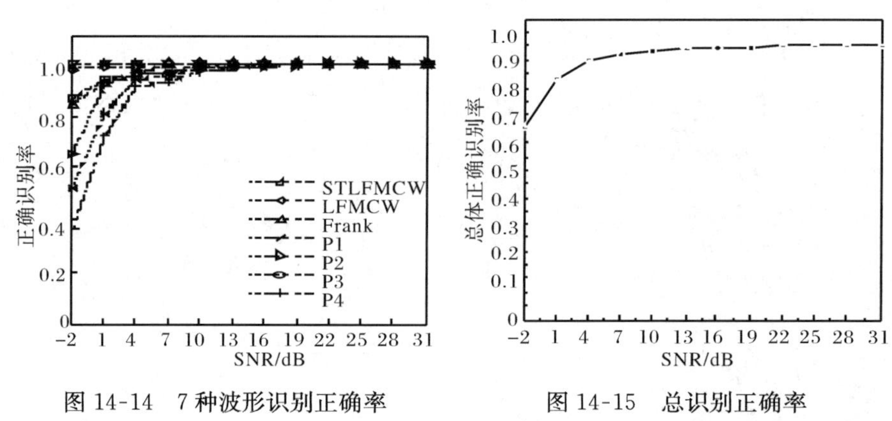

图 14-14　7 种波形识别正确率　　　图 14-15　总识别正确率

表 14-2 记录了信噪比为 4dB 时的识别百分比,可以看出 LFMCW、P1 与 P4 编码连续波信号的识别是最困难的[21~23]。

表 14-2　4dB 信噪比下识别百分比

目标＼结论	STLFMCW /%	LFMCW /%	Frank 码 /%	P1 码 /%	P2 码 /%	P3 码 /%	P4 码 /%
STLFMCW	100	0	0	0	0	0	0
LFMCW	0	98.3	0	0	0	0	1.7
Frank 码	0	0	96.2	0.2	0.7	2.3	0.6
P1 码	0	0	0	94.4	0.1	0.2	5.3
P2 码	0	0	0.2	2.3	97.3	0.1	0.1
P3 码	0	0	0.9	0	0	99.1	0
P4 码	0	4	0.5	3.4	0.1	0.2	91.8

14.6 小　　结

本章主要研究了复杂调制雷达信号波形识别原理及方法、复杂调制雷达信号波形特征、基于多特征组合神经网络的波形识别及基于周期 WHT 特征和时频分布特征的类似 LFMCW 信号的波形识别等问题。本章从周期 WHT 域信号特征和时频图像处理的角度，对类似 LFMCW 信号的波形识别问题进行了研究。在信噪比为 4dB 条件下，对 LFMCW、STLFMCW、Frank 和 P1～P4 信号进行处理时，该方法属于单独调制类型的正确识别率高于 90％，总体识别正确率超过 95％。

主要工作总结如下：

(1) 提出了基于周期 WHT 和时频分布特征的类似 LFMCW 信号波形识别算法。

(2) 为了避免 Wigner-Ville 时频分布中交叉项对类似 LFMCW 信号识别的影响，提出使用基于 S-method 的方法对分离后的类似 LFMCW 信号进行处理，得到其时频分布图。

(3) 分析总结了时频图像中类似 LFMCW 信号具有区分性的多维特征，并研究了多维特征的提取方法，对 S-method 时频分布中具有识别所需不变性的特征进行了提取计算。

设计了一种组合神经网络分类器，采用输出向量加权表决的融合规则，对提出的特征进行识别，用以实现类似 LFMCW 信号的高效自动识别。

参 考 文 献

[1] Pace P E. Detecting and Classifying Low Probability of Intercept Radar. MA: Artech House, 2004.

[2] Lopez-Risueno G, Grajal J, Yeste-Ojeda O. Atomic decomposition-based radar complex signal interception. IEEE Proceedings-Radar Sonar Navigation, 2003, 150(4): 323－331.

[3] Lopez-Risueno G, Grajal J, Yeste OA, et al. Two digital receivers based on timefrequency analysis for signal interception. Proceedings of International Conference of Radar, 2003: 394－399.

[4] Milne P R, Pace P E. Wigner distribution detection and analysis of FMCW and P4 polyphase LPI waveforms//2002 IEEE International Conference on Acoustics, Speech, and Signal Processing, Orlando, 2002.

[5] Copeland D B, Pace P E. Detection and analysis of FMCW and P4 polyphase LPI waveforms using quadrature mirror filter trees// 2002 IEEE International Conference on Acoustics, Speech, and Signal Processing, Orlando, 2002.

[6] Jennison B K. Detection of polyphase pulse compression waveforms using the Radon-ambiguity transform. IEEE Transaction on Aerospace and Electronic Systems, 2003, 39 (1): 335－343.

[7] Yuan W M, Wang M, Wu S J. Study on modulation and recognition for LPI radar signals. Signal Processing, 2006, 22(2): 153－156.

[8] 邓振淼,刘渝. 多相码雷达信号识别与参数估计. 电子与信息学报,2009,31(4):781－785.

[9] Lewis B L, Kretschmer F F, Shelton W W. Aspects of Radar Signal Processing. MA: Artech House, 1986.

[10] Choi H I, Williams W J. Improved time-frequency representationof multicomponent signals using exponential kernels. IEEE Transaction Acoust, Speech, Signal Processing, 1989, 37 (6): 862－871.

[11] Stankovicl J. A method for time-frequency signal analysis. IEEE Transaction. Signal Process, 1994, 42: 225－229.

[12] Gonzalez R C, Woods R E. Digital Image Processing. New York: Prentice-Hall, , 2002.

[13] Dehghan M, Faez K. Farsi handwritten character recognition with moment invariants. Proceedings of 13th International Conference of Digital Signal Processing, 1997, 2: 507－510.

[14] Bailey R B, Srinath M. Orthogonal moment features for use with parametric and non-parametric classiffiers. IEEE Transaction Pattern Anal Machine Intell, 1996, 18(4): 389－399.

[15] Lunden J, Terho L, Koivunen V. Classifying pulse compression radar waveforms using time-frequency distributions//Proceedings of the 39th Annual Conference on Information Sciences and Systems, Baltimore, 2005.

[16] Chong C W, Raveendran P, Mukundan R. The scale invariants of pseudo-Zernike moments. Pattern Anal & Applicat, 2003, 6(3): 176－184.

[17] Ciblat P, Loubaton P, Serpedin E, et al. Asymptotic analysis of blind cyclic correlation-based symbolrate estimators. IEEE Transaction Information Theory, 2002, 48(7): 1922－1934.

[18] 王艳聪,胡中豫,张云飞. 基于谱相关特性和组合神经网络的数字调制信号识别. 计算机应用研究,2009,26(11):4234－4236.

[19] 王正群,覃征,王卫红. 多分类器融合系统设计与应用. 计算机工程,2005,31(5):175－177.

[20] Miller M F. A scaled conjugate gradient algorithm for fastsupervised learning. Neural Networks, 1993, 6(4): 525－533.

[21] 杨姗姗. 雷达信号调制方式识别研究[D]. 南京:南京航空航天大学,2007.

[22] Jennison B K. Detection of polyphase pulse compression waveforms using the Radon-ambiguity transform. IEEE Transaction on Aerospace and Electronic Systems. 2003, 39(1): 335－343.

[23] 邓振淼,刘渝,杨姗姗. 多相码雷达信号调制方式识别. 数据采集与处理,2008,23(3):265－269.

第 15 章　复杂信号辐射源识别

15.1　引　　言

在第 13 章和第 14 章,分别讨论了复杂信号参数识别和波形识别,这些都属于依据复杂信号参数特征或波形特征对复杂信号类型的识别。识别出复杂信号的类型,就可以进一步对复杂信号辐射源的类型进行识别,进而再依据复杂信号辐射源的先验知识对辐射源的身份进行识别,最后再依据装载辐射源平台的先验知识对平台身份进行识别。这就是本章所要讨论的内容,即复杂信号辐射源识别。

15.2　复杂信号识别流程

为了使大家对复杂信号识别建立起一个整体的概念,首先给出复杂信号识别的流程,如图 15-1 所示。

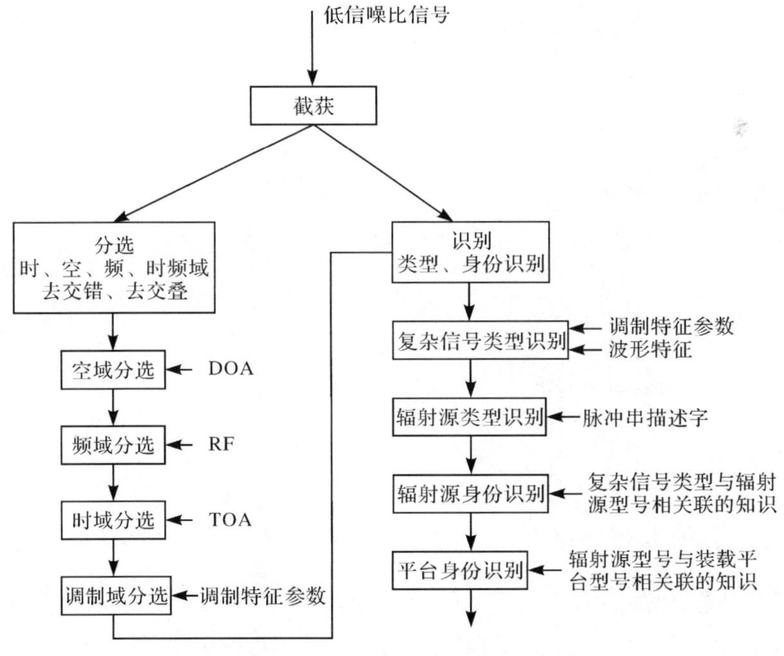

图 15-1　复杂信号识别流程

由图 15-1 可知复杂信号识别的步骤如下。首先,对辐射源发射的、经过调制的低截获概率信号进行截获,也就是对低信噪比信号进行盲检测。其次,依次对空域、频域、时域、时频域存在交叠的信号进行分选,分选顺序依次为空域分选、频域分选、时域分选及时频域分选,分选依据依次为到达角 DOA、射频 RF、到达时间 TOA 及调制特征参数,分选结果用于复杂信号的识别。然后,再依次对复杂信号的类型、辐射源的类型、辐射源的身份及平台身份进行识别,识别的依据依次为调制特征参数或波形特征、脉冲串特征描述字、复杂信号类型与辐射源身份相关联的知识及辐射源类型与装载平台身份相关联的知识,识别的最终结果是平台身份,识别的中间结果分别是复杂信号的类型、辐射源的类型及辐射源的身份。

15.3 复杂信号识别功能模型

复杂信号识别包括属性识别、信号类型识别、辐射源识别及平台识别四个部分,其中,辐射源识别和平台识别各自又包括类型识别和身份识别。以舰载雷达辐射源和舰艇平台为识别对象,具体如图 15-2 所示。

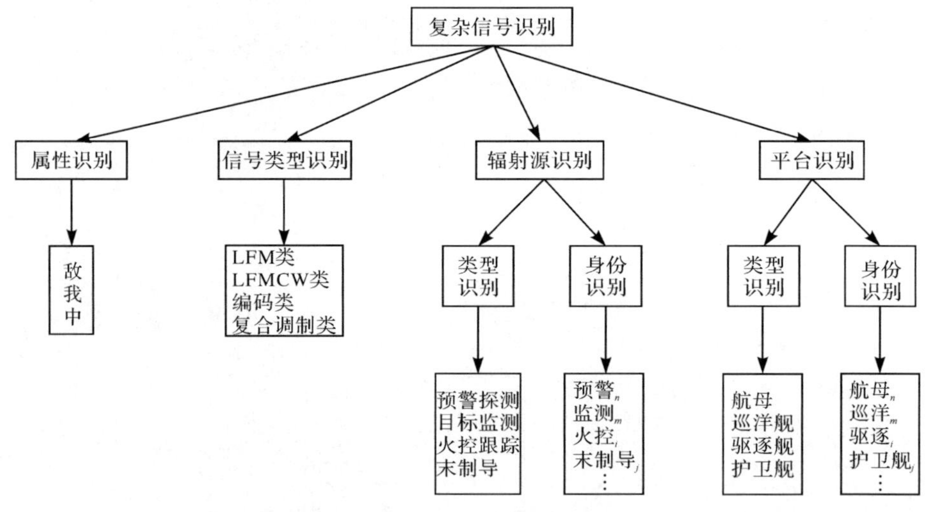

图 15-2 复杂信号识别功能模型

15.4 复杂信号辐射源识别方法

复杂信号辐射源识别所面临的问题比单纯的复杂信号类型识别更复杂,它既要识别辐射源的敌我属性,又要判断辐射源的类型,同时对某些重要的辐射源还要求识别其身份，即识别其型号。针对不同层次的辐射源识别问题所采用的方法也各异。综合国内外发表的技术成果，目前在这方面应用取得或可能取得成功的技术如图 15-3 所示。

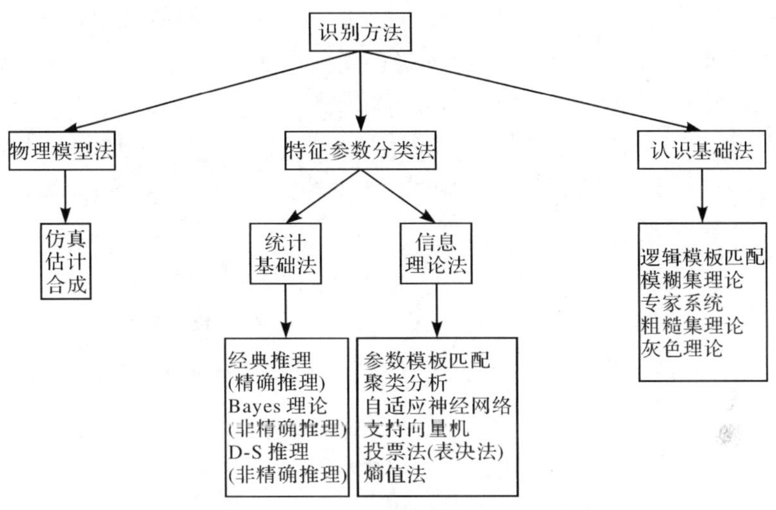

图 15-3　复杂信号辐射源身份识别方法

由图 15-3 可知，复杂信号辐射源识别方法一般可归纳为三类：物理模型法、特征参数分类法和认识基础法，其中，特征参数分类法又包括统计基础法和信息理论法。统计基础法主要包含精确推理(经典推理)和非精确推理(Bayes 理论和D-S 推理)；信息理论法主要包含参数模板匹配、聚类分析、自适应神经网络、支持向量机、投票法(表决法)、熵值法等；认识基础法主要包含逻辑模板匹配、模糊集理论、专家系统、粗糙集理论、灰色理论等。

在如此众多的复杂信号辐射源识别方法中，目前，采用最多的方法主要有基于非精确推理的辐射源识别方法、基于特征参数匹配的辐射源识别方法、基于专家系统的辐射源识别方法及基于智能分类器的辐射源识别方法四种。下面对这四种方法进行分析。

1. 基于非精确推理的辐射源识别方法

这一类方法主要适用于雷达知识库不完整，侦察数据也不完整的情况下，对复杂信号辐射源的识别，与黑板系统结合起来使用能取得更好的效果。非精确推理方法主要包括 Bayes 推理和 Depster-Shafer 推理。

1) Bayes 推理

Bayes 推理又称主观 Bayes 方法，它是 Duda 在 1976 年对基本 Bayes 公式修正后提出的一种非精确推理模型，首先成功地应用于 PROSPECTOR 专家系统。

它对不确定信息的描述是采用点估计的方法。

这种推理方法克服了经典推理的不足。经典推理同一时刻下只能评估两个假设,设两种辐射源 E_1 和 E_2 都可能成为平台所携带的辐射源,那么与哪一种相关的特征参数(如脉冲重复周期 PRI)出现的概率大,哪一种辐射源存在的可能性就大。但它要求事先具备特征参数的概率密度分布函数,实际中这种先验特征参数概率密度分布函数不易获得。特别是对多维概率分布情况下,实现起来很复杂。

Bayes 推理方法在新证据不断到来时,随之刷新每一个假设的似然度。用 $H_1, H_2, \cdots, H_j$ 来表示完备且互斥的一组假设, $E_i(i=1,\cdots,n)$ 来表示一串事件,则有 Bayes 推理公式

$$P(H_j \mid E_1E_2\cdots E_n)=\frac{P(E_1E_2\cdots E_n \mid H_j)P(H_j)}{\sum\limits_k P(E_1E_2\cdots E_n \mid H_k)P(H_k)} \tag{15-1}$$

为简化计算过程,设 E_i 是相互独立的事件,式(15-1)可重写为

$$P(H_j \mid E_1E_2\cdots E_n)=\frac{\prod\limits_{k=1}^{n}P(E_k \mid H_j)P(H_j)}{\sum\left[\prod\limits_{m=1}^{n}P(E_m \mid H_k)\right]P(H_k)} \tag{15-2}$$

这种方法避免了要求特征参数概率密度分布函数的苛刻要求(经典推理中必须具备),但必须知道 $P(H_j)$,在无法满足的情况下,按对此一无所知处理,即 $P(H_1)=P(H_2)=\cdots=P(H_j)=1/j$,该方法存在如下几个弱点:

(1) 先验概率 $P(H_j)$ 不易获得。

(2) 要求各假设互斥(不太现实),且当假设数增加时计算复杂。

(3) 没有跟踪处理置信度的能力。

因此,出现了很多替代它的模型。

2) Depster-Shafer 推理

Depster-Shafer 推理,又简称 DS 推理,是目前大家最关注的一种方法,也是本书介绍的重点。在数学本质上,它是上述 Bayes 方法的推广,满足比概率论更弱的公理系统,称为广义。该方法最早出现在人工智能专家系统中,它在处理置信度方面的突出优势,即它在区分不知道和不确定方面以及精确反映证据收集方面显示出很大的灵活性,使它在辐射源识别方面优于其他的方法。其显著特点是用两个确定的概率区间取代了单值概率来描述一个事件的不确定性,更接近了事物的本质和人类对不确定事件的认识。

设不确定事件 A ,DS 推理对它的描述为 $(\mathrm{spt}(A),\mathrm{pls}(A))$,其意义如图15-4所示。这样事件 A 和它的对立事件 $\overline{A}$ 并集的发生概率: $P(A)+P(\overline{A})\leqslant 1$ 而不再是恒等于 1。这是因为 DS 推理考虑 A 的不可知成分(肯定是、肯定不是和不知道)。

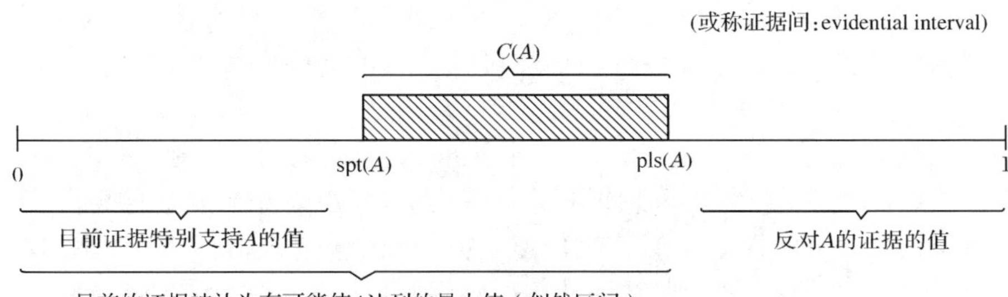

图 15-4　DS 对不确定事件 A 的描述示意图

目前对于应用 DS 推理有不少争论,焦点有两个。

(1) 计算复杂度。

(2) 每个传感器指定 $(\mathrm{spt}(H_j),\mathrm{pls}(H_j))$ 的可行性和可靠性。

另外该方法概率分配函数要求给的值太多,而且基本的 DS 理论模型一般不能直接应用于实际系统。尽管如此,它与传统推理方法相比在三个方面有突出优点(传统推理指经典推理,Bayes 推理)。

(1) 推理结构。首先 DS 推理允许推理在不同层次上进行,熟悉传统推理的人都知道,传统推理必须在同一层次上进行;其次 DS 推理可以修正某一假设置信度,这也是传统推理所不具备的。

(2) 冲突解决。DS 推理考虑了对事件的不可知成分,从而圆满地解决了当两个假设冲突的情况,这一点具有很大的实用价值。

(3) 对先验知识的要求。DS 推理在不具备先验知识的情况下,指派不知道成分为 1,更接近真实情况而不是平均分派概率造成人为干扰。

2. 基于特征参数匹配的辐射源识别方法

该类识别方法主要是通过建立合理的相似度模型来确定未知雷达辐射源参数与雷达库中雷达辐射源参数的相似性来最终实现对它的准确识别。其最大的特点是方法简单、易实现,在雷达辐射源数目较少、雷达数据库中各雷达参数完整准确以及各雷达同类参数之间交叠情况不严重的条件下,该方法具有较高的识别效率。常用的方法包括模糊匹配法和灰关联分析法等。该方法的不足之处也同样明显:①是识别性能受雷达数据库的完备性影响较大;②是当未知雷达辐射源的参数与雷达库中多个雷达模板的参数交叠时,该方法的识别准确度会大大降低。

3. 基于专家系统的辐射源识别方法

人们经过长期对雷达信号的分析,不断地记录各个雷达信号的变化规律,总结经验,当这些经验足够多时,便可以依据这些经验来对某些雷达辐射源进行识别,这就是这一类方法最初的模型。通常,人们把这些经验就定义为推理规则,经验的积累过程就是整个专家系统的构建过程。与基于特征参数匹配的辐射源识别方法相比,其适应性更强,但也存在一定的局限性,主要表现在以下几点。①是推理规则建立的全面性问题,随着大量新型复杂体制雷达的应用,建立一套包含所有雷达的各种工作模式的推理规则是不现实的,而规则存在漏洞将会直接造成识别错误。②是推理规则库的管理问题,为了更好地适应多种雷达辐射源的识别,需要建立大量的推理规则,从而使得规则库的规模不断增大,若缺乏科学合理的规则管理方法,将会使其识别实时性大打折扣。③是对于复杂信号辐射源的识别,当知识库与侦察数据均不完整时,识别问题变得更为复杂,这将涉及黑板系统、灰色理论、遗传算法以及非精确推理等方法。

4. 基于智能分类器的辐射源识别方法

这一类方法的原理是通过对雷达信号进行参数提取,然后组合各个特征参数得到一组特征向量,并利用该特征向量训练智能分类器模型,完成对分类器的参数设置,最后运用得到的模型实现对雷达辐射源的识别。现有的智能分类器主要有人工神经网络和支持向量机,这一类方法识别效果的好坏关键在于模型训练的好坏,而模型训练的好坏一是取决于用于模型训练的特征参数分类性能的强弱,二是取决于模型训练过程中确定模型参数时的寻优算法的选择。对于特征参数分类性能的强弱,前面已经进行了分析。对于寻优算法来说,基于人工神经网络的分类器模型在训练时主要是确定各个神经元的权值,实现网络的收敛。常用的算法有基于梯度下降的搜索算法及其改进形式和自适应算法;基于支持向量机的分类器模型设计的难点在于如何选择最优的核函数类型及其参数,而这一选择过程目前并没有形成完整的理论体系,多数情况下是根据实际情况进行选择。核参数寻优算法主要包括网络搜索法、遗传算法、粒子群算法、蚁群算法等其他智能算法,只有根据实际问题确定最优的核函数及其参数,才能充分体现基于支持向量机的分类器模型的分类效果。由于智能分类器在处理高维特征参数分类的问题上具有较好的性能,因此与其他的算法相比,基于智能分类器的雷达辐射源识别算法在处理对具有多工作模式、多参数变化样式的复杂体制雷达辐射源识别问题上具有更大的优势。

15.5 辐射源识别系统结构设计

辐射源识别系统中问题的求解有三个特点。①电子侦察设备采用无源传感器,因而观测数据连续性差、信息不全、精度低,造成了其求解的不良结构问题。②涉及面广,覆盖了预警探测、目标监视、火控跟踪及末制导等许多领域,这就决定了问题求解所需的知识源的多样性。③需处理的信息量极其庞大，涉及众多的因素、参数和观点。它的实现由于涉及各个层次的先验知识，必须采用认识基础法，利用符号推理模拟人脑思维，这就决定了辐射源识别不能采用单一的方法实现。再者，辐射源识别技术的选择和性能的优劣比较模糊，只能由用户来评议：①理论基础薄弱，目前还没有辐射源识别成熟的理论，对其的评议只能以需要为原则；②实用性强；③技术手段多，这是其内容的多功能决定的；④与用户依赖性强。基于上述四点原因，对辐射源识别很难满足实时性要求。为了解决这一问题，需涉及多个专家和知识源，对此有三种方法可以考虑。

(1) 按机会求解，在这种情况下，常常安排多个专家监视问题的发展状态和求解状态，它们可以不同地(异步地)提出自己的部分解法。

(2) 通信方式求解，在这种情况下，多个专家必须采用某些类型的通信信道，参与问题和求解状态的了解，并提出部分解法。

(3) 协作求解，在这种情况下，多个专家召开协作会议，说明问题状态，并提出部分解法。

图 15-5 给出了每类方法的实质，在这些方法中，前两类方法已经成为许多研究和开发课题，第三类方法仍是一个基本的研究课题。因为机会求解法的软件实现实际上就是通信方法的一个实现形式，所以在此选用机会求解法。这种方法就是人们常说的黑板推理。

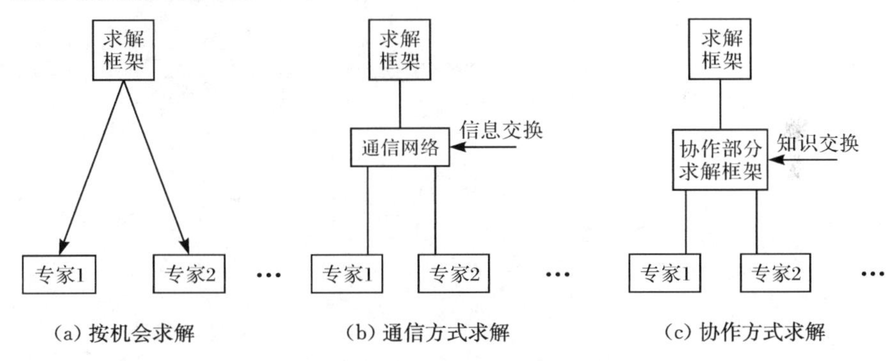

图 15-5　多专家处理方法

15.5.1　黑板系统

黑板一词最早出现于 1962 年美国 Newell 所著的 *Some Problems of Organization in Problem Solving Programs* 一书，后来 Carnegie Mellon 大学第一次将黑板结构应用到其发展的语言理解系统 Hearsay2 中。

黑板实质上是一个全局的动态数据库，与静态的知识库的不同之处是：全局动态数据库用于存放在推理过程中原始问题的输入、局部解，中间假设，所选择的知识源及问题的最终解。在黑板上，各类型和各层次的信息被聚集成统一的结构,这样就避免了不必要的重复计算,方便了修改,简化了在控制策略中对解的当前状态的了解过程。同时对解决各种复杂结构问题而采用了不同知识表示方法的知识源都可以使用黑板,由于黑板具有将不同知识源组织在一个系统中,并能充分利用这些知识源进行智能问题求解的结构特点,因此凡是涉及求解复杂问题而需要将不同表示方法的许多专门知识组织到一起共同求解时,便采用黑板结构的组织技术,并将它不断改进发展成为一种很有应用前景的复杂系统的知识组织方法,这种方法有时称为黑板模型(BBM),或称为黑板系统(BBS),在此称其为BBS,图 15-6 给出了一个典型的 BBS 组成,它包括以下三部分。

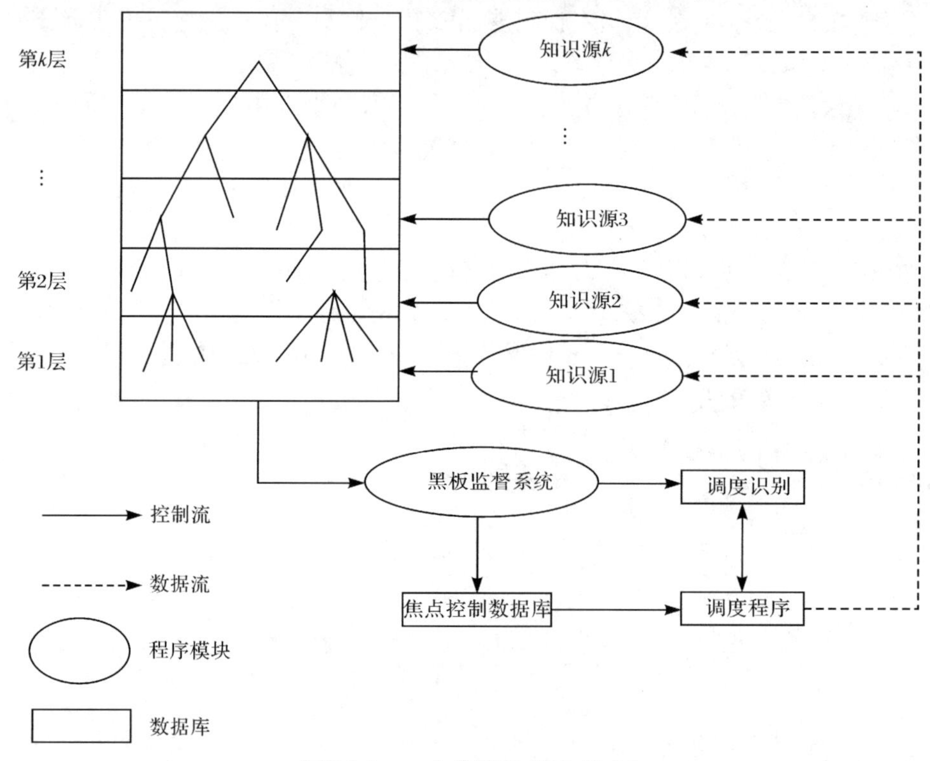

图 15-6　一个典型的 BBS 组成

(1) 知识源(KS)。按领域分开的彼此相互独立的知识模块。

(2) 黑板数据库和数据结构(BB)。全局可访问的动态空间。

(3) 监视和控制能力(CF)。包括黑板监视程序、调度程序、调度识别的焦点控制数据库。

15.5.2　黑板处理

黑板处理也是第一次在 Newell 的书中提出的,在实际应用中,尽管黑板的结构可能有些不同,但黑板的基本处理基本相同。

BBS 本身就是一个高度结构化的用于适时推理的模型,所谓适时,就是系统按"最适宜"的原则,自行决定什么时候和怎样使用知识。

在黑板结构中,解空间被组织成层次结构,层次结构中每一层上的信息都表示局部解(即假设——hypothesis),相应层次上对应的知识模块将对这种状态进行转化处理。在与相同层次或其他层次的解状态结合后,可进一步生成更高级的局部解即问题的最终解。

系统的知识源可表示成规则集、逻辑断言或求解过程。黑板只能由知识源对其进行修改,这种修改导致解状态的变化,每一个知识源都存在先决条件,当黑板的解状态转化时,有可能生成调用本知识源的环境条件,使该知识源被激活,激活的知识源在进行推理后再放在黑板上。因为各知识源是相互独立的,所以,在解形成的每一个阶段允许各知识源使用任何一种类型的推理模型,包括数据驱动、目标驱动及模型驱动等。通过黑板,各相互独立的知识源对问题的求解共同参与,相互作用,完成信息交流。同时,问题的解就一步步求出来了。为了保证整个黑板系统正常高效地运行,在黑板处理过程中,就黑板系统的控制、协调与调度等方面需采取一系列措施,称为黑板的控制策略。其中最主要地有两种。

1) 聚焦

由于黑板上每一个变化都会激活多个 KS,当子系统运行时,调度队列中任一时刻都会有许多等待执行的活动。这些活动的执行在黑板上生成相当多的解元素,其中仅有少数是对求解有意义的。为了使求解过程朝着有利的方向发展,需要由调度进行仲裁,以便优先选择最有希望的活动,这种处理的方法就叫聚焦(focus of attention)。聚焦的方法就是根据黑板上的信息及其他信息,计算每个活动的优先级并调用优先级最高者。

2) 机遇问题求解

由于 KS 的表示方式不同,推理控制策略也各不相同,可以采取目标驱动、数据驱动、模型驱动或者目标驱动和数据驱动两者结合的双间控制策略,至于哪一种策略是由 KS 决定的,调度队列中的活动次序是按聚集原则确定的,因此,在求解问题的每一步都可能是以上三种策略中任何一种,这种随机的利用最好的数据与最有希望的方法的问题求解策略称为机遇问题求解(opportunistic problem solving),也就是前述的最适宜原则。

那么在复杂信号辐射源识别系统中采用黑板系统时,首先需要解决哪些技术问题。

15.5.3 利用黑板系统需要解决的技术问题

由于复杂信号辐射源识别系统是一个实时处理系统,在进行其结构设计中,首先应考虑如何解决实时处理问题,这是整个系统最关键的也是最难解决的问

题。一般解决实时处理问题有如下几条途径:

(1) 使用强有力的合成计算机系统。

(2) 使用运算速度快的计算机编程语言。

(3) 采用并联技术。

(4) 构造黑反层次。

(5) 将整个大系统按功能划分成几块,采用多黑板技术。

第一条保障了系统有一个良好的软件运行环境,这是主要措施之一,如图15-7所示 ,系统有 N 个相互独立的处理器。理想情况下,系统实时处理的速度与处理器的个数 N 呈线性关系,即在上述模型中,可能影响系统性能的因素有两个。

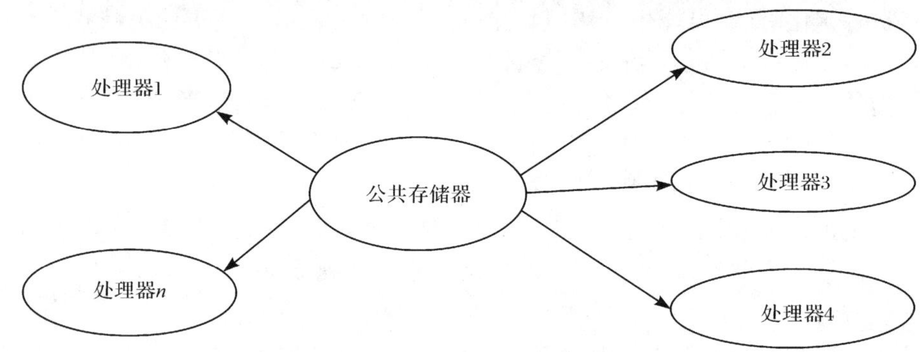

图 15-7 存储共享的多处理器结构

(1) 同步。即已经处理完信息的处理器需要等待其他未处理完的处理器。

(2) 竞争。如果 N 个处理器同时请求占用系统中同一资源时,只能轮流使用。

为了解决上述两个问题,只需采用多黑板处理系统,即上述的第五个问题。

为了提高整个系统的运算速度,在进行软件设计时,采用了 C 语言。

一般来讲,在人工智能(AI)技术中最主要的两种语言是 LISP 和 PROLOG。LISP 是一种函数性语言,一切功能使用各种函数去实现,其数据结构是表,核心是表处理。PROLOG 是面向用户的描述性语言,语法简单,它的数据结构是项,不但所有数据,就是 PROLOG 程序都是由项组成的。它们的共同特点是均为低过程性语言,都采用递归描述和回溯策略,表处理能力很强。在复杂信号辐射源识别系统中采用这两种语言将为 AI 程序设计带来方便。但问题是这将使复杂信号辐射源识别系统的实时性能受到影响,其原因是它们的解释系统或编译系统都建立在适于数值计算的硬件环境上的,因而大大限制了处理速度,从而也就妨碍了在实时系统中的应用。

相比之下,C 语言不但有丰富的软件支持而且语言简洁、紧凑、数据结构丰富,可直接对硬件进行操作。特别是它生成的代码质量高,因而能产生非常快速而有效的执行程序。

因为 AI 技术都能借助于 C 这种过程性语言实现，甚至某些程序用 C 语言比 AI 语言更清晰，所以实际应用中 C 语言已被 AI 技术所接受。在复杂信号辐射源识别系统中，使用 C 语言最大的问题是不能直接利用已有 AI 软件，而要自行建立知识表示的数据结构以及某些专用的功能函数，在程序设计的技巧上比 LISP 和 PROLOG 要强。

第三条是采用并联技术。这对于以黑板结构做支撑的复杂信号辐射源识别系统是非常必要的。

由观察黑板处理过程可以发现，其中有个别环节对系统的实时处理非常不利。首先是调度问题。当黑板上条件的变化使得多个 KS 的先决条件满足时，多个 KS 不可能被同时执行，而是按计算的优先级顺序执行。在涉及 KS 较少时不会有问题，但如果存在众多的 KS，且每个 KS 导致解状态变化的重要性有时很难计算，这时排队执行往往造成求解时间的浪费，降低了处理速度。其次，在复杂信号辐射源识别系统中信息处理量非常大，证据和假设之间并非一一对应的关系，很多是一对多的关系。当多个 KS 为解决某个问题协同工作时，很可能使解的空间庞大，其中还包括许多与 KS 相互协调并无关系的局部解。随着证据的缺乏，这一问题也越严重。

即使采用聚焦方式也并不能减少解的数量，这种现象形成了黑板处理过程中的瓶颈(bottleneck)。解决的方法就是前面提到的多黑板技术，它是建立在任务划分的基础上。

通常一个任务若是可以划分的话，总是分解成若干个子系统来完成的，这样就可以使一个复杂的总任务的完成变得简单有效。在复杂信号辐射源识别系统中，共用了四块黑板，分别完成复杂信号类型识别、辐射源类型识别、辐射源身份识别、平台身份识别四大功能。另外在每一块黑板中，还可以采用多黑板技术的概念，对其做进一步划分，把密切相关的 KS 模块划分在一个子任务内，从而实现了各子任务可以并行处理的工作方式，如图 15-8 所示。

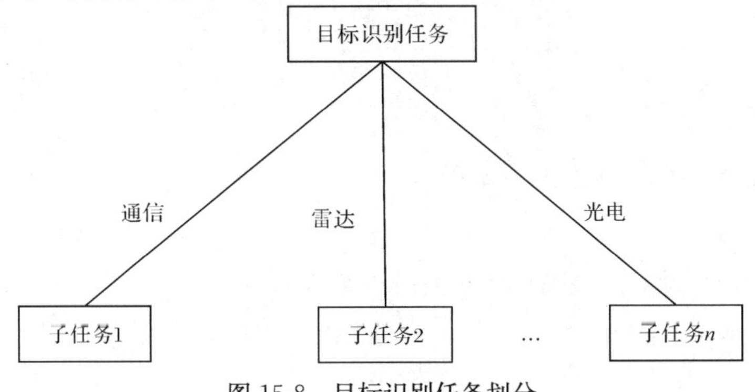

图 15-8　目标识别任务划分

通过多黑板结构的应用有效地避免了一块黑板造成的瓶颈现象,并减少了推理的复杂性。

在黑板系统的设计中,除了采用上述三个方面的措施外,提高实时处理性能和实现并联技术的关键问题是黑板的层次构造。

黑板层次的构造包括三个方面,层次的数量、层次间的关系及层次的构造。在求解问题过程中,最基本的操作是产生假设、组合假设、评价假设,这些均要在黑板的不同层次来完成,并通过各层次信息的传递获得问题的求解。为了保障这些操作的正常进行,并为层次内、层次之间信息的交流、传递提供有效的方式。在复杂信号辐射源识别系统中采用了一种统一的树形结构(图 15-9)。通过这种树形的层次模式,系统将可以获得以下几方面好处:

(1) 已经开发的完成不同功能的 KS 都可以安排在这种树形结构不同层次中。

(2) 通过这种树形结构,系统变得更容易扩展。

(3) 在系统中,所有的知识源处于一种松耦合状态,因而具有并发运行的能力,最终导致系统处理速度的加快。

(4) 这种辐射源类型识别结构不仅适合于黑板的内部,也适合于多黑板之间的连接。此时,层次(clevel)即相当于块黑板。以这种方式形成的系统,不仅组织灵活,同时具备了实时处理能力。

上面介绍了采用黑板系统需要解决的技术问题,下面设计复杂信号辐射源识别系统结构。

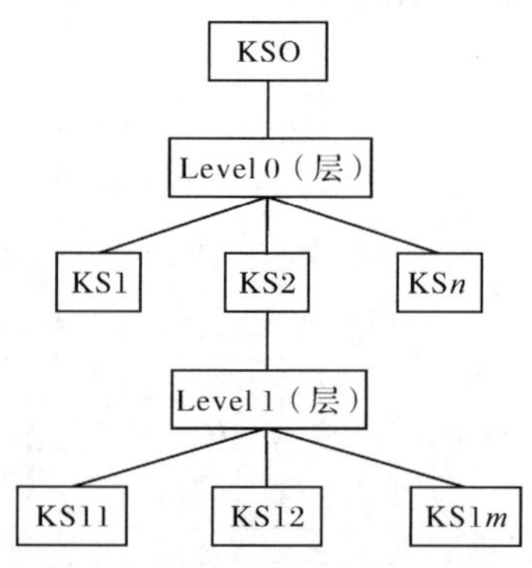

图 15-9 黑板中的层次结构模型

15.5.4 复杂信号识别系统结构模型

设计思想:设计复杂信号识别系统结构。首先,必须将系统按其功能进行划分,将其分为四个部分,分别采用四块黑板系统组成一个完整的处理体系。其次,在第一级黑板中采用并联技术,以提高整个系统的运算速度。另外,在每一块黑板中,采用统一的计算速度快的计算机可编程语言,同时在每一块黑板内部,按最优化原则划分黑板层次。按以上原则设计出的复杂信号识别系统结构框架如图 15-10所示。

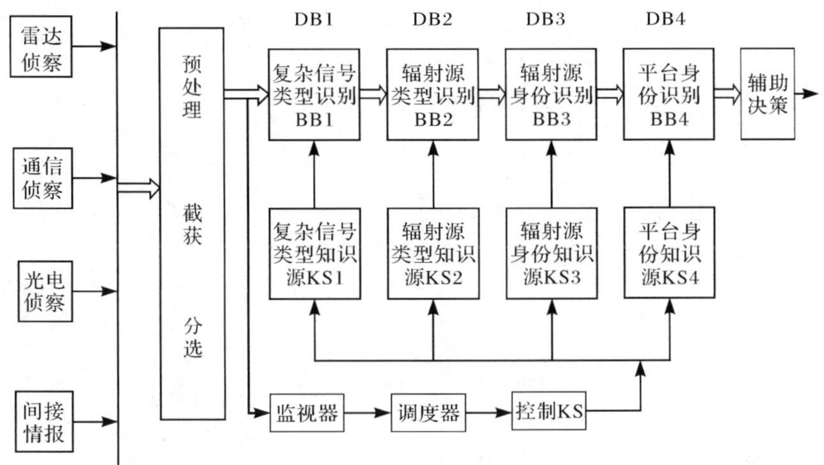

图 15-10　复杂信号识别系统结构模型

15.5.5　辐射源识别黑板系统

辐射源识别黑板系统如图 15-11 所示。

15.6　遗 传 算 法

15.6.1　遗传算法简介

遗传算法是一种基于自然选择和自然遗传原则的搜索算法。以遗传算法为基础的程序可以通过自然选择的原则来求出问题的解。遗传算法首先提出可能的答案，然后，这些解就像自然界的生物一样每一代都进行换位，即交换基因，有时基因会发生突变，只有最适合的解才能存在下去，并进一步的繁殖以便得到更好的解。

与传统的搜索算法（如穷举法、最大梯度法、动态规划等）相比，遗传算法有以下特点：

（1）遗传算法是针对参数集的编码串而不是参数本身进行的。

（2）遗传算法具有隐含的并行性，同时进行多点搜索，而不是单点搜索，找到最优解的概率更大。

（3）遗传算法使用代价函数（目标函数）信息，而不是微分或其他辅助信息，因而可应用的场合更广泛。

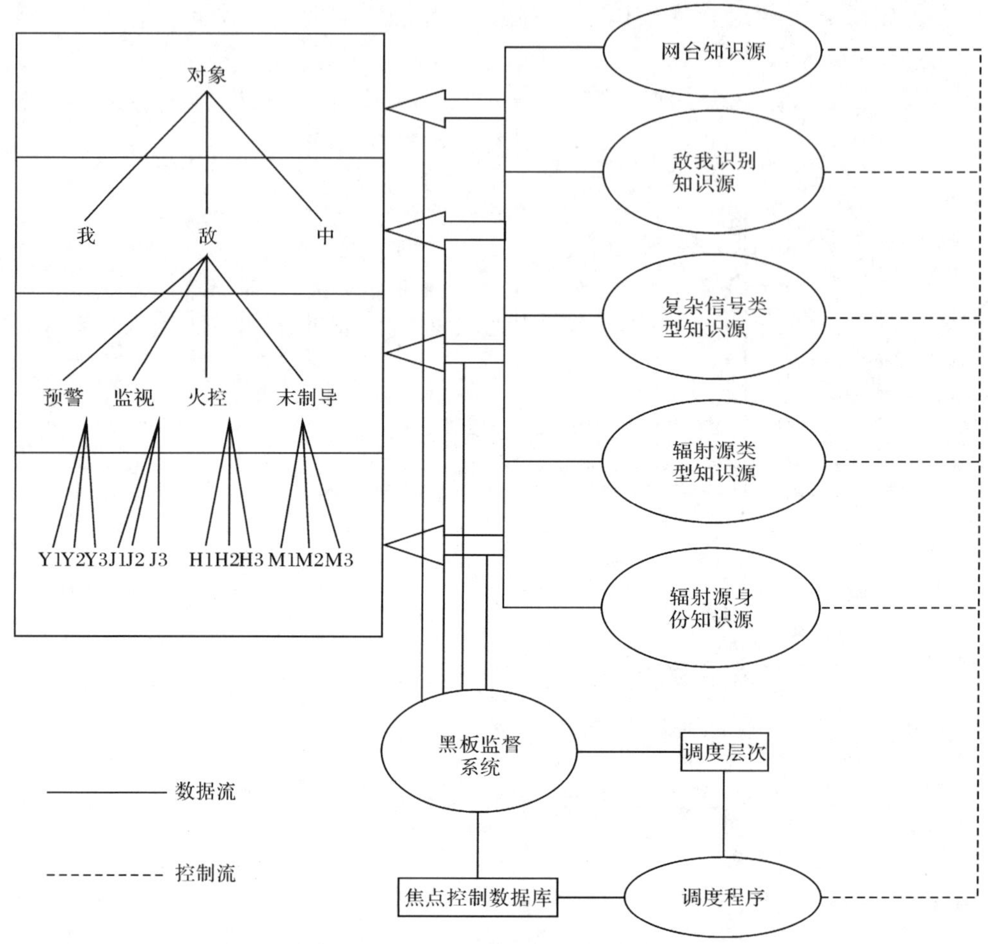

图 15-11　辐射源识别黑板系统

(4) 遗传算法的不同搜索区域之间采用概率转移而不是确定转移规则。

和传统的搜索算法相比,遗传算法有可能在更广泛的范围内寻找问题潜在的解决方案,而且找到最优解的概率更大,速度更快。遗传算法的这些优点来自于其算法隐含的并行性及其特有的操作机制:复制、交换及变异等。

在一般的搜索算法中,常用的技术是登山,即从任意一点开始,若一个细微的变化能改善解的质量,则沿该方向继续前进,否则就取相反的方向。登山技术对于单极值的问题是有效的,但在复杂问题中,解空间往往存在多个峰值(局部极值点),因此搜索的最终结果与起始位置有密切关系,搜索过程往往收敛于局部极值点。遗传算法使用数量极大的位元串组成一个不断进化的群体,这些串同时在解空间的很多区域中进行采样,而且其采样不同区域的频率直接对应于在该区域中找到正确答案的概率。

遗传算法能够将搜索的注意力集中到解空间中期望值最高的部分，使其能够组合含部分解的基因串所带来的直接结果。遗传算法首先评估群体中的每一条基因串，依据该串所代表的解的效果，赋给它一个适应度值；其次，组配适应度高的串，组配过程称为交换；把两个基因串排起来，沿两个串长度方向任取一点，交换两串的左边部分，产生两个后代。其中一个后代含第一个串在交换点左边的位元和第二个串在交换点右边的位元，另一个串则含第一个串在交换点右边的位元和第二个串在交换点左边的位元。交换操作如图 15-12 所示。

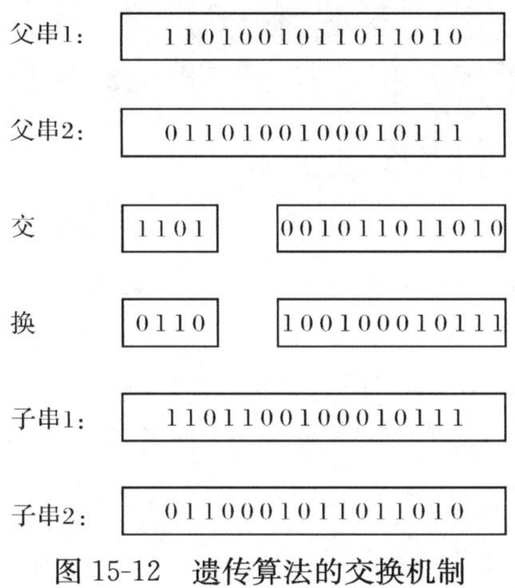

图 15-12 遗传算法的交换机制

遗传算法能在解空间中发掘出期望值高的区域，其原因就在于一代一代的繁殖和交换，这些区域中的基因串的数目不断增加，遗传算法优先把适应度高的串选作父串，结果优于平均水平的串在下一代中将有更多的后代。

某一区域的基因串数量的增加与该区域适应度的统计估计成正比。通常，人们需要从成千上万个区域中选取几十个采样点，以估计每个区域的平均适应度。遗传算法只用数量少得多的串，并且不需要通过计算就能达到同样的效果。例如 11011001 这个串是 11 * * * * * * 区域的成员（* 代表该位的值不固定），它同时也属于 1 * * * * * * 1 和 * * 0 * * 00 * 等区域。对于那些最大的区域，也就是含有许多不确定位的区域，基因串的群体中表示它们的串就越多。这种隐含的并行性是遗传算法优于其他求解过程的关键所在。

遗传算法的隐含并行性使其能够利用较少的基因串来校验和发掘搜索空间中大量区域。交换使隐含并行性的作用复杂化。遗传算法实施串交换的目的在于检验目标区域中新的部分，而不是代复一代的反复检验同一个串。虽然交换分裂了基因块，影响了基因块的作用，但这种重组在新的环境下检验了基因块的新组合。交换能产生出高于平均区域的新样本，肯定或否定以前样本所做的预测，而且,当交换分裂基因块的时候,能产生新的基因块,使遗传算法有能力检验那些从未被采样过的区域。

目前,人们已经在广泛的领域中对遗传算法进行了测试,涉及从对弈论的新策略到设计复杂的机械系统等,其所表现出的能力令人吃惊。

15.6.2　遗传算法的构造

典型的遗传算法包括以下几个步骤:

(1) 初始化。根据由具体问题所确定的基因串的形式,随机地产生出一组基因串。

(2) 计算每个串的适应度。每个串的适应度是由适应函数(目标函数)决定的。

(3) 遗传运算。根据旧串组的适应度情况随机地产生新的串组,并且对其进行遗传算子操作。

(4) 重复(2)、(3)两步直至算法收敛。

遗传算法是利用适者生存的原则把好的基因遗传给下一代串,并且组合不同的基因串以搜索新的区域。对于任何问题,在构造遗传算法进行求解时,都面临以下问题:

(1) 基因串的构造。

在遗传算法中,每个基因串代表的是串空间的一个点,对应于问题的一个解或是一组参数。在选择基因串的构造形式时,重要的一点是要满足:所有的串组成的串空间能够完全并且唯一地表示问题的搜索空间。而且,两个空间最好是(但并非必须)一一对应的,因为这样可以使遗传算子大大简化。

(2) 遗传算子的设计。

最主要的遗传算子设计称为复制,就是根据父代串组(当前搜索区域)产生新一代子串组(新的搜索区域)。典型的复制操作是通过组合两个父代串(通过交换或者直接复制)或重排父串的一部分(称为变异)进行的.遗传算法依据一定的准则(通常是串的适应度)从旧串组中选取两条合适的父串,以一定的概率对其进行交换,直接复制或变异操作,产生两子串。如此反复,直至产生与旧串组数目相同的新串组为止。然后,遗传算法使用新的串组继续进行搜索。

遗传算法的设计与具体问题紧密联系,当串空间与搜索空间之间不是一一对应的时候,遗传算子的设计问题变得很复杂。

(3) 适应度的确定。

遗传算法中使用的适应度函数通常就是所有优化的问题的目标函数。因为适应度用来控制搜索区域的转移和遗传算子的操作,所以适应度的确定对于遗传算法效果的好坏有着至关重要的作用。

(4) 遗传算子操作概率的确定。

遗传算子的操作是按一定的概率发生的,因而交换率、变异率等因素也影响着算法的效果。但交换率、变异率等通常需要在实验中确定。

15.7 应用推广:复杂信号平台身份识别

关于复杂信号识别问题,到此为止,本书已经讨论了复杂信号类型识别、复杂信号辐射源类型识别及复杂信号辐射源型号识别(即身份识别),这些工作只需在一个独立的电子系统中就可以完成(如雷达侦察系统)。而对于复杂信号平台身份识别,却需要利用多个独立的、异类的电子系统综合一起来完成。以机载电子侦察系统为例,目前世界上第四代作战飞机均采用了双总线式综合航电系统,如图 15-13 所示,这为设计机载复杂信号平台身份识别系统提供了极大的便利。下面先讨论复杂信号平台身份识别系统结构设计。

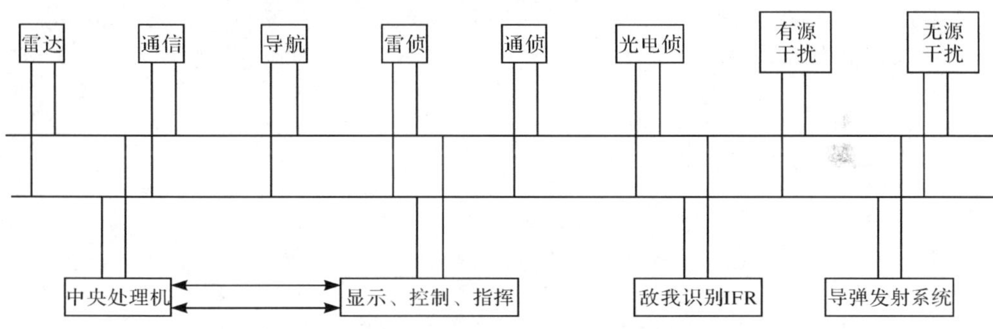

图 15-13 第四代作战飞机总线式综合航电系统

15.7.1 复杂信号平台身份识别系统结构设计

在黑板结构的支持下,采用非精确推理方式完成对平台身份的识别,框图如图 15-14 所示。

1) 平台特征报告

由原始的有源观测数据、无源侦察数据及敌我识别数据经雷达、雷侦、通侦及敌我识别等各分系统分别处理后形成了确定平台特征的各分报告,这些分报告包括网台类型分报告、平台类型分报告、辐射源类型分报告、信号类型分报告及敌我识别分报告等,它们分别送至各自对应的预处理模块和 DBS。

2) DBS

数据库存放有以前平台的结论,这些结论有些是需后续报告补充的,有些是由于无足够的知识引起的,属于新的平台范围。

3) 预处理

将低层给出的数字信息转换成高层分析的符号信息。

4) 黑板

黑板是非精确推理实现的物理媒介,用于存放推理过程的中间结果与最终结

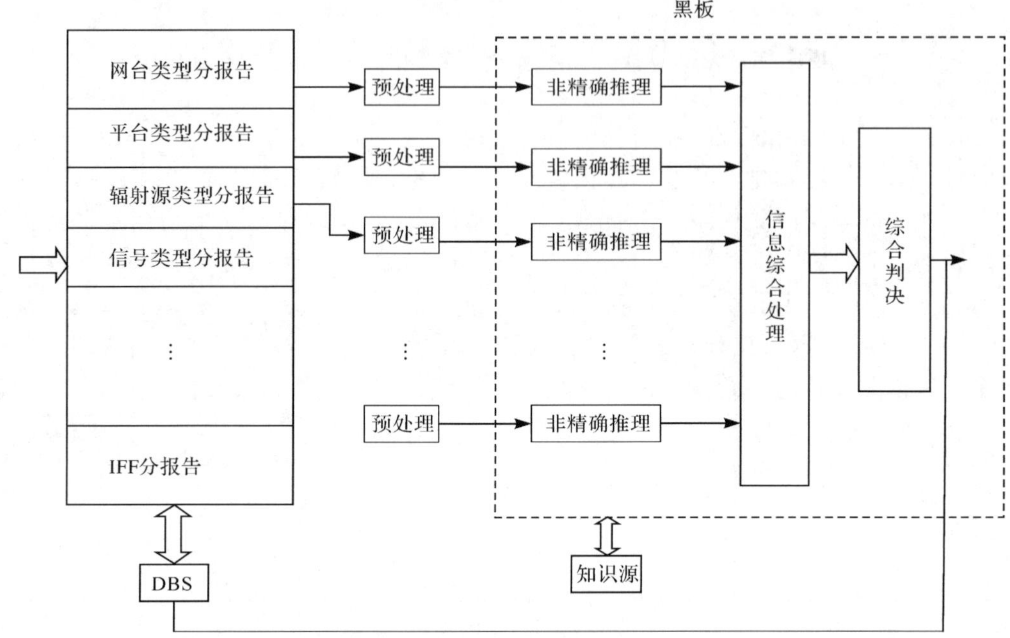

图 15-14 平台身份识别系统结构

果。推理的最终结果送到威胁评估、辅助决策和 DBS 中。

黑板分为四个层次。

(1) 判决层。

(2) 综合特征层。

(3) 局部特征层。

(4) 输入层。

5) 知识源

(1) 雷达侦察知识。主要是雷达型号与舰型关联知识。

(2) 通信侦察知识。分为两部分:通信信号与网台的关联知识;网台与平台关联知识。

(3) 光电侦察知识。激光辐射源、红外辐射源与舰型关联知识。

(4) 雷达知识(雷达回波知识)。雷达回波与舰型关联知识。

(5) IFF 知识。敌我识别结果的可能性判别知识。

(6) 平台综合知识。平台综合特征与舰型关联知识。

知识源与黑板结构的关系如图 15-15 所示。

15.7.2 复杂信号平台身份识别黑板系统设计

1) 确定识别对象

飞机在作战范围内,待识别的平台对象很多,有飞机、军舰、潜艇等。其中,敌航母

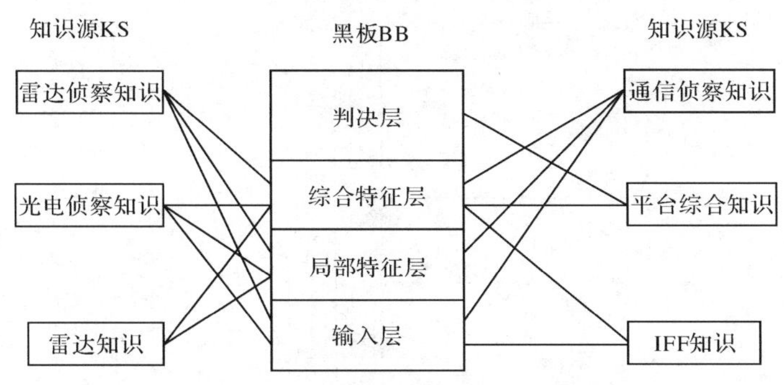

图 15-15　知识源与黑板层次的关系

和巡洋舰的威胁最大，是需识别的重要对象（本方仅对此类平台的识别加以研究）。

2) 划分识别层次

设计平台身份识别黑板系统，首先要划分平台身份识别层次。识别过程一般是由低层到高层，由简单到复杂。这里的情况，首先识别平台的存在，这是黑板处理中的第一个层次；其次判断敌我，这属于第二个层次，最后判别敌舰的具体舰型，这是第三个层次；也是平台身份识别的最终目的所在。

3) 建立知识源

在平台身份识别过程中，是通过各种传感器来获取平台上的相关辐射源的特征参数的。根据这些特征参数应该有条件进一步判断平台的类型，关键在于知识。例如，对于舰艇而言，大体需要利用各类传感器获得的有关知识包括以下几个方面：

(1) 雷达侦察 ESM（雷达辐射源知识）。描述雷达辐射源与舰艇型号的关系。

(2) 通信侦察 ESM（通信辐射源知识）。描述通信辐射源与舰艇型号的关系。

(3) 光电侦察（光电辐射源知识）。描述光电辐射源与舰艇型号的关系。

(4) 雷达（雷达回波知识）。描述雷达回波与舰艇型号的关系。

(5) IFF（IFF 知识）。描述对舰艇的敌我识别的判定。

上述知识的获得过程是长期的、艰苦的，需做大量的工作。这些先验知识的质量优劣，直接影响着平台身份识别的准确性。

根据上面所讲的三个方面问题，结合黑板模型的基本技术，舰艇身份识别黑板系统设计实例如下（图 15-16）。

4) 选择识别准则

要对平台身份进行识别，必须依据某个推理准则，我们选用 Bayes 推理准则（非准确推理），这是因为首先假定的待识别敌舰舰型集合是一个完备集合，不论敌舰的舰型有多少种，客观上讲总是一个有限的集合，经过长期努力总会获得这些舰型的先验概率。其次，待识别的敌舰舰型集合是互斥的。

Bayes 推理技术克服了经典推理的弱点，它在新证据不断到来时，随之刷新每

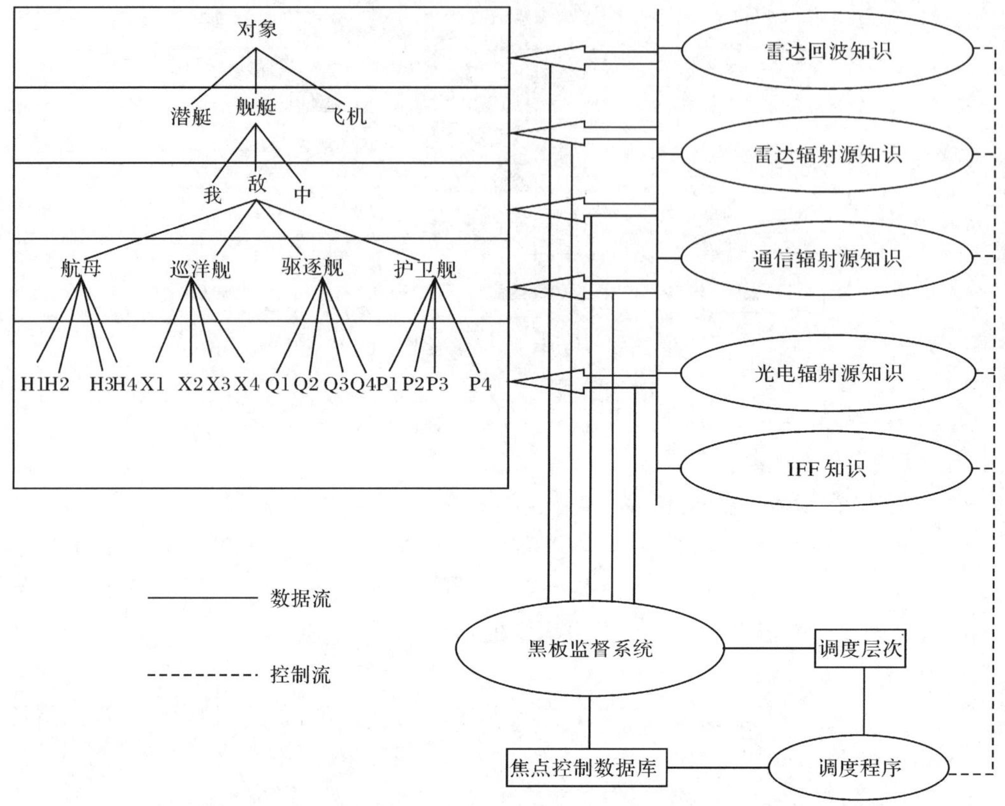

图 15-16　平台身份识别黑板系统

一个假设似然度。

假设 H_1，H_2，…，H_j 表示完备且互斥的一组假设，$E_i\,(i=1,\cdots,n)$ 表示一串事件，则有 Bayes 推理公式：

$$P(H_j \mid E_1E_2\cdots E_n)=\frac{P(E_1E_2\cdots E_n \mid H_j)P(H_j)}{\sum\limits_k P(E_1E_2\cdots E_n \mid H_k)P(H_k)} \tag{15-3}$$

当 E_i 是相互独立事件时，式(15-3)可重写为

$$P(H_j \mid E_1E_2\cdots E_n)=\frac{\Big[\prod\limits_{k=1}^{n} P(E_k \mid H_j)\Big]P(H_j)}{\sum\limits_k \Big[\prod\limits_{m=1}^{n} P(E_m \mid H_k)\Big]P(H_k)} \tag{15-4}$$

式中，$P(H_j \mid E)$ 为给定事件 E(目标 j 存在)条件下，假设为真的后验概率；$P(H_j)$ 为假设 H_j 为真先验概率；$P\left(\dfrac{E}{H_j}\right)$ 为给定 H_j 为真的条件下，观察到数据 E 的概率。这在数学上是一个令人满意的公式，利用 Bayes 推理公式进行平台身

份识别过程如图 15-17 所示。

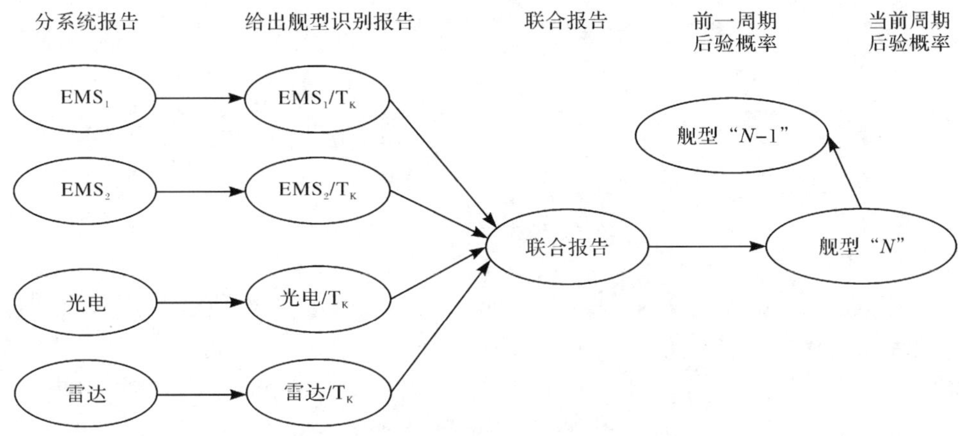

图 15-17　Bayes 舰型身份识别的推理图

根据图 15-16 可得 Bayes 数据融合公式

$$P(T \mid \text{Data}) = \frac{P(\text{Data} \mid T_k) qT_k}{P(\text{Data})} \geqslant \lambda, \quad \lambda = 0.95 \tag{15-5}$$

式中，qT_k 为前一周期的 $P(T_k \mid \text{Data})$ 值；$P(\text{Data}) = \sum_k P(\text{Data} \mid T_k) qT_k$；$P(\text{Data} \mid T_k) = \prod_k P_k(\text{Data} \mid T_k)$；$i$ 为第 i 个传感器；T_k为第 k 种舰型。

利用式(15-5)，可对平台身份识别进行计算机模拟。

15.8　小　　结

本章在 13、14 章对复杂信号类型识别研究的基础上，进一步对复杂信号辐射源的类型识别、辐射源的身份识别及装载辐射源平台的身份识别分别进行了研究；先后介绍了复杂信号识别流程、复杂信号识别功能模型及复杂信号辐射源识别方法；重点分析了黑板系统、非精确推理及遗传算法等方法；分别设计了复杂信号识别系统结构、复杂信号辐射源识别黑板系统、复杂信号平台身份识别系统结构及复杂信号平台身份识别黑板系统，并给出了利用 Bayes 非精确推理进行平台身份识别的数学模型与识别流程，为其进一步进行计算机仿真奠定了基础。

需进一步做的研究工作有：在对复杂信号类型识别和辐射源类型识别研究的基础上，应开展对辐射源身份识别和平台身份识别的研究，这将涉及与辐射源相关的先验知识和与平台相关的先验知识，显然要采用认识基础法，属于人工智能范畴。开展的研究领域有黑板系统、非精确推理、遗传算法、模糊集理论、粗糙集理论及灰色理论等。

第 16 章　复杂信号辐射源定位

16.1　引　　言

复杂信号辐射源定位的关键问题有两个。一是低信噪比信号截获问题(即低截获概率信号盲检测问题，在上册的前七章进行了详细的讨论)。该问题涉及侦察测向系统灵敏度的提高，更重要的是关乎调制信号检测算法的选择，这是整个复杂信号辐射源定位的核心问题。只要能截获到复杂信号，就能测出信号方向。其后无论是采用机载单站无源定位算法，还是采用机载多站无源定位算法同常规信号的定位算法是相同的。二是侦察系统测向精度问题。测向精度与测向体制的选择密切相关，不同的测向体制所对应的测向精度相差很大。因此，研究复杂信号辐射源定位的问题，必须首先研究侦察系统测向体制选择问题，必须弄明白侦察系统测向精度的提高是受限于被侦对象辐射源信号的调制样式和波束形式(特别是波束宽度)的选择。

在无源定位的诸多应用领域，机载单站或机载多站无源定位系统对地面固定车载辐射源或海面运动舰载辐射源位置的确定是最具有军事应用价值的，也是本书讨论的重点。下面分别进行详细讨论。

16.2　机载单站无源测向

首先讨论侦察系统测向体制的选择与测向精度的关系。

16.2.1　比幅测向

四比幅测向体制，测向精度太粗，测向误差太大，一般约为十几度，只适合用于雷达告警系统。六比幅测向体制，测向精度中等，测向误差一般约为 5°～10°，达不到情报侦察的要求。如果继续增加比幅通道，如八比幅测向体制，测向精度提高不大，仍难达到情报侦察的要求，反而设备量增大，造价攀升，体积重量均增大，使安装受限。

16.2.2　短基线时差测向

短基线时差测向体制，测向精度高，测向误差一般约为 1°～2°，可满足情报侦察的要求。但需要精确测量时差,故测向精度难于进一步提高。

16.2.3　比相式数字干涉仪阵列测向

比相式数字干涉仪阵列测向体制是当前流行的最新的精确测向技术,一般用大约 10 个天线构成环形(跑道型)干涉仪测向阵列,可覆盖 360°空域,进行全方位瞬时测向,测向精度极高,测向误差一般约为 0.8°～1°。这是目前能达到的最高测向精度,能满足情报侦察和支援侦察的测向精度要求。

由上面的分析可知,对复杂信号辐射源测向应选用比相式数字干涉仪阵列测向体制。

另外需要说明的是侦察系统测向精度的提高受限于被侦对象辐射源信号的调制样式和波束形式(特别是波束宽度)的选择,不完全取决于侦察系统自身的技术改进措施。因此,雷达侦察系统无论采用什么样的测向体制,选择什么样的检测算法,其测向精度很难达到火控跟踪雷达的测向精度。换句话说,就是雷达侦察系统很难替代火控跟踪雷达对武器系统的引导功能。

16.3　机载单站无源定位

无源探测定位技术是指观测平台上的无源探测系统通过被动地接收、处理目标辐射源发出的电磁波信号实现对辐射源的定位与跟踪技术。在电子对抗领域,无源探测定位技术早已有之,它属于电子侦察系统中的技术之一。先后发展起来的多站测向交叉定位、多站时差定位及多站测向时差定位等技术,在国外不仅在原理上、技术上已经成熟,而且在实际装备中已广泛应用。近二十多年来,多站无源探测定位技术和系统的研究,在国内也已有所建树。多站体制的无源探测定位技术适合于陆基使用,而在空基、海基条件下,由于增加了载体运动和姿态变化,破坏了多站体制所要求的各站之间固定不变的几何关系。因此,在空基、海基使用条件下,采用单站无源探测定位技术对固定辐射源进行定位是可行之路。在这方面,国防科技大学孙仲康教授所领导的研究团队,从 1985 年开始至今已进行了 30 年持续系统的研究工作,形成了一整套单站无源定位跟踪技术理论体系[1],并在装备中得到推广使用。他们提出了利用切向运动测距定位和利用径向运动测距定位的两类无源定位技术:第一类的切向运动测距定位技术主要是利用了角变化率或相位差变化率对地面固定辐射源进行测距定位;第二类的径向运动测距定位技术主要是利用了径向加速度对地面固定辐射源进行测距定位。实际上是根据地面固定辐射源相对机载无源探测器在径向上的运动信息实现测距定位的,主要是通过来波信号到达时间或到达频率的测量来获得。

一般来讲,无论采用哪一种无源探测定位技术,其空间定位的原理是相同的。

16.3.1 空间定位的原理

单个或多个分布式无源观测站,在探测到辐射源并获得有关定位参数的基础上,利用适当的数据处理手段,可确定出辐射源在三维空间中的位置点,这就是无源定位系统对辐射源进行空间定位的过程。

从几何角度来讲,确定空间的一个点,可以由一条直线和一个曲面或平面在三维空间内相交而得出,也可以由三个或三个以上的曲面或平面在三维空间内相交而得出。换句话说,要在三维空间中对辐射源进行定位,至少需要一条直线和一个曲面或平面,或者至少需要有三个或三个以上的定位面,才有可能实现。那么,如何才能获得这一条直线和曲面或平面呢?如何才能得到这三个定位面呢?这就涉及无源定位方法问题。

16.3.2 无源定位方法

1. 三站时差二维双曲面定位

众所周知,通过计算辐射源发出的信号到两个无源观测站的时差,得到辐射源所在的一个双曲面。如果对三维空间的辐射源进行定位,至少需要用三组独立的双观测站构成的双曲面相交来定位,要采用四站时差三维双曲面定位来实现。为了获得三维定位信息,四站的站址几何配置要进行三维立体处理。如果辐射源和三个分开设置的无源观测站处于同一个平面(如陆地),采用三站时差二维双曲面定位方法就可以了。

2. 双站测向交叉定位

在电子侦察系统中,一般都包含有无源测向分系统,对辐射源具有测向功能。如果两个无源测向系统相隔距离是已知的,它们对辐射源分别测得的方位角也是已知的,则由两站分别获得的目标方向射线相交,即可实现对目标辐射源的只测向无源定位,这就是双站测向交叉定位。

3. 双站测向时差混合定位

在双站测时差系统的基础上,如果使双站中有一站具有测向功能,这样就构成了一条方向射线穿破一个双曲面而相交于目标位置点的混合定位体制,称为双站测向时差混合定位。

以上的这些方法都属于多站无源定位方法,适合于陆基多点分布设站对陆地或空中辐射源的定位。这种情况下，对陆地辐射源定位，定位距离不会做的很远，因为会受到地球表面曲率的影响。对空中机载辐射源定位，由于目标是处于连续的运动状态，对任意时刻目标位置的确定是没有意义的，只是在对目标进行无源跟踪时，这种连续的无源定位技术才有意义。假如只用一个无源观测站来完成对固定辐射源的定位，必须让这个观测站相对于固定辐射源匀速地运动起来，才有可能实现对固定辐射源的定位。这种情况与机载单站无源定位相吻合，可实现对地面固定辐射源的定位。

4. 利用角变化率对地面固定辐射源的单站二维测距定位

基于质点运动学的单站无源定位原理中采用的是极坐标系，而实际定位时往往习惯于采用直角坐标系，且二维定位可以看作三维定位时俯仰角及其变化率均为零的特殊情况，如有需要直角坐标系与极坐标系之间可以等效转换。

单站无源定位的核心难点是如何实现单站无源测距问题。利用运动学的原理，通过测量方位角的变化率，可以实现对地面固定辐射源的二维测距定位，这就是利用角变化率对地面固定辐射源的二维测距定位的原理。

已知无源二维测距公式为

$$r=\frac{v_t}{\dot{\beta}}=\frac{v_x\cos\beta-v_y\sin\beta}{\dot{\beta}}=\frac{(\dot{x}_T-\dot{x}_0)\cos\beta-(\dot{y}_T-\dot{y}_0)\sin\beta}{\dot{\beta}} \tag{16-1}$$

当通过测量获得 $v_x=\dot{x}_T-\dot{x}_0$、$v_y=\dot{y}_T-\dot{y}_0$、方向角 β 及其变化率 $\dot{\beta}$ 时，则可求出斜距 r。当辐射源是固定的，即 $\dot{x}_T=\dot{y}_T=0$ 时，可得

$$r=\frac{\dot{y}_0\sin\beta-\dot{x}_0\cos\beta}{\dot{\beta}} \tag{16-2}$$

这时通过机载单观测站测出方位角 β 及其变化率 $\dot{\beta}$，并从载机导航系统获得精确的速度数据 $\dot{x}_0$、$\dot{y}_0$，就可以实时地计算出辐射源斜距 r。由此求得辐射源 T 相对于观测站 O 的坐标位置分别为

$$\begin{cases}x_T=x_0+r\sin\beta\\ y_T=y_0+r\cos\beta\end{cases} \tag{16-3}$$

结论：利用方位角 β 及其变化率 $\dot{\beta}$ 进行无源测距，必须满足条件：$\dot{\beta}\neq 0$，即辐射源 T 和观测站 O 之间必须有相对角旋转运动。若观测站 O 沿 T-O 连线径向运动，即观测站载机直指目标辐射源 T 而接近、过顶或远离，则无法利用式(16-2)实现无源测距，也就无法实现对 T 的无源定位，这就是这种测距方法的可观测条件，在使用时必须切记。

5. 利用相位差变化率对地面固定辐射源的单站测距定位

这种方法一般是在载机机身的两翼或机头机尾处设置双阵元的观测站天线

E_1、E_2,构成短基线干涉仪测向系统,基线间距为 d,辐射源信号波长为 λ,由于信号到达干涉仪天线的时间有先后,导致干涉仪接收到的信号存在相位差,即

$$\varphi=\frac{2\pi}{\lambda}d\sin\beta \tag{16-4}$$

对其求导,得

$$\dot{\varphi}(t)=\frac{2\pi}{\lambda}d\cos\beta\cdot\dot{\beta}=K\dot{\beta} \tag{16-5}$$

已知无源测距公式为

$$r=\frac{v_t}{\dot{\beta}}=\frac{\dot{x}\cos\beta-\dot{y}\sin\beta}{\dot{\beta}} \tag{16-6}$$

在利用 $\dot{\varphi}$ 测量 $\dot{\beta}$ 时,其测距公式为

$$r=2\pi d\cos\beta\frac{\dot{y}_0\sin\beta-\dot{x}_0\cos\beta}{\lambda\dot{\varphi}}=f_r(\beta,\dot{\varphi},\lambda,d,\dot{x}_0,\dot{y}_0) \tag{16-7}$$

通过对目标辐射源信号频率波长 λ、来波方向 β 及相位变化率 $\dot{\varphi}$ 的测量,外加已知的基线长度 d 和由载机导航系统提供的载机坐标 $\dot{x}_0$、$\dot{y}_0$,就可以由式(16-7)求得辐射源距离 r,当所需的各项观测量可在同一时刻获得时,则 r 值也可以实时获得。如果载机实时地提供了观测站本身的 x_0、y_0,则可对辐射源进行立即定位。

6. 利用径向加速度对地面固定辐射源的测距定位

辐射源相对观测器在径向上的运动信息可以通过对来波信号到达时间或到达频率的测量来获得。据质点运动学的原理,可用于对辐射源测距的径向运动参数包括径向速度和径向加速度,这里介绍的是利用径向加速度对地面固定辐射源的测距定位方法。

固定辐射源的速度和加速度均为零,辐射源的相对速度及加速度取决于观测器本身的运动。根据文献[1]分别得到三维辐射源和二维辐射源的径向加速度为

$$\ddot{r}=-(\ddot{x}_0\sin\beta\cos\varepsilon+\ddot{y}_0\cos\beta\cos\varepsilon+\ddot{z}_0\sin\varepsilon)+v_{t_0}^2/r \quad (三维) \tag{16-8}$$

$$\ddot{r}=-(\ddot{x}_0\sin\beta+\ddot{y}_0\cos\beta)+v_{t_0}^2/r \quad (二维) \tag{16-9}$$

得到运动观测站对地面固定辐射源的测距方程为

$$r=\frac{(\dot{y}_0\sin\beta-\dot{x}_0\cos\beta)^2}{\ddot{r}+\ddot{x}_0\sin\beta+\ddot{y}_0\cos\beta} \quad (二维) \tag{16-10}$$

$$r=\frac{\dot{x}_0^2+\dot{y}_0^2+\dot{z}_0^2-(\dot{x}_0\sin\beta\cos\varepsilon+\dot{y}_0\cos\beta\cos\varepsilon+\dot{z}_0\sin\varepsilon)^2}{\ddot{r}+\ddot{x}_0\sin\beta\cos\varepsilon+\ddot{y}_0\cos\beta\cos\varepsilon+\ddot{z}_0\sin\varepsilon} \quad (三维) \tag{16-11}$$

由此可见，测距所需的观测参数包括观测器本身的三个坐标速度分量 $\dot{x}_0$、$\dot{y}_0$、$\dot{z}_0$；加速度分量 $\ddot{x}_0$、$\ddot{y}_0$、$\ddot{z}_0$；径向加速度 $\ddot{r}$；方位角 β；俯仰角 ε。实际中通过测量这些参数就能计算出地面固定辐射源的距离，从而实现对其的无源定位。

无论采用哪一种无源定位方法，都要考虑坐标系的选择和不同坐标系之间的坐标转换。

16.3.3　无源定位的坐标系和坐标转换

1. 坐标系

空间中任何物体的空间位置都可以在一定的坐标系内定义，通常所采用的坐标系都满足右手螺旋法则，但坐标系的原点对应什么位置，以及三个互相正交的坐标轴对应什么方向，则很不相同。通常人们把坐标系分成地心坐标系和站心坐标系[2]。

1）地心坐标系

地心坐标系是以地球质心为原点，与地球固连、随地球转动的非惯性坐标系。其定义为：坐标原点为地球质心，坐标系 z 轴由原点指向地球地极（轴与地球自转轴一致，指向地球北极），x 轴与 z 轴正交，指向格林尼治子午线与赤道的交点 E，y 轴与 x、z 轴正交，构成右手坐标系，计量单位采用 m。

在该坐标系下，空间或地面上任一点 K 的坐标有两种表示方式，即用直角坐标 (x,y,z) 表示的直角坐标系和用大地坐标 (B,L,H) 表示的大地坐标系，其中 B 为纬度、L 为经度、H 为高度。

2）站心坐标系

站心坐标系是以地面台、站中心为坐标原点而建立的坐标系，通常有极坐标系和直角坐标系两种形式。

(1) 极坐标系。

假设有一个通过定位站所在位置且和地球椭球面相切的切平面，则定位站所在位置 O 为原点；目标 P 的斜距为 R；目标斜距在切平面的投影 OP' 与正北方向的夹角为方位角 β，规定顺时针方向为正；目标斜距与其在切平面投影 OP' 的夹角为俯仰角 ε。这样用 R、β、ε 三个坐标就可以确定 P 在空中的位置。一般在无源定位系统中，常采用极（球）坐标系。假如想知道目标的高度和水平距离，可采用圆柱坐标系，由水平距离 D、方位角 β、高度 H 三个坐标表示目标位置。它与极坐标的关系为

$$D=R\cos\varepsilon,\quad H=R\sin\varepsilon,\quad \beta=\beta$$

上述这些关系式仅适用于目标距离较近时，当距离较远时，必须考虑地面的

弯曲,作适当修正。

(2) 直角坐标系。

直角坐标系的原点为定位站所在位置点,y 轴位于切平面指向正北,z 轴垂直于切平面指向地球外,x 轴与 y 轴、z 轴构成右手坐标系,目标 P 的直角坐标为(x_m,y_m,z_m)。

2. 坐标变换

1) 站心极坐标与站心直角坐标的相互转换

(1) 从极坐标到直角坐标的转换。

设已知目标的极坐标(R,β,ε),即斜距、方位角、俯仰角,则目标的直角坐标(x_m,y_m,z_m)为

$$\begin{cases} x_m = R\sin\beta\cos\varepsilon \\ y_m = R\cos\beta\cos\varepsilon \\ z_m = R\sin\varepsilon \end{cases} \tag{16-12}$$

(2) 从直角坐标到极坐标的转换。

设已知目标的直角坐标(x_m,y_m,z_m),则目标的极坐标(R,β,ε)为

$$\begin{cases} R = \sqrt{x_m^2 + y_m^2 + z_m^2} \\ \beta = \arctan \dfrac{x_m}{y_m} \\ \varepsilon = \arctan \dfrac{z_m}{\sqrt{x_m^2 + y_m^2}} \end{cases} \tag{16-13}$$

2) 地心直角坐标与大地坐标的相互转换

(1) 从大地坐标到直角坐标的转换。

$$\begin{cases} x = (N+H)\cos B\cos L \\ y = (N+H)\cos B\sin L \\ z = [N(1-e^2)+H]\sin B \end{cases} \tag{16-14}$$

式中,N 为地球椭球的卯酉圈半径;e 为椭球的第一偏心率。

(2)从直角坐标到大地坐标的转换。

$$\begin{cases} B = \arctan\left[\tan\phi\left(1 + \dfrac{ae^2}{z}\dfrac{\sin B}{W}\right)\right] \\ L = \arctan \dfrac{y}{x} \\ H = \dfrac{R\cos\phi}{\cos B} - N \end{cases} \tag{16-15}$$

式中,$W=(1-e^2\sin^2 B)^{1/2}$;$\phi=\arctan[z/(x^2+y^2)^{1/2}]$;$R=(x^2+y^2+z^2)^{1/2}$。

3）站心直角坐标与地心直角坐标的相互转换

要进行站心直角坐标与地心直角坐标的相互转换，必须知道定位站所在位置的大地坐标（B_0,L_0,H_0）和地心直角坐标（x_0,y_0,z_0），其中大地坐标通过大地测量获得，地心直角坐标可以由大地坐标变换得出。

（1）从站心直角坐标到地心直角坐标的相互转换。

设已知定位站测量的目标坐标为（x_m,y_m,z_m），则该目标的地心直角坐标为

$$\begin{bmatrix} x \\ y \\ z \end{bmatrix} = \begin{bmatrix} x_0 \\ y_0 \\ z_0 \end{bmatrix} + \begin{bmatrix} -\sin L_0 & -\sin B_0 \cos L_0 & \cos B_0 \sin L_0 \\ \cos L_0 & -\sin B_0 \sin L_0 & \cos B_0 \sin L_0 \\ 0 & \cos B_0 & \sin B_0 \end{bmatrix} \begin{bmatrix} x_m \\ y_m \\ z_m \end{bmatrix} \tag{16-16}$$

（2）从地心直角坐标到站心直角坐标的相互转换

设已知目标的地心直角坐标为（x,y,z），则目标在定位站的直角坐标为

$$\begin{bmatrix} x_m \\ y_m \\ z_m \end{bmatrix} = \begin{bmatrix} -\sin L_0 & \cos L_0 & 0 \\ -\sin B_0 \cos L_0 & -\sin B_0 \sin L_0 & \cos B_0 \\ \cos B_0 \cos L_0 & \cos B_0 \sin L_0 & \sin B_0 \end{bmatrix} \begin{bmatrix} x-x_0 \\ y-y_0 \\ z-z_0 \end{bmatrix} \tag{16-17}$$

4）异地站之间坐标的转换

如果要将各定位站所测得的相对于本基地的目标位置数据转换到某一个处理中心的坐标系中去，就需要进行异地站间坐标转换。利用上述坐标转换的方法可以进行异地站间坐标转换，但要利用地心坐标作为中间坐标。

16.3.4　无源定位误差的分析

影响无源定位误差的因素有三大类，第一类因素是辐射源（也就是被定位对象）。具体地讲就是辐射源信号的调制样式和波形的空间形状设计。信号调制样式的变化会带来信号检测的低截获概率问题，波形空间形状设计的变化会带来波束主瓣宽度和旁瓣幅度的变化，直接影响测向精度和截获概率。此类因素对无源定位误差的影响最大，是根本性因素，是无法克服的。

第二类因素是无源测向系统测向体制的选择。关于这一问题在 16.2 节已作过详细的阐述，在此仅作简单说明。通过选择不同的无源测向体制，可以获得不同的测向精度，这一类因素是设计者可控制的。此类因素对无源定位误差的影响仅次于第一类。

第三类因素是无源定位算法的选择。通过选择不同的无源定位算法可以不同程度地改善定位精度，但这种改善对无源定位误差的影响是有限的，此类因素对无源定位误差的影响是排在第三位。

因此，对无源定位误差在算法上进行分析，只有理论意义，无实际意义。因为无源定位误差最根本的是取决于辐射源信号的调制样式和空间波束形状的设计，

作为无源测向定位系统面临的是被动接收对方辐射源的信号,因而,观测数据连续性差、信息不全、精度低(受信号波束形状变化的影响)造成了其求解的不良结构问题,这就是无源测向定位所存在的先天性不足,无论采用什么样的无源测向体制和定位算法,都不能从根本上解决其测向定位精度受限问题,只能在一定程度上对其有所改善。

16.4 机载多站无源定位

前面已经讲过,多站无源定位体制仅适合于陆基使用,而在空基、海基条件下,由于增加了载体运动和姿态变化,破坏了多站体制所要求的各站之间固定不变的几何关系。因此,在空基、海基使用条件下,对固定辐射源进行定位适宜的方法是单站无源定位。那么为何在这里又提出了机载多站无源定位问题。

首先要说明的是多站无源定位体制仅适合于陆基使用,不能将其照搬到机载平台使用。所谓机载多站无源定位仅仅指的是机载双站测向交叉定位体制,也就是说在众多的多站无源定位体制中,也仅有双站测向交叉定位这一种体制适合于机载平台使用。因为两架飞机上均有高精度的无源测向设备,如果两架飞机飞行高度相同、飞行方向相同、飞行速度相同(最好是匀速水平飞行),当两架飞机保持足够远的间隔距离,采用双站测向交叉定位体制,就可以实现对地面固定辐射源的高精度测向定位,这是双站测向交叉定位体制最有应用前景的一个领域。

面临的主要问题如下:一是如何解决双机之间精确测距问题;二是如何保持双机之间间隔变化在允许范围内问题;三是双机测向设备时间同步问题。

16.5 小　　结

复杂信号辐射源定位首先要解决好低截获概率信号的盲检测问题,这是做好复杂信号辐射源定位的根本问题。其次,要研究高精度的测向技术,这就涉及无源测向系统的体制选择问题。最后是机载单站无源定位的算法研究以及机载双站测向交叉无源定位技术的实现问题。这两种机载无源定位体制在将来的对地面固定辐射源或海面运动辐射源的定位中具有广阔的应用前景[3,4]。

参考文献

[1] 孙仲康,郭福成,冯道旺,等. 单站无源定位跟踪技术. 北京:国防工业出版社,2008.

[2] 何明浩. 雷达对抗信息处理. 北京:清华大学出版社,2010.
[3] 孙仲康,周一宇,何黎星. 单多基地有源无源定位技术. 北京:国防工业出版社,1996.
[4] 侯印鸣. 综合电子战——现代战争的杀手锏. 北京:国防工业出版社,2000.

第 17 章　面向复杂信号干扰引导

17.1　引　　言

面向复杂信号干扰引导，首先，要根据已判明的辐射源身份判断其威胁等级，然后，按照威胁等级的高低，分配有限的干扰资源，如干扰频率、干扰样式及干扰功率等。这其中就涉及辐射源威胁等级的自动判断、干扰资源的优化配置及干扰行动的辅助决策等，这显然是属于认知电子战范畴的内容，应借鉴人工智能的方法开展研究。

复杂信号干扰引导的具体顺序应该是先从方位上进行引导，再从载波频率上进行引导，然后从调制样式上进行引导，最后从功率上考虑给出最佳的匹配功率，最终达到最佳的干扰效果。

17.2　复杂信号威胁等级评估

1. 威胁数据库设计

威胁等级评估的实时性非常重要，它涉及对威胁目标实施有效干扰的反应速度，直接关乎飞行员的生命安全。因此，对威胁等级的评估要求迅速准确，为了做到这一点，首先在进行威胁数据库设计时，选用数据结构要简洁、数据库构成要高效、数据库搜索算法要优化、数据库工具软件要便捷。

2. 威胁等级评估准则

根据目标对我方威胁程度的高低来确定其威胁等级，威胁等级最高的是末制导雷达，威胁等级排第二位的是火控跟踪雷达，排第三位的是目标指示雷达，排第四位的是目标监视雷达，排第五位的是预警探测雷达，这五大类威胁目标其信号的载波频率依次由高往低排列，从几十 GHz 一直到几十 MHz，因此通过测量它们的工作频段可以给出威胁等级。

17.3　干扰资源优化配置

电子对抗设计师面临的棘手问题之一是怎样才能使电子对抗设备卓有成效地工作在密集复杂电磁威胁环境中。在这种环境中，工作在射频频谱内的各种先进的雷达数目与日俱增。这个问题对噪声干扰机至关重要，一般来说，它比欺骗干扰机要求更高的功率。对付更先进的新型雷达使问题复杂化，这些先进的雷达利用各种复杂的调制技术，如脉冲压缩、脉冲多普勒等技术，建立与背景干扰相关的信号。其结果是，威胁的多样化可以使未采用干扰资源管理技术的任何电子对抗系统无能为力。

资源管理是通过一体化和自动化来使干扰能力更有成效，以便电子战设备能以最佳对策形式响应瞬时态势。通常人们把资源管理亦称为电子干扰功率管理。

资源管理式电子干扰系统的基本单元包括接收威胁信号的电子支援接收机和数字计算机。计算机利用存储的威胁数据库分析并判断威胁，然后提出灵活运用现有干扰装备的最佳对策。成功地实现资源管理概念在很大程度上取决于电子对抗设计师确定交战规则的能力，这些规则包括各式各样军事态势和新型雷达威胁。

资源管理方案最适合于机载，在该场合，主电源、重量、体积和冷却资源都是有限的。在一般情况下，当飞机飞行时，电子支援接收机可获得一系列方位，用计算机对每个威胁雷达定位，并且可能的话，将其与以前知道的雷达相关。计算机可以根据已知的雷达位置、类型和工作方式快速估计出(利用计算机程序中的预定逻辑)沿着航迹有哪些雷达对飞机构成最大的威胁。然后由计算机控制机载干扰样式的选择(如噪声或欺骗)，并选择具体的工作方式和功率电平(包括天线的方向性)，以对付最严重的瞬时威胁。最后，监视雷达对所选择的干扰技术产生的反应。

资源管理可用在时域、空域、频域、能量域和调制域。对每种范围的考虑都有所不同，但必须在资源管理处理机中考虑所有域的总影响。

1. 时域资源优化配置

首先考虑时域。显然，用数目有限的干扰发射机有效地干扰大量的威胁辐射源，要以某种时分形式共享干扰硬件。例如，通过把干扰机能量集中在被干扰接收机接收威胁脉冲的时间间隔内，可以干扰多个脉冲雷达威胁。典型干扰窗口可以取被干扰雷达的脉冲重复间隔的 10%。为了实现这种干扰，要求在干扰时预测对雷达脉冲的接收，这意味着由资源管理处理机跟踪雷达发射并需要对雷达特性有先验知识。应用这类资源管理的干扰方法时，要求在脉冲间隔内精密控制干扰发射机和天线。

资源管理算法的复杂性与干扰机必须响应的雷达波形的复杂性相关。从雷达观点看,最大优点是,雷达波形在性质上的随机性,可使电子对抗的资源管理处理机不能预测其波形的样式。另一方面,现代雷达大部分采用了相当完善的波形,这些波形对资源管理式电子干扰比较敏感。在未来的威胁环境中将会包括确定性和随机性两种波形雷达的混合。因此,电子干扰的资源管理将使所需要的干扰资源对这种混合威胁的响应最佳化。

2. 空域资源优化配置

空域资源管理可在干扰方位上使用窄扇形波束。这样就能以中等功率的干扰发射机在威胁方向上产生相当高的有效辐射功率。电子相控阵天线可在威胁方向上提供为提高有效辐射功率所需要的强方向性,并通过从一个威胁到另一个威胁来快速(微秒级)转换天线波束,以提高干扰多个辐射源的能力。

3. 频域资源优化配置

在频域内进行资源管理的功能,使可测量到的威胁辐射源的中心频率准确性接近辐射源接收机带宽的中心频率(如典型值达到 1MHz)。通常,辐射源发射机的带宽是已知的,并包含在资源管理处理机的威胁库内。另一种方式是可以把连续截获的雷达信号联系起来测量带宽,但是,当利用上述方式对各种辐射源的重叠信号处理时,通常存在不确定性。

4. 能量域资源优化配置

通常根据辐射源的特性来确定运用瞄准式还是阻塞式噪声干扰。对利用相干处理技术(如脉压、脉冲多普勒和伪噪声)的雷达进行干扰时,要求把雷达波形相关地存储在电子对抗系统的处理机中,用相关存储器实现上述功能,数字射频存储器就是一个主要例子。

通过按产生干扰-信号比(如 10～13dB)的要求控制干扰机的辐射幅度,以此来保存干扰机的能量,并提供对干扰辐射的调幅能力。掩护一个目标需辐射适量的功率,这就要求知道若干因素,可以把这些因素引入到资源管理计算机里。首先必须知道辐射源的到达方向。这个方向由电子支援系统确定,并用于跟踪辐射源。知道到达方向就可以确定目标在辐射源方向上的雷达截面(在雷达频率上),并以此截面确定雷达接收的目标信号的幅度。还可以根据到达方向确定干扰机发射天线及接收机天线在辐射源方向上的增益,这样就可以确定为特定干扰-信号比所需要的干扰发射机的功率。

5. 调制域资源优化配置

现代新体制雷达普遍都采用了调制信号，其载波频率不再是一个固定值，而是随着时间的变化按照一定调制规律伪随机变化（对侦察方来说，呈现随机性），这就破坏了保证有效干扰的条件之一，即频率对准，若干扰频率对不准、跟不上雷达载波频率的变化，这将使对雷达的干扰效果大大降低，为了改变这种被动局面，雷达侦察系统必须要具备截获、分析雷达信号调制规律的能力，对干扰机进行雷达调制样式的引导。

17.4　干扰引导辅助决策

利用雷达威胁数据库，根据对雷达目标威胁等级的判断准则，通过对侦察接收机获得的观测数据与威胁数据库进行比对，从而判断目标的威胁等级。再根据最佳干扰样式选用原则，确定最佳的干扰样式。然后从时域、频域、空域、能量域及调制域对干扰机进行引导，以达到最佳干扰效果。涉及的问题主要有以下两个方面：

（1）是威胁数据库不完整、侦察接收机获得的侦察数据也不完整，在这种情况下如何保证推理的准确性这就涉及非精确推理技术。

（2）是对干扰引导要做出辅助决策，离不开威胁目标的先验知识，牵扯威胁库的构成，这就涉及专家系统技术。由于涉及时域、频域、空域、能量域及调制域五个领域，要保证决策的实时性必须采用多黑板处理系统。

上述两方面问题在第 15 章中有详细论述。

17.5　小　　结

面向复杂信号干扰引导面临最困难的问题是调制域的干扰引导，由于雷达调制样式很多，每一种调制样式对应的雷达体制均不一样，其中需要搞明白的问题很多，这方面还有很多工作要做。另外，各种非精确推理技术与多黑板系统如何有效结合是另外一个重要的研究方向。还有涉及高效的威胁数据库也很重要。

第 18 章　回顾、建议与展望

本书的目的是尝试系统地讨论复杂信号侦察理论及应用问题，重点是研究如何解决复杂信号侦察中存在的目标增批和漏批问题，通过大量地收集文献和系统整理，将复杂信号进行了分类，分成 LFM 类信号、LFMCW 类信号、编码类信号以及复合调制类信号四大类，然后提出了与之对应的合适的分析方法，并进行了详细的理论分析和仿真实验。本书试图初步形成复杂信号侦察理论体系，为今后开展该领域研究的工作人员提供丰富的数学模型、合适的分析方法、具体的分析结论和大量的参考资料。

18.1　回　　顾

18.1.1　初步形成了复杂信号侦察理论体系

目前，无论是在国内还是在国际上，尚无专著涉及复杂信号侦察技术在信号层次进行全面系统的分析讨论。本书试图建立一个完整的体系，将对复杂信号侦察理论按照截获、分选、识别、定位及引导五个方面划分成若干个研究领域。

(1) 复杂信号的分析与仿真。

(2) 常用时频分析方法对典型复杂信号的截获性能分析。

(3) 对具有 LFM 类性质的复杂信号截获。

(4) 对具有 LFMCW 类性质的复杂信号截获。

(5) 对具有编码类性质的复杂信号截获。

(6) 对具有多种性质的复合调制类的复杂信号截获。

(7) 对交叠脉冲信号的分选处理。

(8) 对交叠连续波信号的分选处理。

(9) 对同时存在交叠脉冲和连续波信号的分选处理。

(10) 利用信号的参数特征对多种类型信号的识别。

(11) 利用信号的波形特征对多种类型信号的识别。

(12) 对复杂信号辐射源的识别。

(13) 对复杂信号辐射源的定位。

(14) 面向复杂信号的干扰引导。

本书第 2～17 章的内容就是按照这种逻辑顺序逐步递进安排的。其中对

LFM 类、LFMCW 类、编码类及复合调制类信号的截获进行了详细分析；对复杂信号的分选，书中重点讨论了复杂信号存在交叠情况下的分离问题，对传统的信号分选方法没有展开讨论；对复杂信号的识别，在信号的截获和分选基础上分别讨论了信号的参数识别、波形识别及辐射源识别。本书可作为从事复杂信号情报侦察系统研究与设计人员和学者的重要参考资料，将有助于教学和研究人员对该领域有一个清晰、全面、系统和正确的理解。

18.1.2　对复杂信号进行了分类处理

复杂信号的类型多样，对于雷达情报侦察来说，在缺少信号的先验信息情况下找出一种方法实现对所有信号的截获、分选和识别是不现实的，而对于一种雷达信号的处理虽然比较容易实现，但是又不可能对每一种信号给出一个方法。解决这个问题的一种方法是对信号进行分类处理，即对具有某些共同特征的信号作为一类，对这类信号选择一种适合的处理方法。对复杂信号进行分类处理，降低了处理复杂度，同时也为信号分类处理器的设计奠定了基础。

本书首先将雷达侦察信号分为存在时频交叠情况和不存在时频交叠的情况。对于不存在时频交叠的情况下，按信号时频特征，分为 LFM 类、LFMCW 类、编码类和复合调制类信号分别进行处理。线性调频类信号主要包括单载频、二次调频、多项式调频、S 调频及线性调频连续波等，主要采用分数阶傅里叶变换；线性调频连续波类信号主要包括 LFMCW 信号、STLFMCW 信号及多相编码信号等，主要采用周期 Wigner-Hough 变换和周期分数阶傅里叶变换；编码类信号主要包括 Frank 码，P1、P2、P3、P4 码，T1、T2、T3、T4 码，Costas 码，PSK/FSK 信号等，主要采用循环谱估计理论；复合调制类信号主要包括 LFM-BC 复合调制信号、BC-LFM 复合调制信号及 Frank- LFM 复合调制信号等形式，分别采用 PWHT、FR-FT 循环处理、FRFT 和 PWVD 的组合及 FRFT 和循环谱估计的组合等方法。

18.1.3　建立了对交叠信号处理的理论体系

随着电磁环境日趋复杂密集，雷达侦察信号中出现时域交叠的情况不可避免，并日益增多。然而，传统和现有的雷达信号分选算法模型主要基于对单脉冲的特征提取，在对雷达侦察信号进行分选识别时，如果出现时域交叠信号，由于它的提取特征将不再属于某一雷达信号，分选识别就会发生错误，此时被视为脉冲丢失。由此可见，传统和现有的雷达分选识别算法，是建立在输入信号为单个信号基础上的，舍弃了时域交叠情况下所含的信息。随着各种大时宽带宽积的新体制雷达出现，这种现象日趋严峻，为后续信号分选识别带来了很大的困难。

本书将雷达侦察信号分为了单信号、时域交叠信号和时频交叠信号。单信号可以采用传统的方法进行截获、分选和识别处理；对于交叠信号，则采用先分离后处理的方法,并将交叠信号分为了交叠脉冲、交叠连续波和同时存在交叠脉冲和连续波的情况进行处理。书中对交叠脉冲信号主要采用了稀疏分解方法,分析了具有线性或曲线时频特征的脉冲信号分离;对交叠连续波信号主要采用了周期 WHT 和周期 FRFT 两种方法,对同时存在交叠脉冲和交叠连续波信号的情况,主要采用了周期 FRFT 和盲分离理论进行了分析。

18.1.4 对分类信号选取了合适的研究方法

对信号进行处理的方法有很多,书中对每类信号都选择了一个主要的方法进行研究。

(1) 对 LFM 类信号,采用分数阶傅里叶变换进行了截获和特征提取。分数阶傅里叶变换对 LFM 信号具有唯一能量聚集性,并且对多分量 LFM 信号的交叉项可以有效抑制,能够采用基于 FFT 的快速算法对 LFM 信号进行有效检测与参数估计。书中分析了 LFM 信号的分数阶傅里叶变换特征,研究了单分量 LFM 和多分量 LFM 信号的检测与参数估计,进行了性能分析和仿真验证;分析了非均匀采样条件下 LFM 信号的检测与参数估计,同时分析了 FRFT 对多分量 LFM 信号的分辨问题;最后对 LFM 信号进行了扩展,研究了具有 LFM 特征的多相编码信号和三角 LFMCW 信号的检测和参数估计。

(2) 对 LFMCW 类信号,采用周期 Wigner-Hough 变换和周期分数阶傅里叶变换分别进行了截获和特征提取。周期 Wigner-Hough 变换可以实现 LFMCW 信号多个 LFM 调制周期的准相干积累,并且随着侦察接收机观测时间的延长,在存在 LFMCW 信号的情况下,对信号的检测能力会成正比例的增长,然而基于单脉冲处理思路的 LFMCW 检测方法,其检测能力仅取决于一个调制周期,即使多个周期存在其检测能力也停留在一个周期检测性能的基础上,甚至因为多个周期的交叉项而导致检测性能降低。书中介绍了 LFMCW 信号和周期 Wigner-Hough 变换,分析了 LFMCW 信号的周期 WHT 特征;给出了基于周期 WHT 变换的 LFMCW 信号检测与估计方法,并进行了性能分析和仿真验证;最后对具有 LFMCW 特征的一类连续波信号进行了截获和特征提取,包括对称三角 LFMCW 信号和多相编码信号。

由于周期 WHT 是一种类似雷达信号处理中脉冲积累的时频变换,在本章中,作者将该思路推广到了分数阶傅里叶变换方法中,提出了基于周期分数阶傅里叶变换的 LFMCW 类信号的检测与估计方法,经理论分析与实验仿真,结果表明:基于周期 FRFT 的方法对于 LFMCW 类信号的检测与估计性能可以达到周期 WHT 相似的脉冲积累效果,并且包含了周期 WHT 所丢失的 LFMCW 类信号的相位信息。

(3) 对编码类信号,采用循环谱理论进行了截获和特征提取。编码类信号具有循环平稳特性，许多传统的统计信号处理方法在处理循环平稳信号时都假设信号是平稳的，即认为其统计特征参数是不随时间变化的，不可能实现对循环平稳信号的最佳处理，而循环谱信号处理方法恰好能反映出信号的循环谱特征。书中分析了编码信号的循环谱提取，给出了信号循环谱特征的提取方法，并且分析了编码信号的循环谱特征检测，利用循环谱特征进行了编码信号的参数估计和仿真验证。

(4) 对复合调制类信号，采用 PWHT、FRFT 循环处理、FRFT 和 PWVD 的组合及 FRFT 和循环谱估计的组合等方法分别进行了截获和特征提取。在前几章对 LFM 类信号、LFMCW 类信号及编码类信号截获与特征提取研究的基础上，本章首先对 LFM-BC 复合调制雷达信号分别采用 PWHT 和 FRFT 循环处理方法进行分析，并对其相应的截获与特征提取性能进行研究与仿真；然后对 BC-LFM 和 Frank-LFM 复合调制雷达信号分别采用 FRFT 和 PWVD 的组合及 FRFT 和循环谱估计的组合进行分析，并对其相应的截获与特征提取性能进行研究与仿真。

18.2　问题与建议

1. 背景模型和复杂背景下的性能分析

对各种信号的截获、分选与识别都是在一定的干扰背景环境中进行的。为了更准确地评价算法性能，就要求背景模型能够很好地模拟实际噪声环境。本书对算法的性能分析主要是在高斯白噪声背景下借助计算机仿真实现，今后的工作还需要对信号噪声模型做更多的工作。

2. 更加定量化的性能分析

书中对信号的分选与识别部分所做的工作还比较初步，对算法的性能分析大多数是对算法的定性分析，没有从参数的不同组合给出详细的定量分析。例如对于基于 Chirp 基稀疏分解的信号分离只给出了基本的分离仿真，对信号的参数识别和波形识别，也没有详细地性能分析。

3. 多种方法的分析比较

书中对信号的截获和特征提取选取的方法比较单一，没有和其他现有的方法进行分析和比较。随着现代信号处理技术的迅猛发展，新的方法层出不穷，今后的工作应该加入对新方法的研究，例如短时分数阶傅里叶变换、Chirplet 变换等。

4. 加强对复合调制信号的分析

书中对于复合调制类信号的研究得还比较初步，只研究了具有线性调频和相位编码联合调制的信号，对于 PSK/FSK、噪声雷达信号等还缺少分析。对于不同类型信号的复合，尤其是多相编码信号与线性调频的复合，本书只研究了一种 Frank-LFM 复合调制，今后可以尝试利用其他多相编码信号与线性调频信号进行复合调制，甚至是相位编码信号与线性调频连续波信号的复合。进一步研究分析具备更好的检测性能、参数估计性能与低截获性能的其他复合信号也是未来的研究方向之一。

近年来，针对复合调制雷达信号各方面的模型建立与实验仿真虽然取得了长足的进步，但是在实际装备的研发上，并没有太多进展。所以，除了在理论与仿真方面的研究，根据实际战场环境及作战需求而开发的新装备以及模拟训练设备也是今后重要的研究方向之一。

5. 加强对信号识别的研究

复杂信号的识别分成了参数识别、波形识别、辐射源识别及平方识别，其中参数识别采用的信号特征主要基于线性调频特征和编码特征，对信号的其他特征进行提取、分析，波形识别中也只是采用了信号的时频特征进行分析。今后的工作应该加强对该部分的研究。对于其他几类识别如波形识别、辐射源识别及平方识别也仅仅开了个头，有待进一步的研究。

6. 加强对辐射源识别的研究

在对复杂信号类型识别和辐射源类型识别研究的基础上，应开展对辐射源身份识别和平台身份识别的研究，这将涉及与辐射源相关的先验知识和与平台相关的先验知识，显然要采用认识基础法，属于人工智能范畴。开展的研究领域有黑板系统、非精确推理、遗传算法、模糊集理论、粗糙集理论及灰色理论等。

7. 加强对交叠信号的分离研究

书中对交叠脉冲信号的分离采用了稀疏分解，对交叠连续波信号采用了周期 Wigner-Hough 变换和周期分数阶傅里叶变换，对同时存在交叠脉冲和交叠连续波信号采用了周期分数阶傅里叶变换和盲分离，但是分离的对象比较单一，方法的适用范围比较窄。例如采用 Chirp 基稀疏分解和 PWHT 的方法对具有线性调频特性的信号比较适合，盲分离方法对调制规律较复杂的信号效果并不明显。今后应继续探寻更有效的方法。

18.3　研究方向展望

近二十年来，复杂信号的截获、分选与识别已经取得了不少的研究成果，但是仍然还有很多领域有待进一步研究和探索，同时伴随着新体制雷达系统的发展，出现了许多新的研究领域。

1. 基于雷达信号稀疏特征的分选与识别技术

雷达信号的稀疏特征一般指的是信号在时频变换域的特征具有稀疏性，可以采用较少的时频原子表示，即稀疏分解。稀疏分解的关键是构造超完备字典集，也就是稀疏原子的选取，典型的稀疏原子有正弦函数、Chirp 函数、Chirplet 函数、Gabor 函数等，不同的原子可以采用不同的方法进行计算。广义的稀疏原子可以根据信号的自身特征进行提取和设定，如何构造一个适合雷达信号特征的超完备字典集并采用快速算法实现信号的分选与识别是一个新的研究方向。

2. 时频交叠信号环境下的分选与识别

传统的雷达信号分选识别一般是基于多个雷达信号在时域或频域没有发生交叠的情况下进行处理，事实上，随着现代电磁环境的密集复杂，雷达数量的急剧增加以及新体制雷达中大量采用大时宽带宽信号，使多部雷达信号在时频域发生交叠的情况越来越严重，传统的分选识别方法已经不能满足要求。时频交叠信号环境其实是对原有信号环境的扩展，是信号环境更一般的情况，研究时频交叠信号的分离，以及在时频交叠情况下对特定信号的截获和提取等，具有重要意义。

有关盲信号分离理论及其在雷达信号分选中的应用，下面这些问题还有待深入研究：

(1) 在密集的战场信号环境下，无论是瞬态混合还是卷积混合，在源信号数目增加时，目前已有算法的分离性能与计算效率明显下降。如何提高大规模混合信号的分离性能与计算效率是下一步应该重点考虑的问题。

(2) 由于信号的瞬息万变，源信号数目在动态变化，如何有效地实时估计源信号的数目，从而采用自适应的分离算法对信号进行盲分离，这不仅有利于信号的实时处理，也有利于盲分离算法对时变系统的跟踪。所以源信号数目的有效估计对雷达侦察信号的盲分离具有重要的现实意义。

(3) 在盲分离问题当中，观测信号往往是含有噪声的，噪声的存在将使盲分离算法的性能显著下降。通常可以利用高阶累计量或时间延迟累积量来减小噪声对分离性能的影响，但已有盲分离算法的抗噪性能仍需改善。

(4) 目前盲分离算法研究中，通常假设混合系统为非时变的。但实际情况中，常常遇到时变混合系统。对时变系统的研究，一方面可以通过提高已有算法的收敛速度来改善盲分离算法对时变系统的跟踪能力;另一方面,也可以从研究时变系统的特征出发,来达到对时变混合信号的分离,如线性时变系统、周期时变系统等。

(5) 源信号的数目多于观测信号的情况,也就是盲分离中的欠定问题。有些学者对此问题进行过研究,但是没有得到很好的解决。

(6) 在雷达侦察信号的处理当中,当信号是宽带信号时,卷积混合模型更符合实际的应用环境。目前存在的算法具有计算复杂,收敛速度慢等特点,在滤波器长度较长时需要计算的时间更长。对时间相关源的卷积混合情形,需要推导一个包含目标和混合信息的简易算法。

(7) 现代的新体制雷达信号具有非平稳的特性,所以对非平稳雷达信号的盲分离是摆在广大研究人员面前的一个现实问题。

(8) 盲信号分离理论无论是在瞬态混合还是在卷积混合情况下都得到了很好的发展,如何将这些理论应用到实际的问题当中,比如雷达侦察信号的分选问题,都值得进一步研究。

(9) 本书讨论的所有方法只适用于阵列天线接收体制的侦察接收系统,具有明显的局限性。另外当面对复杂调制信号,信噪比低于 0dB 时,这些方法都会失效。因此下一步必须面对复杂调制信号,开展阵列天线接收体制下的盲信号分离问题的研究,同时开展非阵列天线接收体制下的盲信号分离问题的探索。

3. 调频连续波信号的截获与特征提取

连续波信号具有低信噪比特性,往往湮没在噪声中,雷达侦察接收机对这类信号的截获和特征提取十分困难,目前对连续波的研究主要限于线性调频连续波,采用的方法有周期 Wigner-Hough 变换、周期分数阶傅里叶变换和极大 Chirplet 变换等,而且同时面临着计算量大的问题。目前,对非线性调频连续波,以及多分量连续波信号的截获与特征提取还有很多工作要做。

另外,PFRFT 在对 LFMCW 信号进行检测时需要搜索初始频率、调频率、时延和调制周期四个变量,计算量较大,下一步的工作将重点研究对 LFMCW 信号检测的快速搜索算法。

4. 噪声雷达信号的截获与特征提取

噪声雷达信号的时频特征呈噪声分布,对这类信号的截获和特征提取已经不能用时频分析工具进行处理,目前对此类信号的研究还远远不够。

除了上述研究方向之外,还有以下几个研究领域需要进一步开展研究工作。

5. 复合调制信号截获、分选与识别

复合调制有两种,一种指的是雷达脉内载波信号的频率和相位波同时进行调

制，如线性调频和相位编码、频率编码和相位编码等。另外一种指的是雷达载波信号的频率或相位与重复频率同时进行调制。如线性调频和重频编码、相位编码和重频编码等。上述复合调制信号，调制规律更复杂，低截获概率性能更好，给侦察接收机的截获、分选与识别带来更大的困难，因此对该类信号的截获、分选与识别是将来研究的重点。

6. 复杂信号数据库

复杂信号数据库研究的重点是如何提高数据库的使用效率，这对于复杂信号来说相当重要。因为信号越复杂，对其进行实时处理越困难。这就涉及数据结构的优化，数据库搜索策略的优化以及数据库的高效管理。

7. 复杂信号识别非精确推理技术

复杂信号识别非精确推理涉及证据理论、Bayes 推理、D-S 推理等技术，特别是非精确推理与黑板系统结合使用技术是研究的重点。

8. 复杂信号的定位

利用阵列天线(圆阵或线阵)或机动测量测向方法，对该类信号辐射源进行定位，难点在于对低截获概率雷达信号的盲检测和定位精度的提高，盲检测的效果取决于算法的选择，而定位精度受限于复杂信号类型和波束宽度的变化，定位精度不可能做得很高。

9. 复杂信号威胁等级评估

利用情报数据库和非精确推理技术对复杂信号威胁等级进行评估，核心是情报数据库的建立与扩充。

10. 复杂信号干扰引导

复杂信号干扰引导主要研究电子进攻资源的优化配置和智能决策，并对进攻武器实施有效引导，涉及对辐射源威胁等级的自动判断、干扰资源的优化配置及干扰行动的辅助决策等，这显然是属于认知电子战范畴的内容，应借鉴人工智能的方法开展研究，具体涉及的方法有人工智能与模式识别、专家系统、遗传算法、黑板算法、模糊推理、灰色理论以及粗糙集理论等。

复杂信号干扰引导应从时间域、空间域、频率域、调制域及能量域五个方面考虑，综合利用复杂信号的脉冲到达时间与到达间隔、方位角与俯仰角、载波频率、调制特征参数及干扰机自身的干扰功率等参数，完成对干扰资源的优化配置和对干扰信号的有效引导。